国家出版基金资助项目
现代数学中的著名定理纵横谈丛书
丛书主编　王梓坤

BÉZOUT THEOREM IN ALGEBRAIC GEOMETRY

佩　捷　吴雨宸　李舒畅　编著

哈尔滨工业大学出版社
HARBIN INSTITUTE OF TECHNOLOGY PRESS

内容简介

代数几何是数学中的一个重要分支，国内外很多著名的数学家都从事过对它的研究。本书共分 10 章，分别为：一道背景深刻的 IMO 试题、多项式的简单预备知识、代数几何中的贝祖定理的简单情形、射影空间中的交、代数几何、肖刚论代数几何、贝祖定理在代数几何中的应用、贝祖的结式理论在几何学中的发展历程、代数几何大师的风采、中国代数几何大师肖刚纪念专辑。

本书可供从事这一数学分支或相关学科的数学工作者、大学生以及数学爱好者研读。

图书在版编目(CIP)数据

代数几何中的 Bézout 定理/佩捷，吴雨宸，李舒畅编著. —哈尔滨：哈尔滨工业大学出版社，2016.1

（现代数学中的著名定理纵横谈丛书）

ISBN 978-7-5603-5662-4

Ⅰ.①代… Ⅱ.①佩…②孙…③吴… Ⅲ.①代数几何-定理(数学)-研究 Ⅳ.①O187

中国版本图书馆 CIP 数据核字(2015)第 251563 号

策划编辑	刘培杰　张永芹
责任编辑	杨明蕾　王勇钢
封面设计	孙茵艾
出版发行	哈尔滨工业大学出版社
社　　址	哈尔滨市南岗区复华四道街 10 号　邮编 150006
传　　真	0451-86414749
网　　址	http://hitpress.hit.edu.cn
印　　刷	哈尔滨市石桥印务有限公司
开　　本	787mm×960mm　1/16　印张 36.5　字数 400 千字
版　　次	2016 年 1 月第 1 版　2016 年 1 月第 1 次印刷
书　　号	ISBN 978-7-5603-5662-4
定　　价	98.00 元

(如因印装质量问题影响阅读，我社负责调换)

◎ 代序

读书的乐趣

你最喜爱什么——书籍.

你经常去哪里——书店.

你最大的乐趣是什么——读书.

这是友人提出的问题和我的回答.真的,我这一辈子算是和书籍,特别是好书结下了不解之缘.有人说,读书要费那么大的劲,又发不了财,读它做什么？我却至今不悔,不仅不悔,反而情趣越来越浓.想当年,我也曾爱打球,也曾爱下棋,对操琴也有兴趣,还登台伴奏过.但后来却都一一断交,"终身不复鼓琴".那原因便是怕花费时间,玩物丧志,误了我的大事——求学.这当然过激了一些.剩下来唯有读书一事,自幼至今,无日少废,谓之书痴也可,谓之书橱也可,管它呢,人各有志,不可相强.我的一生大志,便是教书,而当教师,不多读书是不行的.

读好书是一种乐趣,一种情操;一种向全世界古往今来的伟人和名人求教的方法,一种和他们展开讨论的方式;一封出席各种社会、体验各种生活、结识各种人物的邀请信;一张迈进科学宫殿和未知世界的入场券;一股改造自己、丰富自己的强大力量.书籍是全人类有史以来共同创造的财富,是永不枯竭的智慧的源泉.失意时读书,可以使人重整旗鼓;得意时读书,可以使人头脑清醒;疑难时读书,可以得到解答或启示;年轻人读书,可明奋进之道;年老人读书,能知健神之理.浩浩乎! 洋洋乎! 如临大海,或波涛汹涌,或清风微拂,取之不尽,用之不竭.吾于读书,无疑义矣,三日不读,则头脑麻木,心摇摇无主.

潜能需要激发

我和书籍结缘,开始于一次非常偶然的机会.大概是八九岁吧,家里穷得揭不开锅,我每天从早到晚都要去田园里帮工.一天,偶然从旧木柜阴湿的角落里,找到一本蜡光纸的小书,自然很破了.屋内光线暗淡,又是黄昏时分,只好拿到大门外去看.封面已经脱落,扉页上写的是《薛仁贵征东》.管它呢,且往下看.第一回的标题已忘记,只是那首开卷诗不知为什么至今仍记忆犹新:

日出遥遥一点红,飘飘四海影无踪.

三岁孩童千两价,保主跨海去征东.

第一句指山东,二、三两句分别点出薛仁贵(雪、人贵).那时识字很少,半看半猜,居然引起了我极大的兴趣,同时也教我认识了许多生字.这是我有生以来独立看的第一本书.尝到甜头以后,我便千方百计去找书,向小朋友借,到亲友家找,居然断断续续看了《薛丁山征西》《彭公案》《二度梅》等,樊梨花便成了我心中的女英雄.我真入迷了.从此,放牛也罢,车水也罢,我总要带一本书,还练出了边走田间小路边读书的本领,读得津津有味,不知人间别有他事.

当我们安静下来回想往事时,往往会发现一些偶然的小事却影响了自己的一生.如果不是找到那本《薛仁贵征东》,我的好学心也许激发不起来.我这一生,也许会走另一条路.人的潜能,好比一座汽油库,星星之火,可以使它雷声隆隆、光照天地;但若少了这粒火星,它便会成为一潭死水,永归沉寂.

抄,总抄得起

好不容易上了中学,做完功课还有点时间,便常光顾图书馆.好书借了实在舍不得还,但买不到也买不起,便下决心动手抄书.抄,总抄得起.我抄过林语堂写的《高级英文法》,抄过英文的《英文典大全》,还抄过《孙子兵法》,这本书实在爱得狠了,竟一口气抄了两份.人们虽知抄书之苦,未知抄书之益,抄完毫末俱见,一览无余,胜读十遍.

始于精于一,返于精于博

关于康有为的教学法,他的弟子梁启超说:"康先生之教,专标专精、涉猎二条,无专精则不能成,无涉猎则不能通也."可见康有为强烈要求学生把专精和广博(即"涉猎")相结合.

在先后次序上,我认为要从精于一开始.首先应集中精力学好专业,并在专业的科研中做出成绩,然后逐步扩大领域,力求多方面的精.年轻时,我曾精读杜布(J. L. Doob)的《随机过程论》,哈尔莫斯(P. R. Halmos)的《测度论》等世界数学名著,使我终身受益.简言之,即"始于精于一,返于精于博".正如中国革命一样,必须先有一块根据地,站稳后再开创几块,最后连成一片.

丰富我文采,澡雪我精神

辛苦了一周,人相当疲劳了,每到星期六,我便到旧书店走走,这已成为生活中的一部分,多年如此.一次,偶然看到一套《纲鉴易知录》,编者之一便是选编《古文观止》的吴楚材.这部书提纲挈领地讲中国历史,上自盘古氏,直到明末,记事简明,文字古雅,又富于故事性,便把这部书从头到尾读了一遍.从此启发了我读史书的兴趣.

我爱读中国的古典小说,例如《三国演义》和《东周列国志》.我常对人说,这两部书简直是世界上政治阴谋诡计大全.即以近年来极时髦的人质问题(伊朗人质、劫机人质等),这些书中早就有了,秦始皇的父亲便是受害者,堪称"人质之父".

《庄子》超尘绝俗,不屑于名利.其中"秋水""解牛"诸篇,诚绝唱也.《论语》束身严谨,勇于面世,"己所不欲,勿施于人",有长者之风.司马迁的《报任少卿书》,读之我心两伤,既伤少卿,又伤司马;我不知道少卿是否收到这封信,希望有人做点研究.我也爱读鲁迅的杂文,果戈理、梅里美的小说.我非常敬重文天祥、秋瑾的人品,常记他们的诗句:"人生自古谁无死,留取丹心照汗青""谁言女子非英物,夜夜龙泉壁上鸣".唐诗、宋词、《西厢记》《牡丹亭》,丰富我文采,澡雪我精神,其中精粹,实是人间神品.

读了邓拓的《燕山夜话》,既叹服其广博,也使我动了写《科学发现纵横谈》的心.不料这本小册子竟给我招来了上千封鼓励信.以后人们便写出了许许多多的"纵横谈".

从学生时代起,我就喜读方法论方面的论著.我想,做什么事情都要讲究方法,追求效率、效果和效益,方法好能事半而功倍.我很留心一些著名科学家、文学家写的心得体会和经验.我曾惊讶为什么巴尔扎克在51年短短的一生中能写出上百本书,并从他的传记中去寻找答案.文史哲和科学的海洋无边无际,先哲们的明智之光沐浴着人们的心灵,我衷心感谢他们的恩惠.

读书的另一面

以上我谈了读书的好处,现在要回过头来说说事情的另一面.

读书要选择.世上有各种各样的书:有的不值一看,有的只值看20分钟,有的可看5年,有的可保存一辈子,有的将永远不朽.即使是不朽的超级名著,由于我们的精力与时间有限,也必须加以选择.决不要看坏书,对一般书,要学会速读.

读书要多思考.应该想想,作者说得对吗?完全吗?适合今天的情况吗?从书本中迅速获得效果的好办法是有的放矢地读书,带着问题去读,或偏重某一方面去读.这时我们的思维处于主动寻找的地位,就像猎人追找猎物一样主动,很快就能找到答案,或者发现书中的问题.

有的书浏览即止,有的要读出声来,有的要心头记住,有的要笔头记录.对重要的专业书或名著,要勤做笔记,"不动笔墨不读书".动脑加动手,手脑并用,既可加深理解,又可避忘备查,特别是自己的灵感,更要及时抓住.清代章学诚在《文史通义》中说:"札记之功必不可少,如不札记,则无穷妙绪如雨珠落大海矣."

许多大事业、大作品,都是长期积累和短期突击相结合的产物.涓涓不息,将成江河;无此涓涓,何来江河?

爱好读书是许多伟人的共同特性,不仅学者专家如此,一些大政治家、大军事家也如此.曹操、康熙、拿破仑、毛泽东都是手不释卷,嗜书如命的人.他们的巨大成就与毕生刻苦自学密切相关.

王梓坤

目录

第1章　一道背景深刻的 IMO 试题　//1

第2章　多项式的简单预备知识　//14

  2.1　多项式矢量空间　//15

  2.2　多项式环　//17

  2.3　按降幂排列的除法　//19

  2.4　代数曲线论中的贝祖定理　//30

  2.5　二元多项式插值的适定结点组　//33

第3章　代数几何中的贝祖定理的简单情形　//40

第4章　射影空间中的交　//48

第5章　代数几何　//60

  5.1　什么是代数几何　//60

  5.2　代数几何发展简史　//66

  5.3　J. H. de Boer 论范·德·瓦尔登所建立的代数几何基础　//71

  5.4　范·德·瓦尔登论代数几何学基础：从塞维利到韦伊　//85

  5.5　浪川幸彦论代数几何　//99

  5.6　扎里斯基对代数几何学的影响　//109

第6章　肖刚论代数几何　//131
6.1　代数簇　//132
6.2　曲线:高维情形的缩影　//137
6.3　曲面:从意大利学派发展而来　//140
6.4　曲体:崭新而艰难的理论　//145

第7章　贝祖定理在代数几何中的应用　//147
7.1　贝祖定理　//147
7.2　射影平面中的相交　//157
7.3　历史回顾　//164

第8章　贝祖的结式理论在几何学中的发展历程　//175
8.1　贝祖结式理论形成的相关背景　//175
8.2　对于贝祖结式理论的一些改进　//179
8.3　贝祖结式理论在几何中的发展进程　//182
8.4　对贝祖结式理论的发展展望　//185
8.5　小　结　//190

第9章　代数几何大师的风采　//192
9.1　阿贝尔奖得主德利涅访谈录　//192
9.2　亚历山大·格罗腾迪克之数学人生　//217
9.3　Motive——格罗腾迪克的梦想　//241
9.4　忆格罗腾迪克和他的学派　//264
9.5　流形之严父小平邦彦评传　//293
9.6　小平邦彦的数学教育思想　//308
9.7　小平邦彦访谈录　//322
9.8　又一位高尚的人离世而去　//336
9.9　代数簇的极小模型理论——森重文、川又雄二郎的业绩　//341
9.10　菲尔兹奖获得者森重文访问记　//355

  9.11 仿佛来自虚空格罗腾迪克的一生 //363

第10章 中国代数几何大师肖刚纪念专辑 //401

  10.1 一代英才的传奇——记忆力篇 //401
  10.2 一代英才的传奇——考研篇 //405
  10.3 一代英才的传奇——工艺篇 //407
  10.4 一代英才的传奇——网络篇 //409
  10.5 无尽的爱——深深怀念我大哥肖刚 //411
  10.6 我的丈夫肖刚 //417
  10.7 再忆我的丈夫肖刚 //426
  10.8 又忆我的丈夫肖刚 //431
  10.9 纪念肖刚教授 //437
  10.10 缅怀肖刚老师 //440
  10.11 怀念肖刚君 //443
  10.12 数学之中和数学之外的肖刚 //447
  10.13 回忆和肖刚的忘年交 //452
  10.14 我们的精神导师肖刚先生 //462
  10.15 深情怀念肖刚老师 //467
  10.16 肖刚的法国同事悼词摘录 //469

结 语 //472

附录Ⅰ 对话李克正教授：为什么学习代数几何 //480

附录Ⅱ 代数几何的学习书目 //495

附录Ⅲ 亚历山大·格罗腾迪克——一个并不广为人知的名字 //506

附录Ⅳ 与 Nicolas Bourbaki 相处的二十五年（1949～1973） //514

参考文献 //533

编辑手记 //546

一道背景深刻的 IMO① 试题

设 n 是一个正整数,考虑 $S=\{(x,y,z)|x,y,z=0,1,2,\cdots,n,x+y+z>0\}$ 这样一个三维空间中具有 $(n+1)^3-1$ 个点的集合. 问:最少要多少个平面,它们的并集才能包含 S 但不含 $(0,0,0)$.

(这是一道 48 届 IMO 试题. 其解答颇费周折)

分析 二维的情况比较简单,方法如下:

我们可以考虑最外一圈的 $4n-1$ 个点. 如果没有直线 $x=n$ 或 $y=n$,那么每条直线最多过这 $4n-1$ 个点中的两个. 故至少需要 $2n$ 条直线. 如果有直线 $x=n$ 或 $y=n$,那么将此直线和其上的点去除,再考虑最外一圈,只不过点数变成了 $4n-3$ 个,需要至少 $2n-1$ 条直线,再加上去掉的那条正好 $2n$ 条. 如果需要多次去除直线,以至于比如 $x=1,x=2,\cdots,x=n$ 这所

---

① 国际数学奥林匹克(International Mathematical Olympiad)的英文缩写为 IMO. ——编者注

有 n 条直线全部被去除了,那么剩下 $(0,1),(0,2),\cdots,(0,n)$ 至少还需要 n 条直线去覆盖,$2n$ 条亦是必须的.$2n$ 条显然是可以做到的,所以二维的最终结果就是 $2n$.

但是将这种方法推向三维的时候,会出现困难,因为现在用来覆盖的不是直线而是平面,平面等于有了三个自由变量,而且不容易选取标志点来进行考察.当然,我们要坚信一个事实,那就是答案一定是 $3n$,否则题目是没有办法解决的.在这个前提下,通过转化,将这个看起来是一道组合计数的题目变成一道代数题.

解法 1 首先第一步,我们就要将每个平面表示成一个三元一次多项式的形式.比如平面 $x+y+z=1$ 就表示成 $x+y+z-1$,将所有这些平面均表述成如此形式后,我们将这些多项式都乘起来.下面我们需要证明的只有一点,就是乘出来的多项式,至少具有 $3n$ 次($3n$ 个平面是显然可以做到的,只要证明这点,$3n$ 就是最佳答案了).

这个乘出来的多项式具有什么特点呢?它在 x,y,z 均等于 0 时不等于 0,在 x,y,z 取其他 $0\sim n$ 之间的数值时,其值均为 0.我们发现,当多项式中某一项上具有某个字母的至少 $n+1$ 次时,我们可以将其降低为较低的次数.我们用的方法就是,利用仅仅讨论 x,y,z 在取 $0,1,2,\cdots,n$ 这些值时多项式的取值这一事实,在原多项式里可以减去形如 $x(x-1)(x-2)\cdots(x-n)$ 或者此式子的任何倍数的式子.从而,如果多项式中某一项的某个字母次数超过 n,可以用此法将其变成小于或等于 n.

我们假设用此法变换后剩余的多项式是 F,显然

F 的次数不大于原乘积多项式的次数. 我们下面需要证明的,就是 F 中 $x^n y^n z^n$ 这一项系数非零(F 中只有这一项次数是 $3n$). 要想证明这样的问题,我们需要证明二维即两个未知数时的两个引理.

引理 1 一个关于 x 和 y 的实系数多项式,x 和 y 的次数均不超过 n. 如果此多项式在 $x=y=0$ 时非零,在 $x=p, y=q(p,q=0,1,2,\cdots,n$ 且 p,q 不全为 0)时为零,那么此多项式中 $x^n y^n$ 的系数必然不是零.

证明 假设 $x^n y^n$ 的系数是 0,我们知道,当假设 $y=1,2,3,\cdots,n$ 中任意一值时,将 y 代入多项式,所得的多项式必须都是零多项式. 这是由于当 y 取这些值时,此多项式为关于 x 的不超过 n 次的多项式,却有 $n+1$ 个零点,所以假设 y 是常数,按 x 的次数来整理该多项式,x^n 的次数是一个关于 y 的不超过 $n-1$ 次的多项式,但是却有 n 个零点,故为零多项式. 因此,当按照 x 的次数来整理多项式时,x 的最高次最多是 $n-1$ 次. 现令 $y=0$ 代入多项式,转化为关于 x 的多项式,最多 $n-1$ 次,但是有 n 个零点 $(1,2,\cdots,n)$. 因此,这个多项式应当是零多项式,但是这与此多项式在 $x=y=0$ 时非零矛盾.

引理 2 一个关于 x 和 y 的实系数多项式,x 和 y 的次数均不超过 n. 如果此多项式在 $x=p, y=q(p,q=0,1,2,\cdots,n)$ 时均为 0,则此多项式为零多项式.

证明 对于任意的 $y=0,1,2,\cdots,n$ 代入原多项式,变成关于 x 的不超过 n 次的多项式,这个新多项式必然是零多项式,否则它不可能有 $n+1$ 个零点,所以按 x 的次数来整理原多项式,对于任意的 $k=0,1,2,\cdots,n$,x^k 项的系数 $C_k(y)$ 都是一个关于 y 的不超过

n 次的多项式,但是却有 $n+1$ 个零点,故所有的系数都为零.

回到原题. 假设 F 中 $x^n y^n z^n$ 这一项系数为 0,那么设 z 为常数,考虑按 x 和 y 的次数来整理多项式 F. F 中,$x^n y^n$ 项的系数是一个关于 z 的,不超过 $n-1$ 次的多项式. 但是由引理 2,这个多项式却拥有 $1,2,\cdots,n$ 共 n 个零点,故它是零多项式. 现在我们令 $z=0$,化归成关于 x 和 y 的多项式. 此时,$x^n y^n$ 项的系数已经是 0,但是我们却发现,这个多项式恰恰在 $x=y=0$ 时非零,在 $x=p,y=q(p,q=0,1,2,\cdots,n$ 且 p,q 不全为 $0)$ 时为零,这与刚才的引理 1 矛盾.

综上,我们证明了多项式 F 中 $x^n y^n z^n$ 这一项系数非零,即原乘积多项式至少有 $3n$ 次,即至少需要 $3n$ 个平面,才能覆盖题目中要求的所有点而不过原点. 故原题的答案为 $3n$.

评论 这是一道很难的题目,最关键的一点就是将这个看似组合计数的题目,转化成纯代数问题. 尤其是在有二维背景的前提下,在考试规定的时间内,更是很少有人能跳出思维的局限. 这或许就是为什么全世界顶尖的高中生只有区区 4 人做出此题的原因吧!

解法 2 很容易发现 $3n$ 个平面能满足要求,例如平面 $x=i,y=i$ 和 $z=i(i=1,2,\cdots,n)$,易见这 $3n$ 个平面的并集包含 S 但不含原点. 另外的例子是平面集
$$x+y+z=k \quad (k=1,2,\cdots,3n)$$
我们证明 $3n$ 是最少可能数,下面的引理是关键的.

引理 3 考虑 k 个变量的非零多项式 $P(x_1,\cdots,x_k)$. 若所有满足 $x_1,\cdots,x_k \in \{0,1,\cdots,n\}, x_1+\cdots+x_k>0$ 的点 $(x_1,\cdots,x_k)$ 都是 $P(x_1,\cdots,x_k)$ 的零点,且

$P(0,0,\cdots,0) \neq 0$,则 $\deg P \geqslant kn$①.

证明 我们对 k 用归纳法:当 $k=0$ 时,由 $P \neq 0$ 知结论成立. 现假设结论对 $k-1$ 成立,下证结论对 k 成立.

令 $y = x_k$,设 $R(x_1,\cdots,x_{k-1},y)$ 是 P 被 $Q(y) = y(y-1)\cdots(y-n)$ 除的余式.

因为多项式 $Q(y)$ 以 $y = 0,1,\cdots,n$ 为 $n+1$ 个零点,所以 $P(x_1,\cdots,x_{k-1},y) = R(x_1,\cdots,x_{k-1},y)$ 对所有 $x_1,\cdots,x_{k-1},y \in \{0,1,\cdots,n\}$ 成立.

因此,R 也满足引理的条件.

进一步有 $\deg_y R \leqslant n$,又明显地 $\deg R \leqslant \deg P$,所以只要证明 $\deg R \geqslant nk$ 即可.

现在,将多项式 R 写成 y 的降幂形式
$$R(x_1,\cdots,x_{k-1},y) = R_n(x_1,\cdots,x_{k-1})y^n + \\ R_{n-1}(x_1,\cdots,x_{k-1})y^{n-1} + \cdots + \\ R_0(x_1,\cdots,x_{k-1})$$
下面我们证明 $R_n(x_1,\cdots,x_{k-1})$ 满足归纳假设条件.

事实上,考虑多项式
$$T(y) = R(0,\cdots,0,y)$$
易见 $\deg T(y) \leqslant n$,这个多项式有 n 个根,$y = 1,\cdots,n$;另一方面,由 $T(0) \neq 0$ 知 $T(y) \neq 0$,因此 $\deg T = n$,且它的首项系数是 $R_n(0,\cdots,0) \neq 0$(特别地,在 $k=1$ 的情况下,我们得到系数 R_n 是非零的).

类似地,取任意 $a_1,\cdots,a_{k-1} \in \{0,1,\cdots,n\}$ 且 $a_1 + \cdots + a_{k-1} > 0$.

---

① degré 是法文"次数"的意思,本书中以 $\deg a$ 表示多项式 a 的次数.——编者注

代数几何中的 Bézout 定理

在多项式 $R(x_1,\cdots,x_{k-1},y)$ 中令 $x_i=a_i$,我们得到 y 的多项式 $R(a_1,\cdots,a_{k-1},y)$ 以 $y=0,\cdots,n$ 为根且 $\deg R\leqslant n$,因此它是一个零多项式.

所以 $R_i(a_1,\cdots,a_{k-1})=0$ $(i=0,1,\cdots,n)$,特别有 $R_n(a_1,\cdots,a_{k-1})=0$.

这样我们就证明了多项式 $R_n(x_1,\cdots,x_{k-1})$ 满足归纳假设的条件,所以 $\deg R_n \geqslant (k-1)n$.

故 $\deg R \geqslant \deg R_n + n \geqslant kn$. 引理得证.

回到原题. 假设 N 个平面的并集包含 S 但不含原点. 设它们的方程是

$$a_i x + b_i y + c_i z + d_i = 0$$

考虑多项式

$$P(x,y,z) = \prod_{i=1}^{N}(a_i x + b_i y + c_i z + d_i)$$

它的阶为 N. 对任何 $(x_0,y_0,z_0)\in S$,这个多项式有性质 $P(x_0,y_0,z_0)=0$,但 $P(0,0,0)\neq 0$. 因此,由引理 3 我们得到 $N=\deg P\geqslant 3n$.

(此解法属于朱华伟和付云皓)

我们再来看一道以贝祖(Bézout)定理①为背景的问题.

求出所有使曲线 $y=\alpha x^2+\alpha x+\dfrac{1}{24}$ 和曲线 $x=\alpha y^2+\alpha y+\dfrac{1}{24}$ 相切的 α 的值.

(这是一道第 68 届美国大学生数学竞赛试题)

解得 α 为 $\dfrac{2}{3},\dfrac{3}{2},\dfrac{13\pm\sqrt{601}}{12}$.

---

① 贝祖(Bézout),法国人,1739—1783. ——编者注

第1章 一道背景深刻的IMO试题

解法1 设 C_1 和 C_2 分别是曲线 $y = \alpha x^2 + \alpha x + \dfrac{1}{24}$ 和 $x = \alpha y^2 + \alpha y + \dfrac{1}{24}$，并且设 L 是直线 $y = x$. 我们考虑三种情况：

（1）如果 C_1 和 L 相切，则切点 (x, x) 满足 $2\alpha x + \alpha = 1, x = \alpha x^2 + \alpha x + \dfrac{1}{24}$，由对称性，$C_2$ 也和 L 在那相切，因此 C_1 和 C_2 相切. 在上面的第一个方程中写 $\alpha = \dfrac{1}{2x+1}$ 并代入第二个方程，我们有

$$x = \frac{x^2 + x}{2x+1} + \frac{1}{24}$$

它可化简为

$$0 = 24x^2 - 2x - 1 = (6x+1)(4x-1)$$

或

$$x \in \left\{\frac{1}{4}, -\frac{1}{6}\right\}$$

这就得出

$$\alpha = \frac{1}{2x+1} \in \left\{\frac{2}{3}, \frac{3}{2}\right\}$$

（2）如果 C_1 不和 L 相交，那么 C_1 和 C_2 被 L 分开，因此它们不可能相切.

（3）如果 C_1 和 L 交于两个不同的点 P_1, P_2，那么它不可能和 L 在其他点相切. 假设在这两点之一，比如说 P_1, C_1 的切线是垂直于 L 的，则由对称性，C_2 也是这样，因此 C_1 和 C_2 将在 P_1 处相切. 在这种情况，点 $P_1 = (x, x)$ 满足

$$2\alpha x + \alpha = -1, x = \alpha x^2 + \alpha x + \frac{1}{24}$$

在上面的第一个方程中写 $\alpha = -\dfrac{1}{2x+1}$ 并代入第二个方程,我们有

$$x = -\frac{x^2+x}{2x+1} + \frac{1}{24}$$

或

$$x = \frac{-23 \pm \sqrt{601}}{72}$$

这导致

$$\alpha = -\frac{1}{2x+1} = \frac{13 \pm \sqrt{601}}{12}$$

如果 C_1 在 P_1, P_2 的切线不与 L 垂直,那么我们断言 C_1 和 C_2 不可能有任何切点. 确实,如果我们去数 C_1 和 C_2 的交点个数(通过把 C_1 代入到 C_2 的 y 中,然后对 y 求解),我们算上重数至多得出 4 个解,其中两个是 P_1 和 P_2,而任意切点就是多出来的两个. 然而除了和 L 的交点之外,任意切点都有一个镜像,它也是切点. 但是我们不可能有 6 个解,这样,我们就求出了所有可能的 α.

解法 2 对 α 的任何非零的值,二次曲线在复射影平面 $P^2(C)$ 上将交于 4 点,为了确定这些交点的 y 坐标,把两个方程相减得到

$$y - x = \alpha(x-y)(x+y) + \alpha(x-y)$$

因此在交点处或者 $x = y$,或者 $x = -\dfrac{1}{\alpha} - (y+1)$. 把这两个可能的线性条件代入第二个方程说明交点的 y 坐标是 $Q_1(y) = \alpha y^2 + (\alpha - 1)y + \dfrac{1}{24}$ 的根或 $Q_2(y) = \alpha y^2 + (\alpha + 1)y + \dfrac{25}{24} + \dfrac{1}{\alpha}$ 的根.

第1章　一道背景深刻的 IMO 试题

如果两条曲线相切,则至少有两个交点将重合;反过来也对,由于一条曲线是 x 的图像. 当 Q_1 或 Q_2 的判别式至少一个是 0 时,曲线将重合. 计算 Q_1 或 Q_2 的判别式(精确到常数因子)产生

$$f_1(\alpha) = 6\alpha^2 - 13\alpha + 6$$

和
$$f_2(\alpha) = 6\alpha^2 - 13\alpha - 18$$

另一方面,如果 Q_1 或 Q_2 有公共根,则它必须也是 $Q_2(y) - Q_1(y) = 2y + 1 + \dfrac{1}{\alpha}$ 的根,这得出

$$y = -\frac{1+\alpha}{2\alpha}$$

和
$$0 = Q_1(y) = -\frac{f_2(\alpha)}{24\alpha}$$

那样,使得两条曲线相切的 α 的值必须被包含在 f_1 和 f_2 的零点的集合,即 $\dfrac{2}{3}$,$\dfrac{3}{2}$ 和 $\dfrac{13 \pm \sqrt{601}}{12}$ 之中.

注 在 $P^2(C)$ 中,两条二次曲线算上重数将交于 4 个点是贝祖定理的特例,这个定理是:$P^2(C)$ 中的两条阶为 m,n,并且没有公因子的曲线算上重数恰相交于 mn 个点.

很多解答者感到提出者选择参数 $\dfrac{1}{24}$ 是否有特殊的原因,这一选择给出两个有理根和两个无理根. 事实上,这一参数如何选择与问题没有本质关系. 为使 4 个根都是有理数,用 β 代替 $\dfrac{1}{24}$ 使 $\beta^2 + \beta$ 和 $\beta^2 + \beta + 1$ 都是完全平方数即可. 但除了平凡情况($\beta = 0, -1$)这一例外,由于椭圆曲线的秩是 0(感谢 Noam Elkies 提供的计算),实际上不可能发生这种情况.

然而,存在着处于中间状态的选择,例如 $\beta = \dfrac{1}{3}$ 给出 $\beta^2 + \beta = \dfrac{4}{9}$ 和 $\beta^2 + \beta + 1 = \dfrac{13}{9}$,而 $\beta = \dfrac{3}{5}$ 给出 $\beta^2 + \beta = \dfrac{24}{25}$ 和 $\beta^2 + \beta + 1 = \dfrac{49}{25}$.

我们知道:两条直线交于一点;直线与圆锥曲线交于两点;两条圆锥曲线交于四点. 将其引申下去就得到代数几何的开卷定理.

定理 1(贝祖定理) 次数分别为 M 和 N 的两条代数曲线,如果没有公共分支,则恰好交于 MN 个点(要恰当地计数).

第三个例子是关于帕斯卡定理的高等证明.

帕斯卡定理 设 A,B,C,D,E,F 是同一个圆上的六个点,直线 AB,DE 相交于点 P,直线 BC,EF 相交于点 Q,直线 CD,FA 相交于点 R,则 P,Q,R 三点共线(图 1.1).

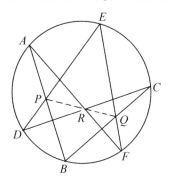

图 1.1　帕斯卡定理

定理中的圆可以改为其他二次曲线,即抛物线、双曲线,或者两条直线.

介绍使用射影几何和代数几何来证明帕斯卡定理

的方法.

(1) 使用射影几何的证明方法

过圆心 O 作一条垂直于圆所在平面的直线,在其上任取一点 S,考虑以 S 为顶点,该圆为底面的圆锥,用一个与 S,P,Q 三点确定的平面平行的平面 α 截这个圆锥,得到一个椭圆,设 A' 是直线 SA 与平面 α 的交点,同理定义 B',C',D',E',F',这样 A',B',C',D',E',F' 都在同一个椭圆上(这实际上是以 S 为透视中心的中心射影). 由 A,B,P 共线知 A,B,P,S 共面,故 A,B,P,S,A',B' 共面,所以 $A'B' \parallel SP$(因 $SP \parallel \alpha$),同理 $D'E' \parallel SP$,故 $A'B' \parallel D'E'$. 同理,$B'C' \parallel E'F'$.

下面证明 $C'D' \parallel F'A'$,即证明:一个椭圆的内接六边形,若两组对边分别平行,则第三组对边也平行. 这可以通过将椭圆的长轴方向"压缩"使椭圆变成一个圆来证明,可用解析几何的方式证明压缩的过程中平行关系保持不变(这个"压缩"实际上是射影几何中以无穷远点为透视中心的中心射影),而圆内同样的结论是显然成立的(图 1.2).

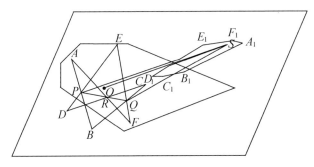

图 1.2 帕斯卡定理的射影几何证明

由 C,D,R 共线知 C,D,R,S 共面,故 $C,D,R,S,$

代数几何中的 Bézout 定理

C',D' 共面：设此面为 β，同理可假设过 F,A,R,S,F'，A' 的面为 γ. 由 $C'D' /\!/ F'A'$ 知 $C'D' /\!/ \gamma, F'A' /\!/ \beta$，因此 β, γ 的交线 RS 也与它们平行. 故 $RS /\!/ \alpha$，结合 α 的定义可知 P,Q,R,S 四点共面，于是 P,Q,R 三点共线，证毕.

上述证明中，第一段和第三段在射影几何中也是显然的，无需这样细致的解释. 也就是说，在射影几何中仅需做两次中心射影变换，即可证明帕斯卡定理.

（2）使用代数几何的证明方法

建立平面直角坐标系 xOy，考虑直线 AB, CD, EF 所对应的一次式，将它们乘起来得到一个三次曲线的方程 $f(x,y)$；考虑直线 BC, DE, FA 所对应的一次式，将它们乘起来得到一个三次曲线的方程 $g(x,y)$. 在圆上任取不同于 A,B,C,D,E,F 的一点 K，设它的坐标为 (x', y'). 显然 $f(x', y'), g(x', y')$ 都不等于 0，适当选取非零参数 u, v，使得

$$u \cdot f(x', y') + v \cdot g(x', y') = 0$$

设 $u \cdot f(x,y) + v \cdot g(x,y) = h(x,y)$，则 $h(x,y)$ 显然不是零多项式（任取 AB 上除 A,B,P 外的任一点 $M:(x_m, y_m)$，则 $f(x_m, y_m)=0$，但 $g(x_m, y_m) \neq 0$）. $h(x,y)$ 代表一个不超过 3 次的曲线，但它却与 $ABCDEF$ 的外接圆（这是一个 2 次曲线）有 A,B,C,D,E,F,K 七个公共零点. 由贝祖定理，代表这两个曲线的多项式一定有公共因式，但代表圆的多项式不可能拆成两个一次因式的乘积（否则将是两条直线而不是圆），所以 $h(x,y)$ 一定是代表圆的多项式再乘上一个一次多项式所得. 注意将 P,Q,R 三点的坐标代入 f,g，结果都是零，故将它们的坐标代入 h，结果也是零. 由于 P,Q,R 都

第 1 章 一道背景深刻的 IMO 试题

不在圆上,所以它们必然都是那个一次多项式的零点,这也说明 P,Q,R 三点共线,证毕.

相比射影几何,用代数几何的证明还是需要一个小技巧,即取圆上第七个点 K,并构造 f,g 的线性组合使其以 K 为零点,这样构造出一个三次曲线与一个二次曲线有 $3 \times 2 + 1 = 7$ 个公共零点,从而恰到好处地使用了贝祖定理. 贝祖定理的证明不可能对学生完全讲清,但是 3 次和 2 次曲线的特例则可以通过消元降次解方程的方法来说明.

通过讲解帕斯卡定理的高等证明,学生意识到在中学数学中非常有技巧的定理,在高等数学的观点下实际是平凡的,不需要任何花巧的高等数学有"重剑无锋,大巧不工"的意境,从而对即将到来的高等数学的学习产生了憧憬和向往.

这个定理首先被马克劳林(Maclaurin)于 1720 年所断言. 欧拉(Euler)于 1748 年,克莱姆(Cramer)于 1750 年都分别讨论过它,但是,是贝祖于 1770 年把它叙述得更完整.

而这仅限于代数曲线而不能推广到超越情形. 陈省身的学生希夫曼(Bernard Shiffman)1972 年在耶鲁大学(Yale University)当助理教授时与科纳尔巴(Cornalba)合作写了一篇论文"A Counterexample to the 'Transcendental Bézout Problem'"(Ann. of Math. 2,1972,402-406)中给出了一个反例,说明古典代数几何中著名的贝祖定理在超越的情况下是失效的.

多项式的简单预备知识

在这一章里,我们首先研究多项式的代数性质,而不管多项式也是函数. 换句话说,我们先研究加法、乘法和形式求导的运算.

定义 1(在一个整环 A 上具有一个未定元的多项式) 设 A 是一个整酉环,也就是说一个无零因子而有单位元素(乘法的中性元素)的环. 在以后,我们取为 A 的,或者是复数域 **C**,或者是实数域 **R**,或者是有理数域 **Q**(在研究具有多个未定元的多项式时,可以得到 A 是多项式环).

考虑 A 的元素的这样一个序列,使得从某个序标起,序列的所有以后的元素都等于 A 的 0 元素,这里 0 是 A 里加法的中性元素. 于是,得到一序列

$$a = (\alpha_0, \alpha_1, \cdots, \alpha_n, 0, 0, \cdots)$$

这里 $\alpha_i \in A$;这样的序列叫作 A 上具有一个未定元的多项式.

使 $\alpha_n \neq 0$ 的最大的序标叫作多项式 a 的次数.

第 2 章

元素 α_i 叫作多项式的系数;系数 α_0 叫作常数项.

如果所有的系数都等于 0,则对应的多项式用 0 来表示,且约定:它是没有次数的,我们偶尔也约定给它象征性的次数,记为 $-\infty$,这个符号按照约定满足不等式 $-\infty < n$,这里 n 是任意整数.

2.1 多项式矢量空间

设有两个多项式
$$a = (\alpha_0, \cdots, \alpha_n, 0, 0, \cdots)$$
和
$$b = (\beta_0, \cdots, \beta_m, 0, 0, \cdots)$$

如果有恒等关系,也就是说,如果 $n = m$(次数相同),又如果对一切 $i = 0, 1, 2, \cdots, n, \alpha_i = \beta_i$,则令 $a = b$.

定义 2(加法) 我们在多项式的集上定义一个内运算,记为加法,即
$$a + b = (\alpha_0 + \beta_0, \alpha_1 + \beta_1, \cdots)$$

我们看到,这个运算是可结合的和可交换的.

它有一个中性元素:这是记为 $0 = (0, 0, \cdots)$ 的多项式,它的所有系数都是零.

最后,每一多项式具有一个对称元素或相反元素,记为
$$-a = (-\alpha_0, \cdots, -\alpha_n, 0, 0, \cdots)$$
这是其系数都与 a 的系数反号的多项式.

于是对于这个规律,多项式的集构成一可交换的群.

要指出,如果两个多项式的次数不等,则 $a + b$ 的次数等于两个次数中较大的一个;如果两个次数相等,

则 $a+b$ 的次数可能变小,于是总有 $(a+b)$ 的次数 $\leq$ max{a 的次数,b 的次数},以后记为 $\deg(a+b) \leq$ max{$\deg a, \deg b$}. 零多项式的次数是不定的,$-a$ 的次数与 a 的次数相同.

定义 3(乘以 A 的元素的乘法) 设 $\lambda \in A$,令
$$\lambda a = (\lambda \alpha_0, \lambda \alpha_1, \cdots, \lambda \alpha_n, 0, 0, \cdots)$$
λa 是一多项式,它的系数是 a 的系数乘以 λ 的积.

如果 $\lambda \in A$ 且 $\mu \in A$,则有下列规则
$$\lambda(a+b) = \lambda a + \lambda b$$
$$(\lambda + \mu)a = \lambda a + \mu a$$
$$\lambda(\mu a) = (\lambda \mu)a$$
$$1 \cdot a = a$$

如果 $\lambda \neq 0$,则可看到 $\deg(\lambda a) = \deg a$.

在 A 是域 K 的情况下,这些运算将多项式集作成系数域 K 上的一矢量空间.

现在来考虑多项式 $u_n = (0, \cdots, 0, 1, 0, \cdots)$,它的系数除序标为 n 的一项以外都是零. 序标为 n 的一项的系数为 1,即 A 的单位元素;这样,u_n 仍是一 n 次多项式. 每一多项式 $a = (\alpha_0, \alpha_1, \cdots, \alpha_n, 0, 0, \cdots)$ 以唯一的方法写成下式
$$a = \alpha_0 u_0 + \alpha_1 u_1 + \cdots + \alpha_n u_n$$

在 A 为域 K 的场合,将 a 用唯一的方法表示为有限个元素 u_n 的线性组合,u_n 的系数为 K 的元素. 我们说,元素 u_n 形成多项式矢量空间的一个基. 基的元素的个数叫作矢量空间的维数. 这样,多项式矢量空间是无限维的.

通常的记法 为了后面要出现的理由,我们用记号 x^n 以代替 u_n. 重要的是指出下面一点:现时 x 不表

示什么东西,而 x^n 是一个符号,其中 n 与 x 是不能分离的,n 起到序标的作用. 最后,作为一个约定,我们写 $u_0 = x^0 = 1$.

我们通常还写为
$$a = \alpha_0 + \alpha_1 x + \cdots + \alpha_n x^n$$
或
$$a = \alpha_n x^n + \alpha_{n-1} x^{n-1} + \cdots + \alpha_1 x + \alpha_0$$

在第一种写法中,我们说 a 是按 x 的升幂排列的;在第二种写法中,a 是按 x 的降幂排列的.

在环 A 上多项式集记为 $A[x]$,x 叫作未定元或变量. 变量这一术语主要在我们把多项式看作函数时使用.

2.2 多项式环

多项式乘法 我们引入多项式集上的第二个组合规律,一种可结合的同时对于多项式加法可分配的规律.

根据可分配性,只要对 $\alpha_i x^i (\alpha_i \in A)$ 这种形式的多项式,定义第二个规律就行了.

对于 $\alpha_i \in A, \beta_i \in A$,我们令
$$(\alpha_i x^i)(\beta_j x^j) = \alpha_i \beta_j x^{i+j}$$

换句话说,未定元的相乘,其序标像幂指数那样处理.

如果
$$a = \alpha_0 + \alpha_1 x + \cdots + \alpha_n x^n, b = \beta_0 + \beta_1 x + \cdots + \beta_m x^m$$
则根据分配律,可以看出

代数几何中的 Bézout 定理

$$a \cdot b = \alpha_0\beta_0 + (\alpha_0\beta_1 + \alpha_1\beta_0)x + \cdots +$$
$$(\alpha_0\beta_i + \alpha_1\beta_{i-1} + \cdots + \alpha_i\beta_0)x^i + \cdots +$$
$$\alpha_n\beta_m x^{n+m}$$

这个运算是可换的,对于加法是可分配的. 我们可用一稍长但不甚困难的计算验证,它是可结合的.

我们要指出下面的重要性质
$$\deg(a \cdot b) = \deg a + \deg b$$

如果 $b = 0$,在约定对不论怎样的 n,总有 $-\infty = n + (-\infty)$ 时,上式仍保持为真.

集 $A[x]$ 是可交换环. 设多项式
$$u = \eta_0 + \eta_1 x + \cdots + \eta_l x^l$$

如果对任意多项式 a 有 $u \cdot a = a$,u 就是对于乘法的中性元素. 特别应该有 $ux^n = x^n$,于是
$$\eta_0 x^n + \eta_1 x^{n+1} + \cdots + \eta_l x^{n+l} = x^n$$

这就要求
$$\eta_0 = 1, \eta_1 = 0, \eta_2 = 0, \cdots, \eta_l = 0$$

这样就有 $u = x^0 = 1$;这就是将多项式 x^0 与数 1 等同的理由. 于是环 $A[x]$ 是酉环. 另一方面,多项式 x 可以与未定元等同,这是从下面意义来说的,用符号 x^i 表示的多项式是多项式 x 的 i 次幂,而后者又是按照刚刚定义的乘法来作成的.

我们来探求 $A[x]$ 有无零因子. 设 a 和 b 是 $A[x]$ 的两个多项式,且 $a \neq 0$;于是在 a 中至少存在一个系数 $\alpha_h \neq 0$;假设 h 是具有如下性质的最小序标,它使得如果存在整数 $i: 0 \leq i < h$,则有 $\alpha_i = 0$. 如果 b 的系数是 $\beta_0, \beta_1, \cdots$,由等式 $ab = 0$ 得
$$\alpha_h\beta_0 = 0, \alpha_h\beta_1 + \alpha_{h+1}\beta_0 = 0, \cdots$$

因 $\alpha_k \neq 0$,我们陆续推出 $\beta_0 = 0, \beta_1 = 0, \cdots$,于是就

第 2 章 多项式的简单预备知识

有 $b=0$. 于是环 $A[x]$ 是一个整环.

推论 1 由等式 $ab=ac$ 导致: 如果 $a\neq 0$, 则 $b=c$.

实际上, 等式 $ab=ac$ 也写为 $a(b-c)=0$; 然而 $a\neq 0$, 于是 $b-c=0$, 从而 $b=c$.

每个多项式 $a\neq 0$ 对乘法是正则的.

2.3 按降幂排列的除法

在这一部分, 我们假设 A 是一个域 K, 这里 K 或是 **C**, 或是 **R**, 或是 **Q**.

2.3.1 除法的等式

设已给两个多项式 a 和 b, 并不总是存在多项式 q, 使 $a=bq$. 如果存在这样的多项式 q, 就说 a 能被 b 整除, 或 b 整除 a, 或 a 是 b 的倍式.

这样, 多项式 0 是任一多项式的倍式.

为了使 a 能被 b 整除, 必须 a 属于 b 的倍式的集 I, 也就是 cb 这样形式的多项式的集, 这里 c 是一任意的多项式. 可以立刻验证: I 是 $K[x]$ 的子环; 而且 I 还是这个环的一个理想, 因为 b 的一个倍式被一任意的多项式来乘, 其积仍是 b 的倍式.

I 的每一非零多项式的次数至少等于 b 的次数, 因而 b 是 I 的一个非零多项式, 它有可能最小的次数.

如果 a 的次数严格小于 b 的次数, 则 a 不能被 b 整除, 除非 $a=0$.

于是设 $\deg a \geqslant \deg b$. 我们设法从 a 减去 b 的倍式, 倘若 $a\in I$, 则我们得到 I 的多项式, 其次数愈来愈小, 我们希望最后得到多项式 0, 在这种情况下, a 就能

代数几何中的 Bézout 定理

被 b 整除. 为了强调次数, 我们这里按序标下降的次序来写出多项式: 设
$$a = \alpha_n x^n + \alpha_{n-1} x^{n-1} + \cdots + \alpha_0 \quad (\alpha_n \neq 0)$$
$$b = \beta_m x^m + \beta_{m-1} x^{m-1} + \cdots + \beta_0 \quad (\beta_m \neq 0 \text{ 且 } n \geq m)$$
多项式
$$x^{n-m} \cdot b = \beta_m x^n + \beta_{m-1} x^{n-1} + \cdots + \beta_0 x^{n-m}$$
属于 I 且它的次数等于 a 的次数 n.

于是考虑多项式
$$a_{n-1} = a - \gamma_{n-m} x^{n-m} b \quad (\text{这里 } \gamma_{n-m} = \alpha_n / \beta_m)$$
此处涉及一个事实, 即系数的环应该是一个域, 为的是保证 γ_{n-m} 的存在, 这就要求 $\beta_m \neq 0$.

如果 $a \in I$, 且因 $b \in I$, 则多项式 $a_{n-1} \in I$, 且 a_{n-1} 的 x^n 的系数是 $\alpha_n - \gamma_{n-m} \beta_m = 0$. 从而, $\deg a_{n-1} \leq n - 1$.

对多项式 a_{n-1} 再做类似的运算, 并以此类推, 我们就一步一步地得到下面一系列关系
$$a - \gamma_{n-m} x^{n-m} b = a_{n-1}, \deg a_{n-1} \leq n - 1$$
$$a_{n-1} - \gamma_{n-m-1} x^{n-m-1} b = a_{n-2}, \deg a_{n-2} \leq n - 2$$
$$\vdots$$
$$a_m - \gamma_0 x^0 b = r, \deg r \leq m - 1$$

可是我们要指出: 如果在上述等式中有 $\deg a_i < i$, 我们就在关系 $a_i - \gamma_{i-m} x^{i-m} = a_{i-1}$ 中取 $\gamma_{i-m} = 0$, 从而就有 $a_i = a_{i-1}$.

最后, $\deg r \leq m - 1$ 表示 r 可能是零多项式.

将上述等式都加起来, 得如下式
$$a - (\gamma_{n-m} x^{n-m} + \gamma_{n-m-1} x^{n-m-1} + \cdots + \gamma_0) b = r$$
这就是说, 不论怎样的多项式 a 和 b, 存在一个多项式 q 和一个多项式 r, 使得 $a = bq + r$, 其中 $\deg r < \deg b$ (约定: $\deg 0 = -\infty$ 严格小于任何次数).

20

第2章 多项式的简单预备知识

我们来证明：如果 $\deg a \geqslant \deg b$，则
$$q = \gamma_{n-m} x^{n-m} + \cdots + \gamma_0$$
是 $n-m$ 次的多项式；实际上：$\gamma_{n-m} = \alpha_n / \beta_m \neq 0$.

如果 $\deg a < \deg b$，而等式
$$a = bq + r \quad (\text{其中 } \deg r < \deg b)$$
仍有效，则需取 $q=0$，于是 $r=a$.

这个关系叫作按降幂排列的除法的等式.

唯一性 不论怎样的 $K[x]$ 的多项式 a 和 b，至少存在一对多项式 q 和 r，使得 $a = bq + r$，其中 $\deg r < \deg b$. 我们来证明，这样的多项式对是唯一的.

假设还有
$$a = bq^* + r^* \quad (\text{其中 } \deg r^* < \deg b)$$
取两式之差，得
$$b(q^* - q) = r - r^*$$
于是
$$\deg b + \deg(q^* - q) = \deg(r - r^*)$$

可是 $\deg(r - r^*) < \deg b$，因而 $\deg(q^* - q) < 0$；适合上述等式的唯一次数是 $-\infty$，于是 $q^* - q = 0$，从而又有 $r - r^* = 0$.

我们能把定理叙述如下：

定理1 设给定环 $K[x]$ 的两个多项式 a 和 b，则存在唯一的多项式 q 和唯一的多项式 r，使得
$$a = bq + r, \deg r < \deg b$$
q 叫作按降幂 b 除 a 的商式，r 叫余式.

特别，如果 a 能被 b 整除，这就是说，存在一个多项式 c，使 $a = bc$；然而，这个关系就是上述除法的等式：$a = bq + r$，其中 $q = c$，而 $r = 0$；实际上 $r = 0$ 的次数是 $-\infty$，它小于 b 的次数. 由于唯一性，按照降幂除法

的演算给出 $q=c$ 和 $r=0$. 因此:

要使多项式 a 能被多项式 b 整除,其充分且必要条件是:按照降幂排列的 b 除 a 的余式是零.

实际计算 把多项式按未定元的降幂排列,作多项式除法运算,就同作整数除法一样.

例如

$a=5x^6$		$+1$	$x^2+2x+1=b$
$\gamma_4 x^4 b = 5x^6+10x^5+5x^4$			
$a_5=$	$-10x^5-5x^4$	$(+1)$	$5x^4-10x^3+$
$\gamma_3 x^3 b=$	$-10x^5-20x^4-10x^3$		$15x^2-20x+$
$a_4=$	$15x^4+10x^3$	$(+1)$	25
$\gamma_2 x^2 b=$	$15x^4+30x^3+15x^2$		$\gamma_4 x^4 +$
$a_3=$	$-20x^3-15x^2$	$(+1)$	$\gamma_3 x^3+\gamma_2 x^2+$
$\gamma_1 x b=$	$-20x^3-40x^2-20x$		$\gamma_1 x + \gamma_0$
$a_2=$	$25x^2+20x+1$		
$\gamma_0 b=$	$25x^2+50x+25$		
$a_1=r=$	$-30x-24$		

作为一条原则,$(+1)$ 必须写在圆括号里,然而当某个多项式 $\gamma_i x^i b$ 也包含与 $(+1)$ 的次数相同的项时,$(+1)$ 的圆括号就去掉了.

于是这里有
$$a=5x^6+1, b=x^2+2x+1, \text{且 } a=bq+r$$
其中
$$q=5x^4-10x^3+15x^2-20x+25$$
$$r=-30x-24$$
$$\deg q=4, \deg r=1 \text{ 且 } \deg r < \deg b = 2$$

2.3.2 两个多项式的最大公约式

多项式的理想 我们来证明,具有一个未定元的

第 2 章　多项式的简单预备知识

多项式的每一理想是由唯一的多项式的倍式形成的（一个这样的理想叫作主理想）.

事实上，设 I 是理想，且设 $b \in I, b \neq 0$，使得 $\deg b$ 是 I 的一切多项式中次数可能最小的（并不假设 b 是唯一的）. 设 $a \in I$ 是任意的，用 b 来除 a，就有 $a = bq + r$，于是 $r = a - bq$；可是 $a \in I, b \in I$，于是 $bq \in I$ 和 $a - bq = r \in I$. 但是 $\deg r < \deg b$；然而 0 是 I 中次数适合此不等式的唯一多项式，这样 $r = 0$ 且 $a = bq$. 因而 I 的每一多项式是 b 的倍式. 如果 $b_1 \in I$ 且 $\deg b_1 = \deg b$，则 $b_1 = bq$，给出 $\deg q_1 = 0$；于是 I 的与 b 的次数相同的每一多项式是 λb 的形式，$\lambda \in K$ 且 $\lambda \neq 0$.

两个多项式的最大公约式　设 a 和 b 是两个固定的多项式，我们来求 a 和 b 的公因子. 0 次多项式，即常数，总可作为公因子. a 和 b 的每一公因子同样可整除 $va + wb$，而不论 v 和 w 是怎样的多项式. 可是多项式 $va + wb$ 的集（这里 a 和 b 是固定的；v 和 w 是任意的），显然形成一个理想，于是这是主理想，也就是说，存在一个多项式 d，准确到一个常数因子，使得每一多项式 $va + wb$ 是 d 的倍式.

特别地，我们有：

(1) 对于某些多项式 v 和 w，有 $d = va + wb$；

(2) $a = a_1 d$ 且 $b = b_1 d$，因为 $v = 1, w = 0$ 时多项式 $1 \cdot a + 0 \cdot b$ 属于此理想；在 $v = 0, w = 1$ 时多项式 $0 \cdot a + 1 \cdot b$ 属于此理想.

由于 (1)，a 和 b 的每一公因式整除 d；而由于 (2)，d 的每一因式整除 a 和 b；a 和 b 的公因式的集因而等同 d 的因式的集；特别地，d 本身是次数最大的公因式，故叫作 a 和 b 的最大公因式（简写为 P. G. C. D.）.

我们要指出,(1)和(2)在其系数域是 K 的子域的每一域内也是有效的,于是两个多项式 a 和 b 的 P.G.C.D. 属于 a 和 b 的系数域. 这样,当 a 和 b 的系数是有理数时,a 和 b 的 P.G.C.D. 也有有理数系数,即使我们把 a 和 b 看作系数在实数域内或复数域内的多项式时,亦如此.

(1)和(2)中的等式同样也证明:如果 d 是 a 和 b 的 P.G.C.D.,则 ac 和 bc 的 P.G.C.D. 是 dc,不论 c 是怎样的多项式.

定义 4(互素多项式)　两个多项式 a 和 b,如果它们的 P.G.C.D. 是 0 次的(就是非零的常数),就叫作互素的.

定理 2(欧几里得(Euclid)定理)　如果 a 整除积 bc,又如果 a 和 b 是互素的,则 a 整除 c.

实际上,a 和 b 的 P.G.C.D. 是一非零常数,于是 ac 和 bc 的 P.G.C.D. 是 λc. 可是 a 整除 ac. 而按假设它整除 bc,因而整除 ac 和 bc 的 P.G.C.D.,它是 λc,于是 a 整除 c.

定义 5(素多项式)　一个多项式 p 叫作素多项式,或既约多项式,如果它除了本身和不等于零的常数外没有别的因式的话.

设 a 是任意多项式,d 是 a 和 p 的 P.G.C.D.;因为 p 是素多项式,d 就等于 p,或等于常数. 在第一种场合 a 是可被 p 整除的,在第二种场合 a 与 p 互素. 这样,任一多项式或者恰能被 p 整除,或者与 p 互素.

必须指出,与关于两个多项式的 P.G.C.D. 的论述相反,素多项式的概念主要依赖于系数域 K. 这样,多项式 x^2-4 在有理数域 **Q** 里不是素多项式,因为它

第2章 多项式的简单预备知识

能被 $x-2$ 和 $x+2$ 整除;多项式 x^2-2 在 **Q** 里是素多项式,然而在 **R** 里它不是素多项式,因为它能被 $x-\sqrt{2}$ 和 $x+\sqrt{2}$ 整除;多项式 x^2+1 在 **R** 里是素多项式,因而在 **Q** 里也是素多项式,然而在 **C** 里却不是素多项式,因为它能被 $x+i$ 和 $x-i$ 整除. 如果一个多项式在一个域里是素多项式,它在其一切子域里也是素多项式.

我们还要指出,次数为 1 的多项式是素多项式,而不论域 K 是怎样的,因为每一因式或者是常数,或者是它自身.

欧几里得定理使得将任一多项式唯一地分解为素多项式的理论成为可能,然而我们不准备涉及这个代数问题.

求 P. G. C. D. 的欧几里得算法 设 $\deg a \geq \deg b$,按照降幂排列用 b 除 a 可得

$$a = bq_0 + r_0, \deg r_0 < \deg b$$

接着用 r_0 除 b 可得

$$b = r_0 q_1 + r_1, \deg r_1 < \deg r_0$$

第三步用 r_1 除 r_0;我们又得到一个余式 r_2,它的次数低于 r_1 的次数. 又用 r_2 除 r_1,如此类推. 余式 r_0,r_1,… 的次数逐次严格下降,达到某个余式 r_{n-1} 能被 r_n 整除为止,于是

$$r_{n-2} = r_{n-1} q_n + r_n, \deg r_n < \deg r_{n-1}$$
$$r_{n-1} = r_n q_{n+1}$$

a 和 b 的每个公因式都能整除 r_0,于是根据第二个关系它能整除 r_1,……,直至最后能整除 r_n;反过来,r_n 的每个因式能整除 r_{n-1},于是能整除 r_{n-2},从而能整除 b 和 a. r_n 就是 a 和 b 的 P. G. C. D..

这种求 P. G. C. D. 的方法名为欧几里得算法;算

法(algorithm 这个名词)即计算方法的意思.

定理3(贝祖定理与恒等式) 设 a 和 b 是 $K[x]$ 的两个多项式,设 d 是它们的 P.G.C.D.,存在 $K[x]$ 的两个多项式 v 和 w,使得
$$va + wb = d$$
其中
$$\deg v < \deg b - \deg d$$
$$\deg w < \deg a - \deg d$$

这两多项式是唯一的.

证明 (1)特殊情况. 如果 a 和 b 是 $K[x]$ 的两个互素多项式,则存在 $K[x]$ 的两个唯一的多项式 v 和 w,使得
$$va + wb = 1$$
其中 $\deg v < \deg b, \deg w < \deg a$

(2)一般情况. 欧几里得算法的等式序列也可以写为
$$r_0 = v_0 a + w_0 b, \text{其中} v_0 = 1, w_0 = -q_0$$
于是 $\deg v_0 \leqslant 0, \deg w_0 = \deg a - \deg b$

考虑到这个关系,等式 $b = r_0 q_1 + r_1$ 就可写为
$$r_1 = v_1 a + w_1 b$$
其中,$v_1 = -q_1, w_1 = q_0 q_1 + 1$,则有
$$\deg v_1 = \deg b - \deg r_0$$
$$\deg w_1 = \deg a - \deg b + \deg b - \deg r_0$$
$$= \deg a - \deg r_0$$

于是假设,对于某个 $h < k$,得到
$$r_h = v_h a + w_h b$$
其中
$$\deg v_h = \deg b - \deg r_{h-1}$$

第 2 章　多项式的简单预备知识

$$\deg w_h = \deg a - \deg r_{h-1}$$

于是关系 $r_{k-2} = r_{k-1}q_k + r_k$ 给出

$$r_k = v_{k-2}a + w_{k-2}b - (v_{k-1}a + w_{k-1}b)q_k$$

从而

$$r_k = v_k a + w_k b$$

其中

$$v_k = -q_k v_{k-1} + v_{k-2}, w_k = -q_k w_{k-1} + w_{k-2}$$

我们有

$$\deg(q_k v_{k-1}) = \deg r_{k-2} - \deg r_{k-1} + \deg b - \deg r_{k-2}$$
$$= \deg b - \deg r_{k-1}$$

从而

$$\deg(q_k v_{k-1}) > \deg v_{k-2} = \deg b - \deg r_{k-3}$$

且有

$$\deg v_k = \deg b - \deg r_{k-1}$$

同样能证明

$$\deg w_k = \deg a - \deg r_{k-1}$$

于是,所得到的公式对一切 k 为真. 同样能指出,如果令 $v_{-1}=0, w_{-1}=1$ 且 $v_{-2}=1, w_{-2}=0$,为了实际计算而使用的公式,仍然为真.

特别地,对 P. G. C. D. $d = r_n$,公式为真,于是存在两个多项式 $v = v_n$ 和 $w = w_n$,使得

$$d = va + wb$$

这里更有

$$\deg v = \deg b - \deg r_{n-1} < \deg b - \deg d$$
$$\deg w = \deg a - \deg r_{n-1} < \deg a - \deg d$$

（3）唯一性. 我们已看到,d 是用形式 $va + wb$ 来表示的,然而我们得到 v 和 w 的精确次数. 我们来证明,

代数几何中的 Bézout 定理

关于次数的条件导致这些多项式的唯一性.

实际上, 设还有
$$d = v^* a + w^* b$$
其中
$$\deg v^* < \deg b - \deg d$$
$$\deg w^* < \deg a - \deg d$$

取两个 d 的表达式的差, 得到
$$(v - v^*)a = (w^* - w)b$$

用 d 除 a 和 b, 设 $a = da_1, b = db_1$, 而 a_1 和 b_1 是互素的, 且 $\deg a_1 = \deg a - \deg d$, $\deg b_1 = \deg b - \deg d$.

用 d 来除等式两端, 得
$$(v - v^*)a_1 = (w^* - w)b_1$$

可是 a_1 能整除 $(w^* - w)b_1$, 而它与 b_1 又互素, 于是根据欧几里得定理, a_1 可整除 $w^* - w$. 于是有
$$w^* - w = a_1 q_1$$

我们有
$$\deg(w^* - w) < \deg a - \deg d$$

另一方面
$$\deg(a_1 q_1) = \deg a_1 + \deg q_1$$
$$= \deg a - \deg d + \deg q_1$$

这样, $\deg q_1 < 0$, 就是说 $q_1 = 0$, 从而 $w^* - w = 0$, 且 $v - v^* = 0$.

这种证明过程还说明: 如果我们把 d 表示成形式 $d = v^* a + w^* b$, 而对 v^2 和 w^* 的次数无限制, 则每一个 v^*, w^* 的等式组都可用下列公式从 v, w 推出来
$$v^* = v + cb_1, w^* = w - ca_1$$

这里 c 是任意的多项式.

第 2 章　多项式的简单预备知识

例如,设
$$a = x^5 + x^4 + x^3 + x^2 + x + 1$$
$$b = x^4 - 1$$

作逐次除法就得到
$$q_0 = x + 1, r_0 = x^3 + x^2 + 2x + 2$$
$$q_1 = x - 1, r_1 = -x^2 + 1$$
$$q_2 = -x - 1, r_2 = 3x + 3$$
$$q_3 = -\frac{1}{3}(x - 1), r_3 = 0$$

于是 P.G.C.D. d 是多项式 r_2,或者准确到(不计)常数因子,$d = x + 1$.

为了从贝祖恒等式求多项式 v 和 w,我们利用递推公式
$$v_k = -q_k v_{k-1} + v_{k-2}$$
$$w_k = -q_k w_{k-1} + w_{k-2}$$

从 $k = -2$ 出发,由此有

k	$-q_k$	v_k	w_k
-2		1	0
-1		0	1
0	$-(x+1)$	1	$-(x+1)$
1	$-(x-1)$	$-(x-1)$	x^2
2	$x+1$	$-x^2+2$	x^3+x^2-x-1

这样就有
$$d = 3(x+1) = (-x^2+2)a + (x^3+x^2-x-1)b$$
且
$$\deg(-x^2+2) < \deg b - \deg d = 4 - 1 = 3$$
$$\deg(x^3+x^2-x-1) < \deg a - \deg d = 5 - 1 = 4$$

2.4 代数曲线论中的贝祖定理

我们在实数域和实平面上讨论代数曲线的性质.

若 $p(x,y)$ 是一个二元(非零的) n 次多项式,则把平面 Oxy 上所有满足方程
$$p(x,y)=0$$
的点所构成的集合称为与 $p(x,y)$ 相应的 n 次代数曲线,并简称为 n 次代数曲线 $p(x,y)$. 若 n 次多项式 $p(x,y)$ 可表为两个次数不低于 1 的实系数多项式之积,则说多项式 $p(x,y)$(或代数曲线 $p(x,y)$)是可约的,否则说多项式 $p(x,y)$(或代数曲线 $p(x,y)$)是不可约的.

关于代数曲线交点个数也有下述著名的贝祖定理.

定理 4 若 m 次代数曲线 $p_1(x,y)$ 和 n 次代数曲线 $p_2(x,y)$ 交点个数多于 mn,则一定有次数既不超过 m 也不超过 n 的非零多项式 $q(x,y)$ 存在,使得
$$p_1(x,y)=q(x,y)r_1(x,y)$$
$$p_2(x,y)=q(x,y)r_2(x,y)$$
式中, $r_1(x,y)$, $r_2(x,y)$ 分别为次数小于 m 和 n 的二元实系数多项式.

证明 设 $(x_1,y_1),\cdots,(x_{mn+1},y_{mn+1})$ 为代数曲线
$$p_1(x,y)=a_0(x)+a_1(x)y+\cdots+a_m(x)y^m=0$$
和
$$p_2(x,y)=b_0(x)+b_1(x)y+\cdots+b_n(x)y^n=0$$
的 $mn+1$ 个互不相同的交点. 我们不妨假设 $a_m\neq 0$ 和

$b_n \neq 0$,并且假设 $x_1, \cdots, x_{mn+1}$ 互不相同(否则可作坐标旋转变换,使得两条代数曲线在新的坐标系下满足这种要求,证明上述结论后再作逆变换即可). 显然, $a_i(x)$ 和 $b_j(x)$ 分别是次数不超过 $m-i$ 和 $n-j$ 的一元多项式 ($i=0,1,\cdots,m; j=0,1,\cdots,n$).

考虑二元多项式 $p_1(x,y)$ 和 $p_2(x,y)$ 关于 y 的结式

$$S(x) = \left| \begin{matrix} a_0 & a_1 & a_2 & \cdots & a_m & & & & \\ & a_0 & a_1 & a_2 & \cdots & a_m & & & \\ & & \ddots & \ddots & \ddots & & \ddots & & \\ & & & a_0 & a_1 & a_2 & \cdots & a_m & \\ b_0 & b_1 & b_2 & \cdots & b_n & & & & \\ & b_0 & b_1 & b_2 & \cdots & b_n & & & \\ & & \ddots & \ddots & \ddots & & \ddots & & \\ & & & b_0 & b_1 & b_2 & \cdots & b_n & \end{matrix} \right| \begin{matrix} \left.\begin{matrix} \\ \\ \\ \\ \end{matrix}\right\}n\text{行} \\ \left.\begin{matrix} \\ \\ \\ \\ \end{matrix}\right\}m\text{行} \end{matrix} \quad (1)$$

这是一个 $m+n$ 阶行列式,其中含 a 的行共有 n 行,含 b 的行共有 m 行. 由于它的每个元素都是 x 的多项式,故展开后所得函数 $S(x)$ 为一元多项式. 为估计 $S(x)$ 的次数,将 a 的第 i 行乘以 x^{n-i+1},将 b 的第 j 行乘以 x^{m-j+1},便可看出 S 的次数为

$$(m+n)+(m+n-1)+\cdots+1 = \frac{1}{2}(m+n)(m+n+1)$$

与

$$\frac{1}{2}n(n+1) + \frac{1}{2}m(m+1)$$

之差,即 mn.

设 $A_1(x), A_2(x), \cdots, A_{m+n}(x)$ 分别是该行列式第一列诸元素的代数余子式,并令

代数几何中的 Bézout 定理

$$A(x,y) = A_1(x) + A_2(x)y + \cdots + A_n(x)y^{n-1}$$
$$B(x,y) = A_{n+1}(x) + A_{n+2}(x)y + \cdots + A_{m+n}(x)y^{m-1}$$

则必有恒等式

$$S(x) = A(x,y)p_1(x,y) + B(x,y)p_2(x,y) \quad (2)$$

这是由于

$$\begin{cases} p_1 \equiv a_0 + a_1 y + a_2 y^2 + \cdots + a_m y^m \\ yp_1 \equiv a_0 y + a_1 y^2 + \cdots + a_{m-1} y^m + a_m y^{m+1} \\ \qquad\qquad\vdots \\ y^{n-1} p_1 \equiv a_0 y^{n-1} + a_1 y^n + \cdots + a_m y^{m+n-1} \\ p_2 \equiv b_0 + b_1 y + b_2 y^2 + \cdots + b_n y^n \\ yp_2 \equiv b_0 y + b_1 y^2 + \cdots + b_{n-1} y^n + b_n y^{n+1} \\ \qquad\qquad\vdots \\ y^{m-1} p_2 \equiv b_0 y^{m-1} + b_1 y^m + \cdots + b_n y^{m+n-1} \end{cases} \quad (3)$$

分别将上述方程中第 i 个乘以 $A_i(x)$，然后相加便得式(2).

由式(2)和定理假设知 $S(x)$ 具有 $mn+1$ 个互不相同的零点 $x_1, x_2, \cdots, x_{mn+1}$，但次数不超过 mn，故必有 $S(x) \equiv 0$. 这说明行列式(1)的值为零. 因而其各行关于 x 的所有有理分式作成的域是线性相关的. 故存在不全为零的 $m+n$ 个有理分式 $\alpha_1(x), \alpha_2(x), \cdots, \alpha_n(x), -\beta_1(x), -\beta_2(x), \cdots, -\beta_m(x)$，使得用它们分别乘以式(1)的第 1 到第 $m+n$ 行之后相加得零向量. 对应地将此运算施加于式(3)诸方程然后相加，便得

$$(\alpha_1 + \alpha_2 y + \cdots + \alpha_n y^{n-1})p_1 - (\beta_1 + \beta_2 y + \cdots + \beta_m y^{m-1})p_2 \equiv 0$$

这说明存在关于 y 的非零多项式

$$\varphi(x,y) = \alpha_1(x) + \alpha_2(x)y + \cdots + \alpha_n(x)y^{n-1}$$
$$\psi(x,y) = \beta_1(x) + \beta_2(x)y + \cdots + \beta_m(x)y^{m-1}$$

使得
$$\varphi(x,y)p_1(x,y) \equiv \psi(x,y)p_2(x,y) \quad (4)$$
用 $\alpha_1, \alpha_2, \cdots, \beta_1, \cdots, \beta_m$ 的公分母 $W(x)$ 乘以式(4)两端得
$$W(x)\varphi(x,y)p_1(x,y) \equiv W(x)\psi(x,y)p_2(x,y)$$
$$(5)$$
恒等式(5)说明 $p_1(x,y)$ 能够整除 $W(x)\psi(x,y) \cdot p_2(x,y)$. 但 $p_1(x,y)$ 关于 y 的次数为 m, 比 $W(x) \cdot \psi(x,y)$ 关于 y 的次数($\leq m-1$)要高. 因此必有 $p_1(x,y)$ 的一个质因子(即不可约因子) $q(x,y)$ 能够整除 $p_2(x,y)$, 即存在次数分别小于 m 和 n 的多项式 $r_1(x,y)$ 和 $r_2(x,y)$, 使得
$$p_1(x,y) = q(x,y)r_1(x,y)$$
$$p_2(x,y) = q(x,y)r_2(x,y)$$
证完.

2.5 二元多项式插值的适定结点组

本节利用贝祖定理研究二元代数多项式插值的适定性. 设 $p_1(x,y), p_2(x,y), \cdots, p_k(x,y)$ 是定义在实平面 $\mathbf{R}^2$ 上的一组线性无关的实系数二元代数多项式, $\mathscr{P}$ 是它所张成的线性空间. $\mathscr{P}$ 中的元素的一般形式为
$$p(x,y) = c_1 p_1(x,y) + c_2 p_2(x,y) + \cdots + c_k p_k(x,y)$$
$$(6)$$
又设 $Q_1, Q_2, \cdots, Q_k \in \mathbf{R}^2$ 是 k 个互不相同的点. 对给定的函数 $f(x,y) \in C(\mathbf{R}^2)$, 求 $p(x,y) \in \mathscr{P}$, 使得满足插值条件

$$p(Q_i) = f(Q_i) \quad (i = 1,2,\cdots,k) \qquad (7)$$

这就是我们所要考虑的二元多项式插值问题(拉格朗日插值问题).

若 $p(x,y) \in \mathscr{P}$ 是一个非零多项式,则称代数曲线 $p(x,y) = 0$ 是 $\mathscr{P}$ 中的曲线.

基本引理 1 $\{Q_i\}_{i=1}^k$ 是 $\mathscr{P}$ 的适定结点组的充要条件是 $\{Q_i\}_{i=1}^k$ 不落在 $\mathscr{P}$ 中的任何一条代数曲线上.

证明 $\{Q_i\}_{i=1}^k$ 不是 $\mathscr{P}$ 的适定结点组的充分必要条件是

$$\Delta = \begin{vmatrix} p_1(Q_1) & p_2(Q_1) & \cdots & p_k(Q_1) \\ p_1(Q_2) & p_2(Q_2) & \cdots & p_k(Q_2) \\ \vdots & \vdots & & \vdots \\ p_1(Q_k) & p_2(Q_k) & \cdots & p_k(Q_k) \end{vmatrix} = 0$$

这等价于:有不全为零的实数 $c_1, c_2, \cdots, c_k$,使得

$$c_1 p_1(Q_i) + c_2 p_2(Q_i) + \cdots + c_k p_k(Q_i) = 0 \quad (i = 1,2,\cdots,k)$$

这又等价于:$\{Q_i\}_{i=1}^k$ 落在 $\mathscr{P}$ 中的某条代数曲线上. 证完.

今后,我们用 $\mathscr{P}_n$ 表示所有次数不超过 n 的二元多项式构成的空间,$\mathscr{P}_{m,n}$ 表示所有关于 x 次数不超过 m,关于 y 次数不超过 n 的二元多项式构成的空间. 关于 $\mathscr{P}_n$ 的适定结点组有以下定理:

定理 5 若 $\{Q_i\}_{i=1}^k$ 是 $\mathscr{P}_n$ 的适定结点组,且它的每个点都不在某条 l 次 ($l = 1,2$) 不可约代数曲线 $q(x,y) = 0$ 上,则在该曲线上任取的 $(n+3)l - 1$ 个不同的点与 $\{Q_i\}_{i=1}^k$ 一起必定构成 $\mathscr{P}_{n+l}$ 的一个适定结点组.

证明 按定义 $\{Q_i\}_{i=1}^k$ 中的点数为 $\frac{1}{2}(n+1)(n+2)$.

第 2 章 多项式的简单预备知识

用 u 表示沿 $q(x,y)=0$ 所取的 $(n+3)l-1$ 个点. $\mathfrak{B}$ 表示两个点组的并集,则它所含的点数为

$$\frac{1}{2}(n+1)(n+2)+(n+3)l-1=\frac{1}{2}(n+3)(n+2l)$$

当 $l=1,2$ 时这恰为空间 $\mathscr{P}_{n+l}$ 的维数. 以下用反证法证明 $\mathfrak{B}$ 是 $\mathscr{P}_{n+l}$ 的适定结点组. 假若不然,则由基本引理,有非零 $p(x,y)\in \mathscr{P}_{n+l}$ 使得

$$p(Q)=0 \quad (\forall Q\in \mathfrak{B})$$

但是

$$q(Q)=0 \quad (\forall Q\in \mathfrak{u})$$

$\mathfrak{u}\subseteq\mathfrak{B}$. 可见 l 次不可约代数曲线 $q(x,y)=0$ 与 $n+l$ 次代数曲线 $p(x,y)=0$ 至少有 $(n+3)l-1$ 个互不相同的零点. 但当 $l=1,2$ 时, $(n+3)l-1>(n+l)l$. 故由贝祖定理可知,必有次数小于 $n+l$ 的多项式 $r(x,y)$ 使得

$$p(x,y)=q(x,y)r(x,y)$$

由于 $p(x,y)\in \mathscr{P}_{n+l}, q(x,y)$ 是 l 次不可约多项式,故 $r(x,y)\in \mathscr{P}_n$,而且

$$r(Q_i)=p(Q_i)/q(Q_i)=0 \quad (i=1,2,\cdots,k)$$

由于 $\{Q_i\}_{i=1}^k$ 是 $\mathscr{P}_n$ 的适定结点组,故 $r(x,y)\equiv 0$. 从而 $p(x,y)\equiv 0$,这与 $p(x,y)$ 非零的假设矛盾. 证完.

由于在 $\mathbf{R}^2$ 上任取一点都可作成 $\mathbf{R}_0$ 的适定结点组,从它出发,反复应用定理 5 便可构造出 $\mathscr{P}_n$ 的适定结点组 $(n=1,2,\cdots)$. 在这里我们仅给出 $\mathscr{P}_n$ 的两类适定结点组的构造方法:

2.5.1 直线型结点组 $\mathfrak{C}_n$

第 0 步,在 $\mathbf{R}^2$ 上任取一点 Q_1 作为结点.

第 1 步,在 $\mathbf{R}^2$ 上任作一条直线 l_1 不通过点 Q_1,在

其上任选两互不相同的点作为新增加的结点.

……

第 n 步，在 $\mathbf{R}^2$ 上任作一条直线 l_n 不通过前面已选好的点，在其上任选 $n+1$ 个互不相同的点作为新增加的结点.

当第 n 步完成时所得到的结点组记为 $\mathfrak{C}_n$，并称它为直线型结点组. 根据定理 5，显然 $\mathfrak{C}_n$ 是 $\mathscr{P}_n$ 的适定结点组（图 2.1）.

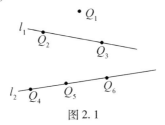

图 2.1

2.5.2 弧线型结点组 $\mathfrak{D}_{2n}$

第 0 步，在 $\mathbf{R}^2$ 上任取一点 Q_1 作为结点.

第 1 步，在 $\mathbf{R}^2$ 上任作一条二次不可约曲线 l_1（可以是椭圆、双曲线或抛物线）不通过点 Q_1，在其上任选 5 个互不相同的点作为新增加的结点（图 2.2）.

……

第 n 步，在 $\mathbf{R}^2$ 上任作一条二次不可约曲线 l_n 不通过前面已选好的点，在其上任选 $4n+1$ 个互不相同的点作为新增加的结点.

当第 n 步完成时所得到的结点组记为 $\mathfrak{D}_{2n}$，并称它为 $2n$ 次弧线型结点组. 根据定理 5，显然 $\mathfrak{D}_{2n}$ 是 $\mathscr{P}_{2n}$ 的适定结点组.

另外添加直线法和添加弧线法可交替使用（图 2.3）.

第 2 章 多项式的简单预备知识

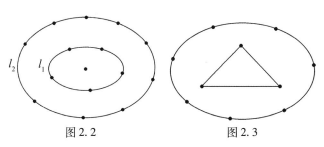

图 2.2　　　　　图 2.3

下面我们转而讨论插值空间 $\varphi_{m,n}$ 的适定结点组.

定理 6　设 $\{Q_i\}_{i=1}^k$ 是 $\mathbf{R}^2$ 上关于插值空间 $\mathscr{P}_{m,n}$ 的适定结点组. 若它的每个点都不在竖直线 $x=a$ 上, 则在该竖直线上任取的 $n+1$ 个互不相同的点与 $\{Q_i\}_{i=1}^k$ 一起必定构成 $\mathscr{P}_{m+1,n}$ 的适定结点组. 同样地, 若 $\{Q_i\}_{i=1}^k$ 的每个点都不在横直线 $y=b$ 上, 则在该横直线上任取的 $m+1$ 个互不相同的点与 $\{Q_i\}_{i=1}^k$ 一起必定构成 $\mathscr{P}_{m,n+1}$ 的适定结点组.

证明　只证定理的前半部分, 后半部分的证明是类似的. 用 $\mathfrak{u}$ 表示在 $x=a$ 上所取的 $n+1$ 个点作成的集合. $\mathfrak{B}=\mathfrak{u}\cup\{Q_i\}_{i=1}^k$, 则 $\mathfrak{B}$ 所含点数为 $(m+1)(n+1)+(n+1)=(m+2)(n+1)$. 这恰好等于空间 $\mathscr{P}_{m+1,n}$ 的维数. 下面用反证法证明 $\mathfrak{B}$ 是 $\mathscr{P}_{m+1,n}$ 的适定结点组. 假设 $\mathfrak{B}$ 不是 $\mathscr{P}_{m+1,n}$ 的适定结点组, 则由基本引理, 必有非零的 $p(x,y)\in\mathscr{P}_{m+1,n}$ 使得

$$p(Q)=0\quad(\forall Q\in\mathfrak{B})$$

特别有

$$p(Q)=0\quad(\forall Q\in\mathfrak{u})$$

由于 $\mathfrak{u}$ 是竖直线 $x=a$ 上所取的 $n+1$ 个不同的点, 故 $p(a,y)=0$ 有 $n+1$ 个互不相同的根. 但 $p(a,y)$ 是关于 y 次数不超过 n 的一元多项式, 故 $p(a,y)\equiv 0$. 这说明 $m+n+1$ 次代数曲线 $p(x,y)\equiv 0$ 与一次代数

曲线 $x-a=0$ 有无穷多个交点. 由贝祖定理知, 必有次数小于 $m+n+1$ 的多项式 $R(x,y)$, 使得
$$p(x,y)=(x-a)R(x,y)$$
由于 $p(x,y)\in \mathscr{P}_{m+1,n}$, 故 $R(x,y)\in \mathscr{P}_{m,n}$. 又由于在点组 $\{Q_i\}_{i=1}^{k}$ 上 $p(x,y)$ 取零值, 故有
$$R(Q_i)=0 \quad (i=1,2,\cdots,k)$$
从而 $R(x,y)=0$, 这与 $p(x,y)\neq 0$ 矛盾. 证完.

由于任取一竖直线上的 $n+1$ 个点构成 $\mathscr{P}_{0,n}$ 的适定结点组, 任一横直线的 $m+1$ 点构成 $\mathscr{P}_{m,0}$ 的适定结点组, 反复应用定理 6, 可构造出 $\mathscr{P}_{m,n}$ 的各种适定结点组. 以下就给出用这种方法构造的几类适定结点组:

(1) 竖线型结点组 $\mathfrak{u}_{m,n}$.

在 $\mathbf{R}^2$ 平面中任取 $m+1$ 条互不相同的竖直线, 在每条竖直线上任取 $n+1$ 个互不相同的点. 根据定理 6, 所有这些点构成 $\mathscr{P}_{m,n}$ 的适定结点组, 我们称之为竖线型结点组.

类似地可构造横线型结点组.

以下我们把添加竖线和添加横线结合起来构造所谓十字型结点. 我们把分别与 Ox 轴和 Oy 轴平行的一对直线称为一个十字, 而把这两条直线称为十字的两个分量.

(2) 十字型结点组 $\mathfrak{B}_{m,n}$.

第 0 步, 在 Oxy 平面上任取一点 Q_1 作为结点.

第 1 步, 在 Oxy 平面上作一个十字 X_1 不通过已造好的点 Q_1, 在其一个分量上任取两个互不相同的点, 而在该分量之外, 在另一个分量上再取一点.

……

第 n 步, 在 Oxy 平面上再作一个十字 X_n 不通过前

面已造好的点,在其一个分量上任取 $n+1$ 个互不相同点,而在该分量之外,在另一个分量上再任取 n 个互不相同的点.

当第 n 步完成时所得到的结点组记为 $\mathfrak{B}_{n,n}$,并称之为十字型结点组. $\mathfrak{B}_{n,n}$ 显然是空间 $\mathscr{P}_{n,n}$ 的适定结点组.

关于适定结点组的讨论为建立插值公式(插值格式)奠定了基础.

代数几何中的贝祖定理的简单情形

贝祖定理是说,如果 C 和 D 是两条平面曲线,其阶数分别为 $\deg C = m$, $\deg D = n$,则 C 与 D 的交点恰有 mn 个. 只要:(1)域是代数闭的;(2)以适当的重数计算交点个数;(3)在 P^2 中讨论以便考虑在"无穷远"处相交的情形. 在本段中我们讨论 C 和 D 中有一条是直线或二次曲线的简单情形.

下面用 $\#\{C \cap D\}$ 表示 C 与 D 的交点个数.

定理 1 令 $L \subset P^2(K)$ 为一条直线 ($C \subset P^2(K)$ 为非退化二次曲线),$D \subset P^2(K)$ 是由 $D:(G_d(X,Y,Z)=0)$ 给出的曲线,其中 G_d 为 X,Y,Z 的 d 次齐次多项式. 设 $L \not\subset D (C \not\subset D)$,则

$$\#\{L \cap D\} \leq d \quad (\#\{C \cap D\} \leq 2d)$$

事实上存在交点重数的自然定义使得当用重数来计点的个数时,上述不等式仍保持成立,而且当 K 为代数闭时,等式成立.

证明 直线 $L \subset P^2(K)$ 可由线性方程

第 3 章

第3章 代数几何中的贝祖定理的简单情形

$\lambda = 0$ 来确定,它可参数化为
$$X = a(U,V), Y = b(U,V), Z = c(U,V)$$
其中,a,b,c 都是 U,V 的线性型. 例如,若
$$\lambda = \alpha X + \beta Y + \gamma Z \text{ 且 } \gamma \neq 0$$
则 L 可表为
$$X = U, Y = V, Z = -\left(\frac{\alpha}{\gamma}\right)U - \left(\frac{\beta}{\gamma}\right)V$$
类似地,非退化二次曲线 C 可参数化为
$$X = a(U,V), Y = b(U,V), Z = c(U,V)$$
其中,a,b,c 是 U,V 的二次齐次多项式. 这是由于 C 是 $(XZ = Y^2)$ 的射影变换,而 $(XZ = Y^2)$ 可参数化为
$$(X,Y,Z) = (U^2, UV, V^2)$$
所以 C 可表为
$$\begin{pmatrix} X \\ Y \\ Z \end{pmatrix} = M \begin{pmatrix} U^2 \\ UV \\ V^2 \end{pmatrix}$$
其中 M 为 3×3 非奇异矩阵.

于是,求 $L(C)$ 与 D 的交点也就是要求出满足
$$F(U,V) = G_d(a(U,V), b(U,V), c(U,V)) = 0$$
的比 $(U:V)$. 因为 F 显然是 U,V 的 $d(2d)$ 次齐次多项式,便得定理之结论.

推论 1 设 $P_1, \cdots, P_5 \in P^2(\mathbf{R})$ 是 5 个相异的点,且任何 4 点都不共线,则最多存在一条二次曲线使之通过 $P_1, \cdots, P_5$ 这 5 个点.

证明 用反证法,假设存在不同的二次曲线 C_1 和 C_2,使得
$$C_1 \cap C_2 \supset \{P_1, \cdots, P_5\}$$
C_1 是非空的,故如果它还是非退化的话,则它射影等

价于参数化的曲线
$$C = \{(U^2, UV, V^2) \mid (U,V) \in P^1\}$$
于是,必有 $C_1 \subset C_2$ (图 3.1). 设 $Q_2(X,Y,Z)$ 是 C_2 的方程,则对所有 $(U,V) \in P^1$ 都有 $Q_2(U^2, UV, V^2) = 0$,因此 Q_2 与 $(XZ - Y^2)$ 只相差一个常数因子,此与 $C_1 \neq C_2$ 矛盾.

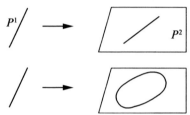

图 3.1

现在设 C_1 是退化的,则 C_1 要么是一对直线,要么是一条直线,且不难看出
$$C_1 = L_0 \cup L_1, \quad C_2 = L_0 \cup L_2$$
其中,L_1, L_2 为不同的直线(图 3.2). 但
$$C_1 \cap C_2 = L_0 \cup (L_1 \cap L_2)$$
于是 $P_1, \cdots, P_5$ 中至少有 4 个点落在 L_0 上,矛盾.

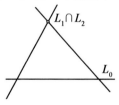

图 3.2

二次曲线的空间

令
$$S_2 = \{\mathbf{R}^3 \text{ 上的二次型}\} = \{3 \times 3 \text{ 对称矩阵}\} \cong \mathbf{R}^6$$
如果 $Q \in S_2$,记 $Q = aX^2 + 2bXY + \cdots + fZ^2$,则对于 $P_0 =$

第3章 代数几何中的贝祖定理的简单情形

$(X_0, Y_0, Z_0) \in P^2(\mathbf{R})$,可考虑关系 $P_0 \in C:(Q=0)$. 这个关系可表为

$$Q(X_0, Y_0, Z_0) = aY_0^2 + 2bX_0Y_0 + \cdots + fZ_0^2 = 0$$

而对于固定的 P_0,这是关于系数 $(a, b, \cdots, f)$ 的线性方程. 因此

$$S_2(P_0) = \{Q \in S_2 | Q(P_0) = 0\} \cong \mathbf{R}^5 \subset S_2 = \mathbf{R}^6$$

是一个 5 维的超平面. 对于 $P_1, \cdots, P_n \in P^2(\mathbf{R})$,类似地可定义

$$S_2(P_1, \cdots, P_n) = \{Q \in S_2 | Q(P_i) = 0, i = 1, \cdots, n\}$$

于是有关 6 个系数 $(a, b, \cdots, f)$ 的 n 个线性方程. 由此可得下面结果:

命题 1 $\dim S_2(P_1, \cdots, P_n) \geqslant 6 - n$.

我们也可期望"当 $P_1, \cdots, P_n$ 足够一般时,等式成立",更确切地说,有:

推论 2 如果 $n \leqslant 5$ 且 $P_1, \cdots, P_n$ 中任何 4 点都不共线,则

$$\dim S_2(P_1, \cdots, P_n) = 6 - n$$

证明 如果 $n = 5$,则由推论 1 知

$$\dim S_2(P_1, \cdots, P_5) \leqslant 1$$

故对此情形本推论成立. 如果 $n \leqslant 4$,添加点 $P_{n+1}, \cdots, P_5$ 而保持没有 4 点共线的条件仍成立. 由于每个点最多影响一个线性条件,故不难推出

$$1 = \dim S_2(P_1, \cdots, P_5) \geqslant$$
$$\dim S_2(P_1, \cdots, P_n) + (n - 5)$$

证毕.

注 如果给定 6 点 $P_1, \cdots, P_6 \in P^2(\mathbf{R})$,则它们可能落在也可能不落在同一条二次曲线上.

两条二次曲线的交点

正如前面所见,两条二次曲线通常交于 4 点,见图 3.3.

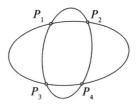

图 3.3

反之,给定 4 点 $P_1,\cdots,P_4 \in P^2$,在适当条件下,$S_2(P_1,\cdots,P_4)$ 是 2 维向量空间,因此,选取 $S_2(P_1,\cdots,P_4)$ 的一组基 Q_1, Q_2,就得两条二次曲线 C_1, C_2 使得 $C_1 \cap C_2 = \{P_1,\cdots,P_4\}$. 退化的相交情形则有多种可能(图 3.4).

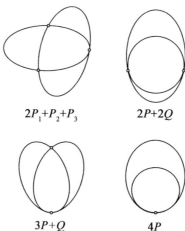

图 3.4

束中的退化二次曲线

定义 1 一个二次曲线束是一族形如

第3章 代数几何中的贝祖定理的简单情形

$$C_{(\lambda,\mu)}:(\lambda Q_1+\mu Q_2=0)$$

的二次曲线,它线性地依赖于参数(λ,μ). 把比例$(\lambda:\mu)$看作P^1中的点.

通过观测一些例子可以料想对某些特殊的$(\lambda:\mu)$,二次曲线$C_{(\lambda,\mu)}$是退化的. 事实上,记相应于二次型Q的3×3对称矩阵的行列式为$\det(Q)$,显然

$$C_{(\lambda,\mu)}\text{退化}\Leftrightarrow\det(\lambda Q_1+\mu Q_2)=0$$

利用Q_1,Q_2的对称矩阵,这个条件可表述为

$$F(\lambda,\mu)=\det\left[\lambda\begin{pmatrix}a&b&d\\b&c&e\\d&e&f\end{pmatrix}+\mu\begin{pmatrix}a'&b'&d'\\b'&c'&e'\\d'&e'&f'\end{pmatrix}\right]=0$$

注意到,$F(\lambda,\mu)$是(λ,μ)的三次齐次多项式,于是便得:

命题2 设$C_{(\lambda,\mu)}$是$P^2(K)$中的二次曲线束,且至少含1条非退化曲线(即$F(\lambda,\mu)$不恒等于零),则此二次曲线束最多含有3条非退化曲线. 如果$K=\mathbf{R}$,则此二次曲线束至少含有1条退化曲线.

证明 一个三次型最多有3个零点,而在$\mathbf{R}$上,至少有一个零点.

例 设$P_1,\cdots,P_4$是$P^2(\mathbf{R})$中不共线的4点,则通过$P_1,\cdots,P_4$的二次曲线束$C_{(\lambda,\mu)}$有3个退化元,即直线对$L_{12}+L_{34},L_{13}+L_{24},L_{14}+L_{23}$,其中$L_{ij}$是通过$P_i,P_j$的直线(图3.5).

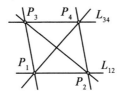

图3.5

其次，由 $Q_1 = Y^2 + rY + sX + t$ 和 $Q_2 = Y - X^2$ 生成的二次曲线束出发，可按下面步骤找出交点 $P_1, \cdots, P_4$：

（1）求出三个比例 $(\lambda:\mu)$，使 $C_{(\lambda,\mu)}$ 为退化二次曲线，这意味着需求出三次齐次型

$$F(\lambda,\mu) = \det\left[\lambda\begin{pmatrix} 0 & 0 & \dfrac{s}{2} \\ 0 & 1 & \dfrac{r}{s} \\ \dfrac{s}{2} & \dfrac{r}{2} & t \end{pmatrix} + \mu\begin{pmatrix} -1 & 0 & 0 \\ 0 & 0 & \dfrac{1}{2} \\ 0 & \dfrac{1}{2} & 0 \end{pmatrix}\right]$$

$$= -\frac{1}{4}(s^2\lambda^3 + (4t-r^2)\lambda^2\mu - 2r\lambda\mu^2 - \mu^3)$$

的三个零点.

（2）把这两条退化二次曲线分离为两对直线（此涉及解两个二次方程）.

（3）欲求的 4 点 $P_1, \cdots, P_4$ 就是这些直线的交点.

上述程序给出伽罗瓦理论中化简一般四次方程的一种几何方法（参见 Van der Waerden, Algebra, Ch. 8, §64）：设 K 为域，$f(X) = X^4 + rX^2 + sX + t \in K[X]$ 为四次多项式，$a_i, i = 1, \cdots, 4$ 是 f 的 4 个根，则有两条抛物线相交于 4 点 $P_i = (a_i, a_i^2)$. 于是直线 $L_{ij} = P_i P_j$ 由

$$L_{ij}: (Y = (a_i + a_j)X - a_i a_j)$$

给出，而可约二次曲线 $L_{12} + L_{24}$ 由方程

$$Y^2 + (a_1 a_2 + a_3 a_4)Y + (a_1 + a_2) \cdot$$
$$(a_3 + a_4)X^2 + sX + t = 0$$

即

$$Q_1 - (a_1 + a_2)(a_3 + a_4)Q_2 = 0$$

给出. 因此使二次曲线 $\lambda Q_1 + \mu Q_2$ 分裂成直线对的 3

第3章 代数几何中的贝祖定理的简单情形

个 μ/λ 值为
$$-(a_1+a_2)(a_3+a_4),\ -(a_1+a_3)(a_2+a_4)$$
$$-(a_1+a_4)(a_2+a_3)$$

其根为此3个值的三次方程称为四次方程
$$X^4+rX^2+sX+t=0$$

的辅助三次方程,它可利用初等对称函数的理论求出,但是计算相当繁复. 而上面描述的几何方法仅涉及一个 3×3 行列式的求值就导出了辅助三次方程.

射影空间中的交

第 4 章

本章的目的是研究射影空间中簇的交. 如果 Y 和 Z 均是 P^n 中的簇, 关于 $Y \cap Z$ 我们能说些什么? 我们已经知道 $Y \cap Z$ 不一定是簇. 但它是代数集合, 从而首先可以问它的不可约分支的维数. 从向量空间理论我们可以得到一些启示: 如果 U 和 V 分别是 n 维向量空间 W 的 r 维和 s 维子空间, 则 $U \cap V$ 是维数不小于 $r+s-n$ 的子空间. 此外, 如果 U 和 V 处于相当一般的位置, 则只要 $r+s-n \geq 0$, $U \cap V$ 的维数等于 $r+s-n$. 由向量空间的这个结果立刻推出 P^n 中线性子空间的类似结果. 本章第一个结果是: 如果 Y 和 Z 是 P^n 的维数分别为 r 和 s 的子簇, 则 $Y \cap Z$ 的每个不可约分支的维数不小于 $r+s-n$. 进而若 $r+s-n \geq 0$, 则 $Y \cap Z \neq \varnothing$.

如果知道了关于 $\dim(Y \cap Z)$ 的某些信息, 我们可以问更精确的问题. 例如, 若 $r+s=n$ 并且 $Y \cap Z$ 是有限个点, 那么 $Y \cap Z$ 共有多少个点? 让我们看一个特殊情形. 如果 Y 是 P^2 中 d 次曲线, Z 是 P^2

第4章 射影空间中的交

中一直线,则$Y \cap Z$至多有d个点,并且在适当计算重数的时候,$Y \cap Z$恰好有d个点. 这个结果推广成著名的贝祖定理,这个定理是说,如果Y和Z分别是d次和e次的平面曲线,$Y \neq Z$,则在考虑重数之后,$Y \cap Z$恰好有de个点. 我们将在本章后面证明贝祖定理.

贝祖定理推广到P^n,理想情形应当是这个样子:首先定义任意射影簇的次数. 设Y和Z为P^n中簇,维数分别为r和s,次数分别为d和e. 假设Y和Z处于相当一般的位置,使得$Y \cap Z$的所有不可约分支的维数均为$r+s-n$,并且设$r+s-n \geqslant 0$. 对$Y \cap Z$的每个不可约分支W,定义Y和Z沿着W的相交重数$i(Y,Z;W)$. 那么我们应当有

$$\sum i(Y,Z;W) \cdot \deg W = de$$

其中求和是取$Y \cap Z$的所有不可约分支.

这个推广的最困难部分是如何正确地定义相交重数(顺便指出,在塞维利(Severi, 1879—1961)几何地和谢瓦莱(Chevalley, 1909—1984)与韦伊(Weil, 1906—1998)代数地给出满意的定义之前,历史上曾经有过许多种尝试). 我们将只对Z为超曲面的情形定义相交重数.

本章中的主要任务是定义P^n中一个r维簇的次数. Y的次数的经典定义为Y与"相当一般"的$n-r$维线性空间L的交点个数. 但是这个定义使用起来很困难. 依次用$n-r$个"相当一般"的超平面去截Y,可以求出一个$n-r$维线性空间L,使得L与Y只交于有限个点,但是交点个数可能依赖于L. 此外,也很难说清楚什么是"相当一般".

因此,我们将利用射影簇的希尔伯特(Hilbert)多

项式给出次数的一种纯代数定义. 这个定义的几何背景不十分明显, 但它的好处是精确.

命题 1 (仿射维数定理) 设 Y 和 Z 是 A^n 中维数分别为 r 和 s 的簇, 则 $Y \cap Z$ 的每个不可约分支的维数均不小于 $r+s-n$.

证明 分几步进行. 先设 Z 是由方程 $f=0$ 定义的超曲面. 若 $Y \subseteq Z$ 则证毕. 若 $Y \not\subset Z$, 我们要证 $Y \cap Z$ 的每个不可约分支 W 的维数均为 $r-1$. 令 $A(Y)$ 为 Y 的仿射坐标环, 则 $Y \cap Z$ 的不可约分支对应于 $A(Y)$ 中主理想 (f) 的极小素理想 $\mathfrak{p}$. 由 Krull[①] 主理想定理知, 每个这种 $\mathfrak{p}$ 高均是 1, 从而由维数定理知
$$\dim A(r)/\mathfrak{p} = r-1$$
从而可知每个不可约分支 W 的维数均为 $r-1$.

对于一般情形, 考虑积 $Y \times Z \subseteq A^{2n}$, 易知这是 $r+s$ 维簇. 令 Δ 为对角形 $\{P \times P \mid P \in A^n\} \subseteq A^{2n}$. 由映射 $P \mapsto P \times P$ 知 A^n 同构于 Δ, 并且在这个同构之下, $Y \cap Z$ 对应于 $(Y \times Z) \cap \Delta$. 由于 $\dim \Delta = n$, 并且
$$r+s-n = (r+s) + n - 2n$$
从而将问题归结于讨论 A^{2n} 中两个簇 $Y \times Z$ 和 Δ 的情形. 现在 Δ 恰好是 n 个超曲面
$$x_1 - y_1 = 0, \cdots, x_n - y_n = 0$$
的交, 其中, $x_1, \cdots, x_n, y_1, \cdots, y_n$ 为 A^{2n} 的坐标. 将前面特殊情形利用 n 次即得结果.

定理 1 (射影维数定理) 设 Y 和 Z 为 P^n 中维数分别为 r 和 s 的簇, 则 $Y \cap Z$ 的每个不可约分支的维数均不小于 $r+s-n$. 此外若 $r+s-n \geqslant 0$, 则 $Y \cap Z \neq \varnothing$.

[①] 克鲁尔 (Krull, W.), 德国人, 1899—1971. ——编者注

第 4 章 射影空间中的交

证明 第一个论断由命题 1 推出,因为 P^n 由 n 维仿射空间覆盖. 关于第二个论断,令 $C(Y)$ 和 $C(Z)$ 分别是 Y 和 Z 在 A^{n+1} 中的锥,则
$$\dim C(Y) = r+1, \dim C(Z) = s+1$$
并且 $C(Y) \cap C(Z) \neq \varnothing$(因为二者均包含原点 $P = (0, \cdots, 0)$). 由仿射维数定理知
$$\dim(C(Y) \cap C(Z)) \geq (r+1)+(s+1)-(n+1)$$
$$= r+s-n+1 \geq 1$$
从而 $C(Y) \cap C(Z)$ 中包含某点 $Q \neq P$,即 $Y \cap Z \neq \varnothing$.

现在我们定义射影簇的希尔伯特多项式. 其想法是:对每个射影簇 $Y \subseteq P_k^n$,结合一个多项式 $P_Y \in \mathbf{Q}[z]$,由这个多项式可得到 Y 的许多数值不变量. 我们将从齐次坐标环 $S(Y)$ 来定义 P_Y,事实上,更一般地,对每个分次 S-模均可定义希尔伯特多项式,其中
$$S = k[x_0, \cdots, x_n]$$

定义 1 多项式 $P(z) \in \mathbf{Q}[z]$ 叫作整值的,是指对充分大的整数 n, $P(n) \in \mathbf{Z}$.

命题 2 (a) 若 $P \in \mathbf{Q}[z]$ 为整值多项式,则存在 $C_1, \cdots, C_r \in \mathbf{Z}$,使得
$$P(z) = C_0 \binom{z}{r} + C_1 \binom{z}{r-1} + \cdots + C_r$$
其中
$$\binom{z}{r} = \frac{1}{r!} z(z-1) \cdots (z-r+1)$$
特别地,对所有 $n \in \mathbf{Z}$ 均有 $P(n) \in \mathbf{Z}$.

(b) 设 $f: \mathbf{Z} \to \mathbf{Z}$ 为任意函数,并且存在整值多项式 $Q(z)$. 使得对充分大的 n,差分函数
$$\Delta f = f(n+1) - f(n)$$

等于 $Q(n)$，则存在整值多项式 $P(n)$，使得对充分大的 n, $f(n) = P(n)$.

证明 (a)对 $\deg P$ 归纳. $\deg P = 0$ 的情形是显然的. 由于 $\binom{z}{r} = \frac{z^r}{r!} + \cdots$, 我们可将每个 r 次多项式 $P \in \mathbf{Q}[z]$ 表成命题中形式, 其中, $C_0, \cdots, C_r \in \mathbf{Q}$. 对每个多项式 P 定义差分多项式 ΔP 为

$$\Delta P(z) = P(z+1) - P(z)$$

由 $\Delta \binom{z}{r} = \binom{z}{r-1}$ 可知

$$\Delta P = C_0 \binom{z}{r-1} + C_1 \binom{z}{r-2} + \cdots + C_{r-1}$$

由归纳假设得出 $C_0, \cdots, C_{r-1} \in \mathbf{Z}$, 再由对充分大的 n, $P(n) \in \mathbf{Z}$, 从而 $C_r \in \mathbf{Z}$.

(b) 记

$$Q = C_0 \binom{z}{r} + \cdots + C_r$$

其中, $C_0, \cdots, C_r \in \mathbf{Z}$. 令

$$P = C_0 \binom{z}{r+1} + \cdots + C_r \binom{z}{1}$$

则 $\Delta P = Q$. 从而对充分大的 n, $\Delta(f - P)(n) = 0$. 从而对充分大的 n, $(f - P)(n) = C_{r+1}$ (常数). 于是对充分大的 n 有

$$f(n) = P(n) + C_{r+1}$$

此即为所求.

其次我们需要分次模的一些知识. 设 S 为分次环, 一个分次 S - 模 M 是指 M 为 S 模并且有 Abel 群直和分解 $M = \bigoplus_{d \in \mathbf{Z}} M_d$, 使得 $S_d M_e \subseteq M_{d+e}$. 对每个分次 S - 模

M 和每个 $l \in \mathbf{Z}$,定义 $M(l)$ 为向左移 l 位而得到的分次 S-模,即 $M(l)_d = M_{d+l}$,$M(l)$ 称作是 M 的扭变模. 如果 M 是分次 S-模,定义 M 的零化子为 Ann $M = \{s \in S | sM = 0\}$,这是 S 的齐次理想.

下一结果与诺特(Noether)环上有限生成分次模的一个著名结果相类似.

命题 3 设 M 为诺特分次环 S 上有限生成分次模,则存在分次子模滤链
$$\sigma = M^0 \subseteq M^1 \subseteq \cdots \subseteq M^r = M$$
使得对每个 i,$M^i/M^{i-1} \cong (S/\mathfrak{p}_i)(l_i)$,其中 $\mathfrak{p}_i$ 为 S 的齐次素理想,而 $l_i \in \mathbf{Z}$. 这种滤链不是唯一的,但是每个这样的滤链均有以下性质:

(a) 若 $\mathfrak{p}$ 是 S 的齐次素理想,则 $\mathfrak{p} \supseteq$ Ann $M \Leftrightarrow$ 存在 i,使得 $\mathfrak{p} \supseteq \mathfrak{p}_i$,特别地,集合 $\{\mathfrak{p}_1, \cdots, \mathfrak{p}_r\}$ 的全部极小元恰好是 M 的全部极小素理想,即包含 Ann M 的那些素理想的极小元;

(b) 对于 M 的每个极小素理想 $\mathfrak{p}$,$\mathfrak{p}$ 在 $\{\mathfrak{p}_1, \cdots, \mathfrak{p}_n\}$ 中出现的个数等于 $S_\mathfrak{p}$-模 $M_\mathfrak{p}$ 的长度(从而与滤链无关).

证明 为证滤链的存在性,我们考虑 M 中具有这种滤链的分次子模的集合. 由于 0 模是这种子模从而此集非空. 因为 M 为诺特模,从而 M 中有这种极大子模 $M' \subseteq M$. 现在考虑 $M'' = M/M'$. 如果 $M'' = 0$,则证毕. 如果 $M'' \neq 0$,考虑理想集合 $\mathfrak{S} = \{I_m = \text{Ann}(m) | m$ 为 M'' 中非零齐次元素$\}$. 每个 I_m 都是齐次理想,并且 $I_m \neq S$. 由于 S 为诺特环,从而存在 $0 \neq m \in M''$,使得 I_m 为集合 $\mathfrak{S}$ 的极大元. 我们断言:I_m 为素理想. 设 $a, b \in S$,$ab \in I_m$ 但是 $b \notin I_m$,我们要证明 $a \in I_m$. 通过分成齐次分量之

和，我们可设 a 和 b 均是齐次元素．考虑元素 $bm \in M''$．由于 $b \notin I_m$，从而 $bm \neq 0$．但是 $I_m \subseteq I_{bm}$．由 I_m 的极大性可知 $I_m = I_{bm}$．由于 $ab \in I_m$，从而 $abm = 0$，于是 $a \in I_{bm} = I_m$，此即为所求．于是 I_m 为 S 的齐次素理想，将它叫作 $\mathfrak{p}$．设 m 的次数为 l，则由 m 生成的模 $N \subseteq M''$ 同构于 $(s/\mathfrak{p})(-l)$．设 $N'(\subseteq M)$ 为 N 在 M 中的原象，则 $M' \subsetneq N'$ 并且 $N'/M' \cong (s/\mathfrak{p})(-l)$．于是 N' 也具有定理所述的滤链．这就与 M' 的极大性相矛盾．从而 $M' = M$．即证明了 M 的滤链存在性．

现在假设给了 M 的这样一个滤链．显然
$$\mathfrak{p} \supseteq \operatorname{Ann} M \Leftrightarrow \mathfrak{p} \supseteq \operatorname{Ann}(M^i/M^{i-1}) \quad (\text{对某个 } i)$$
但是
$$\operatorname{Ann}((s/\mathfrak{p}_i)(l)) = \mathfrak{p}_i$$
这就证明了(a)．

为证(b)我们在极小素理想 $\mathfrak{p}$ 处作局部化．由于 $\mathfrak{p}$ 在 $\{\mathfrak{p}_1, \cdots, \mathfrak{p}_n\}$ 中极小，局部化后，除了 $\mathfrak{p}_i = \mathfrak{p}$ 的 i 之外均有 $M_\mathfrak{p}^i = M_\mathfrak{p}^{i-1}$，并且在 $\mathfrak{p}_i = \mathfrak{p}$ 时 $M_\mathfrak{p}^i/M_\mathfrak{p}^{i-1} \cong (s/\mathfrak{p})_\mathfrak{p} = k(\mathfrak{p})$（右边表示整环 $s/\mathfrak{p}$ 的商域）．这表明 $s_\mathfrak{p}$ 模 $M_\mathfrak{p}$ 的长度等于 $\mathfrak{p}$ 出现在集合 $\{\mathfrak{p}_1, \cdots, \mathfrak{p}_r\}$ 中的个数．

定义 2 设 $\mathfrak{p}$ 为分次 S -模 M 的极小素理想．定义 M 在 $\mathfrak{p}$ 的重数为 $S_\mathfrak{p}$ -模 $M_\mathfrak{p}$ 的长度，表示成 $\mu_\mathfrak{p}(M)$．

现在我们可以定义多项式环 $S = k[x_0, \cdots, x_n]$ 上分次模 M 的希尔伯特多项式．首先定义 M 的希尔伯特函数 φ_M 为对每个 $l \in \mathbf{Z}$ 有
$$\varphi_M(l) = \dim_k M_l$$

定理 2（希尔伯特 - 塞尔（Hilbert-Serre）） 设 M 为有限生成 S -模，$S = k[x_0, \cdots, x_n]$，则有唯一的多项

式 $P_M(z) \in \mathbf{Q}[z]$,使得对充分大的 l
$$\varphi_M(l) = P_M(l)$$
此外
$$\deg P_M(z) = \dim Z(\operatorname{Ann} M)$$
其中 $Z(\mathfrak{a})$ 表示齐次理想 $\mathfrak{a}$ 在 P^n 中的零点集合.

证明 若 $0 \to M' \to M \to M'' \to 0$ 为短正合序列,则
$$\varphi_M = \varphi_{M'} + \varphi_{M''}$$
$$Z(\operatorname{Ann} M) = Z(\operatorname{Ann} M') \cup Z(\operatorname{Ann} M'')$$
所以若定理对 M' 和 M'' 成立,则对 M 也成立.根据命题 3 知 M 有滤链,其商均有形式 $(S/\mathfrak{p})(l)$,其中 $\mathfrak{p}$ 为齐次素理想,$l \in \mathbf{Z}$,从而我们归结于 $M \cong (S/\mathfrak{p})(l)$ 的情形.但是平移 l 位对应于多项式作变量代换 $z \mapsto z+l$,因此只需考虑 $M = S/\mathfrak{p}$ 的情形.如果 $\mathfrak{p} = (x_0, \cdots, x_n)$,则当 $l > 0$ 时 $\varphi_M(l) = 0$,从而对应多项式为 $P_M = 0$,而 $\deg P_M = \dim Z(\mathfrak{p})$(这里我们规定零多项式次数和空集的维数均为 -1).

如果 $\mathfrak{p} \neq (x_0, \cdots, x_n)$,取 $x_i \notin \mathfrak{p}$,考虑正合序列
$$0 \to M \xrightarrow{x_i} M \to M'' \to 0$$
其中 $M'' = M/x_i M$,则
$$\varphi_{M''}(l) = \varphi_M(l) - \varphi_M(l-1) = (\Delta \varphi_M)(l-1)$$
另一方面,$Z(\operatorname{Ann} M'') = Z(\mathfrak{p}) \cap H$,其中 H 为超平面 $x_i = 0$,由 x_i 的选取知 $Z(\mathfrak{p}) \not\subseteq H$,从而由命题 1 知 $\dim Z(\operatorname{Ann} M'') = \dim Z(\mathfrak{p}) - 1$.现在对 $\dim Z(\operatorname{Ann} M)$ 用归纳法,我们可设 $\varphi_{M''}$ 为多项式函数对应于多项式 $P_{M''}$,而 $\deg P_{M''} = \dim Z(\operatorname{Ann} M'')$.由命题 2 即知 φ_M 为多项式函数对应于一个 $\dim Z(\mathfrak{p})$ 次多项式.P_M 的唯一性是显然的.

定义 3 定理中的多项式 P_M 叫作 M 的希尔伯特

多项式.

定义 4 设 Y 为 P^n 中 r 维代数集合,定义 Y 的希尔伯特多项式为其齐次坐标环 $S(Y)$ 的希尔伯特多项式(根据上述定理,这是 r 次多项式). 而 P_Y 的首项系数的 $r!$ 倍称作是 Y 的次数.

命题 4 (a) 若 $\varnothing \neq Y \subseteq P^n$,则 Y 的次数为正整数.

(b) 若 $Y = Y_1 \cup Y_2$, Y_1 和 Y_2 的维数均为 r,并且 $\dim(Y_1 \cap Y_2) < r$,则 $\deg Y = \deg Y_1 + \deg Y_2$.

(c) $\deg P^n = 1$.

(d) 如果 H 是 P^n 中超曲面,且其理想由一个 d 次齐次多项式生成,则 $\deg H = d$.

证明 (a) 由于 $Y \neq \varnothing$,P_Y 为非零多项式并且 $\deg P_Y = r = \dim Y$. 由命题 2(a) 知 $\deg Y = c_0 \in \mathbf{Z}$. 因为 l 充分大时,$P_Y(l) = \varphi_{S/I}(l) \geqslant 0$(其中 I 为 Y 的理想),从而 c_0 为正整数.

(b) 设 I_1 和 I_2 为 Y_1 和 Y_2 的理想,则 $I = I_1 \cap I_2$ 为 Y 的理想. 我们有正合序列
$$0 \to S/I \to S/I_1 \oplus S/I_2 \to S/(I_1 + I_2) \to 0$$
现在 $Z(I_1 + I_2) = Y_1 \cap Y_2$ 的维数小于 r,从而 $\deg P_{S/(I_1+I_2)} < r$. 于是 $P_{S/I}$ 的首项系数为 P_{S/I_1} 和 P_{S/I_2} 的首项系数之和.

(c) 我们计算 P^n 的希尔伯特多项式. 这是 P_S, $S = k[x_0, \cdots, x_n]$. 当 $l > 0$ 时,$\varphi_S(l) = \binom{l+n}{n}$,从而 $P_S = \binom{z+n}{n}$. 它的首项系数为 $\dfrac{1}{n!}$,于是 $\deg P^n = 1$.

(d) 设 $f \in S$ 为 d 次齐次元素,则有分次 S-模的正合序列

第4章 射影空间中的交

$$0 \to S(-d) \xrightarrow{f} S \to S/(f) \to 0$$

从而
$$\varphi_{S/(f)}(l) = \varphi_S(l) - \varphi_S(l-d)$$

于是 H 的希尔伯特多项式为

$$P_H(z) = \binom{z+n}{n} - \binom{z-d+n}{n} = \frac{d}{(n-1)!}z^{n-1} + \cdots$$

因此 $\deg H = d$。

现在我们讲述关于射影簇与超曲面相交的主要结果,这是贝祖定理到高维射影空间的部分推广. 设 Y 为 P^n 中 r 维射影簇, H 为超曲面并且不包含 Y. 根据命题 1 可知 $Y \cap H = Z_1 \cup \cdots \cup Z_s$, 其中 Z_j 均为 $r-1$ 维簇. 设 $\mathfrak{p}_j$ 为 Z_j 的齐次素理想, 我们定义 Y 和 H 沿着 Z_j 的相交重数为 $i(Y, H; Z_j) = \mu_{\mathfrak{p}_j}(S/(I_Y + I_H))$, 其中 I_Y 和 I_H 分别为 Y 和 H 的齐次理想. 模 $M = S/(I_Y + I_H)$ 的零化子为 $I_Y + I_H$, 而 $Z(I_Y + I_H) = Y \cap H$, 从而 $\mathfrak{p}_j$ 是 M 的极小素理想并且 μ 是早先定义的重数.

定理 3 设 Y 是 P^n 中簇, H 是超曲面并且不包含 Y, 令 $Z_1, \cdots, Z_s$ 是 $Y \cap H$ 的全体不可约分支, 则

$$\sum_{j=1}^{s} i(Y, H; Z_j) \cdot \deg Z_j = (\deg Y)(\deg H)$$

证明 设 H 由 d 次齐次多项式 f 所定义. 考虑分次 S-模的正合序列

$$0 \to (S/I_Y)(-d) \xrightarrow{f} S/I_Y \to M \to 0$$

其中 $M = S/(I_Y + I_H)$. 取希尔伯特多项式即知

$$P_M(z) = P_Y(z) - P_Y(z-d)$$

比较此等式两边的首项系数即可得到结果. 设 $\dim Y = r$ 而 $\deg Y = e$, 则 $P_Y(z) = (\frac{e}{r!})z^r + \cdots$, 从而右边为

代数几何中的 Bézout 定理

$$(\frac{e}{r!})z^r + \cdots - [(\frac{e}{r!})(z-d)^r + \cdots]$$

$$= (\frac{de}{(r-1)!})z^{r-1} + \cdots$$

现在考虑模 M. 由命题 3 知 M 有滤链

$$0 = M^0 \subseteq M^1 \subseteq \cdots \subseteq M^q = M$$

其中商 $M^i/M^{i-1} \cong (S/q_i)(l_i)$. 于是

$$P_M = \sum_{i=1}^{q} P_i$$

P_i 为 $(S/q_i)(l_i)$ 的希尔伯特多项式. 设 $Z(q_i)$ 为 r_i 维 f_i 次射影簇, 则

$$P_i = (\frac{f_i}{r_i!})z^{r_i} + \cdots$$

注意平移 l_i 位不影响 P_i 的首项系数. 由于我们只关心 P_i 的首项系数, 从而可略去 P_i 中次数小于 $r-1$ 的那些项. 我们只保留使 q_i 为 M 的极小素理想的那些 P_i (即 q_i 为对应于某个 Z_j ($1 \leq j \leq s$) 的素理想 $\mathfrak{p}_j$). 每个 $\mathfrak{p}_j$ 出现 $\mu_{\mathfrak{p}_j}(M)$ 次, 从而 P_M 的首项系数为

$$\frac{(\sum_{j=1}^{s} i(Y, H; Z_j) \deg Z_j)}{(r-1)!}$$

将此式与上式相比较即得所证结果.

推论 1 (贝祖定理) 设 Y 和 Z 是 P^2 中两个不同的曲线, 次数分别为 d 和 e. 令 $Y \cap Z = \{P_1, \cdots, P_s\}$, 则

$$\sum_{j=1}^{s} i(Y, Z; P_j) = de$$

(此为前文中所述贝祖定理的另一叙述形式)

证明 只需注意每个点的希尔伯特多项式为 1, 从而次数是 1.

第 4 章 射影空间中的交

注 1 我们这里用齐次坐标环给出的相交重数定义与早些时候给出的局部定义是不同的. 但是不难看出, 对于平面曲线相交的情形这两个定义是一致的.

注 2 容易将推论 1 的证明推广到 Y 和 Z 均是可约曲线 (即 P^2 中一维代数集合) 的情形, 只要 Y 和 Z 没有公共的不可约分支.

第 5 章 代数几何

5.1 什么是代数几何

我们已经接触到一些代数簇,并且介绍了关于它们的某些主要概念,从而现在是问下列问题的时候了:什么是代数几何?什么是这个领域的重要问题?它的发展方向是什么?

为了定义代数几何,我们可以说,它是研究 n 维仿射空间或 n 维射影空间中多项式方程组解的一门学问. 换句话说,它是研究代数簇的一门学问.

在数学的每个分支中通常都有一些指导性的问题. 这些问题是那样困难,以至于人们不能期望彻底地解决它们. 这些问题是大量研究工作的推动力,也是衡量这一领域进步的尺度. 在代数几何中,分类问题便是这样一个问题. 它的最强形式是:将所有代数簇作同构分类. 我们可把这个问题分成一些小问题. 第一

个小问题是将代数簇作双有理等价分类. 我们已经知道,这相当于 k 上函数域(即有限生成扩域)的同构分类问题. 第二个小问题是从一个双有理等价类中选出一个好的子集(如非异射影簇全体),并且将这个子集作同构分类. 第三个小问题是研究任意代数簇与如上选取出来的好的代数簇相距多远. 特别地,我们想知道:(1)一个非射影簇加进多少东西能得到一个射影簇;(2)奇点具有什么样的结构,如何分解奇点从而得到一个非异簇.

代数几何中每个分类问题的答案一般都分成离散部分和连续部分. 从而我们可把问题重新叙述成如下形式:定义代数簇的数值不变量和连续不变量,使我们利用它们可将不同构的代数簇区别开来. 分类问题的另一个显著特点是:当存在着不同构对象的一个连续族的时候,参量空间自己往往也可赋以代数簇结构. 这是一个很有威力的办法,因为这时,代数几何的全部技巧不但可以用来研究那些原来的代数簇,而且也可用来研究参量空间.

让我们通过描述已经学过的(在一固定代数闭域 k 上的)代数曲线分类知识来说明这些思想. 有一个不变量叫作曲线的亏格,这是双有理不变量,并且它的值 g 均是非负整数. 对于 $g=0$,恰有一个双有理等价类,即有理曲线类(双有理等价于 P^1 的那些曲线). 对每个 $g \geqslant 1$,均存在双有理等价类的一个连续族,它们可以参量化为一个不可约代数簇 $\mathfrak{M} g$,称作是亏格 g 的曲线的模簇. 当 $g=1$ 时,$\dim(\mathfrak{M} g)=1$,而 $g \geqslant 2$ 时,$\dim(\mathfrak{M} g)=3g-3$. $g=1$ 的曲线叫作椭圆曲线. 于是,曲线的双有理分类问题由亏数(这是离散不变量)和

代数几何中的 Bézout 定理

模簇(这是连续不变量)中的一点给出解答.

关于曲线的第二个问题即描述一给定双有理等价类中的所有非异射影曲线. 这个问题有简单的答案,因为我们已经看到每个双有理等价类中恰好有一条非异射影曲线.

至于第三个问题,我们知道,每个曲线加进有限个点便可作成射影曲线,从而这方面没有太多事情可说.

对于分类问题下面介绍另一个特殊情形,这就是在一给定双有理等价类中非异射影曲面的分类问题. 这个问题已有满意的答案,即我们已经知道:(1)曲面的每个双有理等价类中均有一个非异射影曲面. (2)具有给定函数域K/k的全部非异射影曲面构成的集合是一个偏序集合,其偏序由双有理态射的存在性给出. (3)每个双有理态射$f:X \rightarrow Y$均是有限个"在一点胀开"的复合. 最后,(4)如果K不是有理的(即$K \neq K(P^2)$)也不是直纹的(即$K \neq K(P^1 \times C)$,其中C为曲线),则上述偏序集有唯一的极小元,这个极小元称作是函数域K的极小模型(对于有理的和直纹的情形,存在无限多个极小元素,这些极小元素的结构也已知道). 极小模型理论是曲面论的十分美丽的一个分支. 意大利学派早就已经知道这些结果,但是对于任意特征的域k,扎里斯基(Zariski,1899—1986)第一个证明了这些结果.

由以上所述不难看出,分类问题是一个非常富有成果的问题,在研究代数几何的时候应当记住这件事. 这使我们提出下一个问题:怎样定义一个代数簇的不变量? 至今我们已经定义了维数,射影簇的希尔伯特多项式以及由此得到的次数和算术亏格p_a. 维数当然

第 5 章 代数几何

是双有理不变量.但是次数和希尔伯特多项式与在射影空间中的嵌入方式有关,从而它们甚至不是同构不变量.可是算术亏格却是同构不变量,并且在多数情形下(例如对于曲线,曲面,特征 0 的非异簇等)它甚至是双有理不变量,虽然从我们的定义来看这件事并不显然.

再进一步,我们必须研究代数簇的内蕴几何,而在这方面我们至今还未做任何事情.我们将要研究簇 X 上的除子,每个除子是由余维是 1 的子簇生成的自由阿贝尔(Abel)群中的一个元素.我们还要定义除子的线性等价,然后形成除子群对线性等价的商群,叫作 X 的毕卡(Picard)群,这是 X 的固有不变量.另一个重要概念是簇 X 上的微分形式.利用微分形式我们可以给出代数簇上切丛和余切丛的内蕴定义,然后可以把微分几何中许多结构移置过来,由此定义一些数值不变量.例如,我们可以将曲线的亏格定义为其非奇异射影模型上整体微分形式向量空间的维数.从这个定义可以清楚地知道曲线亏格是双有理不变量.

定义数值不变量的最重要现代技巧是采用上同调工具.有许多上同调理论,但是在本章中我们主要谈由塞尔引进的凝聚层的上同调.上同调是极有威力的,有多种用途的一种工具.它不仅可用来定义数值不变量(例如,曲线 X 的亏格可定义为 $\dim H^1(X, \mathcal{O}_X)$),而且还可用它证明许多重要结果,这些结果初看起来似乎与上同调没有任何联系,比如关于双有理变换结构的"扎里斯基主定理"就是这样的例子.为了建立上同调理论需要做许多事情,但是这件事是值得做的.上同调也是理解和表达像黎曼级数定理(Riemann-Roch 定理)这

代数几何中的 Bézout 定理

样重要结果的一种有益的手段. 很早就有人知道曲线和曲面的黎曼级数定理,但是在采用上同调之后,希策布鲁赫(Hirzebruch)和格罗滕迪克(Grothendieck)才有可能看清它的含义并将它推广到任意维代数簇上.

现在我们稍微知道一点什么是代数几何了,我们还应当讨论一下发展代数几何基础的广度问题. 在本章中我们在代数闭域上处理问题,这是最简单的情形. 有许多理由需要我们研究非代数闭域的情形. 其中一个理由是:一个代数簇的子簇的局部环,其剩余类域可以不是代数闭域,而这时我们希望对于子簇和点所具有的性质作统一处理. 研究非代数闭域的另一个重要理由是:代数几何中一些重要问题是由数论所推动的,而在数论中则主要是研究有限域或代数数域上方程组的解. 例如,费马(Fermat)问题等价于:当 $n \geqslant 3$ 时,P^2 中曲线 $x^n + y^n = z^n$ 是否具有有理点(即坐标属于 $\mathbf{Q}$ 的点)Q,使得 $x,y,z \neq 0$.

需要在任意基域上研究代数几何,这一点是由扎里斯基和韦伊认识到的. 事实上,韦伊所著的《代数几何基础》一书的一个主要贡献或许就是它为研究任意域上的代数簇以及基域改变时所产生的各种现象提供了系统的轮廓. 永田雅宜(Nagata Masayosi)进而发展了戴德金(Dedekind, J. W. R.)[①]整环上的代数几何基础.

推广我们基础理论时所需要的另一个方向是要定义某种类型的抽象簇,它一开始就不涉及在仿射空间或射影空间中的嵌入. 这在研究像构造模簇这类问题时是特别必要的,因为它可以局部地构造,而不需要知

---

① 戴德金,1831—1916.——编者注

道整体嵌入的任何知识. 我们曾经给出抽象曲线的定义, 但是这种方法不能用于高维的情形, 因为一个给定的函数域不具有唯一的非奇异模型. 但是每个簇均有仿射簇开覆盖, 由此出发我们可以定义抽象簇. 于是可以把抽象簇定义成一个拓扑空间 X 以及它的一个开覆盖 $\{U_i\}$, 每个 U_i 具有仿射簇结构, 并且在每个交 $U_i \cap U_j$ 上由 U_i 和 U_j 诱导的簇结构是同构的. 代数簇概念的这种推广并不是多余的, 因为当维数不小于 2 时, 存在抽象簇不同构于任何拟射影簇.

相交理论就建议要这样做, 因为两个簇的交可能是可约的, 而两个簇的理想之和可能不是这两个簇的交的理想. 于是我们可以试图把 P^n 中"广义射影簇"定义成 $\langle V, I \rangle$, 其中 V 为 P^n 中代数集合, $I \subseteq S = k[x_0, \cdots, x_n]$ 是一个理想, 使得 $V = Z(I)$. 虽然我们事实上要做的还不是这个样子, 但是这给出了一般思想.

上面建议的代数簇概念的所有这三种推广均包含在格罗腾迪克的概型定义之中. 他的出发点是: 他看到每个仿射簇对应一个域上有限生成整环. 然而, 为什么我们把注意力非要限制在这样一类特殊的环上呢? 于是对于任一交换环 A, 他定义了一个拓扑空间 Spec A 和在 Spec A 上的一个环层, 这是仿射簇上正则函数环的推广, 他将这个环层叫作仿射概型. 然后将许多仿射概型结合在一起便定义出任意概型, 这是我们上面所建议的抽象簇概念的推广.

对于在特别一般的情形下做这件事还有一点需要提醒. 在尽可能广泛的范围内发展理论是有许多益处的. 对于代数几何来说, 毋庸置疑, 概型的引进是代数几何的一种革命, 并且已经给代数几何带来了巨大的进步. 另一方面, 跟概型打交道的人们必须背负相当沉重的技术上的包袱: 例如, 层、阿贝尔范畴、上同调、谱序列等. 另一个更为严重的困难是: 有些事情对于代数簇永远成立, 但是对概型可能不再正确. 例如, 即使环为诺特环, 仿射概型的维数也不一定有限. 因此必须要精通交换代数知识以便支持我们的直觉.

我们的范畴用概型语言来发展代数几何基础已超出.

5.2 代数几何发展简史

近 30 年来, 代数几何学在整个数学中所处的地位有点像数学在世界上所处的地位, 更多的是受到敬畏而不是理解. 大学的研究生通常提出的"咨询性"问题大多是初等类型的, 它们要么已在本书中讲解, 要么可在 "Atiyah and Macdonald" 中找到解答. 下面是有关本学科分支近代发展史的概述, 并试图解释上述奇怪现象.

5.2.1 早期发展史

代数几何学是于 19 世纪从几个不同的源头发展起来的. 首先是传统几何本身: 射影几何 (以及画法几何), 对于曲线和曲面的研究, 构形几何等; 其次是复函数论, 把黎曼面看作代数曲线的观点以及根据函数域对其进行纯代数的重构; 另外还有代数曲线与数域的整数环之间的深刻类似关系, 不变理论对于代数及几何语言的需要等. 不变理论在 20 世纪对于抽象代数的发展起着重要的作用.

第 5 章 代数几何

20 世纪的前十年,代数几何学家分成截然不同的两大流派.一方面是对曲线和曲面进行研究的传统几何,其代表是卓越的意大利学派.这方面的研究除已取得显著成就之外,还是拓扑学和微分几何学发展的重要促动因素.然而其研究很快变得强烈依赖于"几何直观"性的论证,甚至连大师们也无法给出严格的证明.另一方面,交换代数这一新生力量正逐渐成为基础并且提供了证明的技巧.表明两种流派之间分歧的一个例子是周炜良和范·德·瓦尔登[①]与塞维利之间的争执.前两人给出给定阶数和亏格的参量化空间曲线之代数簇的存在性的严格证明,后者曾在工作生涯中创造性地使用这样的参量化空间,而在他的晚年却极度愤恨代数学家们闯入他的领域,更特别愤恨那些指责他自己所属学派的工作缺乏严密性的含蓄批评.

5.2.2 严密化——第一次浪潮

随着希尔伯特和 E·诺特[②]引入抽象代数,范·德·瓦尔登、扎里斯基以及韦伊于 20 世纪 20 年代和 30 年代之间建立了代数几何学的严格基础(范·德·瓦尔登的贡献常被淡化,这显然是由于第二次世界大战后一段时期的部分数学家,包括一些带头的代数几何学家,认为他是纳粹分子的胁从者).

---

① 范·德·瓦尔登(Van der waerden),1903—1996.——编者注

② E·诺特(Emmy Nother),德国人,1882—1921.——编者注

他们的工作,主要特点是在抽象域上进行代数几何学的研究. 这样做,最基本的困难是不能把簇仅定义为点集:如果 $V \subset A^n(K)$ 是域 K 上的簇,则 V 不仅仅是 K^n 的子集,对于 K 的扩域 $\bar{K}$,还必须允许 V 的 $\bar{K}$ – 值点. 这就说明了为什么要用记号 $A^n(K)$,其意指 A^n 的 K – 值点,而 A^n 本身被看作是独立于特殊域 K 而存在的.

要求基础域在整个论证中可以变化,这极大地增加了技术上和概念上的难度(没有说记号方面). 然而,到 20 世纪 50 年代左右,基础韦伊系被接受为准则,并且达到这样的程度,传统几何学家(例如霍奇①和匹多②)也不得不把他们的书建立在此基础上,当然这大大损害了书本的可读性.

5.2.3 格罗腾迪克时代

大约从 1955 年到 1970 年,代数几何学基本上是被巴黎数学家所垄断,先是塞尔,然后是格罗腾迪克以及他的学派. 重要的是不要低估格罗腾迪克的影响,特别是现在,某种程度上已超出了时尚. 这段时期是取得大量概念性和技术性进展的时期,由于概型(Scheme)概念(比簇的概念更一般)的系统使用,使代数几何学能够吸收拓扑学、同调代数、数论等分支中的全部进展和成果,它本身甚至也在这些分支学科的发展中起着

---

① 霍奇(Hodge),英国人,1903—1975. ——编者注

② 匹多(Pedoe),英国人,生于 1910 年,逝世日期不详. ——编者注

第 5 章 代数几何

关键性作用. 格罗腾迪克于 1970 年左右刚刚 40 岁出头时便退出舞台, 这确是悲剧性的浪费 (他最初是因抗议军事科学基金离开 IHES 的). 作为实践中的代数几何学家都可敏锐地感觉到这一时期建造起来的强有力机器的庞大身躯, 其中还有许多部分等着用易懂的方式书写出来.

另一方面, 格罗腾迪克的个人崇拜也产生了严重的副作用: 许多花费毕生大部分时间和精力致力于精通韦伊基础的人痛苦地遭到冷遇和羞辱, 其中只有极少数几个人使自己适应了新的语言. 整个一代学生 (主要是法国) 的头脑中形成这样一个愚蠢的信条: 没有用高度抽象的外衣装扮起来的问题是不值得研究的. 这样就违反了数学家从能对付的小问题开始着手, 然后由此向外拓展加深研究范围的自然进程 (曾有一篇起初没人予以理睬的关于三次曲面算术的论文, 原因就是其构造的自然基础是一般局部诺特环式拓扑, 这并不是笑话). 那时的许多大学生显然认为再没有比学习代数几何学更大的野心了. 对于范畴论的研究 (确实是智力所追求的最富有成果的领域之一) 也是从这个时代开始的. 格罗腾迪克本人并不需为此受到责备, 因为他自己在使用范畴论解决问题这方面是非常成功的.

后来, 这种潮流摇摆到另一极端. 在法国举行的一次学术会上曾有人谈到这种态度上的转变, 得到的是嘲讽性的回答 "但三次挠线是射可表示函子的一个很好例子呀." 由于当时参与管理法国研究经费的部分数学家在那个知识恐怖时代曾受到过伤害. 因此, 为了能申请到国家科学研究中心的项目, 通常要伪装一番,使之与代数几何的联系减少到最低程度.

除了格罗腾迪克那些能跟上发展步伐并且生存下来的少量学生外,受其影响的还有远离法国本土之外的人们,他们得益于格罗腾迪克的思想最长久,并且迅速地发展壮大起来.例如哈佛学派(通过扎里斯基,曼福德[1]以及阿廷[2]),沙法列维奇[3]的莫斯科学派,也许还有交换代数的日本学派.

5.2.4 大爆炸

历史并没有在20世纪70年代结束,从那以后,代数几何也没有偏离数学的潮流. 20世纪70年代期间,虽然一些大的学派都有着各自的特殊兴趣(曼福德与参模空间的紧化;霍奇理论和代数曲线的格里菲斯(Griffiths)学派;德利涅(Deligne)与簇的上同调中的"权重";沙法列维奇与$K3$曲面;Iitaka及其同伴关于高维簇的分类等),但我们基本上都相信大家是在研究同一学科领域,代数几何学仍保持铁板一块(事实上已渗透到许多邻近的数学分支). 也许是一两个能把握这门学科全部领域的专家使此成为可能.

到了20世纪80年代中期,情形有了很大变化.代数几何学看来被分成交叉甚少的十几个学派:曲线和

---

[1] 曼福德(Mumford, D. B.),美籍英国人,生于1937年,逝世日期不详. ——编者注

[2] 阿廷(M. Artin),德国人,1898—1962. ——编者注

[3] 沙法列维奇(Shafarevič),苏联人,生于1923年,逝世日期不详. ——编者注

阿贝尔簇,代数曲面和唐纳森(Donaldson)理论,3-folds 及其高维分类,K-理论和代数闭链,相交理论及枚举几何,一般上同调理论,霍奇理论,特征 p,算术代数几何,奇点理论,数学物理中的微分方程,串理论,计算机代数的应用,等.

5.3　J. H. de Boer 论范·德·瓦尔登所建立的代数几何基础[①]

　　相应于代数几何的三个时期,这篇报告自然地分成了三个部分. 中间的一部分是关于范·德·瓦尔登的奠基性工作的,它包括一系列的文章(1983 年已重新出版[②])及 1939 年出版并于 1973 年再版的著作《代数几何导引》[③]时间大约在 1925～1975 年. 要评价他的工作,我们必须回到当他开始这方面研究时的状况,即处于意大利代数几何学派的后期,那时塞维利(Severi)是其无可争辩的领袖. 因此,在报告的第一部分要谈的就是关于塞维利的思想,时间大约在 1900～1950 年. 第三部分是关于 1950～2000 年这段时期,范·

---

　　① 原题:Van der Waerden's Foundations of Algebraic Geometry,译自:"Nieuw Archief voor Wiskunde",Vol 12 No.3(1994),pp.159-168. 胥鸣伟,译. 邹建成,校.

　　② B. L. Van Der Waerden,1983,Zur Algebraischen Geometrie:Selected Papers,Springer-Verlag,Berlin,etc. .

　　③ B. L. Van Der Waerden,1939,Einführung in Algebraische Geometrie. Springer-Verlag Berlin,etc. ,2e Aufl. 1973.

代数几何中的 Bézout 定理

德·瓦尔登的代数几何基础的长远意义是什么？或将会是什么？对这个令人难于回答的问题,我并不打算回避,但也不要期望什么明确的答案,我将只作一些评注.

5.3.1 塞维利的代数几何

意大利学派的代数几何是复代数几何,即研究嵌入在复射影空间的代数簇. 他们的目标是将代数曲线的理论(Abel 积分, Riemann – Roch 定理, Jacobi 簇, 分类问题,……)进一步推广到曲面和高维簇上去. 他们取得了一系列丰硕的成果. 然而,当时有一些数学家抱怨他们的定义是不明确的,证明是不完整的. 刚刚进入到这个领域的人常常感到沮丧,他们当时所经受到的困难就与我们今天的一些数学家在领会数学物理学家的论证时的情形相仿(参看 A. Jaffe, F. Quinn 的文章①,它特别提及到意大利的代数几何).

1949 年,塞维利在一些报告中对于意大利式的思考方式给出了一个解释②. 它是那种被塞维利称之为综合的思考方式而不是相反的分析的方式,它也是一种直观的思考方式. 的的确确,他写出来的东西并没有被公式充斥. 人们要避免计算,他应在想象中进行计算而并不实际去做它. 塞维利把形式上的严格和实质上的严格区别开来. 例如,对一个归纳证法,只要对 $n = $

---

① A. Jaffe, F. Quinn, 1993, Theoretical mathematics: towards a cultural synthesis of mathematics and theoretical physics, Bull. American Math. Soc. (New Ser) 29, pp. 1-13.

② F. Severi, 1950, La géometrie algébrique italienne, sa rigueur, see méthodes. ses problémes, Colloque de Géométrie Algébrique, tenu a Liége les 19, 20 et 21 décembre 1949, Georges Thone, Liége, pp. 9-55; see the reviews Math. Rev. 12(1951) p. 353 by C. Chevalley and Zbl. 36(1951), p. 371 by W. Gröbner.

第 5 章 代数几何

1,2,3 去证明论断,然后说"等等"就行了,而不必对一般的 n 去作一个形式的步骤. 证明以及定义,都建立在对许多例子的谙熟上. 这需要真正的理解.

塞维利争辩说,一个严密的基础系统,可能会阻碍代数几何的发展. 人们应该从所研究的对象(代数簇)中走出来,一直向前,而不必沉湎于基础中. 人们应该尽快地登上山峰,从上面看下去,那些在山脚下可能会摇摇欲坠的岩石就显得毫无意义了. 他引用了 D'Alembert 的话:"前进,前进,前进,信心将会来临."

这些辩解的论据是建立在所谓原理的基础上的. 我从周纬良那里知道,数学中的所谓原理到底意味着什么:它是一个没有给出证明的正确论述;之所以如此,或是因其过于简单或是因其过于困难. 塞维利所用的原理仅限于第一种,即"任何一个具有一般水平的代数几何学者都可以给出一个证明来".

下面我讲一个作为这种原理的例子. 如果你从一些代数关系式开始,然后在解出参数后,或者说消去参数后,这些函数或关系式仍然是代数的. 特别地,如果你所得到的函数是单值的,它必定是有理函数. 我可以称之为有理性原理.

1950 年初, F. Conforto 在这里, Groningen 作了一个关于曲线及其模簇的报告,报告里他讲述了有关意大利式批评的意见:"他们说我们是粗率的,他们自己才是粗率的. 他们到底想干什么? 那些对数可能存在吗?"这是他的大声疾呼,明显地也是一种威胁.

现在我来给出计数代数几何的一个标准例子:在通常的空间中给定四条直线,那么在一般情形下,有多少条直线与这四条直线都相交? 经典的解法是应用

代数几何中的 Bézout 定理

Poncelet 的连续性原理(Zeuthen[①]);解法如下:由于连续性,解的个数不会跳跃,又由于解数是个整数,故而其必为常数("数目守恒原理"). 因此,我们可以取这四条直线于特殊的位置:一个交错的四边形的四条边. 那么,显然地有两个解(图 5.1). 从而答案是 2.

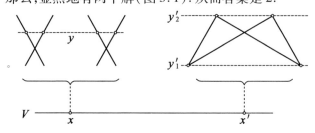

图 5.1

V = 空间中四条直线的所有构形的簇.

x = 一般的构形, y = 与四条直线都相交的直线.

x' = 一个特殊的构形.

在应用数目守恒原理中,显然有些情况必须事先注意.(在后文中我总是用 V 代表一个问题中各种状态 $x, x', \cdots$ 构成的簇,用 $y, y', \cdots$ 表示问题的解. 稍后,我还将用 x 表示一个对应于任意维数解的一般纤维)

① 特殊位置 x' 刚好不是簇 V 的两叶的汇合点,见图 5.2. 譬如,考虑一条具有常 = 重点 x' 的有理曲线及其有理参数化. 那么,生成给定点 x 的参数 y 的数目在重点处为 2.

[①] H. G. Zeuthen, Das Prinzip der Erhaltung der Anzahl (Kontinuitätsprinzip), Enzyklopädie der Mathematischen Wissenschaften mit Einschluss ihrer Anwendungen, Bd Ⅲ, Tl 2C, Teubner, Leipzig, 1903 ~ 1915, pp. 265-278.

第 5 章 代数几何

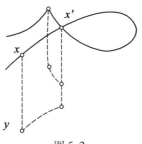

图 5.2

② 在 V 的一个特殊点 x'，解集合的维数可能会大于在一般点 x 时的维数，这是因为在 x 为独立的一些条件会在点 x' 变为相关. 特别地，一般情形无解时 (维数 $= -1$) 可能会在特殊点有解 (维数 ≥ 0)，比如有限个解 r. (例如，在空间中取三条直线而不是四条，还是去求与它们相交的直线) 于是解的数目便从 0 跳跃至 r. 因此，如果这个问题 (或这个"对应关系") 为可约的，并且包含了一个分支而它又不在整个 V 上，则解的个数在特殊点就可能跳跃. 为了保险起见，应该假定这个对应关系是不可约的.

③ 在上述的标准例子中，必须验证在 x' 的解直线具有重数 1：因为在别的特殊情形，这两条直线可能会重合，换句话说，会出现一个具有重数 2 的解. 甚至于在另一种特殊情形会出现无穷多个解. 即便解的个数是有限的，我们仍需要一个重数为 1 的判别准则：线性化了的方程组 (函数矩阵) 应有适当的秩.

说到这里，我觉得很有必要强调一下代数几何的社会关联性，不仅因为这些年来，这已成为惯例，更因为我们这个会议是由"关于数学史及数学的社会功能的国家联络团"组织的. 我谈谈与技术有联系的一个例子,这是 1960 年在 Eindhoven 技术大学遇到的. 构造沿直线的运动(在精确的力学意义或规则下),所涉及的这位科学家让一把平直的刀沿着图 5.1 所示的装置上滑动.(当然,我得承认,y 所在的那个装置是由四个金属球组成的,那么,y 是一条公切线)如果这个装置不怎么完善而且公切线 y' 不具有重数 1,则刀会突然从一个邻近位置滑向另一个位置. 倘若你对衣柜的抽屉有经验的话,则对这种现象是不会陌生的. Eindhoven技术大学的科技工作者要我去验证这把刀的位置的确具有重数 1.

5.3.2 范·德·瓦尔登的基础

范·德·瓦尔登的主要目标是在给出准确的定义后去证明那些被意大利人所用过的原理,并使他们的结果的证明变得牢靠. 我不准备去讲他运用代数拓扑的相交理论的情况(一种归功于 S. Lefschetz 的方法,由扎里斯基所应用,而 H. Freudenthal 及 J. C. Herretsen 也作过贡献),单单讨论一下抽象代数几何学,即在任意域上的代数几何学. 但是在这里我仅取 C(及其子域)来讨论;抽象的意思是指舍去 C 上的通常的拓扑结构而只使用代数方法.

代数簇仍然表示嵌入在射影或仿射空间中的,这些空间甚至具有一个固定的坐标系. 那么,代数几何是研究多项式方程组 $F_i(X) = 0$ 的解点 $x' = (x'_1, \cdots, x'_n)$ 所构造的簇,其中 $X = (X_1, \cdots, X_n)$ 或者在射影情形下,$X = (X_0 : X_1 : \cdots : X_n)$. 如果我们只对解感兴趣,则在方程组中添加形如

$$A_1(X)F_1(X) + A_2(X)F_2(X) + A_3(X)F_3(X) = 0$$

的线性组合后仍与原方程组等价,这里 $A_i(X)$ 为任意

的多项式系数(特别地,多项式 F_i 可以差一个任意的常数因子). 这可以表述为:我们实际上给出了多项式环中一个齐次理想. 代数几何多多少少有点对偶于多项式环中理想的理论.

接下去,范·德·瓦尔登所做的却是摒弃理想论而把注意力集中到点上.

(1) 主导的想法是要区分基域与使解存在的扩域,这里基域是指 F_i 的系数所在的域(多项式环的系数域).

事实上,只要一个足够大的"泛域"就行了. 然而这时范·德·瓦尔登方法的另一个特点出现了:他对数学基础的关切是由直觉主义思想推动的. 我还是在 **C** 中来解释这个观点. **C** 的(事实上是 **R** 的)构造有着某种直观上的难点. 然而,由于仅由有限多个 F_i 就足以生成一个理想(这是用理想的唯一的地方),基域 k 可以取为 **D** 上的有限生成扩张. 解的集合依赖于扩张 K. 范·德·瓦尔登并不将它固定,而是看作为一个"增长的域". 由于现在我是在 **C** 内讨论问题,因而有 $\mathbf{D} \subset k \subset K \subset \mathbf{C}$,其中 K 及 k 为有限生成扩域. 用现代词汇表达,可以说,一个代数簇 V 产生了一个函子

$$K \mapsto V(K)$$

将扩域对应到解集合,而增长的域是个范畴.

(2) 至于对代数几何的基础,人们应将注意力集中在由素理想给出的不可约簇上. 域 k 上的一个不可约簇是其含有 k 上的一个广点来刻画的. 它由不定元 $X = (X_1, \cdots, X_n)$ 模去簇的素理想得到. 这就是"典型"的广点. 然而,我们也可以把它取作 k 上的同构映射下典型广点像点 $x = (x_1, \cdots, x_n)$,其坐标取自 **C**. 故而,一

代数几何中的 Bézout 定理

般说来,存在许多个广点;它们都在域 k 上同构.

对一个给定簇的广点是什么这个问题似乎可以在不用代数的条件下就能给出一个令人满意的直观概念,然而反过来,怎样由一个给定的点产生一个 k 上的簇这个简单的问题,却不是显而易见的. 用现代术语表示,即 $V=\{x\}$ 的 k-扎里斯基闭包,以 $\mathrm{loc}(x/k)$ 表示. 按下面方式可得到:想象所有的那些方程式. 其系数取自 k 并被 x 所满足(这便给出了由这些方程构成的素理想),然后去解出这些方程式. V 中的点 x' 称为 x 在 k 上的附(着)点;因此,x' 是 x 在 k 上的一个附点表明只要对系数在 k 中的满足 $F(x)=0$ 的多项式 F 都有 $F(x')=0$.

这个广点的定义也曾由 E·诺特给出过. 同样地,k 上的一个不可约的对应(关系)C 是由两个空间(仿射或射影的)的乘积空间中的一个点偶 $(x:y)$ 所给出,其中

$$x=(x_1,\cdots,x_n), y=(y_1,\cdots,y_m)$$
$$C=\mathrm{loc}(x,y)/k$$

对应于 $V=\mathrm{loc}\, x/k$ 的广点 x 有一个 Y-空间中的 $k(x)$ 上的不可约簇,即

$$C(x):=\mathrm{loc}\, y/k(x)$$

(3)依意大利方式,簇的维数及次数可以这样得到:用超平面依次地去交所给的簇直到你最后得到有限个点. V 的维数就是这些超平面的个数;次数是所得到的点的个数.

对此,范·德·瓦尔登求助于扩域理论:维数是 $k(x)$ 在 k 上的超越次数,我们用 $\dim(k(x)/k)$ 表示. 超越次数的概念类似于线性代数中的向量空间的维数.

通常的公理化的处理办法(Steinitz 公理:见范·德·瓦尔登的《近世代数》)定义了后来称之为 Matroid 的东西.

对于一个对应 C,人们可以依此得到"计算维数原理"

$$\begin{aligned}\dim C &= \dim(k(x;y)/k) \\ &= \dim(k(x;y)/k(x)) + \dim(k(x)/k) \\ &= \dim(k(x;y)/k(y)) + \dim(k(y)/k)\end{aligned}$$

(4)在前面的标准例子中,三维空间中四条直线的集合必须要看作一个点. 而这些点的集合应该被证明构成一个代数簇. 如何做到这点? 如何对一个四条直线的集合配上坐标,更一般地,对于代数环元,即一族具有相同维数的不可约簇,每个点的重数为 1,怎样做到这些?

对于超曲面而言,正好是由一个 $F(x) = 0$ 定义的情形,这是容易做到的. 只要取其系数为行坐标. 显然我们得到一个齐次的行,即射影空间中的一个点;这样,所有具有相同次数的超曲面全体构成了整个射影空间. 特别地,对一个射影空间的所有超平面我们得到了它的对偶空间.

现在,取一条 P^3 中的曲线. 以 P^3 中一个不定点 T 为投射中心作到此曲线的锥面,则得到 P^3 中一个曲面. 我们又得到了单个的多项式方程,代价是增多了不定元:$(X;T)$. 这也无妨:我们取这个方程 $G(X;T) = 0$ 的系数为相配的点,就像 Cayley 做过的那样. 以我们的四条直线的情形为例,我们得到四个线性形式的积,而其系数便是 Plücker 坐标. 对于 P^3 中的零维环元,如同一般情形一样,我们还是得重复这种构造锥的办法,但用了高维的投射中心.

这便是著名的"周纬良及范·德·瓦尔登(坐标)",出现在 ZAG9 中,时间为 1937 年(但是,在这里我用的是一种对偶表示;这也是塞维利用过的). 周纬良曾经证明,如果在一给定的不可约簇中取出所有的具有给定维数和次数的代数环元,则按上述方法,它们的相配点确实构成一个代数簇.

注意,环元在这里起着理想的作用.

(5)运用了消元理论. 什么是消元法? 试想在乘积空间中方程组的所有解$(x';y')$,然后把 y' 抹掉:消去这些 Y 就是投射到 X - 空间. 现在再去证明这些 x' 正好是一组多项式方程的解. 这里关键的一点是,这些 Y 是齐次的,因为 y' 可能趋于无穷. 这给出了消元法的主定理:给出的一个附点 $x \to x'$ 可延拓为 (x,y) 的一个附点.

回到标准例子. 可构造其对应关系的广点偶如下,先取 P^3 中一个一般直线 y 而后取与其相交的四条直线,其他的那四条直线是处于一般位置,独立的. 取 x 表示这些四条线构成的环元的相配点. 那么 $(x;y)$ 是所要的广点偶. 以上论断由计算维数证明,它也表明对应于广点 x 只有一个 y 的有限集合,即 y 及其在 $k(x)$ 上的共轭点.

一般地,对应于 x,在 Y - 空间中存在一个 $k(x)$ 上的不可约簇 $C(x):=\mathrm{loc}\, y/k(x)$. 将 $C(x)$ 换成元的相配点 z,对应关系 C 换成 $\mathrm{loc}(x;z)/k$. 由有理性原理,知其为有理的对应关系. 如果 $(x';z')$ 是一个附点,则 z' 仍然是个环元并具有与 z 一样的维数和次数,那么由附点可延拓的性质可以推出 x' 上的集合 $C\{x'\}$ 是对应于 x' 上点 z' 的所有环元的支集并. 如果 x' 正好是 $\mathrm{loc}\ x/k$ 的一叶上的点,而且如果 $C\{x'\}$ 的维数与 $C(x)$ 的维数相同,则有理映射 $x \mapsto z$ 在 x' 有定义,也就是说,在 x' 上存在一个唯一的点 z',它对应于一个唯一的环元 $C\{x'\}$.

这样便建立了数目守恒原理. 在这个例子中,我们对四条直线的一般集 x 相配了一个零维环元,即 r 个点(代表直线)的集合,这些点相互共轭. 对以上 x',有一个次数为 r 的特殊的 $0-$环元. 由重数 1 的判别准则,我们得到 $r=2$.

5.3.3 范·德·瓦尔登的观念的长远价值

范·德·瓦尔登对代数几何的基础工作所能保持下来的价值是什么呢? 显而易见的一个评论是,范·德·瓦尔登是建立了抽象代数几何的全面、完整的基础的第一个人. 他的后继者,扎里斯基及韦伊才有可能,而且确实运用了他的观念,并由此而推广和完善了它们:附点理论,维数理论,与函数相对的定义域,等等. 但是,在这里我所要求的答案是关于那些最初起源的概念和方法的一个永远有用的方面. 在仔细审视这个问题之前,让我们很快地回顾一下后来发展的几个方面.

塞维利所担心的:代数几何基础的明晰规范将会妨碍其发展,已被证明是不必要的. 代数几何的建筑师们并没有让他们自己被羁绊住.

比范·德·瓦尔登稍许年长的扎里斯基,开始是研究经典代数几何的,但是稍后(1937~1947)他发展了抽象代数几何. 扎里斯基主要研究对象之一是要获得代数簇的奇点解消. 对此, 要将代数簇看作在双有理交换下的一个类, 也就是说, 从几何的观点来研究函数域. 簇的点被在基域上的函数域的位置或称为赋值的东西替代. 这里, 扎里斯基引进了交换代数, 特别是局部代数及赋值论, 他将问题预以局部化: 扎里斯基开集, 在一点的局部化. 局部环. 对于一个有理对应关系的扎里斯基"主定理"是说: 如果在一个单叶上点 x' 的纤维中有一个孤立点, 按逻辑纤维的余部分可以允许具有较高维数, 但这个孤立点实际构成了整个纤维. 稍后(见 ZAG20), 范·德·瓦尔登运用在一点分歧的曲线的 Puiseux 参数化的方法来替代在这点的赋值, 表明了这些结果在他自己的理论中是如何得到证明的.

至于韦伊, 作为一个数论学家, 他的主要研究对象是有限域上曲线的 zeta 函数理论并将其推广到高维簇上去. 他并不在乎于构造性的方法, 按照他的信条"抓住它最后的踪迹", 他用 Zorn 引理的论证代替了消元法. 更进一步, 韦伊引进了"抽象簇", 它类似于拓扑簇, 其局部具有仿射结构, 这是为了在这个理论中更具有可塑性.

基于 J. Leray 和 H. Cartan 的传统, J. – P. Serre 把层论和同调代数引进了代数几何, 而谢瓦莱则想出了把代数簇推广到环层空间的主意.

1955 年我参加了扎里斯基家里的一个聚会. 扎里斯基和 Emil Artin 对于 Bourbaki 开始要冲击代数几何的谣传开玩笑说: "他们大概得花费大量时间了, 得从零开始", 扎里斯基这样说, 而 Artin 表示允许他们从 Z

开始. 他们一点也没有预见到格罗腾迪克和 Dieudonne 在代数几何方面的工作将带来的巨大冲击以及 Z 在那里的作用.

为了补上 zeta 函数的某些事实所缺少的证明("韦伊猜想"),还或许抱着证明黎曼假设的愿望,格罗腾迪克有一种想法,要把一个范畴中的证明翻译到另一个领域中的类比的论断上去. 这便是范畴论的开始,并提供了格罗腾迪克拓扑. 德利涅最终成功地完全证明韦伊猜想,在那里使用了 Lefschetz 的超平面截影定理. 代数簇被格罗腾迪克推广到了概型的概念. 素理想本身被看作了点,这表明同构的点是同一个点;一个不可约概型只有一个广点. 性质和问题宁愿被表述为"相对格式",也就是说宁愿用态射去替代簇,因此这就推广了对应关系的概念. 同调的方法起着重大的作用("高次导出函子"). 简而言之,格罗腾迪克的理论是交换代数和同调代数的几何语言.

在仔细思考了这些后来的进展后,一些人倾向于认为范·德·瓦尔登建立的基础已经过时了. 一些人甚至同情于塞维利关于基础的重要性完全是相对的说法:这取决于你的选择,比如你是要强调与复变函数论的关联呢还是你的目标是数论方面.

我们必须选择一个正式的基础到底是为了什么目的? 我可以想到几点:(1) 得到在一个逻辑系统中的安全感,用这个系统可以检验论证的正确性. (2) 为了一种美学的理由:人们要求用追溯到其逻辑源头的方式来完成理论. (3) 为了教授的目的,譬如向其他领域的数学家介绍代数几何.

代数几何中的 Bézout 定理

我以为范·德·瓦尔登的主要态度是一个教授的目的：他总是致力于极端的清晰和简明. 按照范·德·瓦尔登思路的代数几何的入门课程仍然具有吸引力. 譬如，如果一个计算机科学家想要看贝祖定理的证明，因为这个定理在他们的复杂性理论中用到了. 那么一个范·德·瓦尔登式的证明是完全适合的.

在研究范围中，对某些问题考虑坐标化的广点也会有用的. 一个不可约簇是个相当复杂的东西. 它可以被仅仅一个点所代替，这会有巨大的心理上的好处. 例如，定义射影空间中两个子簇的线性并联，可以简单地写下它的广点. 可以用猜测出广点的方法来验证一个簇的不可约性，这仍然是一个好的技巧. 范·德·瓦尔登的概念仍会有用的，这就像牛顿法则仍在物理中被应用一样，而不管量子力学如何如何.

尽管韦伊猜想已经解决，算术代数几何依旧欣欣向荣. 同样地，作为特殊复簇的复代数几何也非常活跃，随着近期的进展，今天的代数几何在"当今数学出版录"(Current Publications in Mathematics)中占有一大块位置. 撇开推广性的工作不谈，我们已经亲眼目睹了它向经典射影几何中非常具体的问题的回归，这是由计算机代数技术所刺激的，它又使构造性方法的意识得到了复苏. 然而，对前面所提到的那些刚刚进入这个领域的人来说，情形依然令他们感到沮丧. 他不得不知道许多交换代数和同调代数的知识，以便使他自己感到是在一方安全土地上.

在听了范·德·瓦尔登在 1971 年 Nice 会议上的

第5章　代数几何

关于历史的演讲后[1],Abhyankar,这个研究扎里斯基的专家,写了一首史诗式的诗,向那些"消元理论的消去者们"宣战("我们将消去你们"),同样也向那许多随之而来的东西宣战("层虽众多,我们并不畏惧""自己站出来吧,胆敢代表函子的你"). 这是对具有简单工具的具体数学的恳请与呼唤,就像范·德·瓦尔登曾经赋予我们的那种.

5.4 范·德·瓦尔登论
代数几何学基础:从塞维利到韦伊[2]

5.4.1 从 M·诺特到塞维利

代数几何是由 M·诺特所创始的. 以 Corrado Segre,Castelnuovo,Eriques 以及塞维利等人为领军人物的意大利学派营造了一座令赞叹的大厦,但是它的逻辑基础并不牢固. 概念定义得不够好,证明也不充分. 然而,正如 Bernard Shaw[3]所讲:"在它里面有个奥林匹克的光环,它一定是真的,因为它是精美艺术."

5.4.2 塞维利论个数守恒的论文

1912 年塞维利在他的"论个数守恒原理"一文中

---

[1] B. L. Van Der Waerden,1971,The foundation of algebraic geometry from Severi to André Weil,Arch. History of Exact Sc. 7,pp. 171 – 180(also included in both[1,2e Aufl.]and [2]).

[2] 原题:The Foundations of Algebraic Geometry from Severi to André Weil. 译自:Archive for History of Exact Sciences,Vol.7(1971),No. 3,pp. 171-180.本文为作者在 1970 年于 Nice 召开的国际数学家大会科学史分会上所作的报告. 李培廉,译. 孙笑涛,陆柱家,校.

[3] Bernard Shaw(1856 – 1950),英国著名文学家、剧作家,1925 年诺贝尔文学奖获得者,在中文文献常译为"肖伯纳".——译注

向建立代数几何的巩固基础迈出了第一步. 塞维利研究的是两个簇 U 与 V 之间的对应,即由齐次方程 $H(x,y)=0$ 所定义的点对 (x,y) 的集合,其中 x 位于 U 内,y 位于 V 内. 他假定 U 是不可约的,并设对 U 的一个一般点 ξ,V 中与之对应的点 $\eta^{(1)},\cdots,\eta^{(h)}$ 为有限个. 当 ξ 趋向 x 时,各点 $\eta^{(v)}(v=1,2,\cdots,h)$ 分别趋向极限点 $y^{(1)},\cdots,y^{(h)}$. 如 $\eta^{(v)}(v=1,2,\cdots,h)$ 中有 μ 个点趋于同一极限点 y,就说这个极限点的重数(multiplicity)为 μ,在假设方程 $H(x,y)=0$ 对一给定点 x 的解的数目为有限的条件下,塞维利表述了以下的结论:第一,重数是唯一确定的;当他叙述这个结论时,他并未证明它. 第二,如所给对应是不可约的,则方程 $H(x,y)=0$ 的每个解 y 至少在 $y^{(v)}$ 中出现一次. 最后,对于一给定点 x,所有解 y 的重数之和等于对应一般点 ξ 的方程组 $H(\xi,\eta)=0$ 的解的个数. 这就是个数守恒原理,H. Schbert 最早给出了这个原理的粗浅形式. G. Kohn 及 K. Rohn 给出了对 Shubert 的原始表述的反例. Kohn 的反例导致塞维利引进了"对应为不可约"的条件.

  塞维利在他稍后的一篇文章中承认,他最初确认重数为唯一的那个论断还需要补充一个假设:x 为 U 的一个单点. 如果作了这个假设,塞维利的三个论断的确都是对的,但在 1912 年塞维利撰写他较早的一篇论文时,为证明这些结论所需的代数工具还不具备. 不管怎么说,塞维利是给出"重数"的严密定义并确切地表述了相关结论的第一人.

5.4.3 代数工具:从戴德金到 E·诺特

  为奠定代数几何的严格基础的代数工具有:理想论、消元法理论和域论. 发展这些理论的有戴德金学

派,克罗内克(Kronecker)学派和希尔伯特学派. 早在 1882 年,戴德金与 Weber 发表了一篇极为重要的文章,他们在该文中将戴德金的理想理论应用到代数函数域上. 克罗内克及其学派发展了消元法理论. Mertens 及 Hurwitz 则研究了结式系. 在多项式理想论上最重要的工作则由 Lasker 与 Macaulay 所完成, Lasker 是一个著名的象棋冠军,他是从希尔伯特那里得知这个问题的,而 Macaulay 则是住在英国剑桥附近的一位中学教师,在我于 1933 年访问剑桥时,他还几乎不为剑桥的数学家们所知. 我估计 Macaulay 工作的重要性只是在 Göttingen 才得到了人们的认识. 最后,我还必须提到 Steinitz 于 1910 年发表的有着基本重要性的论文:"体的代数理论".

我于 1924 年来到 Göttingen,当我把我在推广 Max Noether 的"基本定理"方面所作的工作给 E·诺特看时,她说:"你所得的结果都是对的,但 Lasker 与 Macaulay 得到了普遍得多的结果."她让我去研读 Steinitz 的论文和 Macaulay 论多项式理想的小册子,并且送给我她在理想论方面所写的几篇文章以及论及 Hentzelt 消元法理论的文章.

5.4.4 一般点

于是,在用现代代数的有力工具武装起来之后,我重新回到我想做的主要问题:为代数几何构建一个巩固的基础. 我想:意大利的几何学家们所谓的簇上的一个一般点,三维空间中一个一般平面等是什么意思? 显然,一个一般点不应有某些不该有的性质. 例如,一个一般平面不会与一给定的曲线相切,也不会通过一给定的点,等等. 我设问:在一给定的簇 U 上是否可以

代数几何中的 Bézout 定理

找到一个这样的点 ξ,除了拥有对 U 的所有的点都有的性质外,再无别的特殊性质? 自然,我只限于可以用代数方程来表述的代数性质.

如 U 是全空间,则很容易构造出这样的点 ξ. 我们只要取未定元作 ξ 的坐标就可以了. 如一个其系数是基域中的元素的方程 $f(X)=0$ 对未定元 $X_1,\cdots,X_m$ 成立,则它对所有的特殊值 x' 也成立. 下面我们令 U 为任一不可约簇. 这时在 U 上我们能否找到这样一个下述意义上的"一般的"点 ξ:如果存在常系数的方程 $F=0$ 对 ξ 成立,则它就对 U 的所有点均成立? "E·诺特论 Hentzelt 的消元法理论"的论文给我指出了方向. 为了理解这篇文章的基本思想,我们必须回到克罗内克的消元法理论.

克罗内克发展了用逐次消元来求代数方程组的全部解的一个方法. 他用这个方法证明了:第一,每一簇都是一些不可约簇的并集. 第二,在经过一个适当的线性变换后,一个 d 维不可约簇 U 的全部点的坐标可如下得到:前 d 个坐标 $x_1,\cdots,x_d$ 是任意的,而其他的坐标是前 d 个坐标的代数函数.

E·诺特的一个学生 Hentzelt 死于第一次世界大战,他发展了一套更为漂亮的消元法. E·诺特用这个方法重新得到了克罗内克的这些结果. 她不仅得到了 Hentzelt 的结果,还补充了自己的一些新想法. 这些想法中有一个是将坐标 $x_1,\cdots,x_d$ 换成未定元 $\xi_1,\cdots,\xi_d$,而将其他的 ξ_i 作为这些未定元在一代数扩张域 $k(\xi)$ 中的代数函数. 她把这个域称为属于该簇的素理想 $\mathfrak{p}$ 的零点体.

在我研读 E·诺特论文的过程中,我发现坐标为

$\xi_1, \cdots, \xi_m$ 的点 ξ 恰好就是我要寻求的一般点,我还发现 E·诺特的零点体与剩余类环 o/p 的商域同构,其中 o 为多项式环 $k[X]$. 因此不必采用 Hentzelt 的消元法;我们可以从任一素理想 p≠o 出发,构造剩余类环 o/p 及其商域 $k(\xi)$,从而求得簇 p 的一个一般点 ξ.

在这个简单想法的基础上我写了一篇论文,并给了 E·诺特看,她立即为《数学年鉴》(Mathematische Annalen)采纳了它,而并未告诉我,正好在我来 Göttingen 之前,她已在一课程的教学中提出过相同的思想. 这是我后来从 Grell 那里听说的,他曾经参加这个课程.

5.4.5 特殊化

我研究的第二个问题是重数的定义,我们来回顾一下塞维利的做法,他考虑 U 与 V 之间由下述齐次方程组

$$H(x,y) = 0 \qquad (1)$$

所定义的对应. 他作了以下假定:

1) U 是不可约的.

2) 如 ξ 为 U 的一个一般点,则方程组

$$H(\xi,\eta) = 0 \qquad (2)$$

有有限个解 $\eta^{(1)}, \cdots, \eta^{(h)}$.

3) 对一给定点 x,方程组(1)有有限个解.

接着,塞维利由下述极限过程

$$(\xi, \eta^{(1)}, \cdots, \eta^{(h)}) \to (x, y^{(1)}, \cdots, y^{(h)}) \qquad (3)$$

来构造特殊化的解 $y^{(1)}, \cdots, y^{(h)}$.

如基域 k 是一个无拓扑结构的域,则上述极限过程就无意义. 于是,我引进如下的特殊化的概念,或像我当初那样称之为保持关系不变的特殊化. 如所有齐

次方程 $F(\xi,\eta^{(1)},\cdots)=0$ 对 $(x,y^{(1)},\cdots)$ 均保持成立，就把 $(x,y^{(1)},\cdots)$ 叫作 $(\xi,\eta^{(1)},\cdots)$ 的一个特殊化.

接下来我必须证明在适当的条件下特殊化(3)的存在性与唯一性. 我用消元法理论做到了这一点.

5.4.6 特殊化扩张的存在性

Mertens 已经对任一齐次方程组 $F_j(y)=0$ 构造了一组结式 $R_1,\cdots,R_s$，它们只依赖于形式 F_i 的系数，使得方程组有非零解的充要条件是：所有的结式均为零. 我在 1926 年送交给阿姆斯特丹科学院的一篇论文中，以希尔伯特零点定理为基础，给出了一个较简单的证明.

不论是用 Mertens 的结式，还是我的证明，都很容易看出，每个特殊化 $\xi \to x$ 都可以扩张成一个特殊化
$$(\xi,\eta^{(1)},\cdots,\eta^{(h)}) \to (x,y^{(1)},\cdots,y^{(h)})$$
稍后，谢瓦莱在不用消元法理论的情况下证明了扩张特殊化的可能性. 韦伊把谢瓦莱的证明写进了他的书，表述了这个办法"终究会把消元法理论的最后的痕迹清除出代数几何"这样的愿望. 显然，韦伊和谢瓦莱都不喜欢消元法理论.

5.4.7 特殊化重数的唯一性

更困难的是证明特殊化(3)的唯一性. 我在一篇发表于 1927 年的文章"代数几何的重数概念"中作了以下假设：

第一. 坐标 $\xi_1,\cdots,\xi_m$ 为独立变量.

第二. 假设方程(1)对一给定的点 x 只有有限个解.

从这些假设出发，我证明了特殊化解 $y^{(1)},\cdots,y^{(h)}$ 除了它们的顺序外是唯一确定的. 因此，任一解 y 的重

数 μ 可定义为它在系列 $y^{(v)}$ 中出现的次数. 显然, 所有解 y 的重数之和等于 h, 这就是个数守恒原理. 此外, 如对应(2)是不可约的, 则特殊化问题(1)的每个解至少在 $y^{(v)}$ 中出现一次. 这样, 塞维利在 1912 年的论文中讲的所有论断在适当的假设下于 1927 年就被严格证明了.

在我稍后的一篇文章中, 我把诸 ξ_i 为独立变量的假设(这意味簇 U 为整个仿射空间或整个射影空间)换成了一个较弱的假设, 即假设 x 为 U 的一个单点. 后面我们会知道, 韦伊把我的第 2 个假设, 就是特殊化问题(1)解的个数为有限的假设, 换成一个较弱的假设, 即认为有一个解 y 是孤立的. Northcott 和 Leung 更进一步削弱了这些假设.

5.4.8 相交重数

接下来我要研究的问题是定义相交重数, 并推广有关两条平面曲线交点个数的贝祖定理.

5.4.9 超曲面的相交

P^n 中 n 个形式或超曲面的相交问题非常简单. 这时的重数可定义为这些形式的 u-结式的因子分解中的指数, 这里 u-结式就是指这 n 个形式加上一个一般的线性形式 $\sum u_k y_k$ 的结式. 所有这些在我的论文"重数概念"的 §7 中用 1~2 页的篇幅作了解释.

5.4.10 一曲线与一超曲面的相交

接下来研究一不可约曲线 C 与一形式 F 的相交. (一超曲面, 即 $n-1$ 维的闭链, 将被称之为形式 F) 我们如何来定义交点的重数呢?

这个问题可以用几种方法解决. 第一个办法, 可以用代数函数的经典理论. C 上的变点 ξ 的齐次坐标之

比 ξ_i/ξ_0 是一个复变量 z 的代数函数,它们在黎曼曲面上是单值的. 对闭黎曼曲面上的每一点都有曲线 C 上的一点与之对应. 反之, 对曲线上的每一点, 黎曼曲面上也至少有一点与之对应. 考虑有理函数

$$F(\xi_0,\cdots,\xi_n)/L(\xi)^g$$

这里 L 为一个一般的线性形式, g 为 F 的次数. 这个亚纯函数的极点对应于 L 和 C 的交点[①], 每一极点的阶为 g. 零点对应于 F 和 C 的交点. 现在定义任一交点的重数为黎曼曲面上相应零点的阶数之和. 所有零点的阶数的和等于所有极点阶数的和, 因而 C 与 F 的交点的重数之和等于 C 与 F 的次数之积. 这推广了贝祖定理. 这个定义及证明的思想可以在法国几何学家 Halphen 的文章中找到.

这个证明方法对任意基域照样有效, 因为我们可以用戴德金 - 韦伯的算术理论来代替经典的函数论.

下述第 2 种定义甚至更简单些, 这个定义曾被系统地用于我从 1933 年开始发表的一系列论文"论代数几何中."取一具有未定元系数的一般形式 F^* 的一个特殊化形式 F, F^* 与曲线 C 相交于点 $\eta^{(1)},\cdots,\eta^{(h)}$. 特殊化 $F^* \to F$ 可扩张为特殊化

$$(F^*,\eta^{(1)},\cdots,\eta^{(h)}) \to (F,y^{(1)},\cdots,y^{(h)})$$

$y^{(v)}$ 为 F 与 C 的交点, 它们的重数可以定义为它们的特殊化的重数.

多项式理想的理论提供了第 3 种可能. 引进非齐次坐标. 令 $\mathfrak{p}$ 为属于曲线的素理想. 理想 $(F,\mathfrak{p})$ 是那些

[①] 原文意误为"这个亚纯函数的极点对应于 L 和 g 的交点". ——校注

零维准素理想 q 的交集,这里 q 对应于 F 与 C 的交集中的单点. 对每一 q,剩余类环 o/q 的秩为有限. 这个秩可以用交点的重数来定义.

这 3 个定义是等价的. 其证明,可参阅 Leung 的论文.

5.4.11 P^n 中两个簇的交

讨论射影空间 P^n 中两个维数分别为任意值 r 与 s 的簇 A 与 B 的相交就比较困难了. r 与 s 为任意的一般情形可以归结到 $r+s=n$ 的情形,因此我们将假设 A 与 B 是 P^n 中维数分别为 d 及 $n-d$ 的簇,譬如,四维空间中的两个曲面,它们相交于有限个点.

5.4.12 Lefschetz 的拓扑定义

Lefschetz 在 1924 年对复基域给出了相交重数的一个拓扑定义. 他把曲面 A 和 B 看成为复射影空间 P^4 中的四维闭链. P^4 是一个八维的可定向流形. 它本身以及闭链 A 和 B 可以一种不变的典型方式来定向. 如 y 为一交点,而且如果簇有单点,且在 y 处无公共切线,则它们的由单纯逼近所定义的拓扑相交重数总是等于 +1. 一般的情况下可能有公共切线,我证明了这时的拓扑相交重数,或孤立的交点的指数,总是正的. 如果将相交重数定义为这个指数,就可以建立一个令人完全满意的理论,而 Schubert 的"计数几何演算"就被证明是完全正确的.

5.4.13 射影变换的应用

当基域为任意时,这个方法无效. 因此我在 1928 年提出,将一系数为未定元的射影变换 T 作用于 A 与 B 中的一个,从而将它们的相对位置变成是一般的,变换后的簇 TA 与 B 相交于有限个点. 如将 T 特殊化为恒等变换,则 TA 与 B 的交点就特殊化为 A 与 B 的交点. 如 A 与 B 相交于有限个点,且其中每一交点有某个一定的特殊化重数,不妨把这个特殊化重数定义为相交重数. 在复域的情形,这个定义与 Lefschetz 的定义等价. 利用一位荷兰几何学家 Schaake 提出的方法,我证明了推广了的贝祖定理.

我在 1928 年的论文中的证明非常复杂;但在稍后的一篇论文中基于相同的想法,我给出了一个简单的证明.

5.4.14 簇 U 上的 A 与 B:塞维利的定义

我在 1932 年的苏黎世国际数学家会议上见到了塞维利,我问他能否对两个簇 A 与 B 的交点的重数给出一个好的代数定义,这两个簇是一个维数为 n 的簇 U 上维数分别为 d 及 $n-d$ 的簇,在 U 上要考虑的点是单点. 第二天他给我作了答复,并且把它发表在 1933 年的 Hamburger Abhendlungen 上. 他给出了几个等价的定义;下面我对于三维空间中一块曲面 U 上的两条交于 U 上一单点 y 的曲线 A 和 B 这一情形来解说其中的一个.

令 S 为三维空间中的一个一般点. 联结 S 与 A 就得到一个锥面 K. 点 y,作为曲线 B 与锥面 K 的交点,有一个一定的重数 μ. 我们就把这个重数定义为 y 作为 U 上的 A 与 B 的交点时的重数.

这个定义可以容易地被推广到一个 n 维簇 U 上两个任意维数 r 与 s 的簇 A 与 B 的交集上去. 如 $r+s$ 大于 n,则交集的正常维数为 $r+s-n$. 如交集的一个分支 C 的维数恰好为这个数,那么它就叫作真分支 (proper component). 如所有的分支都是真的,每一个都有塞维利所定义的重数,我们就可将这些分支 C 的以其重数 μ 为权的形式和,定义为一个相交闭链 $A \cdot B$

$$A \cdot B = \sum \mu C$$

5.4.15 闭链及其坐标

在解说塞维利的成果中,我使用了闭链和相交闭链这样的术语,相交闭链定义为不可约分支 C 乘以整数 μ 的形式和.

自然,塞维利的论文中并没有这些术语. 在塞维利的论文中(在我的论文中也一样),同一个词"簇(variety)"被用于两个不同的概念:

(1)在仿射或射影空间中由代数方程所确定一个点集;

(2)维数同为 d 的一些不约簇 C 乘以整系数 μ 的形式和.

在本文中,词"簇"仅在第一种意义下被使用,而(2)中的形式和,韦伊称为闭链.

如系数 μ 为任意整数,则该闭链就叫作虚闭链. 任一维数 d 的全体虚闭链形成一加法群,它的自由生成元是不可约簇. 如整数 μ 为非负数,则就得到正闭链. 以下我们只讨论正闭链.

闭链的簇,例如,线汇和线丛,圆锥曲线的簇,等等,在 19 世纪就已成了数学家们研究的对象. 三维空间的直线簇就是用一组用 Plücker 坐标表示的齐次方程来定义的,而圆锥曲线的一个线性系统就是用圆锥曲线的系数所满足的线性方程组来定义的.

卡斯特尔努沃(Castelnuovo)在他的一篇经典论文中研究了平面曲线的线性系及其双有理变换. 该理论由卡斯特尔努沃,Enriques,以及塞维利推广到一曲面

代数几何中的 Bézout 定理

V^2 上的 C^1 曲线组成的线性系,以及一个簇 V^r 上 C^{r-1} 闭链的线性系. 扎里斯基给出了这些经典理论的一个极佳的阐释.

1903 年塞维利开创了对于一个曲面上非线性曲线系上的推广;扎里斯基在他的报告的第 V 章中讲述了这个理论.

通过考虑一个 C^r 簇上的 C^d 闭链的有理系和代数系,1932 年塞维利开辟了一个新的研究领域. 塞维利的 3 卷书中给出了这个理论的一个完全的阐释.

在所有这些理论中都缺少对"闭链的簇"这个概念的正确定义. 周炜良(Chow)和范·德·瓦尔登在 1936 年中第一次给出了正确定义. 我们的想法是,对每一 C^d 闭链,令以 $u^{(0)}, u^{(1)}, \cdots, u^{(d)}$ 为其元的形式 $F(u)$ 之对应,这个形式叫作这个闭链的相伴形式(或叫作 Cayley 形式),并用这个形式的系数作为该闭链的坐标(Chow 坐标). 于是闭链的簇就用这些坐标的齐次方程来定义. 在我们合作的论文中证明的主要定理是:在 P^n 中全部维数为 d,次数为 g 的 C^d 闭链是一个闭链簇,即它可以由用闭链坐标的齐次方程来确定. 这个定理的证明归功于 Chow.

我在论文"论代数几何 14"中进一步发展了闭链簇的一般理论. 我在该文中证明了,塞维利的相交闭链 $A \cdot B$ 的定义具有全部预想的性质,包括相交闭链的交换律和结合律. 还有:如果 A 在闭链簇中变动,而如果 B 固定不变,则相交闭链 $A \cdot B$ 也在闭链簇中变动. 与假设 A 和 B 都在闭链簇中变动的结果一样.

在"论代数几何 14"中所发展的相交理论是一个全局性的理论. 第一个发展相交的局部代数理论的人

是韦伊,在他的"代数几何基础"一书中完成的.要理解他的思想,我们必须首先回到特殊化重数的概念上来.

5.4.16 韦伊的特殊化重数

韦伊研究了仿射空间中一对点的特殊化
$$(\xi,\eta) \to (x,y') \tag{4}$$
并作了以下假定:

(1) $\xi_1,\cdots,\xi_m$ 为独立变量;

(2) η 为 ξ 的代数函数;

(3) y' 是 ξ 特殊化到 x 上的一个孤立特殊化. 这就是说,如果我们考虑对 ξ 及 η 成立的所有方程 $H(\xi,\eta)$,则可认为特殊化方程组
$$H(x,y) = 0 \tag{5}$$
对给定的 x 定义一个簇,y' 是这个簇中的一个孤立点.韦伊没有像我那样假设方程组(5)只有有限个解.

接下来韦伊研究了 η 的共轭点 $\eta^{(v)}$,并证明了(第 Ⅲ 章,§3 命题 7),存在一个唯一的整数 μ,叫作 y' 的特殊化重数,使得 y' 在任何特殊化
$$(\xi,\eta^{(1)},\cdots,\eta^{(h)}) \to (x,y^{(1)},\cdots,y^{(h)})$$
中出现 μ 次.

证明要用到特殊化的解析理论,这在韦伊的书的第 Ⅲ 章中作了阐述,看来韦伊发展这个解析理论主要,或者说完全是为了证明重数 μ 的唯一性,因为在(第一版的)第 61 页上他这样写道:

现在读者不妨忘掉本章 §1~3 的全部内容,只需记住 §3 的命题 7,这个命题……将成为我们在代数几何中的重数理论的基石.

5.4.17 韦伊的相交重数

韦伊的相交重数理论分成两步. 首先, 韦伊研究仿射空间中的两个簇 A 与 B, 其中一个, 譬如说 B 为一线性子空间. 令 C 为交的一个真分支, 即维数为 $d = r + s - n$ 的一个分支. 通过与 d 个线性形式的一般组的所有簇相交, 此时通过特殊化由一个一般的线性簇可以得到线性簇 B. 由此即得, 相交重数可以定义为特殊化重数.

第二步, 是在韦伊的书的第 Ⅵ 章中所采取的关键一步. 韦伊的想法是, 将 A 与 B 的交 $A \cdot B$ 的一般情形约化到 B 为线性的特殊情形. 令 A 与 B 仿射空间 S^N 中一个 n – 维簇 U 的两个子簇, 令 C 为它们的交的一个真分支. 设 C 的一个一般点是在 U 上的单点. 此时韦伊取积簇 $A \times B$ 与积空间 $S^N \times S^N$ 的对角集 Δ 的交集. 这个对角集是由 N 个线性方程 $x_i - y_i = 0$ 所确定的线性子空间. 方程的个数可能太大了; 因此韦伊构造了 n 个一般的线性组合 $F_j(x - y) = 0$. 它们定义 $S^N \times S^N$ 中的一个线性子空间 L. $C \times C$ 的对角集 Δ_C 同时包含在 $A \times B$ 以及 L 之中, 因而也包含在它们的交集中. 此时韦伊证明了, Δ_C 是 $A \times B$ 与 L 的交的一个真分支. 这样, 因为 L 是线性的, 它有一确定的重数 μ. 这个数 μ 就被定义为作为交 $A \cdot B$ 的真分支的 C 的重数.

我的时间已到. 对相交重数更进一步的重要研究结果要归功于 Samuel, 谢瓦莱和塞尔. 全新的观点是由韦伊, 扎里斯基, Chow 以及格罗腾迪克学派等引进的. 然而, 在这篇讲演中我只能限于发展的某一条线索, 这就是从塞维利韦伊.

第 5 章 代数几何

5.5 浪川幸彦论代数几何①

5.5.1 ICM 的荣誉

代数几何在历届国际数学家大会(ICM)上都是最引人注目的一个领域. 加上日本在有些领域又处于世界领先地位,这大概是编辑部选择代数几何作为本专栏第一篇的理由了!

的确,最近 3 维分类理论中的极小模型理论就是由日本的川又、森、宫冈等为中心的学派完成的;还有物理学中特别称为弦论的基本粒子理论在黎曼面的模理论中引起的影响正在进一步扩大,可以设想,这些都将成为 ICM 的热门话题.

大家也很关心 ICM 的菲尔兹奖得主将是谁. 日本的二位获奖者小平邦彦和广中平佑都与代数几何有很深的关系. 我们也期待着本届 ICM 也许会由此产生第三位获奖者.

本文的目的是通过概观最近的研究潮流,说明包括上面列举的题目在内,哪些可能会成为 ICM 的话题.

5.2.2 大大变样的代数几何

但是实际上,记述这个潮流却不是那么简单的事情.

其理由,第一是由于代数几何在 20 世纪中叶,特

---

① 原题:代数几何,译自:《数学セミナー》,1989 年 11 期,54~58 页. 此文是为迎接 ICM 1990 年在日本京都召开而辟专栏"现代数学的未来"之第一篇. 陈治中,译. 陈培德,校.

别是 60 年代已最终完成了抽象化、一般化,从而大大变了样,因此以古典代数几何为题进行说明已经很不够了(图 5.3);第二是由于一般化的结果使与数论、解析学等众多领域都有了关联,因此在跨学科领域(interdisciplinary)之处代数几何的重点转移,要把握统一的潮流就异常困难. 后者的倾向最近越发强烈.

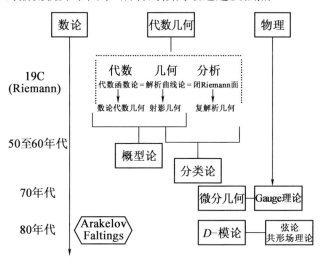

图 5.3

但是叙述的顺序总还得追随时代,从古典代数几何的定义开始,说明由这里出发的源流是如何延续到现代的. 到现在为止这开场白已经很长了,请允许我不得不限于介绍一二个显著的例子,而不是罗列与其他领域间的关联.

5.5.3 代数簇的几何学——古典代数几何

古典代数几何的定义如下:代数几何是利用定义方程式的代数对象,研究有限个代数方程式

$$f_1(X_1,\cdots,X_N)=0,\cdots,f_M(X_1,\cdots,X_N)=0$$
所定义的"图形",即代数簇的性质的学问.

最简单的例子是高中学习的二次曲线. 例如,知道了平面内二次曲线 Q 的方程式
$$E:\frac{x^2}{a}+\frac{y^2}{b}=1$$
Q 上的点 $P=(\alpha,\beta)$ 处的切线方程就可利用定义方程式 E 的参数而写作
$$\frac{\alpha x}{a}+\frac{\beta y}{b}=1$$

但是一般的情形,由于种种理由,方程式的系数、坐标不仅要考虑实数,还要考虑复数(或者作为其扩张的代数闭域的元). 还有把无限远的点作为巧妙定义的射影空间中的图形来考虑. 这样所定义的代数簇称为 C 上的射影代数簇.

5.5.4 代数几何的三个流派

代数几何按其研究方法分别以代数、几何、分析为主而分为抽象代数几何、古典代数几何和复解析几何三个流派. 虽然这样区分,但由于研究的对象相同,因此相互保持着密切的联系,并使理论得以发展.

上面所述代数闭域上射影簇的研究是古典代数几何,虽然使用代数方法,但是有强烈的纯几何特性.

5.5.5 双有理几何与代数函数论

古典代数几何中研究代数簇特性的最基本方法就是研究存在什么样的有理函数. 所谓有理函数形如 $f(X_1,\cdots,X_N)/g(X_1,\cdots,X_N)$,$f,g$ 是多项式. 其全体

$R(V)$ 可以进行加减乘除,或者说构成域(当 V 既约时).

具有相同函数域的簇称为互相双有理等价,双有理几何学研究双有理等价下不变的性质. 而把代数函数域作为代数的研究对象进行研究的就称为代数函数论,相当于抽象代数几何的第一步.

以最初的例子来说(为简单起见,Q 设为圆($a = b = 1$)),若令 $t = X/(1+X)$,则 $R(Q) = R(t)$(有理函数域),Q 与直线 L 双有理等价.

5.5.6 复解析几何的代数几何

在复数域上的代数簇中,可以按照复解析函数论利用更一般的有理型函数以代替有理函数进行研究. 以这种方法论为主的称为复解析几何,按这种方法论处理的研究对象(更一般地)为复解析簇(或是容许奇点的解析空间). 1 维的因其创始人而特别称为黎曼面.

5.5.7 古典三位一体与高维化

当按上述三个流派来看一个局部参数的 1 维簇时,我们说它们给出了本质上相同的理论,这就是 19 世纪确认的古典的三位一体:

抽象(代数)　　古典(几何)　　复解析(分析)
单变量代数函数域 = 非奇异射影直线 = 闭黎曼面

如果按一般维数分别考虑这些对象,它们被一般化为多变量代数函数域、(非奇异)射影簇和紧复流形(解析空间),但这里三位一体已经不成立,要得到等价就有必要加以限制.于是找出合适的条件就成了重要的问题.

5.5.8 抽象代数几何的建立

韦伊从单变量代数函数论与代数域的数论的类似性出发构想了包含这两者的理论,再经过塞尔,到60年代前半由格罗腾迪克采用了概型论这一最终形式(关于这一过程的详情,请参看拙著《现代代数几何的建立》(《数学セミナー》1987年8月~10月)).特别是由韦伊确立的数域上或有限域上的代数几何被称为数论代数几何,形成独自的领域.

为什么格罗腾迪克的概型论是最终的呢？这是因为作为代数几何的基本原理,代数概念与几何概念的对应在这里以完整的形式建立了.

5.5.9 小平理论

另一方面,解析方法则在50年代以当时在美国的小平邦彦为中心,通过应用Cayley流形上的调和分析方法与层理论而发展的.其成果之一是Cayley流形为Hodge流形与它为射影簇是等价的,这就给出了要得到几何-解析间的等价性而必须在解析流形上添加的条件.

5.5.10 代数几何是成年人的学问

小平于1954年获菲尔兹奖是由于在调和分析方面的成就.同年另一位获奖者塞尔的获奖理由则是同伦论方面的成果.两位对代数几何的本质贡献主要是在菲尔兹奖获奖以后.格罗腾迪克闻名于世的也是在

函数分析方面的业绩.一般在代数几何方面取得优秀成果的,似乎不少都是那些掌握了别的某个领域的方法论的人,以此为基础开创的新途径.在这个意义上,代数几何也许是需要广阔视野的"成年人的学问".

5.5.11 曲面分类论

1维的理论已在19世纪本质得出,假设把亏格这种非负整数作为离散不变量,那么代数曲线就可以根据"连续"参数即模进行分类.

意大利学派在本世纪初以其一般化的形式差不多已完成了代数曲面的分类表.但是该理论从现代水准来看很难说是严密的,扎里斯基,Shafarevich,小平等在50~70年代给出了完整的结果.特别是60年代的小平理论是一个深刻而漂亮的理论,它包括未必是代数的复曲面在内.

5.5.12 极小模型理论

扎里斯基在古典代数几何的曲面理论方面列举的重要成果之一,是曲面的极小模型的存在定理(1958).它给出了曲面的情况下上述三位一体的代数-几何间的等价性.这就是说,代数函数域一经给定,就存在非奇异曲面(极小模型)作为与其对应的"好的"模型,而且射影直线如果不带有参数就是唯一确定的.因此要进行曲面分类,可以只考虑极小模型,这成了曲面分类理论的基础.

5.5.13 饭高程序

根据曲面分类论的这种进展,70年代末饭高提出

第 5 章 代数几何

了对高维情形进行一般化的程序,就是把新定义的小平维数作为次于维数的不变量,进一步定义各种各样的双有理不变量,依据这些去作分类表.作为该程序的基本公式,可以意识到相对于纤维空间的小平维数的不等式的重要性,特别是以日本为中心在 70 年代对证明这个不等式作出了努力.在获得若干部分结果(包括 3 维)的同时,也了解到在此过程中小平消灭定理的扩张是理论发展的关键(上野健尔,藤田隆夫,Viehweg,川又雄二郎等的贡献).

5.5.14 黄金的 70 年代

转而看看这一时期的世界,可以看到同是在 70 年代就出现了种种的理论,实际上建造了各自美丽的花园.韦伊猜想的解决(德利涅),Hodge 理论(Griffiths,德利涅),K3 曲面的周期理论(Piatetskii-Shapiro,Shafarevich),向量丛理论,超曲面奇点理论(特别是有理二重点理论),宫冈-Yau 不等式的证明等,真令人眼花缭乱.

5.5.15 扩散的 80 年代

黄金时代 70 年代的成果,都是在至 60 年代为止确立的代数几何基本框架的土壤上开出的花朵.与此相对,80 年代的代数几何虽然也源出于此,但其显著的特征则是在超出这一框架之处产生出深刻结果.结果使得与数论、微分方程式论,再有与物理学的深刻联系明确了,代数几何的范围已越发扩大.而且饶有兴味的是有一种预感,就是这无限止的扩散实际上也许是向看不到的无限远点的集中. 但这在明年的 ICM 中恐怕还是梦幻而已, 就此打住.

5.5.16 Faltings 与数论代数几何

上届 ICM 的菲尔兹奖的二位得主 Faltings 和唐纳森对代数几何的发展作出了实质性的贡献.

前者依据并推广了 70 年代的 Arakelov 理论, 解决了 Mordell 猜想(1983). 进而他展开了算术曲面理论. 这还考虑了 Archimedean 赋值, 在这点上实质性地超越了格罗腾迪克的理论. Parshin 还指出, 如果 Mordell 猜想有"好的"证明, 那么费马猜想就差不多应该可以解决了. 这就一下子激起了对这一问题的普遍关注. Borcea 的另一个新的研究也引人注目.

最新消息, Abhyankar 把(特征 0 时必定分歧的) sporadic 有限群作为覆盖群构成正特征直线的不分歧覆盖群, 由此也许能发现数论代数几何与有限群论间意想不到的关系.

5.5.17 唐纳森与向量丛理论

另一方面解析几何也显示出其全新的发展.

其开端是 Atiyah 等的 Yang-Mills 方程理论(1977 年以后), 就是所谓非线性微分方程的解与射影平面上的向量丛参数化的模空间内的射影直线族相对应. 唐纳森等发展了这一想法, 创造了一种完全新的方法, 就是构造一般流形上向量丛模空间作为无限维流形 (联络空间)的商空间(1983 年以后).

5.5.18 KdV 方程与 Novikov 猜想的解决

从 70 年代起以苏联为中心,同样在非线性微分方程与代数几何的联系方面,对 KdV 方程及其一般化的 KP 方程进行了研究,引人注目. 佐藤幹夫在研究此方程的解时发现古典不变式 Schur 多项式是实质性的,表明了这一方程的解可以由无限维 Grasmann 流形进行参数化(1982). 进而根据这一成果,就可以得到 Schottky 问题的一个解(Novikov 猜想的证明),或者使用配极阿贝尔簇刻画曲线的 Jacobi 簇(盐田隆比吕, 1986 年).

5.5.19 弦模型论与曲线的模理论

物理学进一步给代数几何以巨大的冲击. 这是由苏联研究的. 已经清楚,由 Polyakov 开创的弦模型理论与闭黎曼面的模理论有着本质的联系(1986). 若重新构筑 2 维共形场的理论,那么上一节的佐藤理论恰好适合,因此知道存在严密的数学模型(1987). 根据这一成果,还可以构成非交换 Gauge 场情形的共形场理论(土屋昭博,1988),这似乎能最终实现韦伊没有完成的阿贝尔函数扩张的梦(1938 年,Hitchin 等).

由这些物理学的影响而引起的理论进展虽然还没有展示出其全貌,但想要强调指出至少在现阶段已经清楚的地方,这就是佐藤幹夫、柏原正树等的 D - 模理论作为基础方法论是很重要的. 这是对格罗腾迪克概型论的微分方程标架应用的一般化(一类非交换代数几何). 上届柏原失去菲尔兹奖的机会在某种程度上可以说是迫不得已的,不无遗憾. 菲尔兹奖不管怎么说,总是那些所得到的结果容易被人理解的课题容易获奖,而构筑理论的功绩则很难评价.

5.5.20 森理论的诞生——古典代数几何也不示弱

正统的古典代数几何也可以看到不亚于新动向的显著进展.

其直接标记是 1979 年森重文解决了 Hartshorne 猜想. 该猜想是由射影空间(特征 0)的切丛的丰富性所刻画的. 尽管只是解决了一个猜想,但由于用到了崭新的方法论,也就开创了新的时代. 就是说产生了分析双有理变换的非常强有力的工具即 extremal ray 理论(1982).

5.5.21 3 维极小模型理论的完成

同一时期以苏联的 Iskovskih 等为中心发展了 3 维仿射簇的理论. 依据这两者率先提出了这样的研究计划,即,如果容许某种奇异点,那么 3 维情形也存在极小模型理论. 川又、森、宫冈在该方向上进行了深刻研究,终于在 1987 年最终完成了这一理论. 这不只是代数几何,就是从整个数学界来看,恐怕也可以说是自上届 ICM 以来所得到的最重要的成果之一. 令人高兴的是这是经日本人之手完成的,同时也不应忘记这一成果还包含了苏联、欧美等许多人的贡献,这是真正的国际协作研究的结果.

第 5 章 代数几何

5.6 扎里斯基对代数几何学的影响①

5.6.1 引言

扎里斯基(图 5.4)1899 年出生在乌克兰科布林(Kobryn,今天科布林在白俄罗斯)的一个犹太人家庭里. 他曾告诉我说,在幼年时他的名字有时候发音为 Aszer.

他很小就喜爱数学和关于数学创造性的思考. 他像个孩子般回忆着做数学的快乐.

当扎里斯基很年轻时他父亲就去世了;他常说,他的母亲是个女商人,会在华沙的犹太人 Nalewki 区卖各种各样的东西.

---

① 作者 Piotr Blass. 译自:"Contributions to algebraic geometry:Impanga Lecture Notes",The influence of Oscar Zariski on algebraic geometry(updated version),Piotr Blass,figure number10. Copyright© 2012 EMS. Reprinted with permission. All rights reserved. 欧洲数学协会及作者授予译文出版许可. Australian Mathematical Society Gazette vol. 16,No. 6(December 1989),The influence of Oscar Zariski on algebraic geometry,Piotr Blass. Copyright© 1989 the Australian Mathematical Society. Reprinted with permission. All rights reserved. 澳大利亚数学协会及作者授予译文出版许可. 许劲松,译. 陈亦飞,校.

作者的邮箱地址是 pblass@ gmail. com.

原文最初发表于 Australian Mathematical Society Gazette vol. 16,No. 6(1989 年 12 月). 我们要感谢 Australian Mathematical Publishing Association Inc. 允许我们转载该文的修订版本. 该文的修订版由 Piotr Pragacz 准备:图片与录入来自 Maria Donten-Bury. ——原注

代数几何中的 Bézout 定理

图 5.4 扎里斯基(1899—1986)
照片来自 George M. Bergman
(Oberwolfach 数学研究所的存档)

1921 年,扎里斯基去了罗马学习. 他之前在基辅学习过,并回忆说他对代数学以及数论有强烈兴趣. 传统上后者这个学科在俄罗斯有很强的教育.

他执波兰护照去了罗马. 他在罗马的那段时间肯定是非常兴奋的,从 1921 年一直持续到 1927 年. 他成为罗马大学的学生,又娶了个极好的女人 Yole. 她是他生命中 65 年的永恒陪同和灵魂伴侣. 他们从不分离,无论好的还是坏的时光,她都是他力量的源泉.

事实上,在后来的岁月里当他的听力开始衰弱时,她承担了很多他与别人的交流工作. 他的创造力几乎持续到生命的最后一年.

5.6.2 扎里斯基在罗马

然而让我们回到1921 年的罗马. 罗马大学有 3 位数学家,他们是意大利代数几何学派中优美、振奋以及带着些许骑士风格的证明方法的同义词:卡斯特尔努沃、恩里克斯(Federigo Enriques)和塞维利. 前两人是犹太人出身且有亲眷关系. 如他们一样,Yole 扎里斯

第 5 章 代数几何

基也来自一个同样高度复杂的社会群体(至少在我印象中).扎里斯基总是和卡斯特尔努沃与 Enriques 谈得很热火.我估计他们不太喜欢塞维利,尽管他们尊敬他的工作.

这也许是个好机会来追溯扎里斯基的数学族谱.意大利代数几何学始于克雷莫纳(Luigi Cremona),他是 Garidaldi 军队的一个战士,后来成为了参议员,他和意大利的罗马复兴处于同一个时代或许还参与其中一部分(是的,数学家确实融入大众文化).师从沙勒(Chasles)的 Cremona 影响了塞格雷(Corrado Segre),而后者又教出了卡斯特尔努沃.卡斯特尔努沃影响了 Enriques——这实际上是一种合作关系——最后卡斯特尔努沃成为扎里斯基的博士论文导师.

我想起扎里斯基告诉我,他在罗马早年生活时与卡斯特尔努沃的一次重要又戏剧性的谈话.卡斯特尔努沃对年轻的扎里斯基是如此印象深刻,他总是帮助扎里斯基去掉了很多数学上过于严格造成的烦琐来加速扎里斯基的学习,并成为了扎里斯基的论文导师.

这群意大利人认为扎里斯基是一颗"未打磨的钻石".他们感到他的几何观点终究将与他们自己的观点不同.卡斯特尔努沃有一次告诉他"在这里你和我们在一起,但你不是我们的成员".这不是在责备他,而是好心的卡斯特尔努沃一再地告诉扎里斯基,意大利几何学派的方法已经做了所有他们能做的,已经走到了死胡同,并且不适合代数几何学领域的进一步发展.(这在扎里斯基文集的引言中已经报道过了)卡斯

111

特尔努沃也许怀疑,摆脱困境的出路在于在代数几何学中增加使用代数学和拓扑学的方法. 深知扎里斯基喜欢代数学的倾向,他建议了他一个与伽罗瓦(Galois)理论和拓扑学密切相关的论文课题.

5.6.3 扎里斯基(在 C 上)的论文课题

基于其论文的结果,他证明了以下结果:给定一个亏格 >6 的一般的代数方程 $f(x,y)=0$,不可能找到一个参数 t,它是 x,y 的一个有理函数,使得 x 和 y 可用 t 的根式表出.

另一种叙述包含在下面的定理中. 设 X 是一条曲线,我们称曲线间的映射 $X \to P^1$ 是可解的(solvable)当且仅当它对应的域扩张 $k(X) \supset k(t)$ 是一个根式可解域扩张.

定理 1 一个亏格 ≥ 7 的一般曲线不存在到 P^1 的可解映射.

在罗马停留的日子里,扎里斯基不断参与和接触(C 上的)代数曲面的研究,这是他的老师们喜爱的课题. 他在 Algebraic surfaces[①] 的引言中说:

"我在罗马的学生时期,代数几何学几乎是代数曲面理论的同义词. 这是我的意大利教师们讲授最频繁的课题,其中的论证和争辩也是最频繁的. 旧的证明被提出质疑,提出了修正,而这些修正——理当如此——本身又受到质疑. 无论如何,代数曲面理论在我

---

① O. Zariski, Algebraic surfaces. Chelsea Publishing, New York 1948.

脑海中蔓延……"

然而,这时期他大多数的出版物仍然与代数曲线以及一些基础的哲学性问题有关(例如:戴德金的实数理论及康托(Cantor)和策梅洛(Zermelo)最近创立的集合论).他受到了 Enriques 的影响对以上课题产生兴趣,而 Enriques 是个哲学家和数学史学家.扎里斯基肯定认为代数曲线理论是代数几何学家必需的训练场.

事实上,1970 年在哈佛当我让他教我代数几何时,他确认我对代数曲线有一定了解.后来我问他关于这个专题最好的入门书时,他说:Enriques-Chisini 的书[1].

5.6.4 伊利诺伊和约翰·霍普金斯

1927 年,扎里斯基和 Yole 离开意大利去了美国.此事的原因,我认为是法西斯主义在意大利的浮现以及在意大利找一份合适学术职位的困难.到达美国之后,扎里斯基一家在伊利诺伊州(Illinois)一个相当普通的大学待了一段时间,但很快他的才华便得到了公认,并得到巴尔的摩(Baltimore)的约翰·霍普金斯(Johns Hopkins)大学的一份职位.这个学校以前给美国带来了西尔维斯特(Sylvester),但他们没有意识到手上有另一个西尔维斯特.不是吗?

---

[1] F. Enriques and O. Chisini, Lezioni sulla teoria geometrica delle equazioni e delle funzioni algebriche. In three volumes, Zanichelli, Bologna 1915~1924.

代数几何中的 Bézout 定理

扎里斯基花费了相当多的时间准备他的专著《代数曲面》(Algebraic Surfaces). 在这本书里他陈述了 1933 年代数曲面理论的现状. 他仔细地检查了每一个论证并发现了意大利学派的古典证明中大量严重的漏洞. 正如他所说:"几何乐园永远地丢失了"——新的工具,新的框架和语言被呼唤着. 这是一种危机. 但对于 1937 年扎里斯基的头脑来说,这种危机却是一个令人兴奋的机会. 令他印象深刻的是,他发现在交换代数和赋值论的新工具之前已经被克鲁尔(Krull)和范·德·瓦尔登着手发展,并应用于现代代数学和代数几何学的研究中. 但我们要跑到故事前面. 在 1927 ~ 1937 年之间,扎里斯基经常前往普林斯顿(Princeton)和莱夫谢茨交谈. 卡斯特尔努沃对莱夫谢茨抱有极高的敬意并告诉扎里斯基他的工作.

莱夫谢茨是另一个来自俄国的犹太移民,"把拓扑的鱼叉刺向了代数几何这条鲸鱼".

莱夫谢茨是另一个伟大的天才,拥有一个不寻常甚至是浪漫的生活故事. 他原本被训练为一个工程师,在一次可怕的工业事故中失去了双手. 他不得不放弃他的职业,进入马萨诸塞州 Worcester 的 Clark 大学,获得了数学博士学位. 我曾在 Clark 工作过一年,有幸审查到莱夫谢茨在 Storey 的指导下写的博士论文. 文章是非常具体,很"意大利"式的几何学. 莱夫谢茨以一种完全孤立的状态在内布拉斯加(Nebraska)待了很多年,在堪萨斯的 Lawrence 待了 13 年,后来他认为这是种幸运. 他读了毕卡和庞加莱(Poincaré)关于代数簇

第 5 章 代数几何

上的积分及其周期的论文. 毕卡使用适当的曲线束纤维化一个代数曲面的方法(现在称为莱夫谢茨束)给他留下了深刻的印象. 使用这种束和单值化, 莱夫谢茨得了 C 上代数簇的拓扑和代数几何非常深邃又微妙的结果, 后来又推广到特征零的域上. 莱夫谢茨的才能被公认后他被聘为普林斯顿大学的教授(奇迹还是会发生在美国的——至少在 1924 年是这样的). 当他与莱夫谢茨交谈时, 扎里斯基也在做代数簇的拓扑. 在莱夫谢茨影响下, 美国青年 Walker 严格证明了一个困难又重要的定理: 特征零代数闭域上代数曲面奇点的分解.

扎里斯基检查了 Walker 的证明, 并在上面提到的他的《代数曲面》专著中声明它是正确的. 让我引用扎里斯基的 1934 年《代数曲面》的序言:

"尤其是代数几何学, 在这一领域方法的使用至少与结果是同样重要的. 因此作者尽可能避免了理论的纯形式解释……然后, 由于对简洁, 严密性的迫切需要, 书中的证明与原始论文的证明或多或少有一定程度的差异."

因此, 扎里斯基本质上重新证明并澄清了大量的材料. 这本专著是一个几何学大师的作品.

1935~1950 年期间, 扎里斯基继续在代数簇的拓扑, 基本群, 分歧轨迹的纯粹性, 以及循环多重平面等方面工作. 限于篇幅, 我请对细节感兴趣的读者参见非常生动和精辟的扎里斯基论文集①.

5.6.5 扎里斯基应用现代代数学分解奇点

1935~1937 年之间,扎里斯基研究了近世代数学,他说:"我必须从某个地方开始."他从克鲁尔的 Idealtherie 书②里选取了赋值理论和整性相关的概念,并将之用于代数簇——更具体来说是两个问题:

Ⅰ. 局部单值化.

Ⅱ. 奇点约化或奇点分解.

再后来,1958 年他写了:

Ⅲ. 分歧轨迹的纯粹性.

我将仅限于描述问题Ⅱ,即奇点的分解和扎里斯基对它的贡献.

定义 1 设 $V \subseteq P_k^n$ 是一个不可约射影代数簇(即一组关于齐次变量 $\{x_0, x_1, \cdots, x_n\}$ 的齐次形式的公共零点集合). 我们称一个射影簇 $W \subseteq P_k^m$ 是 V 的一个非奇异化(desingularisation),如果存在一个正则代数态射 $\pi: W \to V$,使得:

(1) W 是一个光滑簇;

(2) π 是逆紧的,即对于任意基变换都是泛闭的(在我们的文中这自动满足);

(3) π 诱导了 $\pi^{-1}(V\text{-Sing}V)$ 与 $V\text{-Sing}V$ 的同构.

最简单的例子是带有一个结点的平面曲线. 例如,

---

① O. Zariski, Collected papers. In four volumes, MIT Press, Cambridge, Mass, London, 1972.

② W. Krull, Idealtheorie. Ergeb. Math. Grenzgeb. 46, Springer-Verlag, Berlin, 1968.

第 5 章　代数几何

$V: x^3 + y^3 - xy = 0$. 这条曲线的基本特点可以描绘图 5.5.

图 5.5

原点 N 是一个结点,一种众所周知的奇点. 非奇异化 W 是一个光滑(空间)曲线,使得在 N 的两个分支被拉开,如图 5.6.

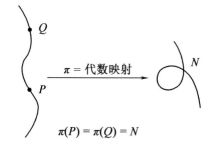

图 5.6

一个同样著名和简单的例子是尖点 $V: y^2 - x^3$. 这可以画出图 5.7.

图 5.7

原点 C 是尖点,非奇异化 W 是一条直线 S,以及一个映射 $\pi: W \to V$,其图像如图 5.8.

117

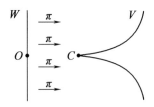

图 5.8

这里有一个曲面奇点的例子,见图 5.9.

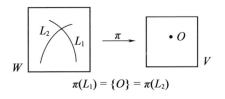

图 5.9

O 是 V 的一个双平面二重点. 非奇异化 $\pi: W \to V$ 可以描绘图 5.10.

$\pi(L_1) = \{O\} = \pi(L_2)$

图 5.10

这里的 L_1 和 L_2 是(射影)直线,它们被 π 收缩到点 O. 映射 π 限制到 $W - (L_1 \cup L_2)$ 建立了与 $V - \{O\}$ 的同构.

换言之,在膨胀变换(blow up)或二次变换之后,奇点被替换为一对交于一点的射影直线.(相交矩阵是 $\begin{pmatrix} -2 & 1 \\ 1 & -2 \end{pmatrix}$)

奇点不必是孤立的. 例如,$x^3 = y^2 z$ 上有一条由尖

第 5 章　代数几何

点组成的曲线 $x = z = 0$. 这可以(粗略)作图,如图 5.11 (这奇点当 $y = 0$ 时变得"更坏").

图 5.11

分解可以是个非常复杂的过程,并且一般存在性定理在更高维时往往很艰难. 首先,扎里斯基证明了整闭包(intergral closure)这个代数概念,给出了曲线的奇点分解,他称之为正规化. 因此:

当维数 $X = 1$ 时,任何特征,分解是可能的.

当维数 $X = 2$ 时,即代数曲面的情形;他证明了分解可以通过交替使用正规化和以点作中心的二次变换得到

$$正规化 \to 膨胀变换 \to 正规化 \to \cdots$$

他的证明在特征零的时候成立,即他证明了与前面提到的 Walker 同样的结果. 然而他熟练地撰写了论文,使得在特征 $p > 0$ 时还必须解决的问题变得非常明晰. 这后来是由阿布海恩卡(Abhyankar)在 20 世纪 50 年代早期的一些精彩工作完成. 阿布海恩卡是扎里斯基在哈佛(Harvard)的第一个学生. 所以曲面的分解现在对所有特征都是熟知的. 一个优美的, 概念性的证明是由扎里斯基另一个学生 Joseph Lipman 大约在 1980 年给出.

扎里斯基然后转向了非常困难的特征零 3 维簇的情形. 他又一次成功了,但证明相当长(《数学年刊》(Annals of Mathematics), 有 70 页; 在 Collected papers

代数几何中的 Bézout 定理

第 I 卷中重印,扎里斯基所有关于分解的论文都可以在这里找到). 他在引言中说(关于 n 维问题):

"目前当然还不可能肯定又精确地说一般情形的问题有更多困难. 我们倾向于猜测,一般情形下的困难与 3 维情形的困难程度是可以比较的……3 维的情形提供了一个很好的试验场……"

论文再一次写得如此明晰,使得阿布海恩卡能够精彩地将这个证明推广到特征 $p>5$ 的域上.(这直到最近才由 V. Cossart 和 O. Piltant[1] 推广到所有正特征)

广中平佑(Heisuke Hironaka)受到了扎里斯基的指导和提示,解决了一般情形并证明了特征零时奇点分解在所有维数都存在. 这是 1964 年 Annals 中的论文[2]——有史以来写得最好的文章之一(它有 217 页). 正如阿布海恩卡指出(京都 2008 年),广中平佑首先在 4 维情形证明了这一结果. 在阿布海恩卡看来,做正特征奇点分解的人应该遵循这样的策略. 广中平佑因这项成就获得菲尔兹奖. 我记得和扎里斯基谈起广中平佑的成果. 在 1971 年我仍然可以感受到对这个结果的兴奋;我几乎确信扎里斯基对广中平佑的工作有很大帮助但没有带走任何荣誉,而这项荣誉完全归于他这个辉煌的学生.

扎里斯基不仅证明了关于分解的一般定理,他也

---

[1] V. Cossart and O. Piltant, Resolution of singularities of threefolds in positive characteristic Ⅱ. J. Algebra 321(2009),1836~1976.

[2] Heisuke Hironaka, Resolution of singularities of an algebraic variety over a field of characteristic zero. Ann. of Math. 79(1964),109-326.

知道如何分解由具体方程给定的奇点.他把这些教给了他的学生和我.他也知道如何使用分解来研究簇的微分和数值不变量.因而他可以精确做出大量的意大利几何.事实上,能够分解奇点是扎里斯基学派的一个标志.阿布海恩卡曾这么说扎里斯基:"没有他的祝福,谁能分解奇点?"在不久的后来——我感到——奇点分解的知识及其计算机的实现应该对与代数方程组打交道的工程师和科学家有用.

与奇点分解问题相关,我提到几次印度数学家阿布海恩卡.他是普渡(Purdue)大学和印度Poona大学的教授,他有大量的学生尊扎里斯基为师父的师父(paramguru).因此,日本(广中平佑影响)和印度(阿布海恩卡的影响)新一代几何学家也感受到了扎里斯基的影响.在美国,芒福德(David Mumford),阿廷(Michael Artin),Joseph Lipman 和 Steven Kleiman 给了代数几何学巨大的推动并且拥有众多的学生.戈伦斯坦(Daniel Gorenstein)也是扎里斯基早期的学生.他的毕业论文是关于曲线——从而是戈伦斯坦环——的课题.他离开了代数几何,但我们会原谅他,因为他为分类有限单群做了巨大的努力.

5.6.6 线性系,单点,扎里斯基的主定理

在1937~1945年期间,扎里斯基除了关于分解和局部单值化的工作,还用严格的方式处理一些概念诸如线性系,单点(simple point),贝尔蒂尼(Bertini)定理.把现代代数学应用于所有那些意大利几何学家们不太严格研究过的论题.1945,1946年前后,他开始发

代数几何中的 Bézout 定理

展抽象代数几何学中的全纯函数和连续性理论. 他在约翰·霍普金斯的教学负荷是一周 18 小时;那还是战时. 而 1945 年 1 月,他被邀请去 São Paulo 待了至少一年. 在那里他在相对和平与安静的环境中发展他的全纯函数理论. 他有一个最高级的听众——韦伊,他们经常在一起散步和讨论. 1946 年在巴西出现了一篇重要的论文并在 1951 年的《美国数学会会志》(Memoirs of the American Mathematical Society)发表. 有数个值得一提的结果都来源于扎里斯基的全纯函数理论:

(ⅰ)扎里斯基的主定理.

(ⅱ)连通性原理.

(ⅲ)它启发了格罗腾迪克的形式概型理论和一些概型上同调的深刻定理,从而成为现代代数几何学的主流和血液.

最容易解释的是连通性原理. Enriques 进行如下陈述:

如果一个不可约簇 V 在一个连续的系统中变动并且退化到一个可约簇 V_0,那么 V_0 是连通的(图 5.12). (在 **C** 上这是显然的,因为 V_0 是 V 的连续像,但在抽象域上这是很难的)

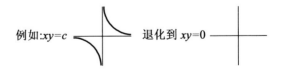

例如:$xy=c$ 退化到 $xy=0$

图 5.12

第 5 章 代数几何

至于(iii),首先格罗腾迪克重新改写和推广了连通性定理如下:

如果 $f: V^1 \to V$ 是一个逆紧态射,且有 $f_* \mathcal{O}_{V^1} = \mathcal{O}_V$,那么 f 的几何纤维是连通的.

见扎里斯基的《论文集》(Collected Papers)第 II 卷,Artin 的序言.

5.6.7 回到曲面(深层次),主菜

在做了很多基础性工作后,扎里斯基回到他的意大利老爱好:代数曲面.现在他有了强有力的代数工具,奇点分解,贝尔蒂尼定理,以及合适的光滑性概念.他可以更自信地推进研究.在许多情况下他还能够处理任意维数的簇.芒福德评论说这看起来必是奠基性工作后的"甜点".扎里斯基好心地纠正地他说这才是"主菜".(芒福德也许是扎里斯基最喜欢和最值得信赖的学生)

1949 年扎里斯基搬到了哈佛.他正处于职业生涯的顶峰并且世界闻名.(值得注意的是,他最大的成就开始时他已经接近 40 岁,从而永远消除了数学是年轻人的游戏的神话.我们都还有希望) 在 1946~1955 年间他在代数几何学领域中是最为杰出的,后来是塞尔和格罗腾迪克.

扎里斯基在这期间发表了数篇关于线性系,代数曲面和高维代数簇的重要论文,研究了一些整体问题.在约 1948~1962 年间,他处理了一些诸如双有理变换下算术亏格的不变性等问题,即所谓的 Enriques – 塞维利 – 扎里斯基引理,曲面的 Riemann-Roch 定理,以

代数几何中的 Bézout 定理

及曲面的极小模型. 在 1958 年写的一篇论文里, 他推广了他的老师卡斯特尔努沃的著名定理到特征 $p>0$ 的曲面.

让我们试解释卡斯特尔努沃的定理(和判别法). 一个曲面 S 称为有理的(rational), 如果它可以由两个独立的参数"几乎处处"地参数化. 用纯代数语言来说

$$k(S) = S \text{ 的函数域} \cong k(T_1, T_2)$$

此处 T_1, T_2 在 k 上代数无关. 一个曲面 S 称为单有理的(unirational), 若存在一个扩张

$$k(S) \to k(T_1, T_2)$$

当 $k = \mathbf{C}$ 时, 卡斯特尔努沃证明了

$$S \text{ 单有理} \Rightarrow S \text{ 有理} \quad (6)$$

(约 1895 年). 这项工作是意大利几何学的一块瑰宝, 卡斯特尔努沃的论证冗长又微妙. 卡斯特尔努沃使用了他的判别法

$$\left.\begin{array}{l} S \text{ 的算术亏格} = 0 \\ S \text{ 的二重亏格} = 0 \end{array}\right\} \Rightarrow S \text{ 是有理的} \quad (7)$$

用现代术语(一个单连通, 没有权 2 正则 2 - 形式的曲面是有理的)

$$\left.\begin{array}{l} h^2(S) - h^1(S) = 0 \\ h^0(2K) = 0 \end{array}\right\} \Rightarrow S \text{ 是有理的}$$

扎里斯基推广了(7)到所有特征 $p>0$ 的域上, 用他的方法 $p=2$ 是最困难的情况. 而(6)在特征 $p>0$ 时是错的; 存在单有理曲面不是有理的! (除非你假定 $k(S) \to k(T_1, T_2)$ 是个可分扩张, 在这种情况下(6)是对的, 由扎里斯基在 1958 年证明)

第 5 章 代数几何

扎里斯基写下了一个具体例子

$p \geqslant 3$ 是素数

$$F: z^p = x^{p+1} + y^{p+1} - \frac{x^2}{2} - \frac{y^2}{2}$$

$\tilde{F}: = F$ 在射影空间中的闭包,$\pi: \tilde{F} \to \tilde{F}$ 是奇点分解 其非奇异化为(图 5.13).

图 5.13

显然,$k(\tilde{F}) = k(x,y,z) \subseteq$(不可分扩张)$k(x^{1/p}, y^{1/p})$. 因此,$\tilde{F}$ 是单有理的,但扎里斯基检查到,例如 $\mathrm{d}x\mathrm{d}z/(y^p - y)$ 定义了 $\tilde{F}$ 的一个正则微分 2 - 形式. 因此 $\tilde{F}$ 不是有理的.

本例引出了由广中平佑 1970 年提给我的我自己的论文题目. 扎里斯基的例子(半页)已经发展成为一个庞大的扎里斯基曲面理论. (一本 450 页的专著[1],使用了所有的现代代数几何学工具,并与计算机科学以及编码理论联系起来. 和许多其他情形一样,扎里斯基的这个想法已经出落成一个大理论. 多么有代表性)

---

[1] P. Blass and J. Lang, Zariski surfaces and differential equations in characteristic $p > 0$. Monogr. Textbooks Pure Appl. Math. 106, Marcel Dekker, New York, 1987.

5.6.8 扎里斯基在哈佛(1949～1986)

1970 年前后扎里斯基从哈佛正式退休. 由于 Hassler Whitney 的建议(还有很多其他人的建议,他们现在这么说),扎里斯基大约在 1944 年被邀请至哈佛大学. 在最近一个代数几何学的会议上,有人(也许是 Abhyankar)提议扎里斯基的学生以及学生的学生举起他们的手. 房间里几乎每个人都举了手.

扎里斯基可认为是美国代数几何学派之父. 他没有挡在代数几何学进步的道路上. 相反地他欢迎它的发展. 在哈佛,从 1949 年开始扎里斯基迅速确立了自己作为代数学和代数几何学无可争议的领袖. 事实上几年后伯克霍夫(Garrett Birkhoff)不再教代数并转向了计算机科学. 哈佛有相当好的研究生,扎里斯基的学生包括 Abhyankar,Gorenstein,Mike Artin(Emil Artin 的儿子),芒福德,Steven Kleiman,Joseph Lipman,Heisuke Hironaka 和 Alberto Azevedo(来自巴西). 芒福德和 Hironaka 陆续获得菲尔兹奖.

在 1955 年塞尔和 1958 年格罗腾迪克通过引入层、概型和上同调的概念突然革新了代数几何学. 他们受到了扎里斯基的启发,但在某些方面他们的理论可以走得更远.

扎里斯基组织了一个代数层理论的暑期学校,那时候他已经接近 60 岁了. 他写了篇文章解释塞尔的工作.

格罗腾迪克受到哈佛学生的欢迎,并且教出了一班卓越的学生:芒福德,阿廷,Hironaka,Tate(他是教师),Shatz 以及其他听众.扎里斯基的学生成为格罗腾迪克的追随者,但他们永远不会忘记他们从扎里斯基那儿学到的东西.因此扎里斯基学派采用了格罗腾迪克的概型理论与上同调技术.格罗腾迪克把他的专著 EGA:《代数几何学基础》(Elements of Algebraic Geometry)献给了扎里斯基和韦伊.

扎里斯基把生命中最后 15 年左右时间花在了等奇异性问题上.他又一次创造了一个重要和令人印象深刻的理论,大致说来,它试图比较不同点的奇异性并决定它们什么时候在某种意义下相同(或相似).看到他在 80 来岁工作是令人感动和受鼓舞的.有一次我无意间听到他对芒福德谈到,他对自己的数学能力可能会离开他感到极度痛苦.

"也许我该退出,"85 岁的扎里斯基说."那就休假吧,"芒福德说.然后他就这么做了.

一如既往地,他的妻子 Yole 在这段时间里对他非常重要.他的听力不断受到耳鸣的困扰,你不得不书写一切否则很难跟他交谈.他很沮丧,因为研究结果出产得很慢.

5.6.9 结论——个人回忆

扎里斯基对待数学既严肃又有专业性,这点被他所有的学生都学会了.他称自己"慢",这迫使人们真正地解释事情.他的方法是几乎每天做一点,一天一个引理……(他经常这么说).

让我补充一点个人注记:我大约在 21 岁的时候在哈佛大学见到了扎里斯基.他虽然退休了,但我尽量跟

代数几何中的 Bézout 定理

他一起工作.他对我的论文有很多帮助;我每周与他见一次面讨论几何以及我的进展,尽管广中平佑才是我的正式导师.有时候我们会去哈佛教师俱乐部一起吃午餐.

扎里斯基告诉了我很多他年轻时的事情;我来自那个世界附近的一个国家.(1937 年他参观了他的出生国白俄罗斯).我去普渡拜访了他,他会在那里度夏("为了离开哈佛,因为那儿有时候就像个疯人院").我给我的儿子起名叫 Oscar.

我想我们爱他,就像爱父亲.

1986 年 9 月很多人来他的追悼会.他的一生是精彩的.他离开了他的妻子,孩子,孙子,最重要的是,他离开了许许多多来自世界各地的几何学家.作为一名教师,他是非常严格的,他会让你尽全力地学习以跟上他,他的一句赞美词会让你十分珍惜,他总能以某种方式使你有家的感觉.

1973 年我从以色列军队和战争中离开.我决定必须去见扎里斯基.他很热情,他的家因为两个孙子而充满活跃的气氛.他和 Yole 的出现以及他们的谈话让我坚强地面对困难并回到数学领域.也许我从他那儿听到最大的赞美是他说我的论文是有趣的,并亲切地给我写了一封信.我保存着他所有的书信和数学笔记.

对扎里斯基来说研究和教学之间是没有冲突的.教学扩展他的研究并且百倍地提高它的影响.他是一个真正有智慧和快乐的人,很少有人像他这样.扎里斯基在 1986 年去世,所以 2011 年我们纪念他逝世 25

第 5 章 代数几何

周年.

5.6.10 总结

扎里斯基把代数几何学从半艺术,半科学的状态转化成为既是艺术也是科学.他把它在数学上严密化而不牺牲其任何优美性.一个代数簇或概型最基本的拓扑被称为扎里斯基拓扑.因此,每当谈起现代代数几何学就会想到他.还有"扎里斯基切空间",曲面的"扎里斯基分解",在代数几何学中也很常见.

他相当灵活,只要是有助于解决困难的经典问题,最现代的数学发展方向,他都是欢迎并且鼓励的.扎里斯基学派的总体影响也许在历史上堪比黎曼或希尔伯特,特别是结合其逻辑上的盟友和继承者,格罗腾迪克学派和俄罗斯的沙法列维奇学派.

法尔廷斯解决的莫德尔猜想与由怀尔斯证明的费马大定理是数学中的巨大成功,这些是建立在格罗腾迪克的工具上.扎里斯基为现代数学的发展提供了横跨在 19 世纪和 20 世纪早期数学的一座强大桥梁.

5.6.11 引自扎里斯基

"意大利几何学家已经在有些摇摇欲坠的基础上,建立了一个惊人的华厦:代数曲面理论.巩固,保持和进一步美化这座大厦是现代代数几何学家研究的主要对象,同时,还需要建立高维簇的理论.庞加莱在他的时代对现代实变量函数理论的痛苦抱怨不能想当然地针对于现代代数几何学.我们不打算证明我们的前辈是错误的.相反,我们整个目的是为了证明我们的前辈是正确的."

代数几何中的 Bézout 定理

代数几何学的算术趋势彻底背离了之前的发展.这一趋势追溯到戴德金和韦伯,他们在其经典的论文集中发展了单变量函数域的算术理论.抽象代数几何学是戴德金和韦伯工作的直接延续,只是我们的主要对象是研究多个变量代数函数域.戴德金和韦伯的工作已经被以前发展的古典理想理论极大地推进了.类似地,现代代数几何学能够实现的部分原因是以前发展的伟大的理想理论.但在这里相似之处结束了.古典理想理论核心处理单变量函数理论,事实上,这一理论和代数数理论之间有着惊人的相似.另一方面,理想的一般理论几乎都在处理代数几何学的基础,并且在我们面临基础阶段之后缺乏更深刻的问题.此外,现代交换代数里面没什么东西可以视为平行于多变量代数函数域理论的发展.这一理论毕竟只是代数学的一章,但它却是现代代数学家知之甚少的一章.这里我们所有的知识都来自几何学.由于所有这些原因,不可否认的是代数几何学的算术化代表了代数学本身的一项重大进展.在帮助几何学的同时,现代代数学也首先在帮助它自己.我们坚持认为,在很长一段时间内抽象代数几何学是发生在交换代数上最好的一件事."

备注:关于扎里斯基的生活和工作更加详尽的描述,见 Carol Parikh 的书,The unreal life of Oscar Zariski,Academin Press(1991).

肖刚论代数几何

第 6 章

代数几何的发展历史经历了一个有趣的反复:从具体到抽象,又回到具体.

一般认为,代数几何的研究是从阿贝尔关于椭圆积分的研究开始的(椭圆曲线).随后黎曼引入了曲线的亏格(genus)概念并获得了一般亏格的曲线的一系列基本性质,甚至提出了曲线的模空间概念,从而完成了代数曲线研究的基本框架. 19 世纪和 20 世纪初,M·诺特[1]和以卡斯特尔努沃[2],恩里克斯[3],塞韦里等人为代表的意大利学派完成了一个十分漂亮的代数曲面分类理论.至此为止,代数几何研究的内容主要局限于曲线和曲面,而且不是建立在一个十分严格的理论基础上的,以至于意大利学派的一些从直观出发"证明"的结

---

[1] 诺特(Max Noether),德国人,1844—1921.——编者注

[2] 卡斯特尔努沃(Castelnuovo),意大利人,1865—1952.——编者注

[3] 恩里克斯(Enriques),意大利人,1871—1946.——编者注

论后来被发现是错误的. 然而在 20 世纪的 50 年代到 60 年代,以塞尔和格罗腾迪克为首的法国学派通过层的上同调和概型的概念,不仅建立了任意域甚至任意环上的统一且严谨的代数几何理论,而且该理论甚至可以用来描述像代数数论这样的相近学科. 而代数几何研究的中心兴趣也从层、概型、étal 上同调到结晶上同调,迅速上升到抽象的顶端. 但随着 60 年代末格罗腾迪克的隐退,该"抽象热"渐渐降温;而同时,复数域上低维流形的研究又由于一系列重要成果的建立而吸引了越来越多的注意,从而重新占据了代数几何研究的主要位置,如曼福德和 Harris 等人建立的曲线的模空间理论,邦别里关于曲面的多重典范映射的结论和宫冈洋一 – 丘成桐不等式,以及 Donaldson-Freedman 的四维拓扑流形理论和森重文等人的曲体(3-fold)理论等.

限于篇幅及作者的兴趣,我们只介绍代数几何研究中最具体的那部分——复数域上低维的射影代数簇(曲线、曲面和曲体),并着重于它们的分类问题.

6.1 代数簇

设 P 是复数域 $\mathbf{C}$ 上的一个 n 维射影空间. 我们可以给 P 确定一组齐次坐标 $x_0,\cdots,x_n$,关于 $x_0,\cdots,x_n$ 的一个多项式 $F(x_0,\cdots,x_n)$ 称为 d 次齐次多项式,如果 F 的每一项的总次数都是 d. 在这种情况下,使 F 为零的那些 $x_0,\cdots,x_n$ 就构成 P 中的一个几何流形. P 中对应于这样的 $x_0,\cdots,x_n$ 的一个点也叫作 F 的一个零点.

第6章 肖刚论代数几何

一般地,我们可以考虑 P 中由一组(有限或无限多个,不一定同次)齐次多项式的公共零点所定义的流形. 这样的一个流形叫作 P 中的(射影)代数集. 因为两个代数集的并也是一个代数集,在很多情形下人们只需要考虑不可约的代数集,也就是不能表示成两个真子代数集之并的代数集. 这样的代数集就叫作 P 中的射影代数簇,它是代数几何研究的基本对象.

设 V 是一个代数簇. 代数几何感兴趣的不仅是 V 作为拓扑流形的几何特性,而且更多的是 V 上的代数结构. 这个代数结构是由 V 上的所有有理函数(或称代数函数)所确定的. 每个有理函数 f 都可以表示成两个相同次数的齐次多项式的商,并且我们要求分母不在 V 上恒等于零,于是 f 在 V 的一个处处稠密的开子集上有定义. 这是一种代数几何特有的开子集,即所谓扎里斯基开子集.

V 上的所有有理函数自然地构成一个域 $K(V)$,称为 V 的有理函数域. 我们可以定义 V 的维数为 $K(V)$ 在复数域 $\mathbf{C}$ 上的超越次数,事实上这样定义的维数就等于 V 作为复数域上解析流形时的复维数. 1 维的代数簇又称为代数曲线,2 维的称为代数曲面,3 维的称为曲体.

另一方面,代数几何关心的首先是代数簇 V 上的代数结构而不是 V 在空间 P 中的嵌入. 在这个意义下,如果我们有两个代数簇 V 和 W 之间一个一一映射 $\varphi:V\to W$,它把 W 上的有理函数对应成 V 上的有理函数且反之亦然,则 φ 被看成是 V 和 W 之间的一个同构映射并且 V 和 W 因为同构而被认为是代表了同一个代数簇. 例如,射影直线 P^1 和 P^2 中由方程

代数几何中的 Bézout 定理

$$x_0^2 + x_1^2 + x_2^2 = 0$$

所定义的二次曲线就是同构的. 于是代数几何学家们往往不把同构于 P^1 的代数曲线称为"直线"而是冠之以一个新的名称: 有理曲线, 因为它不总是"直"的.

更一般地, 我们有两个代数簇 V,W 之间的态射概念: 一个映射 $\varphi:V\to W$ 称为态射(morphism), 如果它诱导 W 和 V 的代数结构之间的一个同态, 也就是说对于 W 上的每个有理函数 f, 复合映射 $\varphi\circ f$ 是 V 上的有理函数. 态射是代数几何中最基本的映射概念, 但很多时候它的条件显得太强, 所以我们有更一般的有理映射概念: 对于有理映射 $\varphi:V\to W$, 我们只要求 φ 是 V 的一个扎里斯基开子集到 W 的映射, 但当然仍要求 $\varphi\circ f$ 是 V 上的有理函数. 特别地, 如果有理映射 φ 有一个有理逆映射, 我们称 V 和 W 是双有理等价的. 这时虽然 V 和 W 不一定同构, 但它们的区别其实很小, 比如说有理函数域 $K(V)$ 和 $K(W)$ 就是同构的.

双有理等价概念对于代数簇的分类问题有着关键的意义: 一般来说, 任一代数簇都有无限多个与其双有理等价但不同构的代数簇. 但因为双有理等价的代数簇在整体上有相当重要的共同性质而它们的不同只是局部的, 可以很自然地把这样的代数簇看成是同一类的. 所以通常所说的代数簇的分类实际上是对代数簇的双有理等价类的分类. 此外, 根据著名的广中平佑奇点解消定理, 任意代数簇都双有理等价于一个光滑代数簇(或称非奇异代数簇), 即没有奇点的代数簇. 这样至少在理论上, 对代数簇的双有理等价类的分类及其整体性质的研究就可以化为对光滑代数簇的双有理等价类的这样的研究, 从而避免了局部的奇异点的存

第6章 肖刚论代数几何

在对整体性质研究可能带来的干扰. 在曲线和曲面的情形,这样的考虑确实是很有效的,虽然我们下面可以看到,从三维情形开始,仅考虑光滑簇是不够的,必须同时允许一些特殊的奇异点的存在才能克服由于没有合理的极小模型而带来的困难.

如果说代数簇 V 上有理函数定义了 V 的基本代数结构的话,对研究 V 的整体性质并对其进行分类的最重要的工具是 V 上的层(sheaf). 其中人们研究得最多的是局部自由层,就是由 V 上的某个解析向量丛的所有局部截面(local section)所构成的层. 这里 V 上的一个解析向量丛是一个解析空间 M(可以理解为带奇点的解析流形),以及从 M 到 V 的一个解析映射 φ: $M \to V$,使得对于 V 的每个点 P, $\varphi^{-1}(P)$ 是一个具有固定维数 r 的复向量空间. 数 r 就叫作 M 的(或者对应的局部自由层的)秩. 事实上,取局部截面的过程构成了 V 上的所有解析向量丛和所有局部自由层所成的集合之间的一个一一对应,所以有时人们往往不加区别地混用向量丛和局部自由层的概念. 当 V 为光滑代数簇时,向量丛的一个明显的例子是 V 上的切空间构成的秩为 $\dim V$ 的切丛,对应于 V 的切层 T_V. 这时 V 上的所有一阶微分形式也自然构成一个秩为 $\dim V$ 的局部自由层 Ω_V.

当局部自由层 L 的秩为 1 时,L 称为可逆层,相应的向量丛称为线丛. V 上所有可逆层的全体以张量积为运算自然地形成一个群,这就是 V 的毕卡群 Pic V,其单位元对应的是 V 上所有有理函数构成的可逆层,称为平凡层.

可逆层是最常见也是最有用的层,因为它们与代

代数几何中的 Bézout 定理

数簇到射影空间中的映射有着密切的关系:

设 L 为代数簇 V 上的一个可逆层. L 中的所有整体截面(在 V 上处处有定义的截面)构成复数域上的一个有限维的向量空间,记为 $\Gamma(L)$ 或 $H^0(L)$,它的维数记为 $h^0(L)$. 当 $\Gamma(L)$ 非空时,这些整体截面自然地定义了 V 到射影空间中的一个有理映射 $\varphi_L:V\to P^n$,这里 $n = h^0(L) - 1$. 特别当 φ_L 为嵌入映射时, L 称为非常丰富层(very ample). 反之,若 $\varphi:V\to P^n$ 是一个嵌入态射,则 P^n 中的一次齐次形式自然地诱导 V 上的一个非常丰富层 L, 使得 $\varphi = \varphi_L$, 所以 V 上的非常丰富层一一对应于 V 在射影空间中的表示.

假设 V 是一个维数为 d 的光滑代数簇,则 V 上所有的局部 d 阶外微分形式构成一个可逆层 ω_V, 叫作 V 的典范层,它所诱导的有理映射称为典范映射. 我们有 $\omega_V = \Lambda^d \Omega_V$. 一般地,对于任一正整数 n, 我们有 n–典范层 $\omega_V^{\oplus n}$ 及其对应的 n–典范映射. $h^0(\omega_V^{\oplus n})$ 记为 $p_n(V)$ 或 p_n. 而当 $n = 1$ 时, p_1 又可记为 p_g, 称为 V 的几何亏格. 所有这些 n–典范层以及 n–典范映射在 V 的同构意义下都是唯一确定的,因此是 V 上重要的几何对象. 不仅如此,所有的 p_n 都是双有理不变量,它们对于双有理等价的代数簇是不变的. 于是下面的典范模型也是双有理不变的:

设 $R = \oplus \Gamma(\omega_V^{\oplus n})$, 这里求和是对所有大于或等于 1 的 n 作的. 我们假设 R 不是空集,则 R 是 $\mathbf{C}$ 上的一个无限维向量空间,而且 n–典范层之间的张量积关系在 R 上诱导了一个分次环结构,称为 V 的典范

环. 在低维的情形, 人们已证明 R 是有限生成的. 这时 R 可以自然地定义一个射影代数簇 $\mathrm{Proj}(R)$, 这就是 V 的典范模型, 它的维数不超过 $\dim V$.

我们向读者推荐[15]作为一本很好的代数几何入门书. 当然, 最好的正规教科书仍然是[9].

6.2 曲线:高维情形的缩影

在一维的情况, 代数几何的很多结论都变得非常简单. 例如, 对代数曲线的双有理等价类的研究与对光滑代数曲线的研究事实上是一回事, 因为每个这样的双有理等价类中都唯一地存在一条光滑曲线. 这使我们可以只考虑光滑曲线的分类和整体性质的研究, 因此我们以下所指的曲线都是光滑的射影代数曲线. 一条这样的曲线 C 作为微分流形就是一个可定向的紧致黎曼面, 因而拓扑同胚于一个有 g 个眼的环面(图6.1): 数 g 是由 C 唯一确定的, 叫作 C 的亏格, 记为 $g(C)$. 亏格也可以用代数的方法来定义, 因为 $g(C) = h^0(\omega_c)$. 对每个非负整数 g, 都有一条代数曲线 C 使得 $g(C) = g$. 而亏格不同的曲线显然是不同构的, 所以亏格是曲线的一种"数值不变量". 而曲线在一个特定的射影空间中的嵌入下的次数不是数值不变量, 如一次的直线可以同构于一条二次的曲线. 正因为亏格"不变", 它给曲线的分类提供了一个重要的基础.

代数几何中的 Bézout 定理

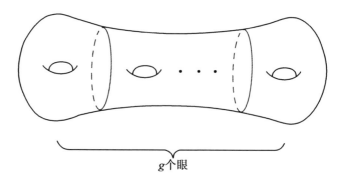

g 个眼

图 6.1 有 g 个眼的环面

亏格为零的曲线只有一条,即有理曲线. 而亏格为 1 的曲线又称椭圆曲线,这是一个代数群:这条曲线同时又是一个群,并且群运算所诱导的映射都是代数几何意义上的态射. 椭圆曲线作为群来说可能并不十分有趣,因为它们都是很简单的交换群. 但作为代数曲线却一直吸引着人们浓厚的兴趣. 椭圆曲线的分类有几种不同的途径,其中之一是通过椭圆曲线在射影平面中的嵌入和 j-不变量:每条椭圆曲线 C 都可以表示成射影平面中的一条光滑三次曲线,这时有一个三次方程作为它的定义方程. 通过合适的坐标变换,这个定义方程可以写成形式
$$x_0 x_2^2 = x_1 (x_1 - x_0)(x_1 - \lambda x_0)$$
这里 λ 是一个复数,而 C 的 j-不变量就定义为
$$j = 2^8 \frac{(\lambda^2 - \lambda + 1)^3}{\lambda^2 (\lambda - 1)^2}$$
它不依赖于 C 在平面中的具体嵌入和坐标的选取,所以称为"不变量". 另一方面,对每个复数 α,一定存在唯一的一条椭圆曲线 C,使得 α 等于 C 的 j-不变量. 这样,j-不变量就给出了所有椭圆曲线的集合 $\mathscr{M}_1$ 与复数域上的仿射直线 A(注意 A 是射影直线 P^1 中的一

个扎里斯基开子集)中的点的一一一对应.不仅如此,这个对应是个很自然的代数对应:P^1上的代数结构诱导A上的一个代数结构,而A中的点在这个代数结构下的"形变"与它所对应的椭圆曲线在代数意义上的自然形变是一致的.

椭圆曲线的这个分类理论给我们提供了一个有益的启发:设$\mathscr{M}_g$为所有亏格为g的曲线所成的集合,这里设$g \geqslant 2$. 是不是可以在$\mathscr{M}_g$上赋予一个代数结构,它与曲线在代数意义上的自然形变相一致,使得带有这个代数结构的$\mathscr{M}_g$成为某个射影代数簇的一个扎里斯基开子集(这样的流形叫作拟射影代数簇)?如果这样的代数结构存在,则$\mathscr{M}_g$称为亏格g的曲线的一个模空间(moduli space).

黎曼在研究代数曲线(即黎曼面)的时候就已经有了模空间的想法,有趣的是,虽然他未能证明这样一个代数结构的存在性,却发现$\mathscr{M}_g$的维数一定是$3g-3$. 模空间的严格理论是曼福德在20世纪60年代通过把古典的不变量理论发展成几何不变量理论,从而建立起来的.曼福德的办法是,因为3-典范丛是非常丰富的,通过3-典范映射,每条亏格$g \geqslant 2$的曲线都可以表示成$5g-6$维空间P中的一条$6g-6$次曲线,因此满足P中的一个希尔伯特多项式.而P中满足这个希尔伯特多项式的所有子代数簇的集合本身构成一个代数簇H. 曼福德引入了稳定曲线的概念,使得所有亏格为g的稳定曲线在3-典范映射下的象的集合成为H中的一个子簇M. P上所有射影变换所成的一般射影群G自然地作用于M上.曼福德证明M上所有在G的作用下不变的代数形式所成的环对应于一个射影簇,它正好是M在G的作用下的商,因此就是含$\mathscr{M}_g$

为处处稠密开子集的一个射影代数簇.

今天,人们对 $\mathcal{M}_g$ 的性质已经有了相当深刻地了解[8].

6.3 曲面:从意大利学派发展而来

从曲线到曲面的第一个困难是,双有理等价类中的光滑曲面不再是唯一的. 相反,每个曲面都双有理等价于无限多个光滑曲面. 因此,曲面的分类要做的第一件事就是如何在曲面的每个双有理等价类中找到一个可以唯一确定的合理的"模型". 虽然这种模型不是对所有的双有理等价类都存在的,至少对于绝大多数曲面来说,极小曲面可以是这样的一个模型.

首先使人们想到的最显然的曲面是两条曲线的积:$S = C_1 \times C_2$. 如果其中的一条曲线,比如说 C_1,是有理曲线的话,曲面 S(或双有理等价于 S 的曲面)就叫作直纹面,它是十分特殊的一类曲面. 例如射影平面 P^2 和 n 维空间中次数低于 $2n - 2$ 的曲面都是直纹面.

意大利学派关于曲面分类的一个重要定理就是,除了直纹面之外,每个代数曲面都双有理等价于唯一的一个"极小曲面". 极小曲面是这样的光滑曲面,任何从它到另一个光滑曲面的双有理态射都是同构. 另一个等价的定义是:极小曲面是不包含自相交数为 -1 的有理曲线(称为例外曲线)的光滑曲面,因为如果一个曲面 S 包含一条例外曲线 C,则存在 S 到另一个光滑曲面 S' 的一个双有理映射 $f: S \to S'$,它把 C 映到 S' 中的一个点(即 f 收缩 C),而在 C 以外是同构. 从任何

曲面开始,最多只能做有限多次这样的收缩,所以任何直纹面也双有理等价于某个极小曲面,但这样的极小曲面不唯一,例如$P^1 \times P^2$和P^2是双有理等价的,但不同构.

极小曲面的存在,使得除了人们对其性质相当清楚的直纹面之外,对代数曲面的双有理等价类的分类问题就转化成了对极小曲面的分类问题,使得这个问题有了十分容易处理的模型,并且使我们可以考虑这样的双有理等价类所因此而自然地对应着的一些几何对象,其中最重要的莫如极小模型的陈类c_1和c_2,以及由此产生的两个陈数c_1^2和c_2(这里实际指c_2的次数). 陈数是曲面的数值不变量,它们对于曲面分类的意义就如同亏格在曲线的情形. 所以,我们以下所称的曲面都是指极小曲面.

除了直纹面外,还有一些曲面由于其特殊性而从一开始就引起人们的很大兴趣并得到了深入的研究:

1. 椭圆曲面. 如果曲面S有一个到某一条曲线C的有理映射$f:S \to C$,使得对于C上几乎所有的点P,P在f下的原象是S中的一条椭圆曲线,S就称为椭圆曲面.

2. $K3$曲面. $K3$曲面的严格定义是第一陈类c_1等于零的单连通曲面. 作为一个众所周知的例子,3维射影空间中由方程$x_0^4 + x_1^4 + x_2^4 + x_3^4 = 0$所定义的四次曲面就是一个$K3$曲面. $K3$曲面的陈数满足
$$c_1^2 = 0, c_2 = 24$$

3. 阿贝尔曲面. 它的定义就是同时是代数群的代数曲面,因而在某种意义上来说可以认为是椭圆曲线在 2 维情形的一种自然的推广,这些曲面的陈数满足

$$c_1^2 = c_2 = 0$$

与上面这些特殊的曲面相对的是一般型曲面. 顾名思义, 有时可以说几乎所有的曲面都是一般型曲面.

如果一个曲面 S 的典范模型也是一个曲面, 则 S 称为一般型曲面. 一般地, 一个代数簇 V 的典范模型的维数称为 V 的小平(Kodaira)维数, 记为 $\kappa(V)$. 当典范模型为空集时, $\kappa(V)$ 定义为 $-\infty$. 若 $\kappa(V) = \dim V$, 则 V 称为一般型的. 小平维数是一个很重要的双有理不变量, 在代数簇的分类中起着关键的作用. 在一维的情形, 曲线 C 是一般型的当且仅当 $g(C) \geqslant 2$. 而曲面 S 的小平维数为 $-\infty$ 当且仅当 S 为直纹面; $K3$ 曲面和 Abel 曲面的小平维数都等于零, 而椭圆曲面的小平维数可以是 $-\infty, 0$ 或者 1. 所以, 这些曲面都不是一般型的.

另一方面, 可以方便地举出很多一般型曲面的例子, 如两条曲线的积 $S = C_1 \times C_2$, 当因子 C_1 和 C_2 都是一般型曲线时, S 是一般型曲面. 3 维射影空间 P^3 中次数超过 4 的光滑曲面也是一般型的.

曲面分类理论的中心定理, 简单地说就是: 任一代数曲面 S 必为上面所定义的五种曲面(直纹面, 椭圆曲面, $K3$ 曲面, 阿贝尔曲面, 一般型曲面)之一.

意大利学派的这个曲面分类定理尽管十分漂亮, 却也不是十全十美, 因为它对几乎所有曲面(一般型曲面)的分类没有给出任何信息. 所以进入现代以来, 人们对曲面分类问题的注意力就集中到了一般型曲面上来.

现代的曲面研究热是从邦别里在 1973 年的著名论文[3]开始的. 简单地说, 邦别里证明了当 $n \geqslant 5$ 时,

第 6 章 肖刚论代数几何

一般型曲面的 n - 典范映射是双有理态射. 这就给 Gieseker 随后利用曼福德的几何不变量理论证明对每一对固定的陈数 (c_1^2, c_2),一般型曲面的模空间是有限多个拟射影簇的并[6]提供了基础. 然而与曲线的情形不同,对于这些拟射影簇的维数和个数,目前已知的基本上只有 Catanese 关于维数的一个不很精确的估计[4].

需要注意的是,Gieseker 定理并没有说明在陈数 (c_1^2, c_2) 给定的情形下,一般型曲面是不是存在. 事实上,从经典的结果人们知道,极小一般型曲面的陈数必须满足

$$c_1^2 + c_2 \equiv 0 \pmod{12}, 5c_1^2 \geq c_2 - 36, c_1^2 > 0, c_2 > 0$$

在 1976 年,宫冈洋一和丘成桐同时证明了另一个重要的不等式: $c_1^2 \leq 3c_2$. 因为存在无限多个分别使上面两个不等式中等号成立的陈数对 (c_1^2, c_2) 以及对应的曲面,这些不等式是不能再改进的. 于是现在一般型曲面的分类中的一个重大问题就是,对于满足上述所有条件的 (c_1^2, c_2),是不是能找到一个对应的极小一般型曲面. 这个问题被称为曲面的地理问题,当 $c_1^2 \leq 2c_2$ 时,Persson 在 1981 年对此作了肯定的回答[11];基于肖刚的一个例子,陈志杰又把 Persson 的条件减弱为 $c_1^2 \leq 2.7c_2 - c$,其中 c 是一个常数[5,16]. 根据肖刚的一个改进的方法,条件中 c_2 的系数可以进一步增加到 2.84 (尚未发表),这是目前最好的结果.

即使曲面的地理问题在陈数的意义下得到了完整的解决,还有更困难的一面:除了陈数之外,代数曲面还有别的双有理数值不变量,例如几何亏格 p_g,它与陈数并不是完全相关的. 包含 p_g 在内的曲面地理问题

研究则尚处于比较原始的状态,目前只知道一些不完整的不等式.

至于一般型曲面的 n - 典范映射,虽然邦别里已经解决了绝大多数的情形,但在 $n=2$ 时(双典范映射),他未把所有的情形都算出来,特别是邦别里完全没有考虑 $n=1$(典范映射)的情形.曲面的双典范映射方面,由于 Igor Reider, Francia 和肖刚的一系列工作,有了很大进展,未能解决的情形已经很少(参见[18]);而典范映射与曲线情形和曲面的多重典范映射不同.情形变得极为复杂.这方面的第一个工作是 Beauville 的[2],其中的一部分不等式随后被肖刚改进成了最佳形式(参见[4]),但目前为止典范映射方面还有很多有待解决的问题.

一般型曲面的几何性质也有不少棘手的难题,很多在曲线情形很容易证明的结论,对于曲面变得非常困难.例如,亏格为 $g \geq 2$ 的曲线的自同构群是不超过 $84g - 84$ 阶的有限群,这是一个经典的定理.虽然人们知道一般型曲面的自同构群也是有限的,但对其阶的上界估计却只有一些很不完整的结果,如该上界不超过 c_1^2 的一个多项式函数.若 G 是这个自同构群的一个交换子群,则 G 的阶不超过 $52c_1^2 + C$,其中 C 是一个常数[17](1991~1992 年,肖刚证明了一般型极小曲面的自同构群的阶不超过 $42^2 c_1^2$,并且这是最好的界[19]).

总而言之,代数曲面的研究发展到今天,已经形成了一个十分庞大的理论,其中包括了很多漂亮的定理,但是对比曲线理论的完整性,似乎尚待解决的问题比已经取得的成果还是多得多.关于曲面研究的最新进展的更详细的综述,读者可以参看[4],[12].

第6章 肖刚论代数几何

6.4 曲体:崭新而艰难的理论

曲体就是三维的代数簇. 有趣的是, 从曲面到曲体的困难一点不比从曲线到曲面所遇到的少, 第一个困难是, 在三维的情形, 一般的双有理等价类中都不存在合理的光滑极小模型. 正是这个困难长期以来一直阻碍了曲体分类研究的所有努力.

突破是从20世纪80年代初森重文的锥理论开始的. 森重文深入研究了一个曲体 X 的所有有理一维链 (1-cycle) 的空间 N_1 中, 由有效链所张成的锥 C (简称森锥). 他发现, 这个锥在与 X 的典范除子相交为负的那一部分是一个局部有限的多面体, 这个多面体的棱称为极射线 (extremal ray) R. 于是有森重文的收缩定理 (简称森收缩):

X 中对应于一条极射线 R 的曲线是可收缩的. 也就是说, 存在一个满态射 $\varphi_R : X \to Y$, 把对应于 R 的每条曲线都映到 Y 中的一个点. 并且如果 Y 的维数也是 3, 则 φ_R 是双有理的.

如果 Y 的维数小于 3, 则 φ_R 给出了一个对维数归纳的途径, 并且对应于 $\dim Y$ 为 0, 1 或 2 的情形, X 分别为 Q-Fano 曲体, 以 del Pezzo 曲面为纤维的纤维空间, 或圆锥丛. 这些都是小平维数为 $-\infty$ 的曲体. 因此分类问题在这种情形下就完成了.

在 φ_R 为双有理的情形下, 问题的关键是要证明上述森收缩一定可以终止于某一步. 这个收缩到最后的曲体就是我们所要的极小模型, 它的几何特征是森锥 C 中没有负部分,换言之,X 的典范层是数值有效(nef)的.

需要指出的是,即使 X 是光滑曲体,Y 也不一定是光滑的,但 φ_R 所带来的奇点都是一类性质较好的奇点,叫作典范奇点. 所以在一般情形下,曲体的极小模型即使存在,也不是光滑的,而是带典范奇点的奇异簇.

森收缩的终止问题是其理论中最困难的部分. 首先,双有理的森收缩有两种可能:φ_R 或是曲面型收缩,或是曲线型收缩. 后者光靠森收缩不能完全解决问题,因为曲线型收缩所导致的 Y 可能含有非常坏的奇点.

最后解决曲体极小模型问题的是森重文 1988 年的翻转定理(flip theorem)[10]:

设 $\varphi_R:X\to Y$ 是一个单纯的曲线型森收缩,则存在另一个单纯曲线型森收缩 $\varphi':X'\to Y'$,使得 Y' 只有典范奇点.

从 X 到 X' 的这种转换过程称为一个正向翻转(directed flip). 苏联数学家 V. V. Shokurov 已于 1985 年证明,从一个给定的曲体 X 出发,最多只能做有限多次正向翻转. 因此,如果 X 的小平维数不是 $-\infty$,则一定可以通过有限次的曲面型森收缩和正向翻转,达到一个双有理等价于 X 且不再有森收缩的曲体 X',即 X 的极小模型. 这样就把曲面的极小模型理论成功地推广到了三维的情形.

从森重文的翻转定理还可以立即得出关于曲体的一个重要推论:光滑曲体的典范环是有限生成的,因而典范模型是一个射影代数簇.

由此可以看出,目前人们对于曲体的了解大致上相当于意大利学派在曲面情形所达到的程度. 关于曲体研究的更详细的介绍,请参见[6],[13],[14].

贝祖定理在代数几何中的应用

第 7 章

7.1 贝祖定理

设 C 和 D 是两平面曲线,方程为 $f(X,Y)=0$ 和 $g(X,Y)=0$,其中 f 和 g 分别是次数为 m 和 n 的非零多项式. 贝祖定理认为,如果条件很好的情况下,C 和 D 恰可以交于 mn 个点.

如果 $C=D$,则两曲线所有的点都是公共的,可能就是无限多的(取决于域). 如果方程可分解因式,则曲线就是一些分支的并集[31]. 例如,如果 C 的方程是 $XY=0$,则它就是两条线 $X=0$ 和 $Y=0$ 的并集. 如果 D 的方程是 $Y^3-X^3Y=0$,则它是线 $Y=0$ 和三次曲线 $Y^2=X^3$ 的并集. 现在 C 和 D 有公共线 $Y=0$.

但是这仅是有太多公共点的唯一方式. 因此,如果 C 和 D 没有一个公共分支,则它们至多有 mn 个公共点. 有一些方式会出现"缺失"的交点."缺失"的交点在一个扩域上有坐标,它们可以在无限远处,它们中的一个可以与其他公共点重合. 例如,一条直线和一个圆可以交于两点,或者交于零个点,也就是求交点要解的二次方程在域上有一个不是二次的判别式,且两个交点在一个二次扩域上有坐标. 最后,直线可以是圆的切线,我们必须计算交点个数两次. 例如,两条平行线在无穷远处有一个公共点.

因此,贝祖定理现在变为:如果 C 和 D 没有一个公共部分,则它们至多有 mn 个公共点. 如果域是代数闭域,且也计算无穷远处的点,以及重交点按重数计,则恰有 mn 个公共点.

7.1.1 不等式

令 $R = k[X, Y]$ 是域 k 上带有系数的关于两个变量 X, Y 的多项式环.

命题 1 令 $f, g \in R$ 是次数分别为 m, n 的非零多项式. 令 C 和 D 是两平面曲线,方程为 $f(X, Y) = 0$ 和 $g(X, Y) = 0$. 如果 f 和 g 没有公共因式,则
$$|C \cap D| \leq \dim_k R/(f, g) \leq mn$$

证明 (1) 有不同点 $P_i (1 \leq i \leq t)$,有多项式 $h_i \in R (1 \leq i \leq t)$,使得对于所有的 $i, j, i \neq j$,有 $h_i(P_i) \neq 0$ 和 $h_j(P_j) \neq 0$(其实,如果 $P_i = (x_i, y_i)$,则令 $h_i(X, Y) = \prod_{x_j \neq x_i}(X - x_j) \prod_{y_j \neq y_i}(Y - y_j)$).

(2) $|C \cap D| \leq \dim_k R/(f, g)$(其实,如果 C 和 D 有公共点 P_i,则令多项式如(1)中所述. 如果 $\sum c_i h_i = uf + vg, u, v \in R$,则代入 P_i 求 $c_i = 0$. 这表示 $R/(f, g)$ 中的 h_i 的象 $h_i + R/(f, g)$ 是线性无关的).

(3) 令 R_d 是总次数至多为 d 的多项式 $p(X, Y)$ 的 k 维向量空间. 如果 $d \geq 0$,则

$$s(d) := \dim_k R_d = 1 + \cdots + (d+1) = \frac{1}{2}(d+1)(d+2)$$

(4)对于所有的 d,有 $\dim_k R_d/(f,g) \leq mn$(其实,考虑映射序列 $R_{d-m} \times R_{d-n} \xrightarrow{\alpha} R_d \xrightarrow{\pi} R_d/(f,g) \to 0$,其中 α 是映射 $\alpha(u,v) = uf + vg$,π 是商映射。因为 f 和 g 没有公因式)α 的核由对 $(wg, -wf)$ 构成 $(w \in R_{d-m-n})$,因此,对于 $d \geq m+n$ 有维数 $s(d-m-n)$。也就是 α 的映射有维数 $s(d-m) + s(d-n) - s(d-m-n)$。由于 π 是满射,且 $\pi\alpha = 0$,求得 $\dim_k R_d/(f,g) \leq s(d) - s(d-m) + s(d-n) - s(d-m-n) = mn$。

(5)我们有 $\dim_k R_d/(f,g) \leq mn$(其实,如果可以在 $R/(f,g)$ 中找到多于 mn 个线性无关的元素,则对于足够大的 d,它们会在 $R_d/(f,g)$ 中,与(4)矛盾)。

7.1.2 仿射与射影空间

通过加上无穷远处的点,将仿射空间扩展到射影空间。n 维仿射空间中的一个点在基础域上有 n 个坐标 $(x_1, \cdots, x_n)$。n 维射影空间中的一个点有 $n+1$ 个坐标 $(x_1, \cdots, x_{n+1})$,不是所有都为零,令仅比例是有效的:如果 $a \neq 0$,则 $(x_1, \cdots, x_{n+1}) = (ax_1, \cdots, ax_{n+1})$。

诸如 $Y = X^2$ 的方程在一个仿射空间中是有意义的,但是由于当一个点的所有坐标乘以相同的非零常数时,等式是否一定不变,所以在一个射影空间中就没有意义。于是,对于一个射影空间,需要一个齐次方程,使得所有项有相同次数,就像在 $YZ = X^2$ 中那样。

通过 $(x_1, \cdots, x_n) \to (x_1, \cdots, x_n, 1)$,可以将 n 维仿射空间嵌入到 n 维射影空间。相反地,如果 $x_{n+1} \neq 0$,则可以调整坐标使得 $x_{n+1} = 1$,删去这个坐标并且找到仿射空间的一个复制品。在这个复制品之外的射影点,也就是无穷远处的点有 $x_{n+1}=1$.

以上将 n 维射影空间描述成 n 维仿射空间以及无穷远处的点. 这可能会给人错误的印象,即射影空间有两种类型的点. 同质描述将射影点 $(x_1,\cdots,x_{n+1})$ 等同于经过原点和点 $(x_1,\cdots,x_{n+1})$ 的 $(n+1)$ 维仿射空间中的线. 上述同化现在将一条线等同于它与超平面 $x_{n+1}=1$ 的交点,以及无穷远处的点就是通过平行于那个超平面的原点的线.

通过插入因式 x_{n+1} 使得所有次数相等(等于最大次数),可以由仿射方程得到射影(齐次)方程. 例如,三次方程 $Y^2=X^3-1$ 的齐次形式就是 $Y^2Z=X^3-Z^3$. 通过代换 $x_{n+1}=1$,可以还原到仿射方程.

例如:基于仿射坐标 (X,Y),考虑线 $X=0$ 以及抛物线 $Y=X^2$. 在射影坐标 (X,Y,Z) 中,这些方程变成 $X=0$ 和 $YZ=X^2$. 两个公共点是 $(0,1,0)$ 和 $(0,0,1)$. 前一个点是 Y 轴上的无穷远点,后一个点是原点.

命题 2 令 k 是一个域,$F,G \in k[X,Y,Z]$ 是次数分别为 m,n 的齐次多项式. 令 $f=F[X,Y,1]$ 以及 $f^*=F[X,Y,0]$,且相似地定义 g,g^*. 如果 f 和 g 没有公因式,且 f^* 和 g^* 没有公因式,则 $\dim_k R/(f,g)=mn$.

证明 对于一个多项式 p,令 p^* 是其最高次数项的和. 继续使用命题 1 的证明. 我们想要证明对于很大的 d,也有 $\dim_k R/(f,g)=mn$,并且,如果 π 的核就是 α 的象,则 (4) 的论证就会得到这一点[32]. 假定对于 $h \in R_d$,有 $\pi(h)=0$. 则对于某些 $u,v \in R$,且取最小次数的 u,v,有 $h=uf+vg$. 如果 u 次数高于 $d-m$,则消去最高次数项,因此 $u^*f^*+v^*g^*=0$. 由于 f^* 和 g^* 没有公因式,所以存在一个 $w \in R$,使得 $u^*=wg^*$ 和 $v^*=$

$-wf^*$. 现在 $h = (u-wg)f + (v+wf)g$,其中 $u-wg$ 和 $v+wf$ 的次数比 u 和 v 小,矛盾. 因此,u 的次数至多是 $d-m$. 相似地,v 的次数至多是 $d-n$,且 h 在 α 的象中.

注 f 和 g 没有公因式的条件等价于问 F 和 G 没有公因式. 曲线 $f=0$ 在无穷远处的点就是满足 $f^*(a,b)=0$ 的点 $(a,b,0)$,也就是使得 f^* 有因式 $aY-bX$. f^* 和 g^* 没有公因式的条件等价于问曲线 $f=0$ 和 $g=0$ 在无穷远处没有具 k 的代数闭包 $\bar{k}$ 中坐标的公共点.

7.1.3 交重数

令 C 和 D 是由 $f(X,Y)=0$ 和 $g(X,Y)=0$ 定义的两平面曲线,且令 P 是一点. 想要定义 C 和 D 在点 P 的交重数 $I_p(f,g)$. 它应该是一个非负整数,或者,当 C 和 D 过 P 有一个公共量时,它就是 ∞.

首先,一个运算性的定义以及一系列法则足以计算 $I_p(f,g)$. 我们有 $I_p(f,g) = I_p(g,f)$,$I_p(f, g+fh) = I_p(f,g)$,以及 $I_p(f,gh) = I_p(f,g) + I_p(f,h)$,如果 P 不是 C 和 D 的一个公共点,则有 $I_p(f,g)=0$;且如果 C 和 D 在 P 非奇异具有不同的切线,则有 $I_p(f,g)=1$;如果 f 和 g 有一个公因式,则 $I_p(f,g) = \infty$.

例如:考虑两个圆 $X^2+Y^2=1$ 和 $X^2+Y^2=2$. 显然,任意公共交点一定在无穷远处. 齐次方程是 $X^2+Y^2-Z^2=0$ 和 $X^2+Y^2-2Z^2=0$,则公共点是两点 $(\pm i, 1, 0)$. 现在令 $P=(i,1,0)$,并且考虑在 P 处的交重数,有

$$I_p(X^2+Y^2-Z^2, X^2+Y^2-2z^2)$$
$$= I_p(X^2+Y^2-Z^2, Z^2)$$

代数几何中的 Bézout 定理

$$= I_p(X^2+Y^2, Z^2)$$
$$= 2I_p(X^2+Y^2, Z)$$
$$= 2I_p(X+iY, Z) + 2I_p(X-iY, Z)$$
$$= 0 + 2 = 2$$

因此,四个公共点是两个点($\pm i, 1, 0$),每一个都计数两次.

例如:考虑两曲线 $Y = X^3$ 和 $Y = X^5$. 齐次方程是 $YZ^2 = X^3$ 和 $YZ^4 = X^5$,公共点是 $(0,0,1)$,$(1,1,1)$,$(-1,-1,1)$,$(0,1,0)$. 由于 $(1,1,1)$ 和 $(-1,-1,1)$ 是曲线上的寻常点,并且曲线在这些点中的每一点上都有不同的切线,所以在 $(1,1,1)$ 和 $(-1,-1,1)$ 的交重数是 1. 令 $P = (0,0)$,则
$$I_p(Y-X^3, Y-X^5) = I_p(Y-X^3, X^5-X^5)$$
$$= I_p(Y-X^3, X^3) + I_p(Y-X^3, 1-X^2)$$
$$= 3I_p(Y, X) + 0 = 3$$

使得原点是一个交重数为 3 的点. 令 $Q = (0,1,0)$,通过选取仿射坐标 $(X/Y, Z/Y)$,也就是令 $Y = 1$,使之成为原点. 则
$$I_Q(X^3-Z^2, X^5-Z^4) = I_Q(X^3-Z^2, X^5-X^3Z^2)$$
$$= I_Q(X^3-Z^2, X^3) +$$
$$\quad I_Q(X^3-Z^2, X^2-Z^2)$$
$$= I_Q(Z^2, X^3) +$$
$$\quad I_Q(X^3-X^2, X^2-Z^2)$$
$$= 6I_Q(Z, X) + 4I_Q(X, Z) + 0 = 10$$

因此,十五个公共点是:两个点 $(1,1)$ 和 $(-1,-1)$ 每一个计数一次,点 $(0,0)$ 计数三次,Y 轴 $(0,1.0)$ 上的无穷远点计数十次.

算法 运算性的定义总是会计算一些答案. 可以

假设 f 和 g 没有公因式,且 $f(P) = g(P) = 0$. 如果 $P = (x, y)$,则考虑多项式 $f^*(X) = f(X, y)$ 和 $g^*(X) = g(X, y)$. 可以假设 f^* 的次数不大于 g^*.

如果 f^* 是零多项式,则 f 有一个因式 $(Y - y)$,且 $I_P(f, g) = I_P(Y - y, g^*) + I_P(f_0, g)$,其中 $f = (Y - y) \cdot f_0$. 由于 f 和 g 没有公因式,则 g^* 不是零多项式,以及 $g^*(X) = (X - x)^i g_2(X)$, $i \geq 1$ 且 $g_2(x) \neq 0$,现在 $I_P(Y - y, g^*) = i$. 因此,求 $I_P(f, g)$ 简化为求 $I_P(f_0, g)$.

由于 $f \neq 0$,可以达到在 $f^* \neq 0$ 情形中的很多步之后的程度. 令 f^* 的首项为 ax^d,令 g^* 首项是 bX^e. $g_0 = g - \dfrac{b}{a}(X - x)^{e-d} f$. 现在由归纳知,$I_P(f, g) = I_P(f, g_0)$ 和 g_0^* 比 g^* 的次数小.

根据什么归纳的呢? f^* 和 g^* 的次数下降直至其中一个为零,则将 f 或 g 除以 $(Y - y)$,之后 f^* 或 g^* 的次数也许会再次变得非常大. 但是可以保证 $I_P(f, g)$ 是有限的,并且每一次 $f^* = 0$ 或 $g^* = 0$ 时,至少会有一个贡献,因此这可以发生有限多次,然后直至算法结束.

局部环就是具有一个唯一极大理想的环[33]. 考虑一个域 k 以及一个点 $P \in k^2$,令 O_P 是有理函数 $\dfrac{u}{v}$ 的环,$u, v \in \mathbf{R}, v(P) \neq 0$. 这个环有一个极大理想 $M_P = \left\{ \dfrac{u}{v} \in O_P \mid u(P) = 0 \right\}$,称之为 P 处的局部环.

7.1.4 交重数的定义

令 C 和 D 是由方程 $f(X, Y) = 0$ 和 $g(X, Y) = 0$ 给出的平面曲线. 令 P 是一个点. $(f, g)_P$ 是由 f 和 g 产生的 O_P 中的理想 $O_P f + O_P g$.

定义 1　$I_P(C,D) = I_P(f,g) = \dim_k O_P/(f,g)_P$.

命题 3　如果 f,g 没有公因式，则 $O_P = R + (f,g)_P$（也即，O_P 的元素有多项式表示），有 $I_P(f,g) = \dim_k O_P/(f,g)_P \leq \dim_k R/(f,g)$.

证明　给定 O_P 的有限多个元素，可以将它们记作具有相同分母的形式. 如果 $\dfrac{u_1}{v}, \cdots \dfrac{u_l}{v}$ 的象在 $O_P/(f,g)_P$ 中是线性无关的，由于 $\dfrac{1}{v} \in O_P$，则 $u_1, \cdots, u_l$ 在 $R/(f,g)$ 中就是线性无关的. 这证明了关于位数的那个陈述.

由于 f,g 没有公因式，有 $\dim_k R/(f,g) \leq mn$，因此 $\dim_k O_P/(f,g)_P$ 就是有限的. 如果 $\dfrac{u_1}{v}, \cdots, \dfrac{u_l}{v}$ 是 $O_P/(f,g)_P$ 的一个基，则 $u_1, \cdots, u_l$ 也是一个基（因为 $v, \dfrac{1}{v} \in O_P$，所以乘以 v 就是可逆的）.

例如：令 $f(X,Y) = Y$ 和 $g(X,Y) = Y - x^3$. 三次曲线 $Y = X^3$ 和线 $Y = 0$ 在 $P = (0,0)$ 处的交重数应该是 $3^{[34]}$. 商环 $R/(f,g)$ 是 k 上的一个向量空间，$1, X, X^2$ 的象构成一个基，因此

$$\dim_k R/(f,g) = 3, \dim_k O_P/(f,g)_P = 3$$

例如：令 $f(X,Y) = Y^2 - X^3$ 和 $g(X,Y) = Y^3 - X^4$. 则对于 $P = (0,0)$，$I_P(f,g) = 8$，(f,g) 的格罗布纳基由 $\{X^3 - Y^2, XY^2 - Y^3, Y^5 - Y^4\}$ 给出，使得 $R/(f,g)$ 有以 $X^2Y, X^2, XY, X, Y^4, Y^3, Y^2, Y, 1$ 为代表的基，且 $\dim_k R/(f,g) = 9$. 但是在 P 中，$Y - 1$ 非零，因此 $(f,g)_P$ 也包含 $(Y^5 - Y^4)/(Y-1) = Y^4$，且 $\dim_k O_P/(f,g)_P = 8$.

第7章 贝祖定理在代数几何中的应用

在这些例子中,显然的是,$\dim_k O_P/(f,g)_P$ 至多有给定的值. 如果表明以这种方式定义的 $I_P(f,g)$ 满足早些时候给出的法则的话,则这个给定的值恰可以求得所求的值.

命题4 如上述定义的那样,用先前给出的算法计算 $I_P(f,g)$,之前的法则是成立的.

证明 法则 $I_P(f,g) = I_P(g,f)$ 和 $I_P(f,g+fh) = I_P(f,g)$ 显然成立,因为 $(f,g)_P$ 的理想没有改变.

如果 f 和 g 有公因式 h,则
$$\dim_k O_P/(f,g)_P \geq \dim_k O_P/(h)_P = \infty$$
反之,如果 f 和 g 没有公因式,次数分别为 m,n,则
$$\dim_k O_P/(f,g)_P \leq \dim_k R/(f,g) \leq mn < 0$$
对于法则 $I_P(f,gh) = I_P(f,g) + I_P(f,h)$,考虑序列
$$0 \to O_P/(f,h)_P \xrightarrow{*g} O_P/(f,gh)_P \to O_P/(f,g)_P \to 0$$
其中第二个箭头是与 g 的乘法,第三个是商映射,如果说明这个序列是正合的,则通过取维数会遵循我们的法则. 为了正确性,仅有的非平凡部分正说明 $*g$ 是单射. 如果对于某些 $z \in O_P$,有 $zg \in (f,gh)_P$,即 $zg = uf + vgh, u,v \in O_P$,则与分母的相乘得到关系 $\bar{z}g = \bar{u}f + \bar{v}gh, \bar{z},\bar{u},\bar{v} \in R$. 可以假定 f 和 g 没有公因式,在消去分母之前,有 $g | \bar{u}$ 和 $\bar{z} = (\bar{u}/g)f + \bar{v}h \in (f,h)$,以及 $z \in (f,h)_P$.

如果 $f(P) \neq 0$,则 $\dfrac{1}{f} \in O_P$,所以 $1 \in (f,g)_P$ 和 $O_P/(f,g)_P = (0)$ 和 $I_P(f,g) = \dim_k(0) = 0$ 即为所求.

算法所需的最后一条就是对于 $P = (X,Y)$,有 $I_P(X-x,Y-y) = 1$. 现在有 $R/(X,Y) \cong k$ 以及

$O_P/(X,Y)_P \cong k$,所以 $\dim_k O_P/(X,Y)_P = 1$ 即为所求.

这就证明了有关算法的声明. 剩下最后一个法则: 如果 C 和 D 在 P 处是非奇异的具有不同切线,则 $I_P(f,g) = 1$. 如果沿用已给的算法,且 f 和 g 有非比例线性部分,这是成立的,因为在得到 $I_P(X,Y) = 1$ 的有限多步骤以后,将 g 替换为 $g - cX^d f$ 便知.

7.1.5 重数不等式

与之前一样,令 f 和 g 是次数分别为 m 和 n 的多项式,假定 f 和 g 没有公因式. 这意味着分别由 $f = 0$ 和 $g = 0$ 定义的曲线 C 和 D 仅有有限多个公共点(即至多 mn 个).

命题 5 我们有
$$\sum_P I_P(f,g) = \sum_P \dim_k O_P/(f,g)_P \leq \dim_k R/(f,g) \leq mn$$
其中和取遍 $P \in C \cap D$.

证明 自然映射 $R \to \Pi_P O_P/(f,g)_P$(从 $h \in R$ 到带有 P 坐标 $h + (f,g)_P$ 的元素)是满射,则通过取维数可以得到命题(因为 (f,g) 在这个映射的核里).

为了说明满射足以对于任意的 P 和任意的 $z \in O_P$ 找到一个元素 $h \in R$,映射到具有所有坐标 0(除了 P 坐标 $z + (f,g)_P$)的元素 $(0, \cdots, 0, z + (f,g)_P, 0, \cdots, 0)$.

首先求当 P, Q 是 $C \cap D$ 中的不同点时,使得 $h_P(P) = 1$ 和 $h_P(Q) = 0$ 的多项式 h_P,如命题 1 的证明中的 (1) 那样. 如果存在一个自然数 N 使得对于 $Q \neq P$,有 $h_P^N \in (f,g)_Q$,则选取 $zh_P^{-N} \in O_P/(f,g)_Q$ 的一个多项式代表 p,并且令 $h = ph_P^N$. 这个 h 满足所需条件.

继续证明 N 的存在性. 足以证明:令 p 是一个使得 $p(Q) = 0$ 的多项式. 令 $N \geq d := \dim_k O_Q Q/(f,g)_Q$,则 $p^N \in (f,g)_Q$. 事实上,令 $J_i := p^i O_Q + (f,g)_Q$. 理想的

序列$(J_i)_{i \geq 0}$是递减的,但是至多有$d+1$个不同元素,因此存在一个$i(0 \leq i \leq d)$,使得$J_i = j_{i+1}$. 这表示$p^i = p^{i+1}u + v, u \in O_Q, v \in (f,g)_Q$. 因为$\frac{1}{1-pu} \in O_q$,所以$p^i = \frac{v}{1-pu} \in (f,g)_Q$,即为所求.

命题 6 假设域k是代数闭的,则
$$\sum_P \dim_k O_P/(f,g)_P = \dim_k R/(f,g)$$

证明 必须证明(f,g)是映射$\pi: R \to \prod_P O_P/(f,g)_P$的满核. 选取这个核中的$h$. 考虑$L:= \{p \in R | ph \in (f,g)\}$. 这是$R$中的一个理想. 如果$(x,y) \in V(L)$,因为$f,g \in L$,则$P:=(x,y) \in C \cap D$. 由于$\pi(h)_P = 0$,所以对于$u,v \in O_P$,有$h = uf + vg$. 因此,$V(L) = \varnothing$. 由于$k$是代数闭的,所以可以应用"Nullstellensatz"(零点定理),可推导出$1 \in L$,也就是$h \in (f,g)$.

我们已作了所有要作的工作,假定k是代数闭的. 曲线C和D仅有有限多个公共点(仿射的或是在无穷远处),并且存在一条线缺失所有这些点(因为k是无限的). 选取那样一条线作为在无穷远处的线来求得:C和D恰好有mn个公共点,重点按重数计.

(需要检验的细节,交重数的定义不随坐标的改变而改变吗?是的[35])

7.2 射影平面中的相交

假定给定两曲线C_F和C_G,其中F和G是$K[X,Y,Z]$中次数分别为m和n的齐次多项式. 假定点

代数几何中的 Bézout 定理

[0:0:1]不在这两曲线上,则可以记作
$$F(X,Y,Z) = Z^m + a_1 Z^{m-1} + \cdots + a_{m-1} Z + a_m$$
$$G(X,Y,Z) = Z^n + b_1 Z^{n-1} + \cdots + b_{n-1} Z + b_n$$

其中 a_i 和 b_j 是 $K[X,Y]$ 中次数为 i 和 j 的齐次多项式. 假定点 $[x:y:z]$ 是一交点,则 $F(x,y,Z)$ 和 $G(x,y,Z)$ 有公共根 $Z=z$,因此 F 和 G 关于 Z 的结式 $R_{F,G}$(关于两个变量 X,Y 的多项式)对于 $(X,Y)=(x,y)$ 一定等于零,换言之,C_F 和 C_G 的交点来自于结式 $R(X,Y)=R_{F,G}$ 的零点.

为了得到交点个数的上界,必须计算 $R(X,Y)$ 的次数. 事实上,我们会证明命题 1 多项式 $R(X,Y)$ 是齐次的,并且它是零或者有次数 mn.

证明 必须证明 $R(tX,tY) = t^{mn} R(X,Y)$. 有

$$R(tX,tY) = \begin{vmatrix} 1 & ta_1 & t^2 a_2 & \cdots & t^m a_m & & & & \\ & 1 & ta_1 & t^2 a_2 & \cdots & t^m a_m & & & \\ & & 1 & ta_1 & t^2 a_2 & \cdots & t^m a_m & & \\ & & & & \vdots & & & & \\ & & & & 1 & ta_1 & t^2 a_2 & \cdots & t^m a_m \\ 1 & tb_1 & t^2 b_2 & \cdots & t^n b_n & & & & \\ & 1 & tb_1 & t^2 b_2 & \cdots & t^n b_n & & & \\ & & 1 & tb_1 & t^2 b_2 & \cdots & t^n b_n & & \\ & & & & \vdots & & & & \\ & & & & 1 & tb_1 & t^2 b_2 & \cdots & t^n b_n \end{vmatrix}$$

现在将第二行乘以 t,第三行乘以 t^2,关于 a 第 i 行乘以 t^{i-1};相似地,关于 b 的第 i 行乘以 t^{i-1},则第 k 列有一个公因式 t^{k-1},提出来. 结果恰是 $R(X,Y)$,现在

第7章 贝祖定理在代数几何中的应用

将行列式乘以 $t^{1+2+\cdots+n-1} \cdot t^{1+2+\cdots+m-1} = t^{\frac{m(m-1)+n(n-1)}{2}}$，并提取因式 $t^{1+2+\cdots+m+n-1} = t^{\frac{(m+n)(m+n-1)}{2}}$.

但是,由于 $\frac{(m+n)(m+n-1)}{2} - \frac{m(m-1)+n(n-1)}{2} = mn$,

这就说明 $R(tX, tY) = t^{mn} R(X, Y)$ 即为所求.

例如,考虑单位圆和三次曲线 $X^3 - X^2 Z - XZ^2 + Z^3 - Y^2 Z = 0$.

由于 $[0:0:1]$ 不在这些曲线上,形成关于 Z 的结式,得到

$$R(X,Y) = \begin{vmatrix} X^2+Y^2 & 0 & -1 & 0 & 0 \\ 0 & X^2+Y^2 & 0 & -1 & 0 \\ 0 & 0 & X^2+Y^2 & 0 & -1 \\ X^3 & -X^2-Y^2 & -X & 1 & 0 \\ 0 & X^3 & -X^2-Y^2 & -X & 1 \end{vmatrix} = -X^2 Y^4$$

于是,$X = 0$ 或 $Y = 0$. 第一个可能性得到 $0 = Y^2 - Z^2$ 和 $0 = Z(Y^2 - Z^2)$,给出点 $[0:1:1]$ 和 $[0:-1:1]$. 相似地也有,$Y = 0$ 得到 $0 = X^2 - Z^2$ 和 $0 = X^3 - X^2 Z - XZ^2 + Z^3 = (X-Z)(X^2 - Z^2)$,给出点 $[1:0:1]$ 和 $[-1:0:1]$. 因此在仿射平面中有四个交点:$(0,1), (0,-1), (1,0), (-1,0)$. (图 7.1)

注 因式 $X^2 = 0$ 对应于两个单交点 $(0,1)$ 和 $(0,-1)$,而因式 $Y^4 = 0$ 对应于两点 $(-1,0)$ 和 $(1,0)$,这两者都会有重数 2. 使用上述坐标系,很难指定相重性,因为诸如 $X = 0$ 的因式对应于两个不同点,通过选取一个恰当的坐标系可以避免这个问题,在这个坐标系中,$[0:0:1]$ 不在任一条连接两个交点的线上.

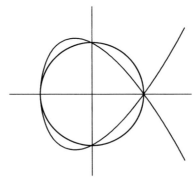

图 7.1 $x^2+y^2=1$ 和 $y^2=x^3-x^2-x+1$ 的交

7.2.1 弱贝祖定理

显然的是,如果两条直线有两个公共点,则它们相等. 相似地,已经看到,如果一条直线和一个二次曲线有三个公共点,则它们有一个公共部分. 这是贝祖定理(实际上是贝祖定理的弱形式)的很简单情形:

定理 1 如果两次数为 m 和 n 的曲线有多于 mn 个的不同公共点,则它们有一个公共部分.

证明 假设曲线有多于 mn 个公共点. 选取其中的 $mn+1$ 个点,并且选取坐标使得坐标为 $[0:0:1]$ 的点不与它们中的任意一对共线(因为是在代数闭域 K 上,因此恰好选取一个点不在通过 $mn+1$ 个点的有限集中成对的点的有限多线上),且不在任一条曲线上. 在这些坐标中,曲线有方程

$$F(X,Y,Z) = Z^m + a_1 Z^{m-1} + \cdots + a_{m-1}Z + a_m = 0$$

$$G(X,Y,Z) = Z^n + b_1 Z^{n-1} + \cdots + b_{n-1}Z + b_n = 0$$

其中 a_i 和 b_j 是 $K[X,Y]$ 中次数为 i 的齐次多项式.

现在,令 $[x:y:z]$ 是 $mn+1$ 个交点中某一个的坐标. 已看到这表示 $R(x,y)=0$,其中 $R(X,Y)=R_{F,G}$ 是

第7章 贝祖定理在代数几何中的应用

F 和 G 关于 Z 的结式. 如果 $[x':y':z']$ 是另一交点,如果有 $[x':y']=[x:y]$,则三个点 $[x:y:z]$,$[x':y':z']$ 和 $[0:0:1]$ 公共线(问题中的线是 $xX-yY=0$),与坐标的选取矛盾.

因此,对于 $mn+1$ 个两两成双的不同比例,有 $R(X,Y)=0$. 由于 R 次数 $\leqslant mn$,这表示 R 一定完全等于零,这表示 F 和 G 有一个公因式.

即使是贝祖定理的弱形式,也有很多重要的结果:

定理 2 如果两次数为 n 的曲线交于 n^2 个不同点,并且,如果其中的 mn 个点位于一次数为 m 的不可约曲线上,则剩下的 n^2-mn 个点位于次数为 $n-m$ 的曲线上.

证明 令次数为 n 的曲线的方程为 $F=0$ 和 $G=0$,令 $H=0$ 表示次数为 m 的不可约曲线.

首先讨论 C_H 是 C_F 一个分支的情形. 在这种情形中,对于多项式 L 有 $F=HL$,且曲线 C_L 次数为 $n-m$,并且含有 n^2-mn 个交点,这些交点没有位于 C_H 上. 因此,可以假定 C_H 不是 C_F 的一个分支,则存在一点 P 在 C_H 上,而不是在 C_F 或 C_G 上. 现在,选取非零元素 $a,b\in K$,使得 P 位于 $aF+bG=0$ 上. 考虑曲线 $C:aF+bG=0$,则 C 和 C_H 至少有 $mn+1$ 个交点,也就是 C_H 上的 mn 个点加上点 P. 由贝祖定理知,曲线一定有一个公共分支. 由于 C_H 是不可约的,发现这个公共分支是 C_H,因此 H 一定除尽 $aF+bG$,且对于某些次数为 $n-m$ 的多项式 L,有 $aF+bG=HL$. 由于 $C_F\cap C_G$ 的 n^2 个交点都位于 C 上,它们一定位于某一分支上,所以,可知其中的 mn 个位于 H 上,其余的一定位于 L 上.

推论(帕斯卡定理) 令 $ABCA'B'C'$ 是一不可约二次曲线上的一六边形,则 $AB' \cap A'B, AC' \cap A'C$ 以及 $BC' \cap B'C$ 的交点共线.

证明 用线 AC', BA', CB' 和 AB', BC', CA' 的三次来定义两个三次曲线. 它们交于 9 个点,其中 6 个位于不可约二次曲线上. 因此剩下的 3 个位于次数为 $3-2=1$ 的曲线上.

7.2.2 强贝祖定理

现在简单地说明如何安排交点重数,使得如贝祖定理所言恰好有 mn 个那样的点.

在弱贝祖定理的证明中,假设 $[0:0:1]$ 是一个在 C_F 或 C_G,或者位于任意一条联结两交点的线上的点. 则在交点 P 和 $R(X,Y)$ 的线性因式之间存在一个双射[36]. 重数 $I_P(F,G)$ 可定义为这个因式的重数. 对于弱定理的证明则隐含着下面的定理:

定理 3 令 $F=0$ 和 $G=0$ 是定义在一个代数闭域 K 上的,次数为 m 和 n 的平面射影代数曲线,且没有公共分支,则它们交于 mn 个点,重点按重数计为

$$\sum_P I_P(F,G) = mn$$

关于这个定义的问题,必须证明它不依赖于坐标的选取上. 这也是最主要的问题. 不去纠结于这些技术细节上,最好是重新考虑我们的根本所在并且寻找与坐标系无关的重数的定义. 另一个问题是:这个定义与之前给出的曲线和直线之间的交重数的定义一致吗? 为了证实这一点,我们会使用下面的引理:

引理 $f(X)$ 和 $g(X) = X - a$ 的结式是 $R_{f,g} = f(a)$.

证明 这是一个简单的计算. 这表示 $F(X,Y,Z)$

第7章 贝祖定理在代数几何中的应用

和线 $Z - aX = bY = 0$ 的结式等于 $G(X,Y) = F(X,Y,aX+bY)$,已使用 G 定义曲线和直线的交点重数,且新定义与之前的定义一致.

例如,看一下单位圆 $X^2 + Y^2 - Z^2 = 0$ 和椭圆曲线 $X^3 - X^2Z - XZ^2 + Z^3 - Y^2Z = 0$ 的相交情况. 点 $[0:0:1]$ 不在这些曲线上,但是位于联结点 $[0:1:1]$ 和 $[0:-1:1]$ 的直线上. 于是,为了计算重数,必须选取一个不同的坐标系. 将 X 替换为 $X - Z$,Y 替换为 $Y - Z$,得到方程
$$F(X,Y,Z) = X^2 + Y^2 - 2(X+Y)Z + Z^2$$
$$G(X,Y,Z) = X^3 - (4X^2 + Y^2)Z + 2(2X+Y)Z^2 - Z^3$$
以及
$$R(X,Y) = X^2 Y(Y - 2X)(X - 2Y)^2$$

现在,存在以下几种可能性:

(1) $Y = 0$,则 $X^2 - 2XZ + Z^2 = (X - Z)^2 = 0$ 以及 $X^3 - 4X^2Z + 4XZ^2 - Z^3 = 0$,因此,对应的交点是 $[1:0:1]$,重数为 1.

(2) $Y - 2X = 0$,则 $0 = 5X^2 - 6XZ + Z^2 = (5X - Z) \cdot (X - Z)$ 和 $X^3 - 8X^2Z + 8XZ^2 - Z^3 = 0$,因此,$X = Z$,对应的交点是 $[1:2:1]$.

(3) $X = 0$,这就导致 $(Y - Z)^2 = 0$ 和 $-Y^2Z + 2YZ^2 - Z^3 = 0$,因此,交点为 $[0:1:1]$,重数为 2.

(4) $X - 2Y = 0$,则 $(5Y - Z)(Y - Z) = 0$ 和 $8Y^3 - 17Y^2Z + 10YZ^2 - Z^3 = 0$,因此,交点为 $[2:1:1]$,重数为 2.

在之前的(仿射)坐标系中,有两个重数为 1 的交点(即 $(0,1)$ 和 $(0,-1)$),以及两个重数为 2 的交点(即 $(-1,0)$ 和 $(1,0)$).

7.3 历史回顾

7.3.1 经典案例

所谓的代数学基本定理最初是由 Girard(荷兰)在 1629 年提出的. 1799 年,高斯给出了第一个证明. M. Kneser[37]在 1981 年为这个基本定理给出了非常简洁的证明. 这个证明同样也产生了代数学基本定理的构造性的方面. 重数的定义是众所周知并且比较清楚的. 现在,已经考虑利用机器计算确定多项式根的重数问题[38].

第二个简单例子就是平面曲线情形. 两个代数平面曲线的相交问题已经被牛顿解决了,他和莱布尼兹(Leibniz)对于消元方法都有着很清晰的思路,即表示将两个只含一个变量的代数方程有一个公共根的事实,并且使用这样的一种方法,牛顿在"*Geometria analytica*"(《几何分析》)[39]中发现,两个次数分别为 m 和 n 的曲线的交点的横坐标可以由一个次数 $\leqslant m, n$ 的方程得到. 这个结果在 18 世纪时被逐渐改进,直到贝祖利用一种改良的消元法能证明:给出交点的方程的次数恰好就是 $m \cdot n$,然而,当时并没有将衡量交重数的一个整数从属于每一交点上的一般考量,这样的话,重数的和总是 $m \cdot n$[40]. 因此贝祖的古典定理认为,次数为 m 和 n 的两平面曲线至多交于 $m \cdot n$ 个不同的点,除非它们有无穷多个公共点. 其实,这个形式的这个定理也曾被马克劳林在 1720 年出版的"*Geometrica Organica*"(《构造几何》)中提出过[41]. 不过,第一个正

第7章 贝祖定理在代数几何中的应用

确的证明是由贝祖给出的. 有一个有趣的事实几乎从没有在任何作品中被提到:1764 年,贝祖不仅证明了上述定理,而且还证明了下列 n 维的情况:

设 X 是一个 n 维射影空间的一个代数射影子簇. 如果 X 是一个零维的完全交叉,则 X 的次数等于定义 X 的多项式次数的乘积.

这个证明可以在文献[42],[43]和[44]中找到. 在他 1779 年出版的著作《代数方程的一般理论》[45]中,关于这个定理的陈述可以在前言中找到. 这里引用的是Ⅶ页:

"Le degre de equation linale resultante d'unnombre queloque d'équations completes refermant un pareil nombre d'inconnues, and de degrs quelconques, est egal au produit des exposants des degres de ces equations Theoreme dont a verite n'etait connue et demontree quepout deux equations seulement."

设由方程 $F(X_0,X_1,X_2)=0$ 定义的射影平面曲线 C,以及由方程 $G(X_0,X_1,X_2)=0$ 定义的曲线 D,次数分别为 n 和 m,没有公共部分. $m \cdot n = \sum I_P(C,D)$,其中的和取遍 C 和 D 的所有公共点 P,正整数 $I_P(C,D)$ 是 C 和 D 在 P 处的交重数. 我们希望证明这个重数是根据结式而定义的.

关于 P,可以选取坐标使得在 P 处有 $X_2=1$ 和 $X_0=X_1=0$,利用魏尔斯特拉斯准备定理[47](经过坐标变换以后)可以记作 $F(X_0,X_1,1)=f'(X_0,X_1) \cdot \bar{f}(X_0,X_1)$ 和 $G(X_0,X_1,1)=g'(X_0,X_1) \cdot \bar{g}(X_0,X_1)$,其中 $f'(X_0,X_1)$ 和 $g'(X_0,X_1)$ 是 X_0 和 X_1 的幂级数,使得 $f'(0,0) \neq 0 \neq g'(0,0)$,且

代数几何中的 Bézout 定理

$$\bar{f}(X_0, X_1) = X_1^e + V_1(X_0)X_1^{e-1} + \cdots + V_e(X_0)$$
$$\bar{g}(X_0, X_1) = X_1^l + W_1(X_0)X_1^{l-1} + \cdots + W_l(X_0)$$

其中 $V_i(X_0)$ 和 $W_j(X_0)$ 是 $V_i(0) = W_j(0) = 0$ 的幂级数. 根据西尔维斯特[48],定义 $\bar{f}$ 和 $\bar{g}$ 的 X_1 结式为 $(e+l) \times (e+l)$ 阶行列式,记作 $\mathrm{Res}_{X_1}(\bar{f}, \bar{g})$

$$\begin{vmatrix} 1 & V_1 & \cdots & V_e & & & & \\ & 1 & V_1 & \cdots & V_e & & & \\ & & & \vdots & & & & \\ & & & & 1 & V_1 & \cdots & V_e \\ 1 & W_1 & \cdots & W_l & & & & \\ & 1 & W_1 & \cdots & W_l & & & \\ & & & \vdots & & & & \\ & & & & 1 & W_1 & \cdots & W_l \end{vmatrix} \quad (空白处为零)$$

魏尔斯特拉斯的准备定理的应用使得我们可以由结式定理(见文献[49]得到, $\mathrm{Res}_X(\bar{f}, \bar{g}) = 0$. 现在 $\mathrm{Res}_{X_1}(\bar{f}, \bar{g})$ 是关于 X_0 的幂级数)定义 $I_P(C, D) = X_0 - [\mathrm{Res}_{X_1}(\bar{f}, \bar{g})$ 的阶数].

通过使用无穷近奇点理论(见文献[50],第六章),也可能定义上述相重性.

然而,作为彭色列(Poncelet)在 1822 年给出的连续原理的结果,他已经提出利用 V 的连续变化使得 V 的某些位置 V' 与 U 的所有交点都应该是单的,以此来定义互补维数(见后面给出的定义)两个子簇 U, V 的一点处的交重数,当 V' 趋近 V 时,计算那些折叠到给定点的个数,这样交点总个数(重点按重数计)仍然是常数(个数守恒原理);因此,彭色列发现一张平面

第7章 贝祖定理在代数几何中的应用

内的一条曲线 C 属于相同次数 m 的所有曲线的连续族,并且在这个族里存在退化成直线系的曲线,每一这样的曲线都与关于 n 个不同点的次数为 n 的一条定曲线 Γ 相交,由此证明了贝祖定理. 19 世纪的许多数学家广泛地应用这样的论证,在 1912 年,塞维利令人信服地证明了它们的正确性[51].

鉴于以下将要作出的阐述,我们希望提到谢瓦莱的想法[52],[53],他发现两仿射曲线 $f(X,Y)=0, g(X,Y)=0$ 的原点 O 处的交重数,可以定义成域扩张 $K((X,Y))|K((f,g))$ 的次数,其中 $K((x,y))$ 是系数属于基域 K 上的关于 X,Y 的幂级数环的商域,并且 $K((f,g))$ 是那些可以表示成 f 和 g 的幂级数的 X,Y 的幂级数环的商域. 由此,谢瓦莱得到了与参数系相关的一个局部环的相重性的定义,并且给出了交重数的一般概念.

这些观点的最理想的概括就是著名的贝祖定理. 首先,将一个 n 维射影空间 P_k^n (K 为代数闭域)的一个代数射影子簇 V 的次数记作 $\deg(V)$,等于几乎所有维数为 $n-d$ 的线性子空间 $L \subset P_k^n$ 与 X 相交的点的个数,其中 d 是 V 的维数. 令 V_1, V_2 是 P_k^n 中次数分别为 d, e,维数为 r, s 的非混合簇[54]. 假设所有不可约分量 $V_1 \cap V_2$ 具有维数 $r+s-n$,并假设 $r+s-n \geq 0$. 对于 $V_1 \cap V_2$ 的每一不可约分量 C,定义 V_1, V_2 沿 C 的交重数是 $I_C(V_1, V_2)$. 则有 $\sum I_P(V_1, V_2) \cdot \deg(C) = d \cdot e$,这个和取遍 $V_1 \cap V_2$ 的所有不可约分量. 这个概括的最困难部分就是交重数的正确定义,很多人曾为此努力,直到韦伊在 1946 年才给出令人满意的处理[55],[56]. 至此,贝祖定理历经了两个多世纪的时间和

代数几何中的 Bézout 定理

大量的工作人们才真正地了解其内涵.

为了得到上述方程的等式,可以沿着不同的进路到达一些不同的重数理论. 在 20 世纪初,人们研究一个准素理想的长度的概念是为了定义交重数. 这个重数可以定义如下:

设 $V_1 = V(I_1), V_2 = V(I_2) \subset P_K^n$ 是由齐次理想 $I_1, I_2 \subset K[X_0, \cdots, X_n]$ 定义的射影簇. 设 C 是 $V_1 \cap V_2$ 的一个不可约分量. V_i 在 C 处的局部环记作 $A(V_i; C)$,则令 $l(V_1, V_2; C) = A(V_1; C)/I_2, A(V_1; C)$ 的长度.

例如,这个重数产生了开头提到的射影平面曲线的交重数. 而且,这个长度就是非混和子簇 $V_1, V_2 \subset P_k^n$ 当 $n \leq 3$ 以及 $\dim V_1 \cap V_2 = \dim V_1 + \dim V_2 - n$ 时的"右"交点个数(见文献[57]). 因此,在 1928 年之前,大多数数学家希望这个重数可以提供两个任意维数的射影族的不可约分量的正确交重数(见文献[58],[59]). 顺便提一下格罗布(Gröbner)的文章[60],[61]呼吁采用基于准素理想的长度的交重数的概念. 他也提出了以下问题:

所谓的广义贝祖定理 $\deg(V_1 \cap V_2) = \deg(V_1) \cdot \deg(V_2)$ 在某些情况下并不成立的深层次原因是什么呢?

1928 年,范·德·瓦尔登[62]研究了由参数 $\{s^4, s^3t, s^3, t^4\}$ 给出的空间曲线,表明这个长度不能产生正确的重数,为了让贝祖定理在 $n \geq 4$ 的射影空间 P_k^n 中成立,他在文献[63]中写下:

"在这些情形中,我们必须摒弃长度的概念,并试图去寻找重数的另外的定义"(也可参见文献[64]).

我们会研究这个例子[65],[66],[67]. 一个齐次理想

第7章 贝祖定理在代数几何中的应用

$I \subset K[X_0, \cdots, X_n]$ 的希尔伯特多项式的首项系数将会记作 $h_0(I)$. 设 $V = V(I)$ 是由一个齐次理想 $I \subset K[X_0, \cdots, X_n]$ 定义的一个射影簇. 则有 $\deg(V) = h_0(I)$.

例如:设 V_1, V_2 是具有定义素理想
$$\zeta_1 = (X_0 X_3 - X_1 X_2, X_1^3 - X_0^2 X_2, X_0 X_2^2 - X_1^2 X X_3, X_1 X_3^2 - X_2^3)$$
$$\zeta_2 = (X_0, X_3)$$
的射影空间 P_k^4 的子簇,则 $V_1 \cap V_2 = C$ 具有定义素理想 $\zeta: I(C) = (X_1, X_1, X_2, X_3)$. 容易看到 $h_0(\zeta_1) = 4$, $h_0(\zeta_2) = 1, h_0(\zeta) = 1$,且因此有 $I_C(V_1, V_2) = 4$. 由于 $\zeta_1 + \zeta_2 = \zeta: I(C) = (X_0, X_3, X_1 X_2, X_1^3, X_2^3) \subset (X_0, X_3, X_1 X_2, X_1^2, X_2^3) \subset (X_0, X_3, X_1, X X_2^3) \subset (X_0, X_3, X_1, X_2^2) \subset (X_0, X_1, X_2, X_3)$,所以 $l(V_1, V_2; C) = 5$. 因此,得到 $\deg(V_1) \cdot \deg(V_2) = I_C(V_1, V_2) \cdot \deg(C) \neq l(V_1, V_2; C) \deg(C)$.

现在众所周知的是,当且仅当对于 $V_1 \cap V_2$ 的所有不可约分量 C, V_1 在 C 的局部环 $A(V_1, C)$ 和 V_2 在 C 的局部环 $A(V_2, C)$ 都是科恩 - 麦考莱(Cohen-Macaulay)环时,有 $l(V_1, V_2; C) = I_C(V_1, V_2)$, $\dim(V_1 \cap V_2) = \dim V_1 + \dim V_2 - n$(见文献[68]). 再次假设 $\dim(V_1 \cap V_2) = \dim V_1 + \dim V_2 - n$,不失一般性地,可以假定两个相交簇 V_1, V_2 中的一个是完全交叉簇,比如说 V_1. 由这个假设可以得到,对于每一个不可约分量 C,有
$$l(V_1, V_2; C) \geq I_C(V_1, V_2)$$
若令 V_2 是一个完全交叉簇,则又会产生出布赫斯保(D. A. Buchsbaum)在1965年[69]提出的另一个问题: $l(V_1, V_2; C) - I_C(V_1, V_2)$ 与 V_2 无关吗? 或者说,存在 V_1 在 C 的局部环 $A:= A(V_1; C)$ 的一个不变量 $I(A)$,得到 $l(V_1, V_2; C) - I_C(V_1, V_2) = I(A)$ 吗?

代数几何中的 Bézout 定理

然而,事实并非如此. 文献[70]中给出第一个反例. 对于布赫斯保问题的否定回答导致了局部布赫斯保环的理论. 文献[71]和[72]中介绍了布赫斯保环的概念,现在这个理论发展迅速. 布赫斯保环的基本思想延续了著名的科恩 – 麦考莱环概念,交换代数和代数几何中的未决问题产生了这个理论的必要性[73]. 例如,将 P_k^3 中的代数曲线分类或是研究代数簇的奇异性时就产生了研究广义科恩 – 麦考莱结构的必要性. 而且,Shiro Goto(Nihon 大学,Tokyo)和他的同事们证明布赫斯保环的扩张类确实存在(见文献[74]).

然而,我们发现,由明确定义的准素理想可以产生交重数. 于是这样的想法再次使得拉斯克 – 麦考莱 – 格罗布和塞维利 – 范·德·瓦尔登在经典情形 $\dim(V_1 \cap V_2) = \dim V_1 + \dim V_2 - n$ 中的相重性理论的不同观点之间产生了联系[75]. 我们希望最后以布赫斯保问题来结束这一小节的讨论. 首先给出下列定义:

设 A 是具有极大理想 Ξ 的一个局部环. 对于每一 $i = 1, \cdots, r$,元素的序列 $\{a_1, \cdots, a_r\}$ 是一个弱 A – 序列, $\Xi[(a_1, \cdots, a_{i-1}) : a_i] \subseteq (a_1, \cdots, a_{i-1})$,对于 $i = 1$,令 $(a_1, \cdots, a_{i-1}) = 0$.

如果 A 的每一个参数系是一个弱 A – 序列,我们说 A 是一个布赫斯保环.

将布赫斯保问题与在文章[76]中的重数理论联系起来,可以得到一个重要定理[76]:"局部环 A 是一个布赫斯保环当且仅当一个参数系产生的任意理想 q 的重数与长度之差与 q 无关."

为了构造简单布赫斯保环和例子来说明上述问题一般不为真,必须引入下列引理[76],[77],[78]:

第7章 贝祖定理在代数几何中的应用

设 A 是一个局部环,首先假设 $\dim(A)=1$,以下命题是等价的:

(i) A 是一个布赫斯保环.

(ii) $\Xi U((0))=(0)$,其中 $U((0))$ 是属于 A 中的理想 (0) 的所有极小准素理想的交. 现在假设 $\dim(A) > \mathrm{depth}(A) \geqslant 1$,则下列命题等价;

(iii) A 是一个布赫斯保环.

(iv) 存在一个非零因子 $x \in \Xi^2$,使得 $A/(x)$ 是一个布赫斯保环.

(v) 对于每一非零因子 $x \in \Xi^2$,$A/(x)$ 是一个布赫斯保环.

应用引理的命题(i),(ii),得到下列简单例子:

设 K 是任意域,则:

(1) 设 $A:=K[[X,Y]]/(X)\cap(X^2,Y)$,易证 A 是一个布赫斯保-科恩-麦考莱环[92].

(2) 设 $A:=K[[X,Y]]/(X)\cap(X^3,Y)$,则 A 不是一个布赫斯保环.

根据交重数理论,使用引理的命题(iii),(iv)可以构造下列例子:

(3) $\{S^5, S^4t, St^4, t^5\}$ 给出曲线 $V \subset P^3 k$. 设 A 是 V 上的在顶点的仿射锥的局部环,也就是 $A = K[X_0, X_1, X_2, X_3]_{(X_0, X_1, X_2, X_3)/\zeta_V}$,其中 $\zeta_V = (X_0X_3 - X_1X_2, X_0^3X_2 - X_1^4, X_0^2X_2^2 - X_1^3X_3, X_0X_2^3 - X_1^2X_3^2, X_2^4 - X_1X_3^3)$,则 A 不是一个布赫斯保环[80]. 通过下列计算也可以得到这个命题:考虑具有定义理想 ζ_V 的锥 $C(V) \subset P_k^4$ 以及分别由方程 $X_0 = X_3 = 0$ 和 $X_1 = X_0^2 + X_3^2 = 0$ 定义的曲面 W 和 W'. 容易看到 $C(V) \cap W = C(V) \cap W' = C$,其中 C 由 $X_0 = X_2 = X_3 = X_4 = 0$ 给出.

代数几何中的 Bézout 定理

一些简单的计算也可以得到：$l(C(V),W;C)=7$，$I_C(C(V),W)=5$ 和 $l(C(V),W';C)=13$，$I_C(C(V),W')=10$，于是 $l(C(V),W;C)-I_C(C(V),W')\neq l(C(V),W';C)-I_C(C(V),W')$. 因此，这个例子证明了上述布赫斯保的问题的答案就是否定的.

(4) $\{s^4,s^3t,st^3,t^4\}$ 给出曲线 $V\subset P_k^3$. 设 A 是 V 上的在顶点的仿射锥的局部环，也就是 $A=K[X_0,X_1,X_2,X_3]_{(X_0,X_1,X_2,X_3)/\zeta_V}$，其中 $\zeta_V=(X_0X_3-X_1X_2,X_0^2X_2-X_1^3,X_0X_2^2-X_1^2X_3,X_1X_3^2-X_2^3)$，则 A 不是一个布赫斯保环[81].

关于最后这个例子有一个有趣的历史. 这条曲线已经被西蒙(G. Salmon)在 1849 年发现[82]，而且，稍后斯坦纳(J. Steiner)[83] 在 1857 年利用残余相交理论也发现了这条曲线. 麦考莱[84] 在 1916 年使用了这条曲线. 他的目的是证明多项式环中的素理想不都是完备的. 1928 年，范·德·瓦尔登[85] 研究了这个例子来证明一个准素理想的长度并不会产生正确的局部交重数，为了使得贝祖定理在 $n\geq 4$ 的射影空间 P_k^n 中成立，而且他写道："在这些情形中，我们必须舍弃长度的概念，并试图求另外的重数定义." 因此，两个代数簇的交重数的概念的坚实基础首先是由范·德·瓦尔登给出的(见文献[86],[87],[88]). 我们现在知道这个麦考莱的素理想并不是一个科恩－麦考莱理想，而是一个布赫斯保理想(即例(4)的 A 的局部环不是一个科恩－麦考莱环，而是一个布赫斯保环). 这个事实激励人们为布赫斯保环理论创造一个基础(更多关于布赫斯保环的信息，可详见 W. Vogel 和 J. Stuckrad 的著作[89]).

7.3.2 非经典案例

设 $V_1, V_2 \subset P_k^n$ 是代数射影簇,射影维数定理指明 $V_1 \cap V_2$ 的每一个不可约分量有 $\geq \dim V_1 + \dim V_2 - n$ 的维数. 知道了 $V_1 \cap V_2$ 的不可约分量的维数, 就可以求得关于 $V_1 \cap V_2$ 的几何学的更为准确的信息. 上一节中的经典案例研究的是 $\dim(V_1 \cap V_2) = \dim V_1 + \dim V_2 - n$. 本节的目的在于研究非经典案例,也就是 $\dim(V_1 \cap V_2) > \dim V_1 + \dim V_2 - n$. 如果 V_1, V_2 是不可约簇,那么关于 $V_1 \cap V_2$ 的几何是什么呢? S. Kleinman 提出了这个方向的典型问题:由贝祖数 $\deg(V_1) \cdot \deg(V_2)$ 界定的 $V_1 \cap V_2$ 的不可约分量的个数是多少呢?雅可比在 1836 年已经研究了这个问题的特殊情况[90]. 但是, 我们希望在此提到雅可比依赖于欧拉[91]在 1748 年的思想修正所作出的思考. 以下就是雅可比的思想:

设 F_1, F_2, F_3 是 P_k^3 中的三个超曲面. 假设一个不可约曲线给出交 $F_1 \cap F_2 \cap F_3$, 也即 C, 以及孤立点的一个有限集 $P_1, \cdots, P_r$, 则 $\prod_{i=1}^{3} \deg(F_i) - \deg(C) \geq F_1 \cap F_2 \cap F_3$ 的孤立点个数. 西蒙和菲德勒(Fielder)[92]在他们 1874 年出版的几何学著作中通过研究 P_k^n 中 r 超曲面的交而给出了这个例子的第一部分. 再次出现了这样的设想,即一个不可约曲线和孤立点的一个有限集给出这个交. 1891 年,皮耶里(M. Pieri)[93]研究了 P_k^n 中两个子簇 V_1, V_2 的交,通过假设维数为 $\dim(V_1 \cap V_2)$ 的不可约分量以及孤立点的一个有限集给出 $V_1 \cap V_2$. 而且, 似乎非经典案例中的相交理论的一个起点是由皮耶里发现的. 1947 年,在皮耶里之后的 56 年，塞维利[94]对于 P_k^n 中的任意不可约子簇 V_1，V_2，在贝祖数 $\deg(V_1) \cdot \deg(V_2)$ 的分解上给出了一个漂亮的解. 不幸的是，塞维利的解并不为真. R. Lazarfeld[95]在 1981 年给出了第一个反例. 但是 Lazarfeld 也说明了塞维利的方法可以在修正以后求得问题的解.

如今，关于定义代数相交的著名定理是由 W. Fulton 和 R. Mac-Pherson 给出的[96],[97]. 假设 V_1, V_2 是维数分别为 r 和 s 的 n 维非奇异代数簇的子簇，则表示 V_1, V_2 的代数相交的代数 $r+s-n$ 循环的等价类 V_1, V_2 是由 X 中的有理等价定义的，这个相交理论产生了 $V_1 \cap V_2$ 的子簇 W_i.

描述文献[98]（也可参见文献[99]）中相交理论的代数方法是代数几何中的一个目标，通过研究基于代数数据的 $\deg(V_1) \cdot \deg(V_2)$ 的一个公式，如果 V_1, V_2 是 P_k^n 的纯维数子簇. 这个公式的基本原理是将两固有相交簇的交重数表示为以典型方式与之联系的某准素理想的长度的一种方法. 利用 K 的域扩张 $\overline{K}$ 上的 P_k^{2n+1} 中的连接构造几何学，即使是当 $\dim(V_1 \cap V_2) > \dim V_1 + \dim V_2 - n$ 时也可以应用这个方法. 关键是代数方法提供了子簇 C_i 的具体描述，以及由 K 的一个域扩张典型确定的相交个数 $j(V_1, V_2; C_i)$.

贝祖的结式理论在几何学中的发展历程

第 8 章

8.1 贝祖结式理论形成的相关背景

今天已经认可的理论,甚至是任何科学中的平凡真理,都是以前曾被怀疑或者是新奇的理论. 一些最重要的东西长期以来不受重视甚至几乎被忽视. 阅读科学史的第一个作用就是本能地惊讶于过去的无知,但是最根本的作用还是赞叹于前辈们取得的成就以及因为坚持和天才而得之不易的胜利. 容易轻信的年轻学生们理所当然地认为每一个代数方程一定有一个根的想法最终让位于虚数领域被征服的喜悦,以及对于证明这个曾经晦涩难解的基本命题的天才般的高斯的欣赏.

高斯作出的关于有理数代数方程有实根或虚根的第一个完整证明可追溯到

代数几何中的 Bézout 定理

1799 年. 涉及方程的那部分代数从更深意义上讲是近代代数,例如与线和圆的平面几何进行比较的话. 在高斯之前,主要的研究放在解低阶方程以及根的对称函数的理论上. 在他之后,根的算术性质问题不仅需要一个伽罗瓦来揭开其神秘的面纱,而且需要一个刘维尔和一个约当(Jordan)来阐释伽罗瓦所创立的这个神妙理论.

高斯和伽罗瓦所揭示的理论在今天的一般数学意识中占主导地位,即使当它并不活跃的时候也是如此. 对于单个方程解性质的普遍理解构成了三个世纪以来塔塔利亚(Tartaglia)、卡丹(Cardano)、费拉里(Ferrari)以及众多杰出学者辛苦工作的目标,最后以拉格朗日和阿贝尔的工作而至顶点. 关于一个未知数的单个方程的理论到了今天即使没有完成其所有的细枝末节,也至少完成了它的基本理论以及上层建筑.

关于两个变量的方程同样备受关注,但是,这种情况的性质决定了它们的理论达到完善的任一相应阶段都需要很长时间. 一条线上的一个离散点集显然不如一个平面内的一条曲线有更多的性质来研究. 其中一个的射影共变量是离散点的所有集合,而其他的那些则有四个或是更多不同的类别:点、线、曲线和线轨迹或是包络线. 具有一个二元型或是关于一个未知数的一个常微分方程,似乎在一条线上的有限个点的集合中有一个令人满意的描述. 但是,甚至在努力理解一个平面曲线的描述中,人们开始本能地寻找拐切线、双切线,然后是极线、黑塞式(Hessian)、凯利(Cayley)以及其他辅助轨迹,以至于在提出一类黎曼曲面的概念之前,一个代数曲线可以衍生出我们对于许多相关曲线

第8章 贝祖的结式理论在几何学中的发展历程

的理解. 而且,事实上,通过反射作用,由于过去四十到五十年的发展,一条线上的点集的几何学现在较少涉及个体集,而是更多地涉及相关的无限线形系统或是对合.

因此,如果如笛卡儿(Descartes)和牛顿预示的那样,几何朝代数的方向发展,则有必要探讨联立方程组问题. 笛卡儿提出将平面曲线分为代数的和非代数的两类,并且对于前一类,根据它们的次数再进行划分. 在研究二阶轨迹性质上,分析很快就超越了纯粹几何学,欧拉很容易地就证明了两个二阶轨迹相交的方程次数为四. 一般化的下一个步骤就是确定消元式的次数,或是满足两个任意阶(m 和 n)联立方程的交点的方程[100]. 这个问题在 1764 年分别由欧拉和贝祖独立地解决了,与欧拉对于数学的兴趣之广不同的是,贝祖当时将自己限定于这个很窄的研究领域. 他们都给出了结果是 mn,也就是相交轨迹的阶数的乘积,并且都证明了通过将问题简化为从一个辅助线性方程组中的消元而证明了这个定理. 也就是说,他们都依赖于后面被命名的"行列式"的形式结构. 这最初发表的结果虽然仅限定于两个方程的情形,但是让贝祖因此而声名鹊起,并且,由他的方法而得到的行列式后来被西尔维斯特以及后人称之为"贝祖式". 但是,对于贝祖而言,这只是刚刚拉开他长达一生对于消元式形成研究的序幕.

大多数学生都熟悉关于一个未知数的两个方程的结式的构成模式,或者是两个变量的两个方程的消元式,布里尔(Brill)和诺特证明了牛顿用于形成低阶方程组结式的等价过程,尽管没有明显地扩展到关于两个未知数的方程组上.它有两个专利有助于一般化进程:第一,它对于联立两个方程消去任一未知数给出了直接方法;第二,求得的结式是两个原函数的一个线性组合,即乘数是变量和给定函数系数的有理函数 $R \equiv F_1 f_1 + F_2 f_2$. 那么,如果涉及更多的方程以及更多变量时,这两个特征中的哪一个会更有用呢? 我们必须记住,在 1765 年甚至还不知道消元式的次数时,从一个方程组中消去两个或更多未知数的计划所追求的主要效用就是它应指明结果的次数(比如,三个给定阶数的平面的交集的具体数值).

逐步适用于某些系统化序列的直接方法的使用自然是更有魅力,并且这种模式近来被广泛应用——最大公因式方法——因为其可以在每一步中提供更有说服力的演绎论证. 但是,因为贝祖在找到更为可行的方法之前试验了很多年,因此他指出这种方法也有其不足之处. 如果像克罗内克那样决定使用这种方法的话,必须仔细加以辨别每一结式中的必要因式和不定因式,并且学会预先计算每一结式的次数. 贝祖最终选择了这个两难之境的另一支号角,利用自己可以使用假设的权利,他大胆猜测另一种作法将会是成功的.

他的假设就是从 $k+1$ 个方程中可以一举消去 k 个变量,并且所得结果将会是给定函数的一个线性组合. 后一个结论等价于著名的诺特基本定理,而且它的证明通常基于结式的存在性以及特定次数[101]. 因此我们承认这次操作带有冒险的成分. 假设通过使用次数足够高的乘数 F_i 可以得到一个与 k 个变量或是未知数 $x_1, x_2, \cdots, x_k$ 无关的组合式

第8章 贝祖的结式理论在几何学中的发展历程

$$R_n \equiv F_m f_{n1} + F_{m2} f_{n2} + \cdots + F_{mk} f_{nk} + F_{mk+1} f_{nk+1}$$

仅含有 x_{k+1},贝祖打算求 n 的必要值,即仅关于唯一剩余的未知数 x_{k+1} 的 R 的次数. 也就是说,他希望找出足以符合目的的 n 的最小值.

8.2 对于贝祖结式理论的一些改进

自然而然地,他的著作被后面的学者们作了诸多改进,这其中最为成功的就是内托(Eugen Netto)教授,他在自己的杰作 *Vorlesunger Uber Algebra*[102](《代数学》)中作出了大量补充性的引理. 弥补一个理论自身的不足之处与发现一个新理论应得到同样的荣誉. 只有通过如此众多细致耐心并且对科学忘我的奉献精神,实证真理的本质才能变得牢不可破、坚不可摧. 因此,如果我们说他将乘数 $F_{m1}, F_{m2}, \cdots, F_{mk+1}$ 中的所有系数看作是任意未定参数,并且首先探究在结式 R_n 已经被完全确定以后,还有多少这样的参数仍是任意的,这样理解并没有恶意曲解贝祖的原意. 显然,由于恒有

$$F_\alpha f_a + F_\beta f_b \equiv (F_\alpha + \phi_{a,b} \cdot f_b) f_b + (F_\beta - \phi_{a,b} \cdot f_a) f_b$$

所以组合式中任意两项可一起进行改造,以至于所有那些函数 $\phi_{a,b}$ 中的系数本质上仍是未定的. 但同样,如此一来某些所改造项就不止一次地被计算(正如那些含有乘积 $f_a f_b f_c \cdots$ 的项). 因此,差分演算的发明与应用必然地用于解决计数问题:这构成了贝祖杰作的第一部分,并且被塞列特(Serret)和内托很好地再现在他们的文章中.

除了必要的未定元,称有效的未定参数个数为 P,

或是 $P(n, k+1)$，并且令 $N(n, k+1)$ 表示出现在一个含 $k+1$ 个变量的 n 阶多项式中的项数. 因为含 x_{k+1} 的 $n+1$ 项预计会出现在 R 里，所以要消去的个数是 $N(n, k+1) - n$. 没有比有效任意乘数更多的要消去的项，所以满足不等式

$$P(n, n_1, n_2, \cdots, k+1) - 1 \geqslant N(n, k+1) - n - 1$$

或者 $N - P \leqslant n$.

如果 R 是一个确定函数，这表明它的次数一定恰好是 $N - P$. 但是，随着 n 从数 $n_1, n_2, \cdots, n_{k+1}$ 中的最大值而递增，$N - P$ 很快就达到它的最大值，并且作为一个常数仍然保持相当的重要性，直至 n 等于乘积 $n_1 \cdot n_2 \cdot n_3 \cdot \cdots \cdot n_{k+1}$. 从这一点出发，不等式当然要颠倒次序了，也就是说，参数比需要满足的条件要多得多. 因此"任意完全确定的结式次数一定恰等于原方程次数的乘积."

这个结论有两个问题悬而未决，首先就是这样一个结式的存在性的问题，即一个给定函数与有理乘数的确定的线性组合的存在性问题，换言之，对于 $n = N - P$，要满足的线性方程组是否都是独立并且相容的问题[103]. 其次，通过进一步考虑需要确定那些系数将会等于零的项的选取，以便从形成的线性方程组中消去辅助系数，从而得到可表示成一个行列式的消元式. 关于这第二点，尚没有人能成功地阐述这样一个计划，因为贝祖显然地假设代换是可行的. 我们可以发现他关于这一点的叙述并非严格地精确，但是证明他的论证有多么的结构不严谨也是一件很有趣的事情."但是，如果我们设想第一个方程乘以一个含相同个数未知数的 m 阶完全多项式，并且在次数为 $m_1 + n_1$ 的所

第8章 贝祖的结式理论在几何学中的发展历程

得方程(乘积方程)中,在所有可能作代换的项里代换 $x_1^{n_2}$ 的值、$x_2^{n_3}$ 的值以及 $x_3^{n_4}$ 的值……,则由于乘数多项式会使得乘积方程中产生与项数一样多的不同系数,因此在代换之后剩下仅含有 $x_1,x_2,x_3,\cdots$ 的项的个数等于通过多项式乘数中的系数而可能会等于零的项的个数."而且,关于这些代换的相同作用还有更多内容,但是没有一处提到当多于一个量并且指数减少时,这样一种代换的验证.

如果仅考虑一种非常特殊的方程组则不会出现刚才所述的困难,也就是说,每一方程依次地仅含有其相对应编号的未知量的第一个幂次以及其他含有后面的未知数的项

$$f_{n_1} = x_1 - g_{n1}(x_2, x_3, x_4, \cdots, x_{k+1}) = 0$$
$$f_{n_2} = x_2 - g_{n2}(x_3, x_4, \cdots, x_{k+1}) = 0$$
$$\vdots$$
$$f_{nk} = x_k - g_k(x_{k+1}) = 0$$

最后一个也许具有形式 $f_{nk+1}(x_1, x_2, \cdots, x_k, x_{k+1}) = 0$. 贝祖所擅用的项代换被现在的墨守成规者充分阐述为函数 f_i 乘以一个恰当的多项式的加法,例如,由于一个诸如 ax_1^r 的项可以通过为其加上乘积

$$a(x_1 - g_{n1}) \cdot \left\{ \frac{x_1^r - g_{n1}^r}{x_1 - g_{n1}} \right\} \equiv a(x_1^r - g_{n1}^r)$$

而取代. 在本例中,一旦从 $f_{nk+1}(x_1, x_2, \cdots, x_k, x_{k+1})$ 中除去的一个未知数一直都不出现,并且已从第 $(k+1)$ 阶中除去前 k 个未知数,则剩下仅含一个未知数 x_{k+1} 的具有合适次数的消元式.

但是对于一般的"完全"方程,迄今为止,尝试在这个模式下渐进地构造消元过程从未成功过,原因在

于,经过前面的代换而使之降低次数的一个未知数也许又由于后来的代换而升高次数.即使是内托在此处也只不过是借助线性方程组进行的论证.一般情形自然不会是上述那么简单的例子,每一变量会出现在每一方程中并且具有不同幂次,直接代换仅能降低一个变量的次数,其目的是对于 x_r 将次数降低到一个最大值 $n_r-1(r<k+1)$.如果这是可能的,其给出了为了一定目的而称之为的一种标准型.

现在,这个课题与消元本身同等重要——借助于方程组,将一个多项式化简为另一种形式,其中的变量指数不高于已规定的有限值.这对于贝祖而言是一种过渡形式,最终令所有含有要消去变量的项的系数等于零,给出他的消元法最后步骤所需要的线性系统.但是,由于这个形式是唯一的,所以能够证明以及已经证明另一种我们称之为"消元式"的简化标准型就像一个模块化系统中的简化标准型都同样具有吸引力.

8.3 贝祖结式理论在几何中的发展进程

当贝祖在 1779 年出版他的专著时,仍存留一些问题以待研究,但是,当然他并没有停止在这方面的研究.后来凯利重新开始进行研究[104],并且将结式表示成为一个分式而非单独一个行列式,这个分式的分子和分母仅含有由给定方程的系数构成的行列式因子.贝祖的方程组是一旦取消区分有效参数以及非有效参数时(对所参数都一视同仁)用来产生一个确定结果的.至于消元式的次数——贝祖一生都致力于解决的

第8章 贝祖的结式理论在几何学中的发展历程

问题——他表示已经解决了所谓的一般情形以及大量的特殊情况. 也可以说,他求得了代数轨迹的有限交点的个数,不仅是当所有交点是有限的时候,还是奇异点或是奇异直线、平面等无穷大的情况. 所有的代数几何都是一种化简——实际上或潜在的——将方程组化为一种不同形式,再加上其中涉及的符号表示什么的阐述[105]. 结式一旦已知,自然之后关于其解释可常见于几何讨论中. 为了研究消元式的应用,几乎需要列举代数几何中现有的不同章节.

首当其冲的就是被称之为"Cramer 悖论"(Cramer's paradox)的内容[106]. 这个理论先于贝祖,因为 Cramer 的著作是在 1750 年出版的,也许,有可能的是他理论有助于形成贝祖在解决自己的问题时迫切需要的一些观点. 简言之,这个悖论就是:一个 n 阶平面曲线方程含有 $\frac{1}{2}(n+1)(n+2)$ 项,因此取决于 $\frac{1}{2}(n+1)(n+2)-1$ 个的系数. 需要这个曲线经过 n 个结定点,然后利用线性方程组来唯一地确定系数. 但是,两个 n 阶的曲线通常多于 n 个点,也就是 n^2 个点(根据贝祖定理得). 但是,如果 $n>3$,则有 $n^2>\frac{1}{2}(n^2+3n)$,以至于两条曲线,实际上是一个 n 阶的无穷曲线束可以经过甚至比足以确定一个单独曲线还要多的点. 这倒不是什么复杂难题,已经被欧拉解决了,得到一张平面中的点的相依集合的有趣而重要的概念. 由这个概念后来又衍生出一张平面(或是高于两次的平面)中点的对合的概念,因此开辟了一个曾有人涉足但从未被研究过的领域[107]. 当两个(或三

代数几何中的 Bézout 定理

个)曲线相交的点集中足够多的点被固定,只有一个点是任意变量,而其他 $r-1$ 个随着这一个变化而变化时,就产生了对合. 则这一个点可以用来描述整个平面——r 个点的全集的位置的整体,点集的双无限系统构成了平面中的对合.

接下来,按照历史发展的顺序就到了曲线重点的概念了. 贝祖对待它们的方式非常含蓄,将它们置于无穷远处,并说明大多种情况下它们是如何影响有限交点的个数的. 普吕克(Plucker)在五十年之后处理了这些问题,并导致了著名的普吕克关系式[108],将一个平面曲线的二重点、拐点、二重切线以及会切线的个数联系起来. 这些为几何学提供了曲线的亏格的概念,后来黎曼和克利布施(Clebsch)研究分析了这个概念的深度,并形成了代数曲线和一个复变量的多重周期函数理论的有机结合.

但是,Cramer 悖论自然地导致通过一不同阶的变动曲线而在一阶曲线上删除的可变交点的集合的考察,也就是曲线与固定曲线交于一点或是多点的问题,曲线上一个变动点的自由度问题,简言之,就是"诺特基本定理"(Noether's Fundamental theorem)所能产生的所有那些问题[109]. 在诺特以前,关于将两曲线的交点分成两个集合方面有大量的定理,以及一个部分集都位于较低阶曲线上的假设,和另一部分集一定位于另一互补阶数的曲线上的结论. 这其中最为著名的莫过于普吕克,雅可比,凯利作出的. 但是诺特是第一个准确地阐述并且证明一条曲线含有另外两条曲线 $f_1=0$ 和 $f_2=0$ 的所有交点,也可以表示成形式 $F_1f_1+F_2f_2=0$(其中 F_1 和 F_2 都是有理的). 其实这个

第8章 贝祖的结式理论在几何学中的发展历程

形式是贝祖构造的,曾经出现在他假设为结式的公式中.自然而然,因此诺特的证明就是始于这个依据[110],并且还设定了很多对于结论显然并不必需但绝对必要的条件.则在这个基础上将定理的主体部分与伴随曲线和非伴随曲线联系起来,特别是关于一条曲线上的剩余点与同余点的优美定理;如果一点集 A 与另一点集 B(与任意第三个点集 C 相关)同余,则与 A 同余的任意第四个点集也与 B 同余.两个剩余集连同基本曲线的奇异点一起构成了它与一伴随曲线的完全交叉.

贝祖只是探讨了数值方程的消元方法,这是因为在当时,射影群下的不变量的形式理论尚未形成.当这个理论出现以后,人们对于结式中的代数学的兴趣变得如对于消元式中的几何学的兴趣一样浓厚.因此,在平面中从三个方程中消去两个坐标的结果加以研究[111],一个不变量等于零就给出了三条曲线有一个公共点的条件.但是,三条曲线也可能有两个、三个或者更多的公共点.凯利因此提出:如果一条曲线的第一极有 d 个公共点,那么当再次相交时,次数是多少呢?他的答案是 $3(n-1)^2 - 7d$,n 是给定曲线的阶数.布里尔的问题则更为一般化:当三条阶数为 n_1,n_2,n_3 的曲线有 d 个交点时,再出现一个公共点的条件是什么?同样,他自己回答了这个问题,也因此创立了关于简化判别式以及简化结式理论的雏形.

8.4 对贝祖结式理论的发展展望

简短地回顾结式次数定理的发展的可能性,虽然

代数几何中的 Bézout 定理

只是对于两种形式的结式探讨得比较多,我们发现贝祖对于他的研究的重要性的个人看法. 他在书中的题献里说:"本书的宗旨在于数学某一分支理论的完成, 所有其他分支正在等待它以获得自己的进步."然后, 在书中他嘲笑那些曾放弃研究的人仅仅是刚开始对于他们遇到的代数关系的复杂性进行研究,他说:"同样吸引人而且很重要的无穷小分析,……已吸引了所有的注意力并且所有的研究者投身其中,有限量的代数分析似乎成为不会再有任何发展的领域,或者说是任何关于这方面进一步的研究都是徒劳无功而已……如果我们仔细观察就会发现这样一个事实,即关于任意问题的解可能依据的无穷多未知数的无穷方程,至今为止我们只知道关于两个未知数的两个方程的情形, 再强调一次,我们只了解在不引入任何与问题无关的信息时如何处理这种单一的情形,则我们应坚定地认为在这个问题上,所有事情都尚未完成."

在用了 463 页篇幅阐述了他的方法以后,贝祖这样总结道:"我们认为有可能的是,没有哪种代数方程是我们没有给出方法来求最终方程的最低可能次数的,系数之间存在或者不存在某种关系时可能会引起那个次数的降低."这种观点也许有些过分乐观了,至少是希望能找到方法,通过比贝祖的方法较少的劳动而得到列举的结果. 但是,毫无疑问这个目标实在太高了,值得穷尽毕生的精力来奉献于此,并且他序言中的结论却是激起了我们的崇拜与赞叹之情.

"我们希望这本书通过吸引分析领域中当代分析学家的天分和智慧,来证实这个理论在分析学中的伟大进步. 如果就我们从哪里开始处理这些问题的以及

第8章 贝祖的结式理论在几何学中的发展历程

在哪里停止研究而言,我们应该认为自己是幸运的,应该发现,我们已经履行了自己对于社会应尽的一些责任和义务."[112]

如果一部著作通俗易懂、妙趣横生并且相称于同时代的科学知识,那么长达一生不懈地工作就不是在虚度光阴,贝祖的《代数方程的一般理论》就是这样的一部著作.值得一提的是,雅可比和明金格(Minding)分别在 1836 年和 1841 年对于两个方程的组合也给出了贝祖的消元法.但是他们谁也没有提到贝祖.也许是他们并不知道贝祖的工作.然而,有一篇关于此事毫无意义的评论,就是对于他们两人在 60 年后将与贝祖等同的方法和结果作为创新而出版的探讨.[113] 至少这并不表示贝祖的工作是不必要的,而是证明他的工作是领先于他的时代.或许是几何学等待高斯来证明一个方程的次数指明了根的个数?或者说等待蒙日(Monge)、彭色列和普吕克将其从坐标系中解放出来?也或者是等待刘维尔和泊松(Poisson)将所有坐标以及未定量的线形函数 $z = k_1x_1 + k_2x_2 + \cdots + k_{k+1}x_{k+1}$ 联立起来,并且探讨的不是关于单变量 x_i 的结式或是消元式,而是含有所有未定量 $k_1, k_2, \cdots, k_{k+1}$ 的 z 的消元式?现在的代数几何成长并繁荣于所有前面的这些准备工作之中,并且这不是某一工作者的功劳,而是众多智慧合作的结晶,而且它也需要数学任一分支的快速发展.

回到产生于消元式理论的几何问题上来.在三维空间中,三张曲面交于实的或是虚的点,其个数就是三个阶数的乘积.三个二次曲面交于八个点.于是,产生了这些点相互依存的问题:Cramer' paradox 可应用于

代数几何中的 Bézout 定理

任意维空间,并且对于相交系而言这并非所有的点. 如果给出二次曲线的八个交点中的七个,则第八个点就可以线形地构造出来,而且,让人惊讶的是看到有很多杰出的几何学家已经发现了这个问题中值得他们研究的难点所在. 但是高于两维的一个消元式,也就是三个或更多轨迹的一个相交系有其特有的可能性.

三个曲面不仅有一个公共点的有限集合,而且也可以是一条整个曲线或者曲线系. 也就是说,它们的有无穷多个根的消元式可能恒等于零. 三个二次曲线可以交于一条线、两条线、一圆锥曲线、三条线或是三次挠线. 则附加的相交离散点的个数又是多少呢? 例如,有一公共圆锥曲线 C,如果其中两个曲面相交于 C 以及第二个圆锥曲线 K,且有两个公共交点,并且第三张曲面交 K 于四个点,两个在 C 上,两个在 C 外. 或者,简言之,位于三张二次曲面上的一公共圆锥曲线中含有八个交点中的六个. 同样地,一条公共线含有四个,一条三次挠线含有这三张二次曲面的所有这八个交点. 这一系列问题并不是很容易解决的,而且似乎没有引起贝祖的注意[113],公共曲线就是直线的情况除外,而且即使对于这种情况,他也并没有将其叙述成几何语言.

显然,需要一个关于三维空间中挠曲线的理论,以及四维空间中曲面以及曲线的理论等. 已知的情况是需要四张曲面而非三张来定义一个相交曲线. 对于这种情况,在贝祖的消元式中有一种有效处理方式的建议. 通过从两个方程中消去一个变量,作为消元式的是顶点位于无穷远处的一个锥面的方程. 在齐次坐标中,有一锥面其顶点位于任意点,并且含有一条曲线,在每

第 8 章　贝祖的结式理论在几何学中的发展历程

一母线上都有这条曲线的一个点. 实施消元的不同方法启发了凯利,他将曲面称之为独异点曲面,诺特和阿尔芬(Halphen)都发现独异点锥面足以代表三维空间中的挠线. 但是,在四维或是更高维的射影空间中的曲线和曲面,至今没人能制订出一张系统的名目.

可以预见的是,经过他们的推导,基本命题会逐渐变得晦涩难懂. 一旦类似在几何学上体现了贝祖定理最有价值的本质的诺特理论的定理被发现时,以及当对于几何命题中点集、剩余点以及一曲线上点集群发现表达式时,则几何学家们将会但是偶尔依赖于结式或者消元式的形成. 然而,这样一个基础定理连同它所包含的处理过程会再次被人遗忘并不是一件好事. 甚至是在美国大百科全书中对于复杂方程的叙述中认为消元变得困难而又总是不可能完成的任务. 甚至在《大英百科全书》中凯利的条目中可以看到这样温和的定论;至今为止从未存在过关于方程组的不同理论. 如此这样的叙述常出现在意图成为标准而又畅销的参考书中,其可信度甚至超过了专业著作或者新版数学百科全书中给出的精确总结.

两篇应用结式和判别式来展开曲线理论的文章发表在"*Mathematische Annalen*"(《数学分析》)卷 38 和 43 上,作者是米耶(Franz Meyer). 他从这样的假设出发,即对于称之为有理曲线的那一类曲线可以建立理论,并且对于相同阶数的非有理曲线也同样成立. 第一个就是处理平面曲线的寻常奇点,第二个就是处理空间中挠线的寻常奇点,确定当任一种类型中的两个奇异点同时发生时,其他奇异点接下来会出现怎样的变化呢？例如:有多少拐点聚集一起作为二重切线的两个触点结合成为一个超密切点？这个直接的目标在于找出区别于虚奇异点的实奇异点之间的关系，但是，这个假设似乎是有效的且可改作他用.

如果没有提到克罗内克在方程组的系统理论的形成上的工作就结束本节实在不妥. 他所制定的模系统所探寻的内容远超出了曾经充斥贝祖眼界的唯一消元式问题. 不久前，提到了关于消元式的一种简化形式，其中所有的变量仍在，但是其指数降低，因此这个简化形式可被唯一地确定. 给定任意一般的或是特殊的方程组(或者模)，对于所有简化形式的研究都是克罗内克研究计划的一部分，尤其是将所有形式进行分组，诸如结式那样，根据一个代数模的分类名，通过给定方程组可化简为零. 在他的"*Festschrift*"(《纪念专辑》)以及后来他学生的解说性文章中提出方法来检验任意的系统，不管是一般的还是特殊如第一种类型(轨迹交于一条曲线)，或者是特殊如第二种类型(轨迹交于一张曲面等). 这个课题或是抽象理论扩展为一门带有丰富实例的具体的几何学的工作任重而道远，需要的不一定都是演绎论证，但大部分都是创造性的工作.

8.5 小　结

对于几何学家而言必不可少的并非贝祖著名计划中计算而得的消元式，而是这样一个消元式存在的条件以及什么样的条件会改变它的知识. 因此，对于克罗内克更为深远的计划，最终可能的是，我们希望的不是对于特殊情况的详尽阐述，而是在有限时间内具体操

第 8 章 贝祖的结式理论在几何学中的发展历程

作如何执行的确切知识,以及对于会改变或是影响那些操作结果的条件的准确阐述. 哪一个更具价值? 是逻辑还是其应用到的具体对象? 当我们都拥有这些资源时再作决定吧! 不过这个问题也许永远没有答案,因为任何一套完整的理论系统都是极其复杂的,本身就不是一个单靠逻辑而建立起来的系统. 这些系统一般有两个维度:逻辑与历史. 维理主义的反思和历史传统的渐进式演进共同形成了我们今天的各种理论体系. 所以,这不是一蹴而就、非黑即白的问题,它只能在一个漫长的博弈和演化中找到答案.

代数几何大师的风采

第 9 章

9.1 阿贝尔奖得主德利涅访谈录①

9.1.1 阿贝尔奖

Raussen & Skau(以下简写为"R & S"):尊敬的德利涅教授,首先我们祝贺您,您是第 11 位阿贝尔奖的获得者. 被选择作为这个高声誉奖项的获奖者不仅是一项巨大的荣誉,而且阿贝尔奖附带有 600 万挪威克朗的现金,这大约是 100 万美元. 我们好奇地听说您正计划用这笔钱来做……

德利涅(**Deligne** 以下简写为"**D**"):我觉得这些钱并不真正是我的,而属于数

---

① 译自:EMS Newsletter,issue 89,September 2013,p. 15 – 23,Interview with Abel Laureate Pierre Deligne,Martin Raussen and Christian Skau,figure number 2. Copyright © 2013 the European Mathematical Society. Reprinted with permission. All rights reserved. 欧洲数学会与作者授予译文出版许可. 赵振江,译. 陆柱家,校.

Martin Raussen 是丹麦奥尔堡(Aalborg)大学的数学副教授,Christian Skau 是位于特隆赫姆(Trondheim)的挪威科学技术大学的教授. 他们从 2003 年开始合作采访每一届的 Abel 奖得主.

学. 我有责任明智地而不是以浪费的方式使用它. 细节现在还不明了, 但我计划把部分的钱给予曾对我很重要的两个研究院: 巴黎的高等科学研究院(IHÉS)和普林斯顿的高等研究院(IAS).

我还想给一些钱来支持俄罗斯的数学. 首先给高等经济学院(the Higher School of Economics, HSE)的数学系. 在我看来, 这是莫斯科最好的地方之一. 它比莫斯科大学的力学和数学系要小得多, 但人员更佳. 学生人数也很少; 每年只接受 50 名新生. 但他们都在最好的学生之列. 高等经济学院是由经济学家们创办的. 在困难的环境下他们竭尽所能. 该院的数学系在莫斯科独立大学的帮助下在 5 年前创办. 它正在增进整个高等经济学院的声誉. 在这里我认为一些钱会被很好地使用.

另一个我想捐赠一些钱的俄罗斯机构是由俄罗斯慈善家 Dmitry Zimin 创办的王朝基金会(the Dynasty Foundation). 对于他们, 金钱似乎不那么重要. 这只是我表达我敬佩他们的工作的一种方式. 它是俄罗斯极少几家赞助科学的基金会之一; 此外, 他们是以一种非常好的方式这样做的. 他们赞助数学家, 物理学家和生物学家; 尤其是年轻人, 而这在俄罗斯是至关重要的! 他们还出版普及科学的书. 我想用一种明确的方式表达我的钦佩之情.

R & S: 阿贝尔奖无疑不是您在数学上赢得的首个重要的奖项. 让我们仅仅提及您 35 年前获得的菲尔兹奖, 瑞典的克拉福德(Crafoord)奖. 意大利的巴尔扎恩(Balzan)奖和以色列的沃尔夫(Wolf)奖. 作为一个数学家, 赢得如此名声显赫的一些奖项, 这对您有多重要？对于数学界,这样一些奖项的存在有多重要?

D:对于我个人,得知我所尊敬的数学家们发现我做过的工作是有意义的,这很不错.菲尔兹奖可能有助于我被邀请到普林斯顿高等研究院.获奖得到一些机会,但没有改变我的生活.

当奖项作为向一般大众谈论数学的一个借口时,我认为它们可以是非常有用的.阿贝尔奖与其他的活动,诸如面向儿童的竞赛和面向高中教师的 Holmboe 奖(the Holmboe Prize)联系在一起,我发现这很好.根据我的经验,好的高中教师对数学的发展是非常重要的.我认为所有这些活动棒极了.

9.1.2 青年时期

R & S:您在第二次世界大战结尾的 1944 年生于布鲁塞尔.我们好奇地听说过您最初的数学体验:在哪方面它们是被您自己的家庭或学校培育的? 您能记住您最初的一些数学体验吗?

D:我很幸运,我的哥哥比我年长 7 岁.当我看温度计并认识到存在正数和负数时,他试着向我解释 $(-1) \times (-1)$ 得到 $+1$.这是很令人惊奇的事.后来当他上高中时,他告诉我关于二次方程的事.当他上大学时,他给了我关于三次方程的一些笔记,而且笔记中有解三次方程的一个奇怪的公式.我发现它非常有趣.

当我是一名童子军时,我有一次极好的运气.我有一个朋友,他的父亲 Nijs 先生是一位高中老师.他在几个方面帮助我;尤其是我的第一本真正的数学书,即布尔巴基(Bourbaki)的《集合论》(Set Theory),是他给的,这不是给一个年轻男孩的明显选择.那时我 14 岁.我啃这本书花了至少一年时间.关于这一点,我想我曾

第9章 代数几何大师的风采

有一些讲座已论及.

有以自己的节律学习数学的机会具有使人重新唤起过去几个世纪惊喜的益处. 在别的书上我已经读过如何从整数开始定义有理数,然后定义实数.但我记得我是何等好奇于怎样从集合论定义整数,通过阅读布尔巴基的书中前面的少许篇幅,对怎样首先定义两个集合有"相同数目的元素"意味着什么,并且从这里导出整数的概念表示佩服. 这家的一个朋友还给了我一本关于复变函数的书. 弄明白复变函数的故事与实变函数的故事是如此的不同是一大惊喜:一旦复变函数可微,它就是解析的(有一个幂级数展开式),如此等等. 所有这些事情你们可能在学校觉得它们很乏味,但给了我巨大的快乐.

那时我的这位老师 Nijs 先生让我与布鲁塞尔大学的蒂茨(Jacques Tits)教授接触. 我可以参与他的一些课程和讨论班,尽管我仍然在上高中.

R & S:非常惊奇地听说您学习布尔巴基的书,它们通常被认为是很困难的,尤其是在您那个年纪.

您能告诉我们一点您正规的学校教育吗? 学校教育令您感兴趣吗,或是只是感到厌烦?

D:我有一个出色的小学老师. 我认为我在小学比在中学学得更多:怎样读,怎样写,算术和更多的东西. 我记得这位老师做了数学上的一个实验,这使我想到表面和长度的证明. 这个问题是比较半球表面与有相同半径的圆盘. 为此,他用盘成螺旋形的绳覆盖这两个表面. 半球需要的绳是圆盘的两倍. 这使我想了很多:怎样才能用长度度量一个表面? 怎样才能相信半球的表面是相同半径的圆盘的两倍?

代数几何中的 Bézout 定理

当我在中学的时候,我喜欢几何学问题.在那个年纪几何学中的证明很有意义,因为令人惊奇的陈述的证明并不太困难.一旦我们通过了公理,我非常喜欢做这样的练习.我认为,在中学阶段几何学是数学中令证明有意义的仅有的部分.此外,写出证明是另一个很好的练习.这不仅与数学有关,为了论证事情为何是正确的,你还必须用正确的法文——在我的情形——写出.在语言和数学之间,几何学与语言的联系比例如代数学更强,在代数学中有一组方程.语言的逻辑和力量不是如此明显.

R & S:当您年仅 16 岁的时候,您去参加蒂茨的讲座.有一个故事说在某个星期您不能参加讲座,因为您参加了学校的远足……?

D:是的.我很晚才被告知这个故事.当蒂茨来给我们做报告时,他问:德利涅哪里去了? 他们向他解释说我参加了学校的远足,这个报告推迟到了下一个星期.

R & S:他必定已经认可您是一个出色的学生.蒂茨也是阿贝尔获奖得者.由于他在群论中的伟大发现,5 年前,他与汤普森(John Griggs Thompson)一起得到该奖.对于您,他无可怀疑是一位有影响的老师吗?

D:是的.尤其是在我研究数学的早期.在教学上,最重要的可能是你不做什么.例如,蒂茨不得不解释群的中心是一个不变子群.他以一个证明开始,然后停下说:"一个不变子群是在所有的内自同构作用下稳定的子群.我已经能够定义群的中心.因此在数据的所有对称下它是稳定的.所以,它显然是不变的."

对于我,这是一次启示:对称思想的威力.蒂茨不

第9章 代数几何大师的风采

需要进行一步一步的证明,取而代之的只是说对称令结果显然,这对我影响很大. 我很看重对称,而且几乎在我的每一篇论文中都有基于对称的论证.

R & S:您还能记得蒂茨是怎样发现您的数学才能的吗?

D:这我说不上来,但我认为是 Nijs 先生告诉他的,让他好好照顾我. 在那个时候,在布鲁塞尔大学有 3 位真正活跃的数学家:除了蒂茨本人,还有 Franz Bingen 教授和韦尔布鲁克(Lucien Waelbroeck)教授. 他们每年组织一个主题不同的讨论班. 我参加了这些讨论班,而且了解了不同的课题,如巴拿赫(Banach)代数,这是韦尔布鲁克的专长,以及代数几何学.

我猜测那时他们3人决定这是我该去巴黎的时候了. 蒂茨把我介绍给格罗腾迪克,并且告诉我参加他的和塞尔的讲座. 这是一个极好的建议.

R & S:对于一位门外汉,这有点令人惊奇. 蒂茨对您作为一个数学家感兴趣,人们可能会想他会为了自己的利益而试图留住您. 但他没有?

D:是的. 他看什么对我最好而且依此而行.

9.1.3 代数几何学

R & S:在我们继续谈论您在巴黎的事业之前,也许我们应该向听众解释您的专业代数几何学是什么.

在今年早些时候,当阿贝尔奖宣布时,菲尔兹奖获得者高尔斯(Tim Gowers)不得不向听众解释您的研究课题. 他一开始就承认这对他是一项困难的任务. 难于展示说明这一学科的图片,而且也难于解释它的一些简单的应用. 尽管如此,关于代数几何学是什么,您能试着告诉我们一个想法吗? 也许您会提到把代数学和

代数几何中的 Bézout 定理

几何学相互联系在一起的一些特殊问题.

D:在数学中,当思想的两个不同的框架走到一起时总是非常好的.笛卡儿写到:"几何学是在虚假的图形上进行正确推理的学问.""图形"是复数:有各种各样的观察并知道每种观察错在何处是非常重要的.

在代数几何学中,你既可以使用来自代数学的直观——在这里你可以处理方程,又可以使用来自几何学的直观,在这里你可以画图.如果你画一个圆并且考虑方程 $x^2+y^2=1$,在你的头脑中激起不同的图景,而且你可以试着用一个对比另一个.例如,轮子是一个圆而且一个轮子转动;尤其的是看到在代数学中的相似:x 和 y 的一个代数变换把 $x^2+y^2=1$ 的任意一个解映射到另一个解.描述一个圆的这个方程是二次的.这蕴含着一个圆与一条直线不会有多于两个的交点.你也可以从几何学上来看这个性质,但代数给出的更多.例如,如果有有理方程的直线与圆 $x^2+y^2=1$ 的一个交点有有理坐标,则另一个交点也有有理坐标.

代数几何学有算术应用.当你考虑多项式方程时,在不同的数域你可以用相同的表示.例如,在定义了加法和乘法的有限集上,这些方程引向组合学问题:你要计算解的个数.但是,你可以继续画出相同的图形,在心里记着一种新的方式,其中图形是不真实的,但按照这种方式在考察组合学问题时你可以使用几何直观.

我从未真正地在代数几何学的中心工作.我主要对触及这一领域所有类型的问题感兴趣.但代数几何学触及许多学科!只要多项式出现,人们可以尝试从几何学上思考它;例如在物理学中的费因曼(Feymann)积分,或者当你考虑一个多项式的根式表示的

积分.代数几何学还能对理解多项式方程的整数解有所贡献.你们知道椭圆函数的老故事:为了理解椭圆积分如何作为,几何解释是至关重要的.

R & S:代数几何学是数学的主要领域之一.您会说,至少对于一个初学者,为了学习代数几何学需要比其他数学领域付出更大的努力吗?

D:我认为进入这门学科是困难的,因为必须掌握一些不同的工具.以上同调开始在现在是不可避免的.另一个原因是代数几何学已经相继发展了几个阶段,每个阶段有它自己的语言.首先,意大利学派有些模糊,正如一种声名狼藉的说法所显示的:"在代数几何学中,一个定理的一个反例是对它有用的补充."然后扎里斯基和韦伊把事情建立在一个较好的基础上.后来塞尔和格罗腾迪克给出了一种非常有威力的新语言.用这种概型(scheme)的语言可以表达很多概念;它既覆盖了算术应用,又覆盖了更多的几何方面.但要理解这一语言的威力需要时间.当然,人们需要知道一些基本的定理,但我不认为这是主要的绊脚石.最困难是理解格罗腾迪克创造的这一语言的威力,以及它与我们通常的几何直观的关系.

9.1.4 负笈巴黎

R & S:当您到巴黎时,您与格罗腾迪克和塞尔联系.您能告诉我们您对这两位数学家最初的印象吗?

D:在1964年11月的Bourbaki讨论班期间,蒂茨把我介绍给格罗腾迪克.我着实被吓了一跳.他有些奇怪,一个剃着光头的高个男人.我们握握手,但什么也没做,直到几个月后我到巴黎参加他的讨论班.

这确实是一个不平凡的体验.按照他自己的方式,

代数几何中的 Bézout 定理

他非常率直而且善良. 我记得我参加的第一次讲座. 在讲座中,他多次使用"上同调对象"这一表达. 对于阿贝尔群,我知道上同调是什么,但我不知道"上同调对象"的意义. 在讲座之后,我问他这个表示意味着什么. 我认为许多其他数学家会想到如果你不知道答案,就没有什么要向你说的了. 这全然不是他的反应. 他非常有耐心地告诉我,如果在一个阿贝尔范畴中有一个长的正合列,并且考察一个映射的核,那么用前一个映射的象去除,如此等等. 我很快认识到这在一个不很一般的情形我是知道的. 他对他认为无知的人非常坦率. 我觉得同样愚蠢的问题你不要问他 3 次,但 2 次会平安无事.

我不害怕提问完全愚蠢的问题,而且我保持这个习惯一直到现在. 当参加一次讲座时,我通常坐在听众前排,而且如果有我不理解的某个事情,即使我知道回答是什么我也提问.

我非常幸运,格罗腾迪克要我写出他上一年的一些报告. 他把他的笔记给我. 我学到了很多东西——既有笔记的内容,又有数学写作的方式……这既以一种平凡的方式进行,即应在纸的一边书写,留下一些空白能让他写评注,但他又强调不允许写下任何假的陈述. 这极为困难. 通常要走捷径;例如,不保持记号的踪迹. 这未能让他满意. 东西必须是正确的和精确的. 他告诉我,我编辑的第一稿太简短了,没有足够的细节……不得不完全重做. 这对我很有好处.

塞尔有完全不同的个人特质. 为了理解整个故事,格罗腾迪克喜欢让事情依照它们自然的一般性;喜欢理解整个故事. 塞尔欣赏这一点,但他更喜欢美好的特

第 9 章　代数几何大师的风采

殊情形. 当时他正在法兰西学院(Collège de France)讲关于椭圆曲线的一门课. 在这个主题里, 许多不同的要素走到一起, 包括自守形式. 塞尔具有比格罗腾迪克更宽广的数学素养. 在需要的时候, 格罗腾迪克本人重做每一件事情, 而塞尔则告诉人们在文献中查这或查那. 格罗腾迪克阅读得极少; 他与经典的意大利几何学的接触基本上是通过塞尔和迪厄多内(Dieudonné)进行的. 我相信塞尔一定向他解释过韦伊猜想是什么以及为何它们是有趣的. 塞尔尊敬格罗腾迪克所做的巨大构造, 但这不合他的胃口. 塞尔喜欢有美丽性质的较小的对象, 如模形式, 喜欢理解具体的问题, 如系数之间的同余.

他们的个人特质是非常不同的, 但我认为塞尔和格罗腾迪克的合作是非常重要的, 这个合作能使格罗腾迪克做一些他的工作.

R & S: 您告诉过我们, 为了注重实际, 您需要参加塞尔的讲座?

D: 是的, 因为被卷入到格罗腾迪克的一般性中是危险的. 在我看来, 他从来不发明无成效的一般性, 但塞尔告诉我考察不同的主题对于我是非常重要的.

9.1.5　韦伊猜想

R & S: 您最著名的结果所谓的韦伊猜想中的第3个——而且是最困难的——猜想的证明. 但在谈论您的成就之前, 您能试着解释为何韦伊猜想如此重要吗?

D: 先前关于一维情形中的曲线, 韦伊有几个定理. 有限域上的代数曲线和有理数域之间有许多类似. 在有理数域上. 核心的问题是黎曼假设. 对有限域上的曲线, 韦伊证明了黎曼假设的一个类似假设, 而且他也

代数几何中的 Bézout 定理

曾考察过一些高维的情形. 这是人们开始理解简单的代数簇, 像格拉斯曼 (Grassmann) 簇的上同调的地方. 他看到对有限域上对象的点的计数反映了在复数域上发生了什么以及复数域上相关空间的形状.

正如韦伊对它的考察, 在韦伊猜想中隐藏着两个故事. 第一个, 为何在明显的组合学问题和复数域上的几何学问题之间应当存在一个关系. 第二个, 黎曼假设的类似假设是什么? 两类应用来自于这些类似. 第一类始于韦伊本人: 对一些算术函数的估计. 对于我, 它们不是最重要的. 格罗滕迪克形式主义的构造解释了为何在复数域上的故事应该有一个关系, 在那里人们能利用拓扑学, 而组合学的故事更为重要.

其次, 有限域上的代数簇允许一个典范自同态 (canonical endomorphism), 即弗罗贝尼乌斯 (Frobenius) 自同态. 它可以视为一个对称, 这个对称使得整个情形非常严密. 然后, 人们可以把这个信息传回到复数域上的几何世界, 这就在经典的代数几何学中产生了一些限制, 而这被应用于表示论和自守形式论中. 存在这样一些应用在一开始并不是显然的, 但对于我它们是韦伊猜想为何重要的理由.

R & S: 格罗滕迪克曾有个证明最后一个韦伊猜想的纲领, 但它没有奏效. 您的证明是不同的. 您能评论这个纲领吗? 对您证明韦伊猜想, 它有影响吗?

D: 没有. 我认为在某种意义上, 格罗滕迪克的纲领是找到证明的一个障碍, 因为它使人们只是在一个特定的方向上思考. 如果假定遵从这个纲领有人能做出证明, 那将会更令人满意, 因为它还会解释其他一些有趣的事情. 但整个纲领依赖于在代数簇上找到足够

第9章 代数几何大师的风采

多的代数闭链(algebraic cycles);而在这个问题上自20世纪70年代以来没有取得本质性的进展.

我用了完全不同的想法.这个想法受到兰金(Rankin)的工作和他关于自守形式工作的启发.它仍有一些应用,但并没有实现格罗腾迪克的梦想.

R & S:我们听说格罗腾迪克对韦伊猜想被证明感到高兴,当然,他仍有些失望吧?

D:是的.而且他有非常好的理由.如果他的纲领实现了,那将会好得多.他不认为会有其他方式攻克它.当他听到我已经证明了它,他觉得我一定做了这做了那,而我没有.我认为这就是他失望的理由.

R & S:您一定要告诉我们当塞尔听说这个证明时的反应.

D:在我还没有一个完整的证明,但一个验证的情形是清楚的时候,我给他写了一封信.我相信恰在他去医院手术治疗撕裂肌腱之前收到了它.后来他告诉我,他以乐观的状态进入手术室,因为现在他知道证明差不多被做出了.

R & S:几位著名的数学家称您对最后一个韦伊猜想的证明是一个奇迹.您能描述您是怎样得到导致证明的那些想法吗?

D:我是幸运的,在我研究韦伊猜想的时候我有我所需要的所有工具,同时我认为这些工具会达到目的.此后证明的一些部分被 Gérard Laumon 简化,而且这些工具中的一些不再需要了.

在那时,格罗腾迪克有把来自20世纪20年代莱夫谢茨关于一个代数簇的超平面截面族的工作纳入到一个纯粹的代数框架的想法.尤为有趣的是莱夫谢茨的一个陈述,后来被霍奇证明,即所谓困难的莱夫谢茨定理. 莱夫谢茨的研究方法是拓扑的. 与人们可能认为的形成对照,如果一个论证是拓扑的,与它们是解析的——如霍奇给出的证明——相比,存在更好的机会把它们翻译成抽象的代数几何学语言. 格罗腾迪克要求我去查看莱夫谢茨在 1924 年出版的书《位置分析和代数几何学》(L'analysis Situs[①]et la géométrie algébrique). 这是一本出色的,非常直观的书,而且它包含了我所需要的工具中的一些.

我还对自守形式感兴趣. 我想关于 Robert Rankin 做出的估计是塞尔告诉我的. 我仔细地审视它. 对某些相关的 L - 函数,兰金通过证明在应用兰道(Landau)的一些结果时所需要的一些结果而得到了模形式系数的一些非平凡的估计,在兰道的结果中,一个 L - 函数极点的位置给出了局部因子(the local factors)极点的信息. 因为掌握了格罗腾迪克关于极点的工作,我看到,依照复杂性小得多的方式——仅用了平方和是正的这一事实,同样的工具就可以在这里应用. 这就够了. 理解极点要比零点容易得多,而且有可能应用兰金的想法.

在我的研究中用到了所有这些工具,但我说不出来我是怎样把它们放在一起的.

9.1.6 后续工作略述

R & S:母题(motive[②])是什么?

D:关于代数簇的一个惊人的事实是,它们给出的

[①] Analysis Situs 是拓扑学的旧称. ——译注
[②] 术语 motive 尚未有中文定名. 暂且音译. ——校注

不是一个，而是许多上同调理论．其中有 l - 进（l - adic）理论，对于特征不同的每个素数 l 有一个理论，以及特征零，此时是代数德拉姆（de Rham）上同调．似乎这些理论中的每一个按照不同的语言在一次又一次地讲同一个故事．根据母题的哲学，应该存在一个普遍的（universal）上同调理论，其取值在一个有待定义的母题范畴，而所有这些理论都能由该普遍的上同调理论导出．对于一个射影非奇异簇的第一上同调群，皮卡簇起着母题 H^1 的作用：皮卡簇是一个阿贝尔簇，而且从它能导出现存的所有的上同调理论中的 H^1．按照这种方式，阿贝尔簇（可相差同源（isogeny））是母题的一个原型．

格罗腾迪克的一个关键想法是不要去努力定义母题是什么，而是应当努力定义母题的范畴．如 Hom 群是有有限维有理向量空间的一个阿贝尔范畴．决定性的是，它应该允许一个张量积，这是叙述有母题范畴值的普遍上同调理论的屈内特（Künneth）定理所需要的．如果仅考虑射影非奇异簇的上同调，人们会推荐纯母题．格罗腾迪克提出了纯母题范畴的一个定义，而且证明了如果这样定义的范畴有一些类似于霍奇结构范畴的性质，则将得到韦伊猜想．

为了所提出的定义是切实可行的，需要"足够多"代数闭链的存在．在这个问题上，迄今几乎没有取得任何进展．

R & S：您的其他结果怎样？在证明韦伊猜想之后您做出的结果中哪一个您尤其喜欢？

D：我喜欢我构造的复代数簇上同调上所谓的混合 Hodge 结构．究其来源，母题的哲学起了至关重要的作用,即使母题没有出现在最终的结果中. 这一哲学提示,在一个上同调理论中无论能做什么事情,在其他理论中找一个对应物是值得的. 对于射影非奇异簇,伽罗瓦作用(action)所起的作用类似于霍奇分解在复情形所起的作用. 例如,用霍奇分解表达的霍奇猜想有一个对应物,即用伽罗瓦作用表达的泰特(Tate)猜想. 在 l – 进的情形,对于奇异或非紧的簇,上同调和伽罗瓦作用仍被定义.

这迫使我们问:在复情形中的类似是什么? l – 进上同调中一个递增滤过(filtration)——权(weight)滤过 W 的存在性给出了一个线索,对权滤过,第 i 个商 W_i/W_{i-1} 是一个射影非奇异簇上同调的子商(subquotient). 因此,我们期望在复情形,一个滤过 W 使得第 i 个商有一个权为 i 的霍奇分解. 来自格里菲思(Griffiths)和格罗腾迪克的工作的另一个线索,是霍奇滤过比霍奇分解更重要. 这两个线索逼出了混合霍奇结构的定义,暗示它们形成一个阿贝尔范畴,并且还暗示怎样构造它们.

R & S:朗兰兹纲领怎样? 您与它有关系吗?

D:对它我很感兴趣,但我的贡献很少. 我只在两个变数的线性群 $GL(2)$ 上曾做过一些工作. 我努力去理解事情. 近来,韦伊猜想的一个遥远的应用出现在所谓的基本引理(the fundamental lemma)的吴宝珠(指 2010 年菲尔兹奖得主吴宝珠(Bao Châu Ngô)——校注)的证明中. 我本人没做过多少工作,尽管我对朗兰兹纲领有许多兴趣.

9.1.7　法国,美国和俄罗斯的数学

R & S:您曾经告诉我们您主要工作过的两个机

第9章 代数几何大师的风采

构,即巴黎的高等科学研究院和 1984 年之后的普林斯顿高等研究院. 我们有兴趣听到您离开 IHÉS 并移居普林斯顿的动机. 此外,我们有兴趣听到联合这两个机构的是什么以及它们有何不同的您的看法.

D:我离开的理由之一是,我不认为一个人在同一个地方终其一生是好的. 某种变化是重要的. 我希望与哈里希 - 钱德拉(Harish-Chandra)有一些接触,他在表示论和自守形式上做过一些美妙的工作. 这是朗兰兹纲领的一部分,对此我很感兴趣,不幸的是在我到达普林斯顿之前不久哈里希 - 钱德拉去世了.

另一个原因是在布雷斯(Bures)的 IHÉS,我勉强自己每年关于一个新的主题举办一个讨论班. 这变得有点多了. 我其实不能既举办讨论班,又把讨论的内容写下来,因此当我来到普林斯顿之后我没有以同样的义务勉强自己. 这些就是我离开 IHÉS 到普林斯顿的 IAS 的主要原因.

至于这两个机构之间的差异,我说普林斯顿高等研究院更早,更大且更稳定. 在有许多年轻的访问者到来这方面,两者非常相似. 因此它们不是你能睡大觉的地方,因为你总是与年轻人接触,他们会告诉你,你并非像你认为的那么好.

在这两个地方都有物理学家,但我认为对于我与他们的接触在普林斯顿比在布雷斯更有成效. 在普林斯顿有公共的讨论班. 有一年非常紧张,既有数学家又有物理学家参加. 这主要是由于威顿(Edward Witten)的到场. 尽管他是物理学家,他也得到了菲尔兹奖. 当威顿问我问题,努力去回答它们总是非常有趣的,但也可能受挫.

代数几何中的 Bézout 定理

普林斯顿高等研究院不仅有数学和物理学,还有历史学部(the School of Historical Studies)和社会科学部(the School of Social Sciences),在这个意义上它更大. 与这些部门不存在真正科学上的相互作用,但能去听关于如古代中国的讲座是令人愉快的. 布雷斯有的而普林斯顿没有的如下: 在布雷斯,咖啡馆太小. 因此你只能坐在能坐的地方,而不能选择他人与你坐在一起. 我经常挨着一位分析学家或者一位物理学家而坐,而且这样随机的非正式互动是非常有用的. 在普林斯顿,有一张桌子是数学家们用的,另一张桌子是天文学家们,普通的物理学家们及其他人用的. 如果你坐错了桌子,没人会要求你离开,但仍然存在隔离.

普林斯顿高等研究院有一笔大的捐款,而 IHÉS 没有,至少当我离开的时候是这样. 这不影响学术生活. 有时它产生不稳定,但管理者通常有能力让我们避开艰难.

R & S: 除了您与法国数学和美国数学的联系,您还长期与俄罗斯数学密切接触. 事实上,您的太太是一位俄罗斯数学家的女儿. 您与俄罗斯数学发展的联系是怎样的?

D: 格罗腾迪克或塞尔告诉那时在莫斯科的马宁(Manin),说我做了一些有趣的工作. 苏联科学院邀请我参加为维诺格拉多夫(I. M. Vinogradov)召开的一个大会,顺便提一句,维诺格拉多夫是可怕的反犹太主义者. 我来到俄罗斯,发现了一种优美的数学文化.

我们会去某个人的家里,坐在厨房的桌旁拿着一杯茶讨论数学. 我爱上了这种气氛和对数学的这种热情. 此外,俄罗斯的数学那时是世界上最好的之一. 今

第9章 代数几何大师的风采

天在俄罗斯仍然有好的数学家,但有着灾难性的移民.再者,在那些想留下的人中,许多人需要至少有一半时间在国外,只是为了生计.

R & S:您提到维诺格拉多夫和他的反犹太主义.您与某人交谈并问他是否被邀请?

D:这个人是沙皮罗(Piatetskii-Shapiro). 我完全不知情. 我曾和他有过长时间的讨论. 对于我,像他这样的人应该被维诺格拉多夫邀请是显然的,但有人向我解释事情不是这样的.

在这样介绍俄罗斯数学之后,对在莫斯科以及与 Yuri Manin,伯恩斯坦(Sergey Bernstein)的交谈,或者在盖尔范德(Gelfand)讨论班的美好记忆我仍有些怀念. 在俄罗斯的大学和中等教育(the secondary education)之间曾有过一种强的联系,这种传统现在仍然存在. 像柯尔莫戈洛夫(Andrey Kolmogorov)这样的人对中等教育有很大的兴趣(也许不总是为了最好的学生).

他们还有数学奥林匹克的传统,而且他们非常善于在早期发现在数学上有前途的人,以便帮助他们. 讨论班的文化处于危险之中,因为讨论班的组织者在莫斯科全职工作是重要的,而现在不总是这个样子. 我认为保持现存的一种整体文化是重要的. 这就是为何我用巴尔扎恩奖的一半努力去帮助年轻的俄罗斯数学家的原因.

R & S:这就是您安排的一场竞赛.

D:是的. 这个体制从顶层破裂了,因为没钱留住人才,但其基础设施是如此之好,以致该体制还能继续产生非常好的年轻数学家. 人们必须努力帮助他们,而且使他们更长时间留在俄罗斯成为可能,并因此能延续这一传统.

9.1.8 数学中的竞争与合作

R & S:有些科学家和数学家极受成为第一个做出大发现这一目标的驱动.似乎这不是您的主要驱动力?

D:是的.我对此一点也不关心.

R & S:对这一文化您有一些总体评价吗?

D:对于格罗腾迪克,这很清楚:他有一次告诉我数学不是一项竞技运动.数学家是不同的,有些数学家想成为第一人,尤其是如果他们在做非常特别而且困难的问题.对于我,更重要的是创造工具并理解普遍的图景.我认为数学更多的是长期的一项集体事业.与物理学和生物学中发生的事情相比,数学文章有漫长而且有用处的生命.例如,利用文献引用对人的自动评估在数学上尤其不合理,因为这些评估方法只统计最近3年或5年所发表的论文.在我的一篇典型的论文中,我认为所引用的论文中至少有一半是二三十年前的.有些甚至是200年前的.

R & S:您喜欢给其他数学家写信?

D:是的.写一篇论文要花很多时间.写论文是非常有用的,把每件事情按照正确的方式糅合在一起,这样做让论文的作者学到很多,但也有些艰难.因此在开始形成想法时,我发现写一封信是非常适宜的.我把信发出,但这往往是写给我自己的信.因为对收信人所知道的事情我不必细述,简单点就行了.有时一封信,或者它的副本,会在抽屉里待上几年,但它保存了想法,而且当我最终写一篇论文时,它被用作蓝图.

R & S:当您给某个人写了一封信,而且这个人有另外的想法,结果将是一篇合写的论文?

D:这会发生. 我的论文中相当多的是我一个人单独写的,也有一些是与有相同想法的人合写的. 合写一篇论文比必须知道谁做了什么更好. 有少数真正合作的情形,即不同的人带来了不同的直观. 与 George Lusztig 的合作就是如此. Lusztig 对群表示怎样用 $l-$进上同调有完整的想法,但他不知道这个技术. 我知道 $l-$进上同调的技术方面,而且我可以给他他所需要的工具. 这是真正的合作.

与 Morgan, Griffiths 和沙利文(Sullivan)的合写论文也是一次真正的合作.

与伯恩斯坦,Beilinson 和 Gabber 合写的也是如此,我们把不同的理解糅合在一起.

9.1.9 工作方式,图景甚至梦想

R & S:您的简历显示您没有教过有许多学生的大班. 因此,在某种意义上,您是在数学上全时投入的少数研究者之一.

D:是的. 我觉得我处于这种状况是非常幸运的. 我从未必须讲课. 我非常喜欢与人交谈. 在我工作过的两个机构,年轻人会来与我交谈. 有时我回答他们的问题,但更多的是我反问他们问题,这有时也是非常有趣的. 因而这种一对一的教学方式会给出有用的信息,并且在过程中学习,这对我很重要.

我觉得教不感兴趣但为了做别的事情需要学分而被迫学习数学的人,一定是很痛苦的. 我认为这令人反感.

R & S:您数学工作的风格怎样? 您是常常被例

子,特殊的问题和计算指引呢,或是您只是观察数学全景并且寻找关联呢?

D:首先,关于什么应当是正确的,什么应当是可达的,以及什么工具能被使用,我需要得到一个总的图景.当我阅读论文时,我通常不记忆证明的细节,而记忆用了哪些工具.为了不去做完全无用的工作,能够猜测什么是正确的和什么是错误的是重要的.我不去记忆已被证明的陈述,我宁可努力在我的头脑中保存一组图景.多于一个图景,都是虚假的但方式不同,而且知道按照哪种方式它们是虚假的.对于一些主题,如果图景告诉我某件事情是真的,我认为这是理所当然的,而且以后会回到这个问题.

R & S:对于这些非常抽象的对象,您有何种图景?

D:有时这是非常简单的事情!例如,假设我有一个代数簇和一些超平面截面,并且我想通过考察一束超平面截面来理解它们是怎样相关的.这个图景是非常简单的.我在我的头脑中画出类似于平面上的一个圆那样的东西和扫过它的一条移动的线.然后,我就知道这个图景怎样是虚假的:簇不是一维的而是高维的,并且当超平面截面退化时,不是仅有两个交点汇合在一起.局部的图景复杂些,像一个变成二次锥面的圆锥曲线.这些简单的图景糅合在一起.

当我有从一个空间到另一个空间的一个映射,我可以研究它的性质.然后图景能令我信服它是一个光滑映射,除了有一组图景外,我还有一组简单的反例和陈述——我希望为真的——必须经过图景和反例的检验.

第 9 章　代数几何大师的风采

R＆S:因此您更多的是以几何图形而不是代数地思考?

D:是的.

R＆S:有些数学家说,好的猜想,或者甚至好的梦想,至少与好的定理一样重要.您同意吗?

D:完全同意.例如,已经创造了许多工作的韦伊猜想.这个猜想的一部分是对于有某些性质的代数系统,一个上同调理论的存在性.这是一个含糊的问题,但它也是个恰当的问题.为了真正掌握它花费了 20 年,甚至稍多一点的时间.另一个例子是朗兰兹纲领的梦想,50 多年来它涉及了很多人,现在我们对正发生的情况才有稍好的掌握.

另一个例子是格罗腾迪克的母题的哲学,关于它被证明的很少.有一些它的变体关注其要素.有时,这样的一个变体可以用于做出实际的证明,但更多的时候这一哲学被用于猜测发生了什么,然后试图以另一种方式证明它.这些是梦想或猜想比特殊的定理重要得多的例子.

R＆S:"庞加莱时刻"是对长时间钻研的一个问题,在一瞬间看到了它的解.在您事业的某个时候,您有过一次庞加莱时刻吗?

D:我曾经最接近这样一个时刻的一定是在钻研韦伊猜想时,那是我利用兰金与格罗腾迪克相反的想法相信存在一条路径.在这之后和它真正奏效之前花了几个星期,所以这是一个相当缓慢的发展.也许对混合霍奇结构的定义也是如此,但在这一情形也是一个进展的过程.因此这不是在一瞬间得到的一个完全解.

R＆S:当您回看 50 年的数学研究,您的工作和工作方式在这些年有怎样的改变？您现在工作与您早年一样毫不松懈吗？

D：在能尽可能长时间地或高强度的工作的意义上，我现在不像早些时候那样强．我认为我失去了一些想象力，但我有更多的技巧，在一定程度上这些技巧能作为一种替代．还有我与许多人联系这一事实，这给予我获得我自己所缺乏一些想象的机会．因此，当我所拥有的技巧起作用，所做的工作会是有用的，但我与 30 岁时已不一样了．

R＆S：您从普林斯顿高等研究院教授的位置上退休相当早……

D：是的，但这纯粹是形式．这意味着我领退休金而不是一份薪金；而且学部会议不会选你做下一年的访问教授(member)．就是这样，它给了我更多的时间去做数学．

9.1.10 对未来的希望

R＆S：当您审视代数几何学，数论和深得您心的那些领域的发展时，有什么问题或领域您愿意在近来看到其进展？据您看，尤其重要的将是什么？

D：无论 10 年以内能否达到，我毫无想法；至于应该是……但我非常希望看到我们对母题的理解上的进展．采取哪条路径和正确的问题是什么，还很渺茫．格罗腾迪克的纲领依赖于证明有某种性质的代数闭链的存在性．对于我这看起来毫无希望．但也可能我错了．

我真正想看到一些进展的其他类型的问题与朗兰兹纲领有联系，但这是一个很长的故事……

不过在另一个方向，物理学家经常得到出人意料的猜想，但大多使用了完全非法的工具．可到目前为

第 9 章 代数几何大师的风采

止,无论什么时候他们做出一个预测,例如在某个曲面上的有特定性质的曲线数目的数值预测——这些是大数,也许以百万计——他们是对的!有时数学家先前的计算与物理学家预测的不符,但物理学家是对的.他们曾经明确指出过一些真正有趣的东西,但是到目前为止,我们没有能力捕捉他们的直观.有时他们做出一个预测,而我们却给出一个没有真正理解的非常笨拙的证明.它应该不是这样,在一个讨论班项目中,我们曾与在 IAS 的物理学家在一起,我希望不依赖 Ed[①]-Witten,取而代之的我自己能够做出猜想.我失败了!对他们能那样做的图景我理解不够,因此我不得不仍然依赖 Witten 告诉我什么应当是有趣的.

R & S:霍奇猜想怎样?

D:对于我,它是母题的故事的一部分,并且它的正确与否不是至关重要的.如果它是正确的,这很好,而且它以一种合理的方式解决了一大部分构造母题的问题.如果人们能找到闭链的另一个纯代数概念,对于它霍奇猜想的类似猜想成立,而且有一些候选者,那么这将被用于同样的目的,而且假如霍奇猜想被证明了,我会很高兴.对于我,是母题,不是霍奇猜想,是至关重要的.

9.1.11 个人兴趣——以及一则老故事

R & S:我们有在结束采访时问数学之外问题的习惯.您能告诉我们一点您的专业之外的个人兴趣吗?例如,我们知道您对大自然和园艺感兴趣.

D:这些是我的主要兴趣.我发现地球和大自然是

---

① Edward 的爱称.——译注

如此的美丽. 我不喜欢只是去到一个景点并看一下. 如果你真的想要欣赏一座山的景色, 你必须徒步登山. 类似地, 为了看大自然, 你必须步行. 正如在数学中, 为了在大自然中获得快乐——大自然是快乐的美妙源泉——数学家必须得做些工作.

我喜欢骑自行车, 因为这是能环顾四周的另一种方式. 当距离有些远不适于步行时, 这是欣赏大自然的另一种方式.

R & S: 我们听说您还建造了冰屋?

D: 是的. 不幸的是, 每年没有足够的雪, 即使有, 雪也会捉弄人. 如果雪粒太细了, 就什么也做不成; 同样, 如果雪粒太硬成冰也不行. 因此每年也许仅有一天, 或者几个小时, 才有可能建造冰屋, 而且还得乐意把雪拍实并把构件垒在一起.

R & S: 然后您睡在冰屋里?

D: 当然, 之后我睡在冰屋里.

R & S: 您一定要告诉我们当您是小孩时发生了什么.

D: 没问题. 我在比利时的海边过圣诞节, 那里有很多雪. 我的哥哥和姐姐, 他们比我大得多, 有建造一座冰屋的好主意. 我有点碍事. 但之后他们认为我在一件事情上可能是有用的: 如果他们抓住我的双手和双脚, 我能被用于把雪压实.

R & S: 非常感谢您同意我们这次采访. 感谢也来自我们所代表的挪威数学会, 丹麦数学会和欧洲数学会. 非常感谢您!

D: 谢谢你们.

编注　有关阿贝尔奖更多信息, 请参阅阿贝尔奖官方网站 http://www.abelprize.no/.

第 9 章　代数几何大师的风采

9.2　亚历山大·格罗腾迪克之数学人生[①]

> 天下莫柔弱于水,
> 而攻坚强者莫之能胜,
> 以其无以易之.
>
> ——老子:《道德经》

9.2.1　引言

我们将要讲述的是亚历山大·格罗腾迪克的故事,一个以其在泛函分析和代数几何中近 20 年来的工作改变了数学的人. 去年(2003 年)他已经 75 岁了.

本文写于 2004 年 4 月,基于作者的两个演讲:第 1 个是在由 M. Kordos(2003 年 8 月)组织的"概念数学会议"上的讲话,第 2 个是 2004 年 1 月在巴拿赫中心由作者本人组织的 Impanga[②] 会议(Hommage à Grothendieck)上的演讲. 本文的目的是使波兰数学家对格罗腾迪克工作的基本思想有一个更好的了解.

格罗腾迪克 1928 年出生在柏林. 他的父亲 Alexander Shapiro(1890—1942)是来自 Hasidic 城(位于现今的俄罗斯、乌克兰和白俄罗斯的边界)的犹太人. 他是一个政治活动家(一个无政府主义者),他参加了 1905~1939 年间欧洲的所有主要革命. 在 1920 年代

[①]　作者 Piotr Pragacz. 原题:The Life and Work of Alexander 格罗腾迪克. 译自:The Amer. Math. Monthly, Vol. 113(2006), No. 9, p. 831-846. 孙笑涛,译. 段海豹,校.

[②]　Impanga 是波兰科学院数学研究所代数几何组的缩写. ——原注

代数几何中的 Bézout 定理

和 1930 年代,他大部分时间生活在德国,积极参加反对纳粹的左翼运动,以街头照相为生. 在德国,他遇到了 Hanka Grothendieck,她是汉堡本地人(Grothendieck 是带有德国北方口音"大堤"的意思). Hanka Grothendieck 有时从事记者工作,但她的真正兴趣是写作. 1928 年 3 月 28 日,Hanka Grothendieck 生下了她的儿子.

在 1928~1933 年,亚历山大在柏林和父母一起生活. 希特勒掌权后,父母移民去了法国,而亚历山大留在汉堡的一个寄养家庭中生活了 5 年. 在那里他读了小学,然后又进入了一个大学预科. 1939 年他回到了在法国的父母身边. 不久,他的父亲被送进了位于 Vernet 的集中营,然后 Vichy 当局将他交给了纳粹. 1942 年亚历山大的父亲死于 Auschwitz 集中营.

Hanka 和亚历山大在法国被占领时期幸免于难,但也几经磨难. 在 1940 年和 1942 年期间,他们作为"危险的外国人"被关押在法国南部 Mende 附近的 Rieucros 集中营. 之后,Hanka 被送到位于 Pyrenees 的 Gurs 集中营. 而亚历山大则在一个称为 Cévenol 学院的公立大学预科学校读书. 该学校位于马赛(Massive)南部的一个叫 Chambonsur-Lignon 的地方,是由当地新教徒所办. 他们帮助了很多生活受第二次世界大战威胁的小孩在法国被占领期间生存下来.

在这段时期,亚历山大已经表现出了与众不同的天赋. 他对自己提出了如下的问题:如何精确测量曲线的长度,平面图形的面积和立体图形的体积? 在 Montpellier 大学学习期间(1945~1948),他继续试图回答这些问题,并得到了相当于测度论和 Lebesgue 积

第 9 章 代数几何大师的风采

分的结果①. J·迪厄多内在[D]②中写道:当格罗腾迪克在 Montpellier 大学学习时,它并不是一个学习伟大数学问题的合适地方……1948 年秋,格罗腾迪克去了巴黎,在著名的高等师范学校当了一年旁听生. 法国数学界的精英大部分毕业于巴黎高等师范学校. 特别是,格罗腾迪克参加了 H. Cartan 传奇式的讨论班,那一年主要讨论代数拓扑问题.(有关格罗腾迪克在此期间的生活,他的父母和当时法国的更多信息可参见[C2])

9.2.2 泛函分析时期

但是格罗腾迪克当时的兴趣开始专注于泛函分析. 听从 Cartan 的意见,他于 1949 年 10 月去了 Nancy,加入了迪厄多内,L. Schwartz 等人的泛函分析研究. 当时,迪厄多内和 L. Schwartz 等人有一个讨论班专注于研究 Fréchet 空间和它们的正向极限,碰到了几个不能解决的问题. 于是,他们建议格罗腾迪克研究这些问题,他照办了,并且得到了超出他们预期的结果. 在不到一年的时间里,格罗腾迪克通过巧妙的构造解决了这些问题. 当他申请博士学位时,他手中已有 6 个版本,每一个都是一篇令人印象深刻的博士论文. 他博士论文的题目是:拓扑张量积和核空间(Produits tensoriels topologiques et espaces nucléaires). 他把该文献给自己的母亲③ " Hanka Grothendieck in Verehrung und

---

① 我将这个故事献给读我文章的老师,注意提重要的、自然的数学问题的学生,他们将是未来的"数学哥伦布". ——原注

② 此处的文献均在原文中,此处仅是摘录,但为保持文字的完整未作删除. ——编校注

③ 格罗腾迪克非常依恋他母亲,他和母亲之间说德语. 他母亲写诗和小说,其最为人知的是她的自传体小说《一个妇人》. ——原注

代数几何中的 Bézout 定理

Dankburkeit gewidmet"(献给 Hanka Grothendieck 以表达我的崇敬和感谢). 该文 1953 年最后定稿,1955 年发表于 Memoirs of the American Mathematical Society[18]. 该博士论文被认为是第二次世界大战后泛函分析最重要的事件之一[①].

在 1950~1955 年,格罗腾迪克集中地研究泛函分析. 在他开始的文章中(写于 22 岁),他提出了许多关于局部凸线性拓扑空间结构的问题,特别是完备的线性度量空间,其中有些与线性偏微分方程理论及解析函数空间有关. Schwartz 的核(kernel)定理促使格罗腾迪克挑选出一类称之为核空间(nuclear spaces)[②]的空间. 粗略地说,核定理断言分布(distribution)空间上"相当多的"算子它们自己就是分布. 格罗腾迪克把这个事实抽象地表述为适当的内射张量积和投射张量积的一个同构. 与引入核空间相关联的一个基本困难是核的两种解释:作为张量积的元素和作为线性算子的等同问题(在有限维空间存在矩阵与线性变换之间的完全对应). 该问题引出了所谓的逼近定理(首先在 S·巴拿赫的著名专著[B]中以某种形式出现),它的深入研究占了格罗腾迪克博士论文(红皮书)的相当一部分. 格罗腾迪克发现了许多漂亮的等价性(某些方向已为 S·巴拿赫和 S. Mazur 所知):他证明了逼近问题和苏格兰人书[Ma]中 Mazur 的问题 153 等价. 对于自反(reflexive)空间,他证明了逼近的性质和所谓

---

① 它以"格罗腾迪克的小红书"而为人知.——原注

② 格罗腾迪克一生都是一个积极的和平主义者,他认为"核"应当只用作抽象数学的概念. 越战期间,当美国飞行员轰炸河内时,他在围绕该城市的一个森林里讲授范畴论.——原注

逼近的度量性质等价. 核空间也和 Dvoretzky-Rogers 1950 的定理有关联(该定理解决了[Ma]中的问题 122):在每一个无限维巴拿赫空间中,存在一个无条件收敛的序列,它不是绝对收敛的. 格罗滕迪克证明了:核空间中序列的无条件收敛与绝对收敛等价(参见[Ma]中问题 122 和评论). 核空间具有十分重要意义的原因之一是几乎所有分析中出现的非巴拿赫局部凸空间是核空间. 尤其是光滑函数,分布,全纯函数等自然拓扑空间的核性(nuclearity)许多是由格罗滕迪克建立的.

那本红色小册子(指格罗滕迪克的博士论文)中的另一个重要结果是核空间积的定义等价于如下对象的反向极限:具有态射为核(nuclear)或绝对求和(summing)算子(格罗滕迪克称之为左半可积)的巴拿赫空间. 对各类算子的研究(格罗滕迪克是第一个采用范畴论精神函子性地定义算子的人),使他得到了一系列推动现代巴拿赫空间局部理论的深刻结果. 这些结果形成两篇重要文章[22],[26]发表在 Bol. Soc Mat. São Paulo,他当时(1953~1955)正在这个城市停留. 在这些文章中,他证明了从测度空间到希尔伯特空间的算子是绝对求和的(一个解析等价形式就是格罗滕迪克不等式),他还提出了凸域理论中心问题的猜想(1959 年被 A. Dvoretzky 证明). 在这些文章中提出的许多非常困难的问题后来被下列数学家解决:P. Enflo(1972)否定回答逼近问题,B. Maurey,G. Pisier,J. Taskinen("拓扑问题",处理张量积中的有界集),U. Haagerup(C^*-代数中格罗滕迪克不等式的非交换形式),和菲尔兹奖获得者 J. Bourgain. 这些数学家的工作又间接地影响了 T. Gowers 获得的结果,另一个"巴拿赫‐型"菲尔兹奖获得者. 格罗腾迪克在泛函分析中提出的所有问题仅有一个还未解决[PB,8.5.19].

总结一下,格罗腾迪克对泛函分析的贡献包括:核空间,拓扑张量积,格罗腾迪克不等式及其与绝对求和算子的关系,和许多其他分散的结果①.

我们注意到 A. Pelczyński 和 J. Lindenstrauss 关于绝对求和算子的也许是最为人知的文章[LP]是基于格罗腾迪克(非常难读)的文章[22]. 格罗腾迪克的思想进入巴拿赫空间理论很大程度上应归功于这篇文章.

9.2.3 同调代数和代数几何

1955 年,格罗腾迪克的兴趣转向同调代数. 当时,由于 H. Cartan 和 S. Eilenberg 的文章,同调代数作为代数拓扑的有力工具正兴旺发达. 1955 年在 Kansas 大学逗留期间,格罗腾迪克发展了阿贝尔范畴的公理化理论. 他的主要结果说:模层(sheaves of modules)形成一个有足够多内射对象的阿贝尔范畴,从而可以定义层的上同调而不必限制层的种类和基空间的种类(该理论发表于日本期刊 Tôhoku,[28]).

格罗腾迪克有兴趣的下一个领域是代数几何. 这方面,他与谢瓦莱和塞尔的交往对他影响深远. 格罗腾迪克把谢瓦莱看成私人朋友,接下来的几年他参加了谢瓦莱在高等师范学校著名的讨论班并给了几个关于代数群和相交理论的演讲[81]~[86],至于塞尔,他有广博的代数几何知识,格罗腾迪克把他当成一个相

---

① 关于格罗腾迪克对泛函分析的贡献主要来自[P]. ——原注

关信息取之不尽的源泉,不停地提出问题(最近,法国数学会发表了这两位数学家之间通信的一个内容充实的选录,从这本书人们可以学到比从很多专题文章更多的代数几何).塞尔建立代数几何中层和上同调基础的文章[S1]对格罗腾迪克有深远影响.

格罗腾迪克在代数几何方面早期的结果之一是黎曼球上全纯向量丛的分类[25]:每一个全纯向量丛是线丛的直和.该文章发表一段时间后,才发现该结果早已为一些数学家,如 G. Brikhoff,希尔伯特,戴德金和 H. Weber(1892),以不同的形式所知道.这一故事说明两点:格罗腾迪克对什么是重要数学问题的直觉理解和对经典数学文献了解的不足.事实上,格罗腾迪克决不是一个书虫——他更喜欢通过与同事数学家交谈学习数学.尽管这样,格罗腾迪克的文章开启了射影空间(和其他簇)上向量丛的系统研究和分类.

在 1956~1970 年,格罗腾迪克一直研究代数几何.在开始阶段,他的首要目标是将(关于簇)的"绝对"定理转化为(关于态射)的"相对"定理.下面是一个"绝对"定理的例子[①]:

如果 X 是一个完全(比如,射影的)簇,$\mathscr{F}$ 是 X 上的一个连贯层(比如,向量丛的截面层),则
$$\dim H^i(X,\mathscr{F}) < \infty$$
该结果的"相对"形式如下:

如果 f:X→Y 是一个完全态射(比如,两个射影簇之间的态射),$\mathscr{F}$ 是 X 上的一个连贯层(cohereut

---

[①] 接下来我将使用代数几何中的标准概念和术语[H].除非额外说明,簇是复代数簇,上同调群的系数域是有理数域.——原注

sheaf），则 $\mathscr{R}^i f_* \mathscr{F}$ 是 Y 上的连贯层.

这段时间，格罗腾迪克的主要成就是关于"相对" Hirzebruch-Riemann-Roch 定理. 推动此项研究最原始的问题可以表述如下：在一个光滑连通射影簇 X 上，给定一个向量丛 E，计算 E 的整体截面空间的维数 $\dim H^0(X, E)$. 塞尔老练的直觉告诉他，这个问题需要通过引入高阶上同调群来重新表述. 特别是，塞尔提出如下的假设：整数

$$\sum (-1)^i \dim H^i(X, E)$$

一定可以用 X 和 E 的拓扑不变量表示. 当然，塞尔的出发点是重新表述曲线 X 上的经典 Riemann-Roch 定理：对于由除子 D 确定的线丛 $\mathfrak{L}(D)$，我们有

$$\dim H^0(X, \mathfrak{L}(D)) - \dim H^1(X, \mathfrak{L}(D)) =$$
$$\deg D + \frac{1}{2}\chi(X) \qquad (1)$$

（关于曲面类似的公式当时也已经知道）.

这一（塞尔的）猜想在 1953 年由 F. Hirzebruch 证明，他受到了 J. A. Todd 早期创造性计算的影响. 下面是 Hirzebruch 发现的关于 n 维簇的公式

$$\sum (-1)^i \dim H^i(X, E) = \deg(\mathrm{ch}(E) \mathrm{td}(X))_{2n}$$

此处，$(-)_{2n}$ 表示一个元素在上同调环 $H^*(X)$ 中 $2n$ 次的齐次部分，而

$$\mathrm{ch}(E) = \sum \mathrm{e}^{a_i}, \quad \mathrm{td}(X) = \prod \frac{x_j}{1 - \mathrm{e}^{-x_j}}$$

（a_i 是 E 的陈根①，x_i 是切丛 TX 的陈根（Chern roots））

---

① 这些是分裂向量丛 E 的线丛所对应的除子类［H, p.430］.——原注

第 9 章 代数几何大师的风采

为了表述该结果的"相对"形式,假设有一个光滑簇之间的完全态射 $f: X \to Y$,我们希望弄明白由 f 诱导的

$$\mathrm{ch}_X(\ -\ )\mathrm{td}(X)$$

和

$$\mathrm{ch}_Y(\ -\ )\mathrm{td}(Y)$$

之间的关系. 如果 $f: X \to Y = \{$一个点$\}$,我们应该得到 Hirzebruch-Riemann-Roch 定理. 公式(1)右边的"相对"化较简单:存在上同调群之间保持加法的映射 $f_*: H(X) \to H(Y)$ 使 $\deg(z)_{2n}$ 对应于 $f_*(z)$.

如何"相对"化公式的左边? $\mathscr{R}^j f_* \mathscr{F}$ 是连贯层且当 j 充分大时等于零,这些是上同调群 $H^j(X, \mathscr{F})$ 的"相对"形式. 为了"相对"化(公式左边)的交替和,格罗腾迪克定义了群 $K(Y)$(现称之为格罗腾迪克群). 这是一个由连贯层同构类 $[\mathscr{F}]$ 生成的自由阿贝尔群模掉如下关系的商群:如果有正合列

$$0 \to \mathscr{F}' \to \mathscr{F} \to \mathscr{F}'' \to 0 \tag{2}$$

则

$$[\mathscr{F}] = [\mathscr{F}'] + [\mathscr{F}'']$$

群 $K(Y)$ 满足如下的泛性质:任意从 $\oplus Z[\mathscr{F}]$ 到某个阿贝尔群的同态 φ,如果满足

$$\varphi([\mathscr{F}]) = \varphi([\mathscr{F}']) + \varphi([\mathscr{F}'']) \tag{3}$$

则一定通过 $K(Y)$ 分解. 在我们的情形,定义

$$\varphi([\mathscr{F}]) = \sum (-1)^j [\mathscr{R}^j f_* \mathscr{F}] \in K(Y)$$

它满足(3)是由于短正合列(2)诱导出导出函子的长正合列[H,第 3 章]

$$\cdots \to \mathscr{R}^j f_* \mathscr{F}' \to \mathscr{R}^j f_* \mathscr{F} \to \mathscr{R}^j f_* \mathscr{F}'' \to \mathscr{R}^{j+1} f_* \mathscr{F}' \to \cdots$$

所以我们有一个加性映射

代数几何中的 Bézout 定理

$$f_!:K(X)\to K(Y)$$

由格罗腾迪克发现,带有天才痕迹的相对 Hizebruch-Riemann-Roch 定理[102],[BS]断言

$$\begin{array}{ccc} K(X) & \xrightarrow{f_!} & K(Y) \\ {\scriptstyle \mathrm{ch}_X(-)\mathrm{td}(X)}\downarrow & & \downarrow{\scriptstyle \mathrm{ch}_Y(-)\mathrm{td}(Y)} \\ H(X) & \xrightarrow{f_*} & H(Y) \end{array}$$

是一个交换图(由于陈特征标 ch(-)的可加性,它在 K-理论中有定义). 有关相交理论(它的最重要成果就是刚才所介绍的 Grothendieck-Riemann-Roch 定理)的各种信息可在[H,补充 A]中找到. 该定理还在很多特征类的具体计算中有应用.

格罗腾迪克的 K-群与 D. Quillen 和许多其他数学家的文章一起,开始了 K-理论的发展. 我们注意到从微分算子理论(Atiyah-Singer 指标定理)到有限群的模表示理论(Brauer 定理)[①], K-理论在数学的很多领域起着意义非凡的作用.

在取得这项惊人成就后,格罗腾迪克作为代数几何的超级明星被邀请到 1958 年在 Edinbergh 召开的国际数学家大会. 在本次大会上,格罗腾迪克草拟了一个在正特征域上定义同调理论的纲领,它有可能导致韦伊猜想的证明[32]. 韦伊猜想[W]断言在有限域上代数簇的算术和复数域上代数簇的拓扑之间存在深刻的关联. 令

---

① M. Atiyah[A]强调了格罗腾迪克开创性地将 K-理论引入数学的重要作用. 与 Atiyah 在[A]中的建议相反,格罗腾迪克的工作证明在代数与几何之间没有根本性的区分(需要指出激发格罗腾迪克数学思想的不是来自物理,而是大部分"代数特性"). ——原注

第9章 代数几何大师的风采

$k = F_q$ 是 q 个元素的有限域, $\bar{k}$ 是它的代数闭包. 考虑一组 $n+1$ 个变元, 系数在 k 中的齐次多项式. 令 $X, \bar{X}$ 分别为该组多项式在 $k, \bar{k}$ 上 n 维射影空间中的零点集. 令 N_r 表示 $\bar{X}$ 中坐标在 q^r 元域 F_{q^r} 中点的个数 $(r = 1, 2, \cdots)$, 用这些数 N_r 形成一个生成函数

$$Z(t) := \exp\left(\sum_{r=1}^{\infty} N_r \frac{t^r}{r} \right)$$

称之为 X 的 ζ-函数. 对于一个光滑代数簇 X, 韦伊猜想讲的是 $Z(t)$ 的性质及其和(与 X"相伴"的复代数簇) Betti 数的联系. 韦伊猜想的严格表述可见 [H, 附录 C] 的 1.1~1.4 和 [M, 第6章12节] 的 W1~W5 (两者都是从介绍函数 $Z(t)$ 的有理性猜想开始). 从这些介绍中, 人们也可以了解更多与韦伊猜想相关问题的信息. 除韦伊和格罗腾迪克外, B. Dwoek, 塞尔, S. Lubkin, S. Lang, Yu. Manin, 及许多其他数学家当时都在研究韦伊猜想.

9.2.4 **IHES**

格罗腾迪克在 IHES[①] 工作期间, 韦伊猜想成了他代数几何工作的主要动力. 自 1959 年开始在 IHES 工作, 他带来的是"Bois Marie 代数几何讨论班"(IHES 坐落在 Bois Marie 森林中). 接下来的 10 年, 该讨论班成为世界代数几何的中心. 格罗腾迪克一天工作 12 小时, 他慷慨地与合作者分享他的数学思想. 他的一个学生 J. Giraud 在一次访谈中很好地描述了该神奇讨论班的气

---

① IHES 是位于巴黎附近的高等研究院 (Institut des Hautes Études Scientifiques), 一个研究数学的好地方, 部分因为它迷人的(流动)餐室从来不缺面包和葡萄酒. ——原注

代数几何中的 Bézout 定理

氛. 让我们盘点一下该时期格罗腾迪克的一些最重要的思想[①].

"概型"是统一几何、交换代数、数论的研究对象. 令 X 是一个集合, F 是一个域, 考虑环
$$F^X = \{函数 f:X \to F\}$$
它的"乘法"是函数值相乘. 对于 X 中的一个点 x 定义 $\alpha_x : F^X \to F$ 为 $f \mapsto f(x)$. 映射 α_x 的核是一个极大理想, 这使我们可以将 X 与 F^X 极大理想的集合等同. 该思想在之前 M. Stone 关于 Boolean 格和盖尔范德关于交换巴拿赫代数的文章中曾以不同的形式出现. 交换代数中, 这种想法第一次出现是在 M. Nagata 和 E. Kähler 的文章里. 在 1950 年代后期, 巴黎的许多数学家 (例如 Cartan, 谢瓦莱, 韦伊等) 试图推广代数闭域上代数簇的思想.

塞尔证明交换环的局部化术语可以引导出其极大理想谱 Specm 上的层. 注意 $A \mapsto \text{Specm}(A)$ 不是一个函子 (环同态下, 极大理想的原象不必是极大理想). 另一方面, 如下的对应
$$A \mapsto \text{Specm } A := \{所有 A 的素理想\}$$
是一个函子. 好像是 P. Cartier 在 1957 年首先提议经典代数簇的适当推广是局部同构于 Specm A 的环化空间 $(X, \mathscr{O}_X)$ (这一建议是许多代数几何学家探索的成果). 这样的对象被命名为概型 (scheme).

格罗腾迪克曾打算写一个 13 卷的代数几何盘点——EGA[②]——以概型为基础, 以韦伊猜想的证明为

---

① 也可参见 [D], 它包含概型理论一个更详细的盘点. ——原注
② EGA——代数几何原理, 由 IHES 和 Springer 出版 [57] ~ [64]. ——原注

结束.格罗腾迪克和迪厄多内一起写了 4 卷 EGA,而剩下几卷的大部分材料则出现在 SGA[①] 中——IHES 代数几何讨论班的出版物.(我们经常提到的教材[H]是 EGA 中有关概型和上同调最有用信息的一个教材式的浓缩)

我们现在谈谈代数几何中利用可表函子的一些构造.对于范畴 $\mathscr{C}$ 中的一个对象 X,可以相伴一个从 $\mathscr{C}$ 到集合范畴的反变函子

$$h_X(Y) \text{Mor}_{\mathscr{C}}(Y, X)$$

第一眼不太容易看出这样一个简单对应的价值,然而对这个函子的了解将完全确定(同构意义下)表示它的对象 X(这是 Yoneda 引理的内容).所以采用如下的定义是自然的:从 $\mathscr{C}$ 到集合范畴的一个反变函子称为"可表示的"(被 X),如果它同构于 h_X.格罗腾迪克巧妙地利用可表示函子的性质构造了多种参数空间,我们在代数几何中经常碰到这样的空间.一个极好的例子就是 Grassmanian,它参数化一个给定射影空间中所有给定维数的线性子空间.自然可以问是否存在更一般的概型,它参数化给定射影空间中所有给定数值不变量的子簇.

设 S 是一个域 k 上的概型,$X \subset P^n \times_k S$ 是一个闭子概型,到 S 的投影诱导自然态射 $X \to S$,我们称它是以 S 为基的 P^n 中的闭子概型族.设 P 是一个数值多项式,格罗腾迪克考虑了从概型的范畴到集合范畴的函子 Ψ^P,对于概型 S,$\Psi^P(S)$ 是所有"以 S 为基的 P^n

---

① SGA – 代数几何讨论班,由 Springer 在 LNM 丛书出版,(SGA2)由 North-Holland 出版[97]~[103].——原注

中希尔伯特多项式为 P 的闭子概型平坦族"的集合. 如果 $f:S'\to S$ 是一个态射,则 $\Psi^P(f):\Psi^P(S)\to \Psi^P(S')$ 将 $X\to S$ 对应到 $X'=X\times_S S'\to S'$. 格罗腾迪克证明了函子 Ψ^P 可由一个射影概型(称为希尔伯特概型)表示[74]①. 这是一个非有效性结果,例如,一个未解决的问题是找出三维射影空间中给定亏格和次数的曲线的希尔伯特概型的不可约分支的个数. 然而在许多几何论证中,知道这样一个对象的存在性就足够了,这也是为什么格罗腾迪克的定理有许多应用的原因. 更一般地,格罗腾迪克构造了所谓的 Quot 概型,它参数化一个给定连贯层的所有具有给定希尔伯特多项式的平坦商层(flat quotient sheaves). Quot 概型在向量丛模空间的构造中有许多应用. 格罗腾迪克在这方面构造的另一个概型是毕卡概型[75],[76].

1966 年,格罗腾迪克因为对泛函分析,Geothendieck-Riemann-Roch 定理和概型理论的贡献而获菲尔兹奖[S2].

9.2.5　ÉTALE 上同调

格罗腾迪克在 IHES 的一个最重要课题是莱夫谢茨上同调理论. 回忆一下,韦伊猜想要求对正特征域上代数簇构造与复代数簇上同调理论相对应的上同调理论(要求系数在特征零的域中,以便有莱夫谢茨不动点定理,可以将一个态射的不动点个数表为上同调群上迹的和). 在格罗腾迪克之前,利用代数几何中常用的扎里斯基拓扑(闭子集 = 代数子簇),有一些不成功

---

① 事实上,格罗腾迪克发表了一个更一般的结果. ——原注

的尝试. 对于同调理论, 扎里斯基拓扑太"粗糙"了. 格罗腾迪克发现, 如果考虑一个代数簇加上它的所有非分歧覆盖, 人们可以构造"好的"同调理论(这一发现的详细描述参见[32]). 这是他和 M. Artin, J. L. Verdier 一起发展 étale 拓扑的出发点. 格罗腾迪克的辉煌思想是他对拓扑概念的革命性推广. 不同于经典拓扑空间的概念, 格罗腾迪克的"开集"不是全部包含于一个集合中, 而是满足一些基本性质, 以便可以构造"满意的"层的上同调理论.

对于这些想法的来源, Cartier 下面的讨论[CI]给出了一个梗概. 当我们在一个簇 X 上使用层, 或者研究层的上同调时, 起主要作用的是 X 的"开集格"(X 中的点起次要作用). 因此, 用 X 的"开集格"代替 X 并不会丢失很多信息. 格罗腾迪克的想法是黎曼关于多值全纯函数思想的一个变通. 严格地讲, 多值全纯函数并非栖居于复平面的开集上, 而是在覆盖它的黎曼面上 (Cartier 使用具启发性的描述 " les surfaces de Rimann étalées"). 黎曼面之间有投影, 从而成为某个范畴中的对象. "开集格"是一个范畴其中任两个对象之间最多有一个态射. 所以, 格罗腾迪克提出将"开集格"替换成 étale 开集的范畴. 这一想法在代数几何中的适当修正解决了代数函数缺乏隐函数定理这一根本困难. 它也使得函子性地考虑 étale 层成为可能.

让我们以数学上更正式的方式继续我们的讨论. 设 $\mathscr{C}$ 是一个存在纤维积的范畴, $\mathscr{C}$ 上的格罗腾迪克拓扑就是对 $\mathscr{C}$ 中每一个对象 X 定义一个由态射族 $\{f_i:$

代数几何中的 Bézout 定理

$X_i \to X\}_{i \in I}$(称之为 X 的覆盖)组成的集合 Cov X 满足如下条件：

(1) $\{\text{id}: X \to X\}$ 属于 Cov X；

(2) 如果 $\{f_i: X_i \to X\}$ 在 Cov X 中，则由任何基变换 $Y \to X$ 得到的态射族 $\{X_i \times_X Y \to Y\}$ 属于 Cov Y；

(3) 如果 $\{X_i \to X\}_{i \in I}$ 属于 Cov X，并且对每一个 $i \in I$，如果 $\{X_{ij} \to X_i\}$ 属于 Cov X_i，则 $\{X_{ij} \to X\}$ 属于 Cov X. 如果 $\mathscr{C}$ 存在直和(我们假设如此)，则态射族 $\{X_i \to X\}_{i \in I}$ 可以由一个态射

$$X' = \coprod_i X_i \to X$$

代替. 覆盖的明确定义，使得讨论层和它们的上同调成为可能. 从 $\mathscr{C}$ 到集合范畴的一个反变函子 F 称为集合层，如果对任意覆盖 $X' \to X$，以下条件成立

$$F(X) = \{s' \in F(X') : p_1^*(s') = p_2^*(s')\}$$

此处 p_1 和 p_2 是 $X' \times_X X'$ 到 X' 上的两个投影. 所谓 $\mathscr{C}$ 的典范拓扑，则是"覆盖最丰富"的拓扑使得所有可表函子成为层. 如果反过来，典范拓扑下的任意层一定也是可表函子，则 $\mathscr{C}$ 称为一个 topos. 更多的关于格罗腾迪克拓扑的信息可在[BD]中找到.

我们回到几何. 上述定义中的态射 f_i 不必为嵌入这一点非常重要. 格罗腾迪克拓扑中最重要的例子是 étale 拓扑，它的 $f_i: X_i \to X$ 都是 étale 态射[①]，诱导出满

———————
① 存在相对维数为零的光滑态射. 对于光滑代数簇，这些是在所有点的切空间诱导同构的态射——当然，这样的态射不必是单射. 有关 étale 态射的一般讨论可在[M]中找到. ——原注

射 $\coprod_i X_i \to X$. 上同调构造的一般方法用于 étale 拓扑,就得到了 étale 上同调 $H^i_{\text{ét}}(X,-)$. 基本思想相对比较简单,但 étale 上同调的性质的许多技术细节的验证则需要格罗腾迪克的"上同调"学生们: P. Berthelot, P. Deligne, L. Illusie, J. P. Jouanolou, J.-L. Verdier 及其他人多年的工作. 他们填补了由格罗腾迪克草拟的曾经是新结果的细节. 格罗腾迪克学派处理 étale 上同调的文章发表在 [100][1].

韦伊猜想的证明需要 étale 上同调的不同版本 l-adic 上同调. 它们的基本性质,特别是莱夫谢茨型公式,使得格罗腾迪克证明了韦伊猜想的一部分,但未能证明最困难的部分(类似黎曼假设). 在韦伊猜想的证明中,格罗腾迪克的作用与圣经中的摩西(带领古以色列人出埃及)相似:他在大部分道路上是他们的向导,但自己没有到达最后终点. Weil-Riemann 猜想最终由格罗腾迪克最有天赋的学生德利涅证明. (格罗腾迪克通过证明所谓标准猜想来证明 Weil-Riemann 猜想的计划仍未实现,这些猜想的讨论参见 [44]).

9.2.6 重返 Montpellier

1970 年,格罗腾迪克意外发现 IHES 的部分钱来自军队资源,他立刻离开了 IHES. 令人尊敬的法兰西学院为他提供了岗位. 然而,当时(他大约 42 岁)有比数学更令他感兴趣的事情,他觉得应该挽救面临多种威胁的世界. 他组织了一个环保团体称作"生存与生

---

[1] 关于 étale 上同调的一个教科书式的描述可在 [M] 中找到.——原注

代数几何中的 Bézout 定理

活"(Survive and Live). 谢瓦莱和 P. Samuel 两位伟大的数学家和他的朋友们加入了该团体. 在 1970 和 1975 年之间,该团体出版了与之相同名字的杂志. 和往常一样,他全身心地投入到这项工作中. 他在法国学院的讲座与数学没什么关系,而是大量关于如何避免世界大战和如何环保地生活. 结果是他不得不寻找另一个岗位. 他的母校, Montpellier 大学为他提供了一个教授岗位. 他住到 Montpellier 附近的一个农场,像"苦行僧"似的在大学教书. 他也写了几个长长的新数学理论的提纲,希望在 CNRS[①] 找到工作和在高等师范学校找到好学生作为合作者. 他没有从高等师范学校得到好学生,但在他 60 岁退休前 4 年,他在 CNRS 得到了一个位置. 他的提纲现正被几组数学家在推进. 至于这些提纲是什么,则需要另一篇文章来介绍.

在 Montpellier 时,格罗腾迪克还写他的"数学的"日记 Récoltes et Semailles(收获和播种)[G1]. 它含有一些他看数学的方式的古怪片断,涉及数学中的"男性"和"女性",和一些迷人事情的记录. 日记还大量描述了他与数学界的关系,包含他对以前学生们的很负面的评价. 还是让我们谈论高兴的事情吧. 格罗腾迪克毫不犹豫地将伽罗瓦作为他心目中数学家的楷模. 应当指出的是,由物理学家 L. Infeld 写的伽罗瓦的生活故事 Whom the Gods Love(上帝爱谁)[②]给年轻时的格

[①] CNRS,国家科学研究中心,研究人员没有教学任务. ——原注
[②] 我呼吁老师:这本书应推荐给对数学有兴趣的中学生. ——原注

罗腾迪克印象深刻.他很激动地说到 J. Leray, A. Andreotti 和 C. Chevally. 格罗腾迪克的特点是非常重视与数学家交往时的人情方面. 在[G1]的某处. 他写道:

Si dans Récoltes et Semailles je m'addresse à quelqu'un d'autre encore qu'à moi même, ce n'est pas à un "public". Je m'y addresse à toi qui me lisse comme à une personne, et à une personne seule. (大意: 如果在《收获和播种》中, 我针对某人而不是我自己, 那决不是对"公众", 而是你, 读者, 你个人)

可能是由于孤独伴随了他一生, 以至于他在这一点上如此敏感.

1988 年, 格罗腾迪克和德利涅一起获得瑞典皇家科学院的克拉福德奖, 该奖有很大一笔钱. 格罗腾迪克拒绝了它. 他给瑞典科学院的信有这么一段, 我认为尤其重要,

Je suis persuadé que la seule épreuve décisive pour la fécondité d'idées ou d'une vision nouvelles est celle du temps. La fécondité se reconnait par la progéniture, et non par les honneurs. (我印象中, 新思想是否富有成果, 时间是唯一的证明, 富有成果是由成果证明, 而不是荣誉)

该信还包含了对 1970 年代和 1980 年代的数学界专业道德的极负面的评价.

9.2.7 结束

是总结的时候了, 下面是格罗腾迪克数学工作最重要的 12 个题目(译自[G1]中的法文版, 我加了几条评论):

代数几何中的 Bézout 定理

(1) 拓扑张量积和核空间;

(2) "连续"和"离散"的一些对偶定理(导出范畴,"6 算法");

(3) Riemann-Roch-Grothendieck(K - 理论和它与相交理论的关系);

(4) 概型;

(5) Topos 理论;

(与概型不同,topos 提供了一种"没有点的几何"——参见[C1]和[C2]. 相对于概型,格罗腾迪克对 topos 倾注了更多的"爱". 他重视大多数几何的拓扑方面,它们可以导出适当的上同调理论)

(6) étale 和 l-adic 上同调;

(7) Motives 和 motivic Galois 群($\otimes$ - Grothendieck 范畴);

(8) Crystals 和 Crystalline 上同调,de Rham 系数,Hodge 系数;

(9) "拓扑代数": ∞ - stacks,导数,topos 的上同调化,激发了同伦的一个新概念;

(10) Mediated 拓扑;

(11) Abelian 代数几何;Galois-Teichmüller 理论;

(格罗腾迪克把这项视为最困难和最深刻的一项,与这一题目相关的最新结果已由 F. Pop 得到)

(12) 正则多面体及更一般的正则结构的概型或算术观点.

(在离开巴黎到 Montpellier 后,有一段没有工作

第9章 代数几何大师的风采

的日子,格罗腾迪克在其家庭葡萄酒农场研究过这一题目).

许多数学家一直在继续这些课题的研究,他们的工作是 20 世纪末数学的主要组成部分.格罗腾迪克的许多思想正非常活跃地发展,必将对 21 世纪的数学产生重要影响.

让我们提一些最重要数学家的名字(有些是菲尔兹奖获得者),他们继续了格罗腾迪克的工作:

(1) 德利涅在 1973 年给出了韦伊猜想的完全证明(用了相当多 SGA 中的技巧);

(2) G. Faltings,他在 1983 年证明了 Mordell 猜想;

(3) 怀尔斯,他在 1994 年证明了费马大定理;

(如果没有 EGA,难以想象能完成后面两项成果)

(4) V. Drinfeld 和 L. Lafforgue 在函数域上建立了一般线性群的朗兰兹对应;

(5) V. Voevodsky,他负责 motivic 理论和 Milnor 猜想的证明[①].

第(5)项连接着格罗腾迪克的"梦想":应该称作代数簇范畴的"阿贝尔化"——具有 motivic 上同调的 motives 范畴,通过它我们可以得到 Picard 簇,Chow 群等.A. Suslin 和 V. Voevodsky 构造了满足格罗腾迪克公理的 motivic 同调.

1991 年 8 月,格罗腾迪克没有通知任何人,突然

---

① 关于(4)~(5)项的详细讨论可在文章[L]和[CW]中找到.——原注

代数几何中的 Bézout 定理

离家去了 Pyrenees 的一个地方. 他沉浸于哲学的思考(自由选择,宿命论,魔鬼的存在;在此之前,他写过有趣的关于如何根据梦的分析得出上帝的存在). 他也写关于物理的东西. 他不想与外界有接触.

我们以几点反思作为结束.

我们引用格罗腾迪克在[G1]中的一段话,关于数学中什么东西让他最着迷:

如果数学中有什么东西比其他事情使我更着迷(并总使我着迷)的话,它既不是"数"也不是"量"而是"形式". 由形式选择的无数面容出现在我面前时,最使我着迷的和将继续使我着迷的是数学对象的结构.

令人惊奇的是,格罗腾迪克关于形式和结构的思考结果是一种产生计算具体数值量和寻找明确代数关系工具的理论. 代数几何中这样一个工具的例子之一是 Grothendieck-Riemann-Roch 定理. 下面是一个不太为人所知的例子:格罗腾迪克 λ - 环[102]的语言使得将对称函数看成多项式环上的算子成为可能. 从而使得统一处理一些经典多项式(如对称,正交多项式)和公式(例如, interpolation 公式,或者由一般线性群和对称群的表示获得的公式)成为可能. 这些多项式和公式经常与一些数学家的名字连在一起,例如, E. Bézout, A. Cauchy, A. Cayley, P. Chebyshev, L. Euler, C. F. Gauss, C. G. Jacobi, J. Lagrange, E. Laguerre, A-M. Legendre, I. Newton, I. Schur, T. J. Stieltjes, J. Stirling, J.

第9章 代数几何大师的风采

J. Sylvester, J. M. Hoene-Wroński, 等等. 更进一步, λ -环的语言使得对这些传统数学家的结果进行有用的代数组合推广成为可能[La]. 格罗腾迪克的工作表明在数学的量和质之间并没有根本的二分法.

毫无疑问,这种观点帮助格罗腾迪克在统一处理几何,拓扑,算术和复分析中重要的课题语言做出了惊人的工作. 这种观点也与他喜好在最一般的情形下研究数学问题有关联.

格罗腾迪克讲过一个故事[G1],它反映了他的工作方式. 假如我们想证明一个猜想,有两种根本不同的方法. 一种是凭着蛮力,就像用坚果钳轧碎坚果壳而得到里面的坚果仁. 但还有一种方式,我们把坚果放在装有软化液的杯里,耐心地等待一段时间,然后轻微的手指压力就足够让坚果自己打开. 格罗腾迪克文章的读者不会怀疑,第2种方法正是他做数学的方法. Cartier[C1]对这种方法给一个更具启发性的刻画;这是摩西(Joshua 之后的犹太人首领)摧毁 Jericho(西亚死海以北的古城)城墙的故事. 如果我们围着 Jericho 城墙走过足够多的次数,(用共振)削弱它的结构,最后吹喇叭,响亮的吼声就能让 Jericho 城墙倒下.

有一点注记,我想与年轻数学家共享,格罗腾迪克将写下他的数学想法赋予极大的重要性. 他将写下和编辑他的数学文本过程视为他创造性工作的不可分割部分[He].

迪厄多内是格罗腾迪克工作的忠实见证者,一个

代数几何中的 Bézout 定理

具有广博数学知识的数学家. 在格罗腾迪克 60 岁生日（即 15 年前）的会上，有如下的评论[D]：

数学中很少有这样的例子，一个如此富有成果，不朽的理论由一个人在如此短的时间完成.

《Grothendieck Festschrift》[C-R]的编委们（它包含文章[D]）重复了迪厄多内的观点. 他们写道：

完全了解格罗腾迪克对 20 世纪数学的贡献和影响是困难的. 他改变了我们在数学许多领域思考的方式. 他的许多思想在创建时是大的革命，而现在是如此的自然，仿佛它一直在数学中存在一样. 事实上，格罗腾迪克的思想对整个新一代数学家而言是数学中的一道风景. 没有格罗腾迪克的贡献，他们不能想象数学.

在准备此文时，我问几个我熟悉的法国数学家，格罗腾迪克是否还活着？他们回答大致是："很不幸，我们将会有的关于格罗腾迪克的唯一消息就是他死亡的消息. 由于我们现在还没有他的消息，那他一定还活着." 2004 年 3 月 28 日，格罗腾迪克 76 岁了.

和格罗腾迪克的工作相关联的文献目录是巨大的，不可能在我这篇短文中给出. 我仅引用在文中出现的文献. 这些文献中可以找到关于格罗腾迪克的文献目录和其他作者写的关于他和他的工作的文章的更详细的参考文献. 我热烈地推荐查询下列网站：

http://www.gothendieck-circle.org/.

你可以找到很多有趣的项目，特别是关于格罗腾迪克和他的父母的数学和传记资料.

9.3 Motive——格罗腾迪克的梦想[①]

摘要 1964 年,格罗腾迪克在给塞尔的信中引入了"Motive"的概念.(因无合适的术语表达,Motive 暂不译出)后来他写道,在所有他有幸发现的事物中,Motive 是最充满神秘的,或许将成为最强有力的探索工具[②].在此报告中,我将解释什么是 Motive 以及为什么格罗腾迪克对其如此看重.

9.3.1 拓扑学中的上同调

设 X 为一个实 $2n$ 维紧流形,则有 X 的上同调群

$$H^0(X,\mathbf{Q}),\cdots,H^{2n}(X,\mathbf{Q})$$

这些群为 $\mathbf{Q}$ 上有限维向量空间且满足庞加莱对偶(H^i 对偶于 H^{2n-i}),莱夫谢茨不动点公式等.上同调群有多种不同的定义方法——如用奇异链,Čech 上同调,导出函子——但是这些不同的定义方法都给出相同的群(如果其满足艾伦伯格-斯延罗德(Eilenberg-Steenrod)公理系).当 X 是复解析流形时,还有德拉姆(de

---

[①] 作者 James S. Milne. 原题:Motive-Grothendieck's Dream,译自:http://www.jmilne.org/math. 此文是作者根据在密西根大学"什么是……?"讨论班上的"普及"报告所写. 徐克舰,译. 付保华,校.

[②] 在所有我有幸发现并呈现给世人的数学事物中,Motive 的实在性对我来说依然是最奇妙,最充满神秘的——它甚至是"几何"与"算术"在深层面上的同一所在. 而 Motive 的"瑜伽"(即 Motive 的哲学——译注)……或许是在我作为一个数学家的人生前半期所发现的最强有力的探索工具.

——格罗腾迪克,《收获与播种》,引言. ——原注

Rham)上同调群 $H^i_{dR}(X)$. 这些都是 **C** 上向量空间,但这并不给出新的群,因为我们有 $H^i_{dR}(X) \simeq H^i(X, \mathbf{Q}) \otimes_\mathbf{Q} \mathbf{C}$[①](然而,当 X 是凯勒(Kähler)流形时,德拉姆上同调群具有霍奇分解,因而提供了更多的信息……).

9.3.2 代数几何学中的上同调

现在考虑代数闭域 k 上的 n 维非奇异射影代数簇 X. 即 X 由 k 上的一些多项式定义,非奇异射影条件意味着若 $k = \mathbf{C}$,则簇上的点 $X(\mathbf{C})$ 构成一个 $2n$ 维紧流形.

韦伊关于代数簇上坐标在有限域中的点的个数的工作促使他提出著名"韦伊猜想",其给出了有限域上方程的解的个数与相应的复系数方程定义的簇的拓扑性质的关系. 特别是,他发现点的个数似乎可由一个相应的 **C** 上的代数簇的贝蒂(Betti)数所控制. 例如,对于 p 元域 $F_p = \mathbf{Z}/p\mathbf{Z}$ 上的亏格为 g 的曲线 X,其点的个数 $|X(F_p)|$ 满足不等式

$$||X(F_p)| - p - 1| \leq 2gp^{\frac{1}{2}} \quad g = X \text{ 的亏格} \quad (1)$$

韦伊预言 **C** 上某些超曲面的贝蒂数能够通过计算 F_p 上具有相同维数和相同次数的超曲面上的点数来确定(他的预言被多比尔特(Dolbeault)证实). 显然大部分猜想可由具有良好性质的代数簇的上同调理论(如 **Q** 系数,正确的贝蒂数,庞加莱对偶定理,莱夫谢茨不动点定理,……)推出. 事实上,正如我们将看到的,这种 **Q** 系数的上同调理论并不存在,但在此后的许多年中许多尝试都意在寻找系数在某个特征 0 的域(不是

---

① 用 $\simeq$ 表示典范同构. 还记 $M \otimes_\mathbf{Z} \mathbf{Q}$ 为 $M_\mathbf{Q}$. ——原注

第9章 代数几何大师的风采

Q)中的好的上同调理论. 最终,在 1960 年代,格罗腾迪克定义了平展(étale)上同调和晶体上同调,并证明这种代数方式定义的德拉姆上同调当域特征为 0 时具有好的性质. 而问题则变成我们有太多的上同调理论!

在 **Q** 上,除了通常的赋值以外,对每个素数 ℓ 还有如下定义的赋值

$$\left|\ell^r \frac{m}{n}\right| = 1/\ell^r \quad m,n \in \mathbf{Z},\text{且不被 } \ell \text{ 整除}$$

每个赋值都使 **Q** 成为一个度量空间,将其完备化后,我们得到域 $\mathbf{Q}_2, \mathbf{Q}_3, \mathbf{Q}_5, \cdots, \mathbf{R}$. 对每个不同于 k 的特征的素数 ℓ,平展上同调给出上同调群[①]

$$H^0_{\text{et}}(X, \mathbf{Q}_\ell), \cdots, H^{2n}_{\text{et}}(X, \mathbf{Q}_\ell)$$

这都是 $\mathbf{Q}_\ell$ 上有限维向量空间,并且满足庞加莱对偶,莱夫谢茨不动点公式,等等. 另外还有德拉姆群 $H^i_{\text{dR}}(X)$,其为 k 上有限维向量空间,而且在特征 $p \neq 0$ 时,有晶体上同调群,其为某个特征 0 域(即系数在 k 中的维特(Witt)向量环的分式域)上的有限维向量空间.

这些上同调理论不可能相同,因为它们给出完全不同的域上的向量空间. 但是它们也不是不相关联的,例如,由一个正则映射 $\alpha: X \to X$ 诱导出的映射 $\alpha^i: H^i(X) \to H^i(X)$ 的迹(trace)就是一个与上同调理论无关的有理数[②]. 因此,各种迹象表明似乎存在着代数定

[①] 对 p(即 k 的特征)也有平展上同调群 $H^i(X, \mathbf{Q}_p)$,但其性质异常;例如,当 E 是超奇异椭圆曲线时,$H^1(E, \mathbf{Q}_p) = 0$. ——原注

[②] 目前,在非零特征的情形对此结论的证明需要用德利涅关于韦伊猜想的结果. ——原注

义的上同调群 $H^i(X,\mathbf{Q})$，使得 $H^i_{et}(X,\mathbf{Q}_\ell)\simeq H^i(X,\mathbf{Q})\otimes_\mathbf{Q}\mathbf{Q}_\ell$，等等，但事实并非如此.

9.3.3 为什么不存在代数的 Q - 上同调

为什么没有代数定义的 **Q** - 上同调（即从代数簇到 **Q** - 向量空间的函子）以诱导出格罗腾迪克所定义的这些不同的上同调？

9.3.3.1 第 1 种解释

设 X 是特征 0 的代数闭域 k 上的非奇异射影簇. 当我们取定一个嵌入 $k\to\mathbf{C}$ 时，我们即得到一个复流形 $X(\mathbf{C})$，熟知

$$H^i_{et}(X,\mathbf{Q}_\ell)\simeq H^i(X(\mathbf{C}),\mathbf{Q})\otimes\mathbf{Q}_\ell$$
$$H^i_{dR}(X)\otimes_k\mathbf{C}\simeq H^i(X(\mathbf{C}),\mathbf{Q})\otimes_\mathbf{Q}\mathbf{C}$$

换句话说，每个嵌入 $k\to\mathbf{C}$ 确实在各个上同调群上定义一个 **Q** - 结构. 然而，不同的嵌入可以给出完全不同的 **Q** - 结构.

为说明这一点，注意因为 X 可由有限个多项式定义从而仅有有限个系数，故存在 k 的子域 k_0 上的模型 X_0，使得 k 是 k_0 的无限伽罗瓦扩张——令 $\varGamma=\mathrm{Gal}(k/k_0)$. 因此模型的选择定义了 $\varGamma$ 在 $H^i_{et}(X,\mathbf{Q}_\ell)$ 上的一个作用. 如果 k 到 **C** 的不同的 k_0 上的嵌入给出 $H^i_{et}(X,\mathbf{Q}_\ell)$ 中的相同子空间 $H^i(X(\mathbf{C}),\mathbf{Q})$，则 $\varGamma$ 在 $H^i_{et}(X,\mathbf{Q}_\ell)$ 上的作用将固定 $H^i(X,\mathbf{Q})$，但是，无限伽罗瓦群皆为不可数，而 $H^i(X,\mathbf{Q})$ 可数，这意味着可诱导出 $\varGamma$ 的一个有限商群在 $H^i_{et}(X,\mathbf{Q}_\ell)$ 上的作用. 然而，这一般是

不对的①.

同理可知,能够在 $\mathbf{Q}_\ell$ - 上同调上给出 $\mathbf{Q}$ - 结构的代数定义的上同调,将迫使 Γ 诱导出有限商群作用,因此不可能存在.

9.3.3.2 第2种解释

椭圆曲线 E 即是亏格是 1 且具有指定点(群结构的零元)的曲线. 在 $\mathbf{C}$ 上,$E(\mathbf{C})$ 同构于 $\mathbf{C}$ 关于一个格 Λ 的商(因此,从拓扑的角度看它是一个环面). 特别地,$E(\mathbf{C})$ 是一个群,E 的自同态即为由满足 $\alpha\Lambda = \Lambda$ 的复数 α 定义的映射 $z + \Lambda \to \alpha z + \Lambda$. 由此易知,$\text{End}(E)$ 是秩 1 或 2 的 $\mathbf{Z}$ - 模,并且 $\text{End}(E)_\mathbf{Q}$ 等于 $\mathbf{Q}$,或为 $\mathbf{Q}$ 的一个 2 次扩域 K. 上同调群 $H^1(X(\mathbf{C}),\mathbf{Q})$ 是二维 $\mathbf{Q}$ - 向量空间,因此在第 2 种情形它是一维 K - 向量空间.

当特征 $p \neq 0$ 时,还有第 3 种可能性,即 $\text{End}(E)_\mathbf{Q}$ 可能是 $\mathbf{Q}$ 上 4 次除代数(非交换域). 这种除代数能作用于其上的最小的 $\mathbf{Q}$ - 向量空间是四维的.

因此不存在一种 $\mathbf{Q}$ - 上同调理论以诱导出格罗腾迪克所定义的所有这些不同的上同调理论,但我们又如何阐释种种迹象都显示其似乎存在这一事实呢?格罗腾迪克的回答是 Motive 理论. 在对其讨论前,我们需要解释一下代数链(algebraic cycle).

---

① 粗略地说,泰特猜想说的是,当 k_0 是 $\mathbf{Q}$ 的有限生成扩张时,伽罗瓦群在 $\text{Aut}(H^i_{\text{et}}(X,\mathbf{Q}_\ell))$ 中的象在很大程度上受代数链的存在性的约束.——原注

9.3.4 代数链

9.3.4.1 一些定义

设 X 是域 k 上 n 维非奇异射影簇. X 上的素链(prime cycle)即为 X 的一个闭子簇 Z, 且其不能写成两个真闭子簇的并. 它的余维数(codimemsion)是 $n - \dim Z$. 如果 Z_1 和 Z_2 都素链, 则

$$\mathrm{codim}(Z_1 \cap Z_2) \leq \mathrm{codim}(Z_1) + \mathrm{codim}(Z_2)$$

当等式成立时我们说 Z_1 和 Z_2 是真相交(properly intersect).

X 的余维数为 r 代数链群 $C^r(X)$ 即是由余维数 r 的素链生成的自由阿贝尔群. 两个代数链 γ_1 和 γ_2 称为真相交是指 γ_1 的每个素链与 γ_2 的每个素链都真相交, 在这种情况下其交积(intersection product) $\gamma_1 \cdot \gamma_2$ 是有定义的——其为余维数 $\mathrm{codim}\, Z_1 + \mathrm{codim}\, Z_2$ 的链. (图9.1) 由此. 我们得到部分有定义的映射

$$C^r(X) \times C^s(X) \rightarrow C^{r+s}(X)$$

为得到在整个集合上有定义的映射, 我们需要能移动代数链. X 的两个链 γ_0 和 γ_1 称为有理等价的(rationally equivalent)① 是指存在 $X \times P^1$ 上的一个代数链 γ, 使得 γ_0 是 γ 在 0 上的纤维, 而 γ_1 是 γ 在 1 上的纤维. 这给出了一个等价关系, 我们令 $C_{\mathrm{rat}}^r(X)$ 表示相应的商群. 可以证明, 交积定义了一个双线性映射②

$$C_{\mathrm{rat}}^T(X) \times C_{\mathrm{rat}}^S(X) \rightarrow C_{\mathrm{rat}}^{r+s}(X) \tag{2}$$

---

① 这是同伦等价的代数类比.——原注

② 特别地, 任意两个代数链 γ_1 和 γ_2 都分别有理等价于真相交的代数链 γ'_1 和 γ'_2, 并且 $\gamma'_1 \cdot \gamma'_2$ 的有理等价类不依赖于 γ'_1 和 γ'_2 的选择.——原注

第 9 章 代数几何大师的风采

设 $C_{\text{rat}}^*(X) = \oplus_{r=0}^{\dim X} C_{\text{rat}}^r(X)$. 此为一个 **Q** - 代数,称为 X 的 Chow(周)环.

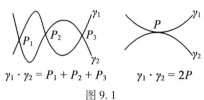

$$\gamma_1 \cdot \gamma_2 = P_1 + P_2 + P_3 \qquad \gamma_1 \cdot \gamma_2 = 2P$$

图 9.1

有理等价是能够在等价类上给出映射(2)的最细的代数链的等价关系. 而最粗的这种等价关系是数值等价(numerical equivalence):两个代数链 γ 和 γ' 称为数值等价,是指对所有的有补维数(complementary dimension)的代数链 δ,有 $\gamma \cdot \delta = \gamma' \cdot \delta$. 代数链的数值等价类构成环 $C_{\text{num}}^* = \oplus_{r=0}^{\dim X} C_{\text{num}}^r(X)$,其为周环的商环.

例如,射影平面 P^2 上的余维数 1 的素链即是由不可约齐次多项式 $P(X_0, X_1, X_2)$ 定义的曲线. 分别由两个多项式定义的素链是有理等价的,当且仅当这两个多项式有相同次数. 故群 $C_{\text{rat}}^1(P^2) \simeq \mathbf{Z}$,且以 P^2 中任意直线所在的类为基.

$P^1 \times P^1$ 中余维数为 1 的素链即为由一个关于每一对符号 (X_0, X_1) 和 (Y_0, Y_1) 皆为可分齐次的不可约多项式 $P(X_0, X_1; Y_0, Y_1)$ 定义的曲线. 此链的有理等价类由一对次数所决定. 故群 $C_{\text{rat}}^1(P^1 \times P^1) \simeq \mathbf{Z} \times \mathbf{Z}$,且以 $\{0\} \times P^1$ 和 $P^1 \times \{0\}$ 的类为基;对角 Δ_{P^1} 与 $\{0\} \times P^1 + P^1 \times \{0\}$ 有理等价.

从现在起,~ 等于 rat 或 num.

9.3.4.2 链映射

对所有的我们所感兴趣的上同调理论,皆有链类映射

代数几何中的 Bézout 定理

$$\mathrm{cl}: C^*_{\mathrm{rat}}(X)_{\mathbf{Q}} \to H^*(X) \stackrel{\mathrm{def}}{=} \oplus_{r=0}^{2\dim X} H^r(X)$$

其将次数加倍且将交积映为杯积(cup product).

9.3.4.3 对应

我们仅对是反变函子的上同调理论感兴趣,即由代数簇的正则映射 $f: Y \to X$ 可定义同态 $H^i(f): H^i(X) \to H^i(Y)$. 然而,这是一个匮弱的条件,因为一般来说一个代数簇到另一个代数簇之间的正则映射是很少的. 代之,我们应该允许"多值映射",或,更确切地说,是"对应"(correspondence).

从 X 到 Y 的 r 次对应群定义为

$$\mathrm{Corr}^r(X, Y) = C^{\dim X + r}(X \times Y)$$

例如, 正则映射 $f: Y \to X$ 的图(graph) Γ_f 属于 $C^{\dim X}(Y \times X)$, 其转置 Γ_f^t 属于 $C^{\dim X}(X \times Y) = \mathrm{Corr}^0(X, Y)$. 换句话说,从 Y 到 X 的一个正则映射定义了一个从 X 到 Y 的 0 次对应①.

从 X 到 Y 的一个 0 次对应 γ 定义一个同态 $H^*(X) \to H^*(Y)$,即

$$x \mapsto q_*(p^* x \cup \mathrm{cl}(\gamma))$$

这里 p 和 q 是投影映射

$$X \xleftarrow{p} X \times Y \xrightarrow{q} Y$$

由 Γ_f^t 给出的上同调的映射与由 f 给出的是一致的.

我们采用记号

$$\mathrm{Corr}^r_\sim(X, Y) = \mathrm{Corr}^r(X, Y) / \sim \quad \mathrm{Corr}^r_\sim(X, Y)_{\mathbf{Q}} =$$
$$\mathrm{Corr}^r_\sim(X, Y) \otimes_{\mathbf{Z}} \mathbf{Q}$$

9.3.5 **Motive 的定义**

格罗腾迪克想法是,应该存在一个泛上同调理论,

---

① 这里逆反方向是不适宜的,但是在某些时候不得不这么做,因为要和格罗腾迪克以及大部分随后的作者保持一致. ——原注

第 9 章 代数几何大师的风采

它取值于由 Motive 构成的 **Q** - 范畴 $\mathscr{M}(k)$[①].

(1) 因此, $\mathscr{M}(k)$ 应该是一个像有限维 **Q** - 向量空间范畴 $\text{Vec}_{\mathbf{Q}}$ 一样的范畴 (但并不完全相似). 特别:

Hom 应该是 **Q** - 向量空间 (倾向于有限维);

$\mathscr{M}(k)$ 应该是一个阿贝尔范畴;

进而, $\mathscr{M}(k)$ 应该是一个 **Q** 上的淡中忠郎 (Tannaka) 范畴 (见下面).

(2) 应该存在一个泛上同调理论

$$X \rightsquigarrow hX : (非奇异射影簇) \rightarrow \mathscr{M}(k)$$

特别是:

每个代数簇 X 应该定义一个 Motive hX, 每个从 X 到 Y 的零次对应应该定义一个同态 $hX \rightarrow hY$ (特别地, 一个正则映射 $Y \rightarrow X$ 应该定义一个同态 $hX \rightarrow hY$).

每个好的[②]上同调理论应该能唯一通过 $X \rightsquigarrow hX$ 分解.

9.3.5.1 初论

我们可简单地将 $\mathscr{M}_\sim(k)$ 定义为这样的范畴: 对 k 上每个非奇异射影簇 X 有对象 hX, 而态射由

$$\text{Hom}(hX, hY) = \text{Corr}^0_\sim (X, Y)_{\mathbf{Q}}$$

定义, 态射的合成即为对应的合成, 所以这是一个范畴. 然而, 这存在着明显的不足. 例如, 一个 **Q** - 向量空间 V 的自同态 e, 若满足 $e^2 = e$, 则它可将此向量空间分

[①] 我称为 k 上的 "Motive" 的是指像 k 上代数概型的 ℓ - 进上同调群一样的东西, 但却认为其与 ℓ 无关, 并由代数链理论导出, 它具有"整"结构, 或暂称之为"**Q**"结构令人悲观的事实是尽管对此范畴我正在形成非常缜密的哲学, 但是, 我暂时还不知道该如何去定义这个由 Motive 构成的阿贝尔范畴.

——格罗腾迪克给塞尔的信, 1964 年 8 月 16 日. ——原注

[②] 用专业术语说就是韦伊上同调理论. ——原注

解成其 0 和 1 的特征子空间
$$V = \mathrm{Ker}(e) \oplus eV$$
若 (W,f) 为另一个这样的对,则在 $\mathrm{Hom}_{\mathbf{Q}-线性}(V,W)$ 中有
$$\mathrm{Hom}_{\mathbf{Q}-线性}(eV,fW) \simeq f \circ \mathrm{Hom}_{\mathbf{Q}-线性}(V,W) \circ e$$
同样的结论在任意阿贝尔范畴中亦成立,因此,如果我们想让 $\mathscr{M}_\sim(k)$ 成为阿贝尔范畴,我们至少应该把幂等态射的象也添加到
$$\mathrm{End}(hX) \stackrel{\mathrm{def}}{=} \mathrm{Corr}^0_\sim(X,X)_{\mathbf{Q}} \stackrel{\mathrm{def}}{=} C^{\dim X}_\sim(X \times X)_{\mathbf{Q}}$$
中.

9.3.5.2 再论

现在我们定义 $\mathscr{M}_\sim(k)$ 为这样的范畴,其对象为二元对 $h(X,e)$,其中 X 加上,e 为环 $\mathrm{Corr}^0_\sim(X,X)_{\mathbf{Q}}$ 中的幂等元,而态射则由
$$\mathrm{Hom}(h(X,e),h(Y,f)) = f \circ \mathrm{Corr}^0_\sim(X,Y)_{\mathbf{Q}} \circ e$$
($\mathrm{Corr}^0_\sim(X,Y)_{\mathbf{Q}}$ 的子集)定义. 这正是要寻找的! 这里是关于有理等价还是关于数值等价的有效 Motive 范畴是依赖于 $\sim$ 的选择的,我们将其记为 $\mathscr{M}^{\mathrm{eff}}_\sim(k)$. 前面定义的 Motive 范畴可看作是由 $h(X,\Delta_X)$ 为对象构成的全子范畴.

例如,上面的讨论表明 $\mathrm{Coor}^0_{\mathrm{rat}}(P^1,P^1) = \mathbf{Z} \oplus \mathbf{Z}$,且 $e_0 \stackrel{\mathrm{def}}{=} (1,0)$ 和 $e_2 \stackrel{\mathrm{def}}{=} (0,1)$ 分别由 $\{0\} \times P^1$ 和 $P^1 \times \{0\}$ 所代表. 相应于分解 $\Delta_{P^1} = h^0 P^1 \sim e_0 + e_2$,我们可得分解
$$h(P^1,\Delta_{P^1}) = h^0 P^1 \oplus h^2 P^1 \tag{3}$$
这里 $h^i P^1 = h(P^1,e_i)$(这在 $\mathscr{M}^{\mathrm{eff}}_{\mathrm{rat}}(k)$ 中和在 $\mathscr{M}^{\mathrm{eff}}_{\mathrm{num}}(k)$ 中都成立). 我们记 $I = h^0 P^1, L = h^2 P^1$.

从某种意义上讲,有效 Motive 范畴是最有用的[①],但是一般地人们更倾向于一个在其中每个对象都存在对偶的范畴. 这极易通过将 L 取逆来实现.

9.3.5.3 三论

$\mathscr{M}_\sim(k)$ 的对象现在为三元对 $h(X,e,m)$,其中 X 和 e 如前,而 $m \in \mathbf{Z}$. 态射定义为

$$\mathrm{Hom}(h(X,e,m),h(Y,f,n)) = f \circ \mathrm{Corr}_\sim^{n-m}(X,Y)_{\mathbf{Q}} \circ e$$

这是 k 上 Motive 范畴. 前面定义的 Motive 范畴可看作是由 $h(X,e,0)$ 为对象构成的全子范畴.

有时称 $\mathscr{M}_{\mathrm{rat}}(k)$ 为周 Motive 范畴,而称 $\mathscr{M}_{\mathrm{num}}(k)$ 为格罗滕迪克(或数值)Motive 范畴.

9.3.6 $\mathscr{M}_\sim(k)$ 和 $X \rightsquigarrow hX$ 的已知性质

9.3.6.1 范畴 $\mathscr{M}_\sim(k)$ 的已知性质

(1)态射集合是 $\mathbf{Q}$-向量空间,若 $\sim$ 为 num,则它是有限维的(但是其他情形一般不是有限维的).

(2)Motive 的直和存在,故 $\mathscr{M}_\sim(k)$ 是加法范畴. 例如

$$h(X,e,m) \oplus h(Y,f,m) = h(X \cup Y, e \oplus f, m)$$

(3)Motive M 的自同态环中的一个幂等元 f 能将 M 分解为 f 的核与象的直和,故 $\mathscr{M}_\sim(k)$ 是一个伪阿贝尔范畴. 例如,若 $M = h(X,e,m)$,则

$$M = h(X, e-efe, m) \oplus h(X, efe, m)$$

(4)$\mathscr{M}_{\mathrm{num}}(k)$ 是阿贝尔范畴且为半单范畴,但是

---

① 例如,在探究具有 $\mathbf{Z}$(而不是 $\mathbf{Q}$)系数的有限域上的有效 Motive 范畴时,拉马钱德冉(Niranjan Ramachandran)和我发现了此范畴中的 Ext 的阶数和 Zeta 函数的特殊值之间的一个优美的关系. 但是当从这种有效 Motive 范畴过渡到 Motive 的整个范畴时,这个关系却消失了. ——原注

代数几何中的 Bézout 定理

$\mathscr{M}_{\sim}(k)$ 一般不是阿贝尔范畴,只有 k 是有限域的代数扩张的情形,有可能是阿贝尔范畴①。

(5) $\mathscr{M}_{\sim}(k)$ 上有好的张量积结构,定义为
$$h(X,e,m)\otimes h(Y,f,n)=h(X\times Y,e\times f,m+n)$$

记 $hX=h(X,\Delta_X,0)$,则 $hX\otimes hY=h(X\times Y)$,故对于 $X\leadsto hX$ 屈内特公式成立。

(6) 上述结论对有效 Motive 范畴亦成立,但是在 $\mathscr{M}_{\sim}(k)$ 中,对象存在对偶。这意味着对于每个 Motive M,均存在对偶 Motive $M^{\vee}$ 和"赋值映射" ev: $M^{\vee}\otimes M\to I$,并且满足某种泛性质。例如,当 X 连通时有
$$h(X,e,m)^{\vee}=h(X,e^{t},\dim X-m)$$

应该强调的是,尽管 $\mathscr{M}_{\text{rat}}(k)$ 不是阿贝尔范畴,但依然是非常重要的范畴。特别是,它比 $\mathscr{M}_{\text{num}}(k)$ 包含了更多的信息。

9.3.6.2 $X\leadsto hX$ 是泛上同理论吗

当然,函子 $X\leadsto hX$ 将 X 映为其周 Motive 是有泛性质的。这几近赘述:好的上同调理论即为可通过 $\mathscr{M}_{\text{rat}}(k)$ 进行分解的理论。

然而对于 $\mathscr{M}_{\text{num}}(k)$ 却存在着问题:一个数值等价于零的对应将给出 Motive 间的零映射,但是一般地,我们并不知道其是否在上同调上也定义零映射。为了使一个好的上同调理论能通过 $\mathscr{M}_{\text{num}}(k)$ 进行分解,其须满足下述猜想:

猜想 D 如果一个代数链数值等价于零,则其上同调类也是零。

---

① 一个周知的猜想断言,当 k 是有限域的代数扩张时,自然函子 $\mathscr{M}_{\text{rat}}(k)\to\mathscr{M}_{\text{num}}(k)$ 是一个范畴等价。——原注

第9章 代数几何大师的风采

换句话说,若 $\mathrm{cl}(\gamma) \neq 0$,则 γ 不会数值等价于零. 结合庞加莱对偶,我们可重述为:如果存在上同调类 γ' 满足 $\mathrm{cl}(\gamma) \cup \gamma' \neq 0$,则存在一个代数链 γ'' 满足 $\gamma \cdot \gamma'' \neq 0$. 因此,此猜想是一个关于代数链的存在性断言. 不幸的是,我们尚无方法能够证明代数链的存在性. 更具体地说,当我们期望一个上同调类是代数的,即是代数链类,我们尚无途径能给出具体证明. 这是一个主要问题,至少是算术几何和代数几何中的主要问题.

在特征为零时,猜想 D 对阿贝尔簇是对的,猜想 D 可由霍奇猜想推出.

9.3.6.3 为什么 hX 不是分次的

当我们假设猜想 D 成立时,我们的好的上同调理论 H 确实能通过 $X \rightsquigarrow hX$ 来分解. 这意味着存在从 $\mathcal{M}_{\mathrm{num}}(k)$ 到 H 的基域上的向量空间范畴的函子 w,使有

$$w(hX) = H^*(X) \stackrel{\mathrm{def}}{=} \oplus_{i=0}^{2\dim X} H^i(X)$$

显然应该存在 hX 的一个分解,使其能够统一诱导出每个好的上同调理论所具有的 $H^*(X)$ 分解. 对 P^1,由(3)知这是对的. 下述猜想是由格罗滕迪克提出的.

猜想 C 在环 $\mathrm{End}(hX) = C_{\mathrm{num}}^{\dim X}(X \times X)$ 中,对角 Δ_X 可典范地分解成幂等元之和

$$\Delta_X = \pi_0 + \cdots + \pi_{2\dim X} \quad (4)$$

此表示式决定一个分解

$$hX = h^0 X \oplus h^1 X \oplus \cdots \oplus h^{2\dim X} X \quad (5)$$

这里 $h^i X = h(X, \pi_i, 0)$,此分解应该有这样的性质,即对于每个满足猜想 D 的好的上同调理论,分解(5)给出如下分解

$$H^*(X) = H^0(X) \oplus H^1(X) \oplus \cdots \oplus H^{2\dim X}(X)$$

此猜想也是关于代数链的存在性的断言,因此是很困难的.对于有限域上的非奇异射影簇(此时某种弗罗贝尼乌斯映射的多项式可用于分解 Motive)和特征零的阿贝尔簇(由定义知阿贝尔簇具有交换群结构,映射 $m: X \to X, m \in \mathbf{Z}$,可用于分解 hX),这是对的.

假如猜想 C 是对的,则可谈论 Motive 的权(weight).例如,Motive $h^i X$ 的权为 i,而 $h(X, \pi_i, m)$ 的权为 $i - 2m$. Motive 称为是纯粹的(pure),是指其具有单一的权(single weight).每个 Motive 都是纯粹 Motive 的直和.

只有证明了猜想 C 和猜想 D,格罗腾迪克的梦想才能得以实现.

附注 Murre 曾经猜测分解(4)即使在 $C_{\text{rat}}^{\dim X}(X \times X)$ 中也是存在的.已证明他的猜想等价于贝林森(Beilinson)和布洛赫(Bloch)关于周群上的一个有趣的滤链的存在性猜想.

9.3.6.4 什么是淡中忠郎范畴

所谓仿射群,是指一个矩阵群(可能是无限维的)①.对于 **Q** 上的仿射群 G,其在有限维 **Q** - 向量空间上的表示的全体构成一个带有张量积和对偶的阿贝尔范畴 $\text{Rep}_\mathbf{Q}(G)$,而遗忘函子则是一个从 $\text{Rep}_\mathbf{Q}(G)$ 到 $\text{Vec}_\mathbf{Q}$ 保持张量积的忠实函子(faithful functor).

Q 上的一个中性的(neutral)淡中忠郎范畴 T 是指一个阿贝尔范畴,它带有张量积和对偶并存在到 $\text{Vec}_\mathbf{Q}$

---

① 更确切地说,一个仿射群是域上的一个仿射群概型(未必是有限型的).每个这样的群都是那些能够实现为某 GL_n 的子群的仿射代数群概型的逆极限.——原注

的保持张量积的忠实的正合函子;这样一个函子 w 的张量积自同构构成一个仿射群 G,并且函子 w 的选取决定了范畴的等价 $T \to \mathrm{Rep}_{\mathbf{Q}}(G)$. 因此,一个中性的淡中忠郎范畴即是一个没有指定"遗忘"函子的仿射群的表示范畴的抽象形式(正如向量空间是 k^n 的没有指定基的抽象形式一样).

$\mathbf{Q}$ 上的一个淡中忠郎范畴 T(未必是中性的)是指一个阿贝尔范畴,其带有张量积和对偶并存在到某特征零的域(未必是 $\mathbf{Q}$)上的向量空间范畴且保持张量积的忠实的正合函子;我们还要求 $\mathrm{End}(I) = \mathbf{Q}$ 成立;这样的函子的选取给出了 T 到仿射群胚范畴的一个范畴等价.

9.3.6.5 $\mathscr{M}_{\mathrm{num}}(k)$ 是淡中忠郎范畴吗

不,不是淡中忠郎范畴. 在一个带有张量积和对偶的阿贝尔范畴 T 中是可以定义一个对象的自同态的迹的. 其将被任何忠实的正合函子 $w: T \to \mathrm{Vec}_{\mathbf{Q}}$ 所保持,因此对于对象 M 的恒等映射 u,有

$$\mathrm{Tr}(u|M) = \mathrm{Tr}(w(u)|w(M)) = \dim_{\mathbf{Q}} w(M)$$

此为向量空间的维数,故为非负整数. 对于簇 X 的恒等映射 u,$\mathrm{Tr}(u|hX)$ 即为 X 的欧拉 – 庞加莱特征(贝蒂数的交错和). 例如,若 X 是亏格 g 的曲线,则有

$$\mathrm{Tr}(u|hX) = \dim H^0 - \dim H^1 + \dim H^2 = 2 - 2g$$

这可以是负的. 这证明不存在正合的忠实张量函子 $w: \mathscr{M}_{\mathrm{num}}(k) \to \mathrm{Vec}_{\mathbf{Q}}$.

为修正这一点,我们不得不变动张量积结构的内在机理. 假设猜想 C 成立,则每个 Motive 有分解(5). 如果当 ij 为奇数时,我们改变"典范"同构

$$h^i X \otimes h^j X \simeq h^j X \otimes h^i X$$

的负号,则 $\mathrm{Tr}(u|h(X))$ 就变成了 X 的贝蒂数的和而不是交错和. 这样 $\mathscr{M}_{\mathrm{num}}(k)$ 就成为一个淡中忠郎范畴(若 k 特征为零则其为中性,但其他情形不然). 因此,当 k 是有限域的代数扩张时, $\mathscr{M}_{\mathrm{num}}(k)$ 是非中性的淡中忠郎范畴(但是,由于猜想 D 尚未被证实,所以我们不知道标准的上同调是否可通过其进行分解).

9.3.7 重温韦伊猜想

9.3.7.1 Zeta 函数

设 X 是 F_p 上的非奇异射影簇,固定 F_p 的一个代数闭包 F. 对每个 m, F 有唯一的 p^m 元子域 F_{p^m} 记 $X(F_{p^m})$ 为 X 上坐标在 F_{p^m} 中的点的集合,此为有限集合. X 的 Zeta 函数 $Z(X,t)$ 定义为

$$\log Z(X,t) = \sum_{m \geq 1} |X(F_{p^m})| \frac{t^m}{m}$$

例如,设 $X = P^0 =$ 单点,则对任意的 m 有 $|X(F_{p^m})| = 1$,故

$$\log Z(x,t) = \sum_{m \geq 1} \frac{t^m}{m} = \log \frac{1}{1-t}$$

因此

$$Z(X,t) = \frac{1}{1-t}$$

作为第 2 个例子,设 $X = P^1$,则 $|X(F_{p^m})| = 1 + p^m$,故

$$\log Z(X,t) = \sum (1+p^m)\frac{t^m}{m}$$

$$= \log \frac{1}{(1-t)(1-pt)}$$

因此

$$Z(X,t) = \frac{1}{(1-t)(1-pt)}$$

9.3.7.2 韦伊的奠基性的工作

1940 年代,韦伊证明对于 F_p 上亏格 g 的曲线 X,有

$$Z(X,t) = \frac{P_1(t)}{(1-t)(1-pt)}, P_1(t) \in \mathbf{Z}[t] \quad (6a)$$

$$P_1(t) = (1-a_1t)\cdots(1-a_{2g}t), 其中 |a_i| = p^{\frac{1}{2}} \quad (6b)$$

特别地,这说明有

$$|X(F_p)| = 1 + p - \sum_{i=1}^{2g} a_i$$

故

$$||X(F_p)| - p - 1| = |\sum_{i=1}^{2g} a_i| \leq 2gp^{\frac{1}{2}}$$

韦伊关于这些结论的证明本质上用到曲线的雅可比簇. 对于 $\mathbf{C}$ 上亏格 g 的曲线 $X, X(\mathbf{C})$ 即为亏格 g 的黎曼曲面,故 $X(\mathbf{C})$ 上的全纯微分构成一个 g 维复向量空间 $\Omega^1(X)$,并且同调群 $H_1(X(\mathbf{C}), \mathbf{Z})$ 是秩 $2g$ 的自由 $\mathbf{Z}$-模. $H_1(X(\mathbf{C}), \mathbf{Z})$ 的一个元素 γ 定义了 $\Omega^1(X)$ 的对偶向量空间 $\Omega^1(X)^\vee$ 中的一个元素 $w \mapsto \int_\gamma w$. 从阿贝尔和雅可比的时代就已经知道此映射将 $H_1(X(\mathbf{C}), \mathbf{Z})$ 实现为 $\Omega^1(X)^\vee$ 中的一个格 Λ,故商 $J(X) = \Omega^1(X)^\vee/\Lambda$ 是复环面——选择 $\Omega^1(X)$ 的一个基即可定义一个同构 $J(X) \approx \mathbf{C}^g/\Lambda$. $J(X)$ 的自同态是 $\Omega^1(X)^\vee$ 的将 Λ 映为自身的线性自同态,由此知 $\mathrm{End}(J(X))$ 是有限生成 $\mathbf{Z}$-模. 所以 $\mathrm{End}(J(X))_\mathbf{Q}$ 是一个有限秩的 $\mathbf{Q}$ 代数. X 的任何极化 (polarization) 定义了 $\mathrm{End}(J(X))_\mathbf{Q}$ 的一个对合 (involution) $\alpha \mapsto \alpha^\dagger$,由于对任意非零 α,迹 $\mathrm{Tr}(\alpha\alpha^\dagger) > 0$,故其为正定.

复环面 $J(X)$ 是一个代数簇. 1940 年代,在韦伊研究这些问题的时候,尚不知如何定义不同于 $\mathbf{C}$ 的域上的曲线的雅可比簇.事实上,那个年代的代数几何基础尚不适合于这项工作,因此,为了使他对(6a,6b)证明能基于坚实的基础,他不得不首先重写代数几何的基础,然后在任意域上发展雅可比簇的理论.

对于 F_p 上的任意簇 X,存在一个正则映射 $\pi:X\to X$(称为弗罗贝尼乌斯映射),其在点上的作用为 $(a_0:\cdots:a_n)\mapsto(a_0^p:\cdots:a_n^p)$,并且具有性质:$\pi^m$ 在 $X(F)$ 上作用的不动点恰为 $X(F_{p^m})$ 中的元素.韦伊证明了不动点公式,这使他得以证明,对于 F_p 上的曲线 X,$Z(X,t)=P_1(t)/(1-t)(1-pt)$,其中 $P_1(t)$ 等于 π 在 $J(X)$ 上作用的特征多项式,并且他知道此多项式具有整系数.极化的选择定义了 $\mathrm{End}(J(X))_{\mathbf{Q}}$ 上的一个对合,韦伊证明其为正定.由此他能够推出不等式 $|a_i|<p^{\frac{1}{2}}$.

9.3.7.3 韦伊猜想的陈述

韦伊关于曲线和其他簇的结果启发了下述猜想:对于 F_p 上的 n 维非奇异射影簇 X,有

$$Z(X,t)=\frac{P_1(t)\cdots P_{2n-1}(t)}{(1-t)P_2(t)\cdots P_{2n-2}(t)(1-p^n t)}$$

$$P_i(t)\in\mathbf{Z}[t] \tag{7a}$$

$$P_i(t)=(1-a_{i1}t)\cdots(1-a_{ib_i}t)$$

$$\text{这里}|a_{ij}|=p^{i/2} \tag{7b}$$

进而,如果 X 来自于 $\mathbf{Q}$ 上的簇 $\tilde{X}$ 的模 p 约化,则 $b_i(P_i$ 的次数)应是复流形 $\tilde{X}(\mathbf{C})$ 的贝蒂数.

9.3.7.4 标准猜想和韦伊猜想

在格罗腾迪克定义他的平展上同调群的时候,他

第9章 代数几何大师的风采

和合作者们证明了一个不动点定理,这使他们得以证明 $Z(X,t)$ 可表为形式(7a),其中 P_i 等于弗罗贝尼乌斯映射 π 在 $H^i_{et}(X,\mathbf{Q}_\ell)$ 上作用的特征多项式. 然而,尚不能断定多项式 P_i 的系数在 $\mathbf{Z}$ 中,而只能断定在 $\mathbf{Q}_\ell$ 中,并且不能排除其或许会依赖于 ℓ.

1968年,格罗腾迪克提出了两个猜想,分别被称为莱夫谢茨标准猜想和霍奇标准猜想. 如果这些猜想能得以证实,则人们就可以通过用簇的 Motive 理论替代曲线的雅可比,来将韦伊关于曲线情形的韦伊猜想的证明扩展到任意维的代数簇的情形.

上述的猜想 C 是莱夫谢茨标准猜想的弱形式. 如上所知,此猜想连同周知的猜想 D 将意味着存在一个好的 Motive 理论,还将意味着式(7a)成立并且 $P_i(t)$ 是 π 作用在 Motive $h^i X$ 上的特征多项式. 特别是,$P_i(t)$ 的系数在 $\mathbf{Q}$ 中,不依赖于 ℓ,简单的讨论进而会证明其系数在 $\mathbf{Z}$ 中.

霍奇标准猜想是一个正面的断言,其意味着每个 Motive 的自同态代数具有一个正定的对合. 假设这是对的,则由韦伊的讨论方法即能证明(7b).

在特征零的情形,霍奇标准猜想可用解析方法证明,但在非零特征的情形,仅对很少的簇知其成立. 然而,其亦可由霍奇猜想和泰特猜想推得.

德利涅用了一个非常巧妙的办法成功地完成了韦伊猜想的证明,但其证明不用标准猜想. 因此,格罗腾迪克的陈述:

标准猜想的证明连同奇点消解问题(非零特征的情形)对我来说似乎是代数几何中最紧迫的任务. 至

今依然正确.

9.3.8 Motive 的 Zeta 函数

9.3.8.1 Q 上的簇上的 Zeta 函数

假设 X 是 **Q** 上非奇异射影簇. 我们先将定义 X 的多项式去分母使其具有整系数, 然后将这些方程模素数 p, 即得 F_p 上的一个射影簇 X_p. 如果 X_p 仍然是非奇异的, 则称 p 是"好的". 除有限个以外, 所有的素数都是好的, 我们定义 X 的 Zeta 函数为①

$$\zeta(X,s) = \prod_{\text{好的}p} Z(X_p, p^{-s})$$

例如, 当 $X = P^0 = $ 单点时

$$\zeta(X,s) = \prod_p \frac{1}{1-p^{-s}}$$

这是黎曼 Zeta 函数 $\zeta(s)$; 当 $X = P^1$ 时

$$\zeta(X,s) = \prod_p \frac{1}{(1-p^{-s})(1-p^{1-s})} = \zeta(s)\zeta(s-1)$$

考虑 **Q** 上的椭圆曲线 E. 对好的 p, 有

$$Z(E_p,t) = \frac{(1-a_p t)(1-\bar{a}_p t)}{(1-t)(1-p^t)}, a_p + \bar{a}_p \in \mathbf{Z}$$

$$a_p \bar{a}_p = p, |a_p| = p^{1/2}$$

(见 6a, 6b). 故

$$\zeta(E,s) = \frac{\zeta(s)\zeta(s-1)}{L(E,s)}$$

其中

$$L(E,s) = \prod_p \frac{1}{(1-a_p p^{-s})(1-\bar{a}_p p^{-s})}$$

---

① 还应该包含对应于"坏"素数和实数的因子. 以下我将忽略有限多个因子. ——原注

第9章 代数几何大师的风采

9.3.8.2 Motive 的 Zeta 函数

首先考虑 F_p 上的 Motive. 我们不能用一个 Motive M 的坐标在域 F_{p^m} 中的点来定义 F_p 上的 Motive M 的 Zeta 函数，因为这根本没有定义。然而，我们知道 $\mathscr{M}(F_p)$ 是淡中忠郎范畴。在任何淡中忠郎范畴中，对象的自同态具有特征多项式。如果 i 是奇数，则我们定义 F_p 上权的为 i 的纯粹 Motive M 的 Zeta 函数 $Z(M,t)$ 为 M 的弗罗贝尼乌斯映射的特征多项式，如果 i 是偶数，则定义 $Z(M,t)$ 为其倒数。首先，此特征多项式的系数在 $\mathbf{Q}$ 中，如果 M 是有效的，则系数在 $\mathbf{Z}$ 中。对于有相同权的 Motive M_1 和 M_2 有

$$Z(M_1 \oplus M_2, t) = Z(M_1, t) \cdot Z(M_2, t) \quad (8)$$

用此公式即可将定义扩展到所有的 Motive.

这是如何与簇的 Zeta 函数相联系的呢？设 X 是 F_p 上 n 维光滑射影簇。如上所知，格罗腾迪克和他的合作者们证明了 $Z(X,t) = P_1(t) \cdots P_{2n-1}(t)/P_0(t) \cdots P_{2n}(t)$，其中 $P_i(t)$ 是 X 的弗罗贝尼乌斯映射作用在平展上同调群 $H^i_{et}(X_F, \mathbf{Q}_\ell)$ 上的特征多项式（这里是对任意素数 $\ell \neq p$；因此，$P_i(t)$ 可能依赖于 ℓ）。现假设对 ℓ-进(adic)平展上同调猜想 D 成立，则存在函子 w：$\mathscr{M}(F_p) \to \mathrm{Vec}_{\mathbf{Q}_\ell}$ 使得 $w(h^i X) = H^i_{et}(X_F, \mathbf{Q}_\ell)$. 此函子保持特征多项式，这表明有[①] $Z(h^i X, t) = P_i(X, t)^{(-1)^{i+1}}$. 故

$$Z(X,t) = Z(h^0 X, t) \cdots Z(h^{2n} X, t)$$

由 (5) 和 (8)，我们知道此等式右边等于 $Z(hX,t)$，故 $Z(X,t) = Z(hX,t)$

[①] 特别是，$P_i(X,t)$ 是 $\mathbf{Z}$ 系数的多项式，其不依赖于 ℓ 这表明由猜想 C 和 D 可推出 (7a)，这独立于德利涅的工作。——原注

代数几何中的 Bézout 定理

Q 上的 Motive M 可以由一个 **Q** 上的射影光滑簇 X,一个 $X \times X$ 上的代数链 γ 和一个整数 m 所刻画. 除去有限多个以外, 对所有的素数 p, 约化 X 和 γ 可给出 F_p 上的 Motive M_p, 因此我们可以定义

$$\zeta(M,s) = \prod_{\text{好的}p} Z(M_p, p^{-s})$$

例如

$$\zeta(h^0(P^1)) = \zeta(s), \zeta(h^2(P^1)) = \zeta(s-1)$$

对椭圆曲线 E

$$hE = h^0 E \oplus h^1 E \oplus h^2 E$$

故

$$\zeta(hE,s) = \zeta(h^0 E,s) \cdot \zeta(h^1 W,s) \cdot \zeta(h^2 E,s)$$
$$= \zeta(s) \cdot L(E,s)^{-1} \cdot \zeta(s-1)$$

注意, 在没有假设任何未被证明的猜想的情况下, 我们定义了 **Q** 上的 Motive 范畴, 并对此范畴中的每个对象赋予一个 Zeta 函数. 这是一个复变量 s 的函数, 人们猜想它有许多奇妙的性质. 如此产生的函数称为 Motive 的 L-函数(motivic L-function). 另一方面, 可以用完全不同的方法, 即从模形式, 自守形式, 或更一般地, 从自守表示来构造函数 $L(s)$——称为自守 L-函数, 其定义不用代数几何. 下面朗兰兹纲领中的一个具有指导意义的基本原则

模性大猜想(Big Modularity Conjecture) 每个 Motive 的 L-函数都是自守 L-函数的交错积(alternating product).

设 E 是 **Q** 上椭圆曲线. 模性(小)猜想说的是, $\zeta(h^1 E,s)$ 是模形式的梅林(Mellin)变换. 怀尔斯(等人)对此猜想的证明是费马大定理的证明中的主要步骤.

9.3.9 伯奇 - 斯温纳顿 - 戴尔猜想和一些神秘的平方

设 E 是 $\mathbf{Q}$ 上的椭圆曲线. 大约从 1960 年开始,伯奇和斯温纳顿 - 戴尔便使用一种早期的计算机(EDSAC 2)研究 $L(E,s)$ 在 $s=1$ 附近的情况. 计算结果激发了他们的著名猜想. 记 $L(E,1)^*$ 为 $L(E,s)$ 关于 $s-1$ 的幂级数展开式中的第一个非零系数,则他们的猜想断言

$$L(E,1)^* = \{已知项\} \cdot \{神秘项\}$$

其中神秘项被猜想是 E 的泰特 - 沙法列维奇群的阶数,已经知道其(如果是有限的)为平方数.

大约与此同时,他们研究了

$$L_3(E,s) = \prod_p \frac{1}{(1-a_p^3 p^{-s})(1-\bar{a}_p^3 p^{-s})}$$

在 $s=2$ 附近的情况. 通过计算,他们发现

$$L_3(E,1)^* = \{已知项\} \cdot \{神秘平方\}$$

其中神秘的平方项可以很大,例如 2 401. 这究竟是什么呢?

如上所知,$L(E,s)^{-1} = \zeta(h^1 E, s)$. 我们可将伯奇 - 斯温纳顿 - 戴尔的猜想看作是关于 $h^1 E$ 的断言. 此猜想已被扩展到 $\mathbf{Q}$ 上的所有 Motive. 可以证明存在 Motive M 使得

$$h^1(E) \otimes h^1(E) \otimes h^1(E) = 3h^1(E, \Delta_E, -1) \oplus M$$

以及

$$\zeta(M,s) = L_3(E,s)^{-1}$$

因此,这神秘的平方项被猜想是 Motive M 的"泰特 - 沙法列维奇群".

9.3.10 后注

严格地讲,$\mathcal{M}(k)$ 应该被称为纯粹 Motive 范畴. 其对应于 k 上非奇异射影簇. 格罗腾迪克还预言存在混合 Motive 范畴,其对应于 k 上所有的簇构成的范畴. 此范畴不再是半单的,但是每个混合 Motive 应有一个滤链,其因子(quotient)皆为纯粹 Motive. 目前尚无混合 Motive 范畴的明确定义,甚至连猜想的定义也没有,但是一些数学家已经构造了一些三角化范畴以作为混合 Motive 范畴的导出范畴的候选范畴;当然还需在这些候选范畴之一上定义一个 t - 结构以使其中心为混合 Motive 范畴自身.

9.4 忆格罗腾迪克和他的学派①

L. Illusie,南巴黎大学的一位名誉退休教授,曾是格罗腾迪克的学生. 2007 年 1 月 30 日(星期二)的下午,在 A. Beilinson 的芝加哥家里见到了芝加哥大学的数学教授 Beilinson,布洛赫(S. Bloch),德林费尔德(V. Drinfeld)以及其他几个客人,Illusie 在壁炉旁闲聊起来,回忆起他与格罗腾迪克在一起的那些日子. 以下是一篇由 Thanos Papaioannou, Keerthi Madapusi Sam-

---

① 作者 Luc Illusie, Alexander Beilinson, Spencer Bloch, Vladimir Drinfeld,等. 译自: Notices of the AMS, Vol. 57 (2010), No. 9, p. 1106 – 1115, Reminiscences of Grothendieck and His School, Luc Illusie, with Alexander Beilinson, Spencer Bloch, Vladimir Drinfeld, et al.. Copyright © 2010 the American Mathematical Society. Reprinted with permission. All rights reserved. 美国数学会与作者授予译文出版许可. 胥鸣伟,译. 袁向东,校.

path 和 Vadim Vologosky 提供的手稿经过修改和整理的记录①.

9.4.1 在 IHÉS

Illusie：我开始参加格罗腾迪克在 IHÉS（即高等科学研究院）的讨论班是在 1964 年举办的关于 SGA 5 的第 1 部分②的时候. 第 2 部分在 1965～1966 年举办. 讨论班在每周二, 从下午 2:15 开始, 持续一个半钟头. 之后喝茶. 大多数的报告是格罗腾迪克作的. 通常他整个夏天或之前都在预先准备笔记, 并会把它们发给可能的演讲人. 他在他的学生中派报告人, 也要求他的学生写讲稿. 第一次见他我有些恐惧. 这是在 1964 年, 是嘉当（Cartan）把我介绍给他的, 嘉当说:"对于你在做的问题, 你应当见见格罗腾迪克." 我的确正在研究一个在相关情形下的 Atiyah-Singer 指标公式. 当然, 所谓的相关情形是在格罗腾迪克意义上的, 所以嘉当立即就看出了这个关键点. 我当时在做希尔伯特丛, 具有有限的上同调的希尔伯特丛的复形有关的一些东西, 嘉当就说, "这使我想起格罗腾迪克做过的一些东西, 你应该与他讨论讨论." 我由中国数学家施维枢引见给他. 施那时正在普林斯顿的关于 Atiyah-Singer 指标公式的嘉当 – 施瓦兹（Schwartz）讨论班上；那里还有

---

① 本文涉及众多数学家. 为避免混淆, 除几个著名人物外, 对人名均不做翻译. ——原注

② ℓadic 上同调和 L 函数, Séminaire Géométrie Algébrique du Bois-Marie 1965/66, 格罗腾迪克主持, LNM (Lecture Notes in Math) 589. Springer-Verlag, 1977. ——原注

SGA 即 Séminaire Geométrie Algébrique（代数几何讨论班）的缩写. ——译注

代数几何中的 Bézout 定理

一个并行的由 Palais 主持的讨论班. 我和施维枢一起做了一点示性类的东西. 后来他就去 IHÉS 访问了. 他与格罗腾迪克很要好,建议引见我.

于是,有一天的两点钟,我去 IHÉS 的格罗腾迪克的办公室见他,我想,这间办公室现在是秘书们的办公室中的一间吧. 会见在相邻的一间会客室里. 我试着解释我在做什么. 这时格罗腾迪克突然给我看某些自然的交换图,并说:"它根本得不出什么. 让我来给你解释我的一些想法." 然后他给作了关于导范畴中的有限性条件的长时间讲话. 而我却一点儿也不懂导范畴!"你考虑的不应该是希尔伯特丛的复形. 取而代之,你应该研究环层空间和有限挠维的伪凝聚层复形(pseudocoherent complexes of finite tor-dimension)." ……(笑声)……看起来它很复杂. 但他所向我解释的后来证明在定义我所需要的东西中是有用的. 我做了笔记,可懂得很少.

我那时还不懂代数几何. 但他说,"我要在秋天开一个讨论班,是 SGA 4 的延续",①当时还不叫"SGA 4"而叫"SGA A"即"Séminaire de géométrie algébrique avec Artin(与阿廷一起的代数几何讨论班)". 他说,"是关于局部对偶的. 下一年我们要讨论到 ℓ- 进上同调、迹公式、L-函数." 我说,"好的,我会参加,但我不知是否能跟得上." 他说,"事实上我要你整理出第一讲的报告." 然而他没有给我事先准备的笔记. 我参加了第一讲.

---

① 《拓扑斯(Topos)理论和概形的平展上同调》,SGA du Bois-Marie, 阿廷(M. Artin), 格罗腾迪克及费尔迪尔(J. L. Verdier)主持, LMN 269, 270, 305, Springer-Verlag, 1972, 1973. ——原注

第9章 代数几何大师的风采

他在黑板旁精力充沛地讲着,并留心复述所有必要的资料. 他做事是非常精确的. 表述也如此干净准确,甚至对此课题一无所知的我也能明白这种形式结构. 讲述快且清楚,使我也能记下笔记. 他从简短地回想整体的对偶以及 $f^!$ 和 $f_!$ 的形式规定开始. 那时我已经学了一点导范畴的语言,所以不怎么害怕诸如特异三角形(distinguished triangles)之类的东西. 然后他转到对偶化复形,这对我要难得多. 一个月后我写好了笔记,当把它们交给他时我非常担心. 它们总共大约 50 页. 对于格罗腾迪克这是一个合适的长度. 有一回,我过去在高等师范的助教 Houzel 在这个讨论班结束时对格罗腾迪克说,"我写了点东西,想请您看一看." 这是些关于复几何(analytic geometry,指解析空间理论——校注)的,大约 10 页,格罗腾迪克对他说,"等你写了 50 页再拿回来"……(笑声)……不管怎样我的这个长度是合适的,但我还是非常担心. 一个原因是,在此期间,我写了一些关于我对希尔伯特丛的复形想法的笔记. 我已有了我看来挺好的最终文本. 格罗腾迪克说,"或许我会看一看." 于是我将它们交给了他. 之后不久,格罗腾迪克来找我说,"对你写的东西我有些话说,请你到我那里去,我要解释给你听."

9.4.2 在格罗腾迪克的住所

当我见他时,我惊讶地发现我的文本被铅笔的记号涂黑了. 我以为这应是最后的文本了,但一切还必须改变. 事实上,他始终都是对的,甚至涉及法语问题. 他建议修改文体,组织结构,一切一切. 故而我对我写的关于局部对偶的报告也非常担心起来. 然而大约一个多月后,他说,"我已读过你的笔记了,还不错,但我还有些意见,请你再到我的住所来好吗?"这是我到他住所一系列拜访的开头. 那时他住在 Bures-sur-Yvette 的 Moulon 街的一座白色的一底一楼的房子里. 那里的办公室显得简朴,冬天冷. 他有一幅他父亲的铅笔画肖像,在桌上还有一尊他母亲的石膏遗容塑像. 在书桌后是个档案橱柜. 当他需要某个文件时. 可以转过身来马上找到它. 他的一切安排得井井有条. 我们坐在一起讨论他对我的修改本的意见,从两点钟开始可能直到 4 点,然后他说,"或许我们该歇一会儿了." 有时我们出去走一会儿,有时喝茶. 之后再回来继续工作. 然后 7 点左右与他的妻子、女儿和两个儿子一起吃晚饭. 再后来我们又在他的办公室碰面. 他喜欢向我讲一些数学. 我记得,有一天他按各种不同观点给我讲了一堂基本群理论的课:拓扑的、概形理论的(比 SGA 3 扩大了的基本群)、还有拓扑斯理论的. 我力图把握住它们,但太难了.

他以他快速和优雅的手书进行即兴创作. 他说他不写就不能思考. 我发现自己更适宜首先闭着眼睛想事、或者干脆躺着,但他这样却不能思考,他必须拿张纸,开始写. 他写下 $X \to S$,将笔多次在上面划,你瞧,直到字和箭头变得非常粗. 不知何故他喜欢这些东西的这种样子. 通常我们在晚上 11:30 结束,然后他陪我走到车站,我要去赶回巴黎的末班火车. 在他住所的所有下午都像那样.

9.4.3 林中漫步

来过这个讨论班的人中我记得的有 Berthelot, Cartier, 谢瓦莱, Demazure, 迪厄多内, Giraud, Jouanolou, Néron, Poitou, Raynaud 及其夫人 Michèle, Samuel, 塞

第9章 代数几何大师的风采

尔,Verdier. 当然还有国外的来访者,其中有些呆了较长的时间(蒂茨;Deligne 从 1965 年起便参加了该讨论班;泰特;后来则有 Kleiman, Katz, Quillen, ⋯). 那时到 4 点钟我们到 IHÉS 的会客厅喝茶,这是一个进行会面和讨论的场所. 另一个这类场所是在 IHÉS 吃午餐,过了一段时间我也决定到那里看看. 在那里你能看到格罗腾迪克,塞尔,泰特在讨论主旨(motives,有人建议翻译为"母题"——译注)理论或其他话题,这是些那时被我完全忽视的东西. SGA 6[①] 开始于 1966 年,这是关于黎曼-罗赫公式的讨论班. 在此前不久,格罗腾迪克对 Berthelot 和我说,"你们应该做报告了." 他交给我一些预先准备的笔记,是关于导范畴有限性条件和关于 K-群的. 于是 Berthelot 和我给了几个报告,并写了笔记. 这段时间我们通常在午餐时碰头,那可是非常不错的中饭;饭后格罗腾迪克带我们到 IHÉS 的树林中去散步,完全随意地向我们讲解他一直在考虑的事和在读的东西. 我记得有一次他说,"我在读马宁(Manin)关于形式群的文章[②],我想我明白他在做什么. 我认为应该引进斜率的概念,以及牛顿多边形," 然后他对我们解释牛顿多边形应该在特定化下产生,并首次想象了晶体(crystal)的概念. 就是这时,或许稍后一点,他写了那封著名的给泰特的信:"⋯⋯Un cristal possède deux propriètès charactèristiques: larigidité. et la

---

[①] 相交论和黎曼-罗赫(Roch)定理,格罗腾迪克、Berthelot 和 Illusie 主持,LMN 225,Springer-Verlag,1971. ——原注

[②] Yu. I. Manin, "Theory of commutative formal group over field of finite characteristic", Uspehi, Mat, Nauk. 18(1963), No. 6(114), 3-90. (俄文)——原注

faculté de croître dans un voisinage approprié Il y a des cristaux de toute espèce de substance: des cristaux de soude, de soufre, de modules, d'anneaux, de schémas relatifs, etc."("晶体具有两个特征性质:刚性和在一个适当的邻域中的生长能力. 有各种物质的晶体:钠、硫磺、模、环、相对概形,等等")

9.4.4 屈内特

Bloch:你怎么样? 你的职责是什么? 你一定一直想着你的学位论文吧.

Illusie:我必须说,进行得不怎么样. 当然,格罗腾迪克给了我几个问题. 他说,"EGA Ⅲ 的第 2 部分[1]实在叫人头痛,有十来个邻接于纤维积的上同调的谱序列. 乱成一团. 所以请你用引进导范畴的办法把它清理一下,在导范畴的一般架构下写出屈内特公式."我对此进行了考虑但很快就完全被卡住了. 当然我也能写出几个公式,然而只能在无挠的情形. 我相信即便现在在文献中也没有出现过非无挠情形下的一般公式[2]. 为此你需要同伦代数.

你有两个环,你需要取这两个环的导张量积;你得到的是单纯环的导范畴中的一个对象,或者你可将它看成是在特征零情形时的一个微分分次代数,但是这些东西在那时还没有. 在无挠情形通常的张量积便可以了. 一般情形则卡住了我.

9.4.5 SGA 6

因此,我很高兴与格罗腾迪克和 Berthelot 一起搞

---

[1] 《代数几何基础》,格罗腾迪克,迪厄多内,IHÉS 4,8,11,17,20,24,28,32,以及 Grundlehren166,Springer-Verlag,1971. ——原注

[2] 这个话题在标题为"Cartier, Quillen"那一节还有讨论. ——原注

第 9 章 代数几何大师的风采

SGA 6. 这时你不必在 3 年内做完你的论文. 完成一份博士论文可以花七八年. 所以压力不是那么大. SGA 6 这个讨论班进行得顺利, 我们最终证明了在相当一般的背景下的黎曼－罗赫定理, Berthelot 和我十分高兴. 我记得我们在尽力模仿格罗腾迪克的文风. 当格罗腾迪克交给我他写的一些关于在导范畴中有限性的笔记时, 我说, "这只是在一个点上的. 我们应该在某个拓扑斯上的一个纤维范畴上做它."（笑声）它有点直接了, 但不管怎样, 它确实是一个正确的推广.

Drinfeld：SGA 6 的最终文本写成什么样子了？ 是不是就是这种一般性？

Illusie：是的, 自然如此.

Drinfeld：那么, 这是你的建议, 而不是格罗腾迪克的.

Illusie：是的.

Drinfeld：他赞同吗？

Illusie：当然, 他喜欢它. 至于 Berthelot, 他把他的原创带到了 K－理论部分. 格罗腾迪克算过了一个射影丛的 K_0. 我们那时不叫它"K_0", 有一个 $K^{\bullet}$ 由向量丛构成, 而有一个 $K_{\bullet}$ 由凝聚层构成, 即现在记为的 K_0 和 K'_0. 格罗腾迪克证明了, 在 X 上一个射影丛 P 的 K_0 由 $\mathcal{O}_P(1)$ 类在 $K_0(X)$ 生成. 但他不喜欢这个结果. 他说, "有时你并不处在拟射影情形, 对于凝聚层你没有任何整体的分解. 最好去做利用完满复形（perfect complex）定义的 K－群." 但是他不知道如何对其他的 K 群去证这个类似的结果. Berthelot 考虑了这个问题, 他将在 EGA II 中对于模所做的 Proj 的某些结构改用到复形上解决了这个问题. 他将此告诉了格罗腾迪克, 然后格罗腾迪克对我说,"Berthelot est encore plus fonctorise que moi!"[①](笑声). 格罗腾迪克交给我们关于 λ 运算的详细笔记,这是他在 1960 年前写的. Berthelot 在他的报告中讨论了它们,并解决了许多格罗腾迪克当时还没有考虑到的问题.

Bloch:你为什么选择了这个课题?已经有了波雷尔(Borel)和塞尔写的更早的文章,那也是基于格罗腾迪克关于黎曼-罗赫的想法的. 我确信他并不喜欢这样做!

Illusie:格罗腾迪克需要在一个一般基底和完全一般态射(局部完全交的态射)上的相对公式. 他还不想用移动闭链(cycles)的方法. 他更喜欢用 K-群去做相交理论.

Bloch:难道他忘掉他要证明韦伊猜想的纲领了吗?

9.4.6 SGA 7

Illusie:没有忘,他有许多方法和手段. 在 1967~1968 年和 1968~1969 年有另一个讨论班 SGA 7[②],这是关于单值性、消没闭链、$R\Psi$ 和 $R\phi$ 函子、闭链类、莱夫谢茨束(Lefschetz pencils)的. 他确实在几年前已考虑过在闭链附近的形式体系. 他也读过米尔诺(Milnor)关于超曲面的奇点的书. 米尔诺计算了一些例子,并观察到对于这些例子,一个孤立奇点的现在称之为米尔诺纤维的单值性的特征值是单位根. 米尔诺猜想,一般情形也是如此,作用是拟幂么的. 于是格罗腾迪克

---

① "Berthelot 比我还要函子化!"——原注

② 代数几何中的单值群,1967~1969,I 由格罗腾迪克主持,II 由德利涅和 Katz 主持,LNM 288,340,Springer-Verlag,1973. ——原注

说,"在解决我们的问题中工具是什么呢？是广中平佑的消解(resolution)法.于是你离开了孤立奇点的世界,你再也不能取到米尔诺纤维了,你需要一个合适的整体的对象."然后他意识到他曾定义过的消没闭链的复形正是他所要的.利用奇点消解,他在拟半稳定约化情况下(带有重数)计算了消没闭链,于是在特征零的情形解答便十分容易地得到了.他还得到了一般情形下的一个算术证明.他发现了这个奇妙的论证,用它证明了：当你的局部环的剩余域不是那么大,意思是说它没有包含所有含有次数为 ℓ 幂次的单位根的有限扩张时,那么,ℓ-进表示是拟幂么的.他决定开一个关于它的讨论班,这就是顶呱呱的讨论班 SGA 7. 就是在这个讨论班上,德利涅作了他的关于皮卡－莱夫谢茨公式的漂亮报告(这是应格罗滕迪克的请求作的,他不懂莱夫谢茨的论证),还有 Katz 的关于莱夫谢茨束的美妙演讲.

9.4.7　余切复形和形变

但是我的学位论文还是空空的,我刚参加完 SGA 7,没有写报告的任务.我已经放弃屈内特公式方面的问题很久了.我也在《拓扑学》(Topology)上发表了一篇关于有限群作用和陈(省身)数的小文章,但那还太少.一天,格罗滕迪克到我这里来说,"我有几个给你的关于形变的问题."于是我们在某个下午见了面,他提了几个关于形变的问题,但它们都有相似的答案：模的、群的、概形的、概形态射的,等等的形变.每次答案都涉及一个他近来构造出的东西,即余切复形.在他与迪厄多内合作的关于 EGA Ⅳ 的工作中出现过一个态射的微分不变量,称之为"不完全性模"(module of imperfection). 格罗腾迪克意识到, 事实上 Ω^1 和不完全性模是在导范畴中一个更精细的不变量的上同调对象, 即一个长为 1 的复形, 他称其为余切复形. 他把此写到了他的讲义《加性余纤维范畴与相对余切丛》(Catégories cofibrées additives et complexe cotangent relatif)(SLN 79) 中. 格罗腾迪克观察到, 当达到涉及 H^2 群的障碍时, 他的理论很可能是不充分的, 这是因为一个态射的复合对于他的余切复形不会产生一个好的特异三角形. 在同一段时间, Quillen 独立地一直在做同伦代数, 并且在稍后, 构造出了在仿射情形的一个无限长的链复形, 它将格罗腾迪克的复形作为其一个截段, 而它对于态射的复合表现良好. 独立地, Michel André 也定义了一个相似的不变量. 我对他们的工作产生了兴趣, 并且认识到, 在 André 的构造中, 起着关键作用的 Whitehead 的经典引理可以容易地被层化. 几个月里我便得到了我论文的主要结果, 但群概形的形变除外, 后者在以后很长时间才被搞定 (交换的情形需要做极多的工作).

9.4.8　1968 年 5 月之后

在 1968 年 5 月, 格罗腾迪克受到了极左思想的引诱. 他也开始思考其他的课题: 物理 (他告诉我他读了 Feynman 写的书), 然后是生物学 (特别是胚胎学). 我对自那个时期始的印象是, 尽管他仍旧非常活跃 (例如 SGA 7 的第 2 部分是在 1968 ~ 1969 年进行的), 但数学慢慢地从他的主要兴趣中漂走了. 他一直考虑在此之后给一个关于阿贝尔概形的讨论班, 但最终决定进行研讨迪厄多内的 p - 可除群的理论, 以延续他关于晶体上同调的研究.

他在这方面的讲义(1966)已经由 Coates 和 Jussila 写出来了,他还让 Berthelot 将其发展成一个完全成熟的理论. 颇为遗憾的是他没能组织一个关于阿贝尔概形的讨论班. 我确信那样的讨论班,一定会产生这个理论的一个漂亮统一的表述,它会比我们能在文献中找到的分散的资料要好得多. 1970 年,他离开了 IHÉS 并创建了生态团体"Survivre"(意思为"生存"——译注. 后改名为"Survivre et Vivre"(生存与生活)). 在尼斯大会上,他从用卡纸板做的小箱子取出要散发的文件,并对此做了宣传. 他逐渐地将数学看成是不值得研究的东西,因为还有人类生存方面更加紧迫的问题需要解决. 他漫不经心地向他周围散发他的许多文件(文章,私人笔记,等等). 然而在 1970~1971 年,他还在法兰西学院上了一门关于 Barsotti-Tate 群的漂亮课程(连同一个讨论班),后来在蒙特利尔也讲了同样主题的课.

9.4.9　随格罗腾迪克一起工作

许多人害怕与格罗腾迪克讨论,然而,事实上,并不是有多么困难. 例如,我可以在任何时间打电话给他,但中午前除外,因为他在那时需要起床. 他总工作到深夜. 我可以问他任何问题,他总是非常和善地向我解释他对此问题所知道的. 有时他有些事后的想法,他便会写一封信来补充一些东西. 他对我非常友善. 但是有些学生就没有这样幸运了. 我记得 Lucile Bégueri-Poitou 曾向格罗腾迪克要了一个作为她学位论文的题目. 它有点像我的屈内特公式那种. 我想他提议她写出对于拓扑斯的凝聚态射理论以及在拓扑斯中的有限性条件. 那是困难且不讨好的题目,事情进行得不顺利,她最终决定不再跟他做了. 几年后,她写了一篇论文,

代数几何中的 Bézout 定理

解决了一个他的完全不同的问题①. 对于 Raynaud 女士,他要成功得多:她写了一篇漂亮的学位论文②.

我说过,当我在我交给他一些笔记时,他会改得很多,并提出许多修改的建议. 由于他所说的几乎总十分切中要害,我喜欢这样,我也很高兴改进我的写法. 但有些人不是这样,一些人以为他们写得很好了,没有改进的必要. 格罗腾迪克在 IHÉS 给出过关于主旨理论的系列讲座. 其中一部分是关于标准猜想的. 他要求 John Coates 写出笔记. Coates 照此做了,然而同样的事出现了:回到他手上时上面写了许多修改. 这使 Coates 气馁并放弃了. 最后,是 Kleiman 写出了登在《Dix exposés sur la cohomplogie des schéma》中的报告③.

Drinfeld:但是对于许多人来说,给一个关于拓扑斯的凝聚态射的学位论文可不是么好写. 对大多数学生来说就是件坏事.

Illusie:我想对于格罗腾迪克自己来说这是些好题目.

Drinfeld:是的,的确如此.

Illusie:不止对学生如此. 同样对于 Monique Hakim 的《Relative schemes over toposes》也是如此. 我担心这本书④恐怕不是那么成功吧.

---

① L. Bégueri:Dualité sur corps local á corps résiduel algébriquement clos,Mém. Soc. Math. France,(N.S.)1980/81,N.4,121pp. ——原注

② M. Raynaud:Théorèmes de Lefschetz en cohomologie cohèrente et en cohomogie étale,Bull. Soc. Math. France,t. 103,1975,176pp. ——原注

③ S. Kleiman:Algebraic cycles and the Weil conjectures,North Holland Pub. Co. ,Masson et Co. ,1968,356-386. ——原注

④ M. Hakim,《Topos annelés et schémas relatifs》,Erg. der Math. und ihrer Grentzgebiete,Bd 64,Springer-Verlag,1972. ——原注

不知名者:但逻辑学家们非常喜欢它.

Illusie:德利涅告诉我其中一些部分有问题[①]. 无论如何,她对此课题不怎么高兴,并在此之后她便去做完全不同的数学了. 我想 Raynaud 也不喜欢格罗腾迪克给他的题目. 但他自己找到了另外一个题目[②]. 这给了格罗腾迪克深刻的印象,同样还有 Raynaud 能够懂得 Néron 的 Néron 模型的构造这件事也给了他这种印象. 当然格罗腾迪克非常聪明地在他的 SGA 7 的文章里使用了 Néron 模型的一般性质,但他掌握不住 Néron 的构造.

9.4.10 Verdier

对 Verdier,有个不同的故事. 我记得格罗腾迪克对于 Verdier 极为赞美. 他羡慕我们现在所谓的莱夫谢茨 - Verdier 迹公式以及 Verdier 定义 $f^!$ 的想法:首先作为一个形式伴随,然后再计算它.

Bloch:我想那或许是德利涅的想法.

Illusie:不是的,那是 Verdier 的. 但德利涅之后在凝聚层的背景下用了这个想法. 德利涅因不知不觉就将 Hartshorne 讨论班的 300 页砍成了 18 页而感到高兴. (笑声)

Drinfeld:您说的是哪些页?

Illusie:是 Hartshorne 讨论班的 Residue and Duali-

---

① 2010 年 4 月的补充:德利涅不认为其中有任何错误的地方,他记得她在解析空间上定义的东西不是所要的. ——原注

② M. Raynaud:Faisceaux amples sur le schémas en groupes et les espaces homogènes, LNM 119, Springer-Verlag, 1970. ——原注

代数几何中的 Bézout 定理

ty[①] 的附录的那些页. 我说"Hartshorne 的讨论班",但实际上这是格罗腾迪克的讨论班. 格罗腾迪克写了预先的笔记. Hartshorne 是根据这些举办讨论班的.

回到 Verdier,他写了一篇出色的关于三角剖分和导范畴的"facicule de résultats(一小堆结果)"[②],有人会问,为什么他不着手写一份完整的报告呢. 在 1960 年代后期和 1970 年代前期,Verdier 对于其他的东西产生了兴趣;复几何(Analytic geometry),微分方程等. 当 Verdier 在 1989 年逝世时,在纪念他的会上我做了一个关于他的工作的报告,我不得不去了解这个问题:为什么他不发表他的博士论文?他写了一些概要,但不是全文. 一个主要的原因很可能只是在他手稿的修订本中他还没有处理导函子. 他已经讨论了三角剖分的范畴,导范畴的形式体系,局部化的形式体系,但还没有讨论导函子[③]. 那时他已过于忙于其他的事情了. 推测起来,他是不想要出一本没有导函子的关于导范畴的书. 这确实令人遗憾[④].

Drinfeld:那么他写在《Astérisque》的那一卷上的内容到了什么地步?

---

① R. hartshorne:Residues and Duality,LNM 20,Springer-Verlag,1966.——原注

② Catécaries dérivées,Quelques résultats(État 0) in (SGA 4 1/2,Cohomologie étale,Degline 主持,LNM 569,Springer-Verlag,1977),p. 266-316.——原注

③ 导函子已经定义了,并在上面提到的"facicule de résultats",Ⅱ §2 中有所研讨.——原注

④ 2010 年 4 月的补充:按 Deligne 说,Verdier 也受到记号问题的折磨,他还没有找到满意的处理办法.——原注

第 9 章 代数几何大师的风采

Illusie：相当于 Verdier 已写出来的到导函子前的内容[1]. 我想, 这一卷十分有用, 但对于导函子你不得不到别的地方去找.

9.4.11 滤子导范畴

Drinfeld：微分分次范畴的概念在 Verdier 的研究中曾出现过吗？另一个对于导范畴不完满的潜在源头在于, 锥仅仅定义在同构的程度. 有许多自然的构造在 Verdier 所定义的导范畴中不能自然地起作用. 于是你需要用微分分次范畴, 或者到 "稳定范畴" 去, 但这些仅仅在最近才真正地发展起来. 事后看来, 微分分次范畴的想法好像也是非常自然的啊. 在讨论导范畴中您有过这种想法吗？

Illusie：Quillen 发现微分分次代数会给你一种与由单纯代数定义的导范畴类似却总的来说是与其不等价的范畴, 但这是在 1960 年代后期和 1970 年代初期才成形的东西, 从而并没有在与格罗腾迪克的讨论中出现过. 我倒是知道一个关于滤子导范畴的故事. 格罗腾迪克认为, 如果你有一个完满复形的三角形的自同态, 那么中间部分的迹应该等于右边的迹与左边的迹的和. 当在 SGA 5 中讨论迹时, 他在黑板上进行了解释. Daniel Ferrand 是参加讨论班的人之一. 那时没有人看出其中有什么问题, 它显得那么自然. 但是, 之后格罗腾迪克给了 Ferrand 写出一个完满复形的行列式的构造的任务. 这是一个比迹更高的不变量. Ferrand 写出一个完满复形的行列式的构造的任务. 这是一个

---

[1] J.-L. Verdier: Des catégories dérivées des catégories abéliennes, Astérisque 239(1996). ——原注

代数几何中的 Bézout 定理

比迹更高的不变量. Ferrand 卡在某个地方了. 当他看着较弱的形式时, 他意识到他不可能证明中间部分的迹是两端的和, 于是他构造了一个简单的反例. 问题在于: 我们如何能恢复它? 那个时候能够修补走错了方向的任何东西的人是德利涅. 所以我们去问德利涅. 德利涅出来构造了一个叫作真三角形的范畴, 它比通常三角形的更细, 是由一个复形和一个子复形组成的对, 经局部化过程得到的. 在我的学位论文中, 我要利用 Atiyah 扩张定义一个陈类. 我需要陈类的某些加性, 从而得到迹的加性和代数余子式; 我还需要张量积, 它使得滤子长增大. 所以我想: 为什么不就取滤子为对象, 并对于在相伴的分次对象上诱导出拟同构的映射进行局部化呢? 这是极其自然的. 所以我便将它写进了我的论文中, 这使每个人都高兴了. 在那个时候, 只考虑有限的滤子.

Drinfeld: 那就是说你将它写进了关于余切复形和形变的那本 Springer 的讲义中了?

Illusie: 是的, 在 SLN 239 中的第 5 章. 德利涅的真三角形范畴正好是 $DF^{[0,1]}$, 即具滤子长为 1 的滤子导范畴. 那只是这个理论的发端. 但格罗腾迪克说, "在三角剖分的范畴中我们有八面体公理, 那么在滤子导范畴中用什么去代替它呢?" 或许这种情形在今天也还没有得到充分的了解. 有一次, 那必定是在 1969 年, 格罗腾迪克告诉我说: "我们有了由向量丛定义的 K-群, 但我们可以取具一个长为 1 的滤子的向量丛(其商是一个向量丛), 一个具长 2 的滤子的向量丛, 具相伴分次的向量丛, ……然后, 你便有了一些诸如"忘记"滤子的一步, 或者以一步去取商. 这样你便得到一些单纯结构,这是些值得研究的结构,能够产生有趣的同伦不变量.

Quillen 也已独立地做了 Q-构造,这是滤子方法的一个替代手段. 然而,我以为,如果格罗腾迪克有更多的思考时间的话,他会定义出高阶 K-群.

Drinfeld:但是这个方法看起来更像是 Waldhausen 的方法.

Illusie:是的,当然是.

Drinfeld:它出现得晚得多.

Illusie:是的.

9.4.12 Cartier. Quillen

Drinfeld:在 SGA 6 讨论班期间,是否已经知道了 λ-运算与维特环有某种关联?

Illusie:是的,事实上,我想 G. M. Bergman 写的对 Mumford 的关于曲面的书的附录①在那时已经可以找到了.

Drinfeld:在这个附录中有 λ-运算吗?

Illusie:没有,但我在 Bures 给了一个关于泛维特环(universal Witt ring)和 λ-运算的报告. 我记得我去参加在波恩的 Arbeitstagung(马普所的年度会——译注). 在误了晚班火车后我乘了一趟早班车. 令我惊讶的是我和塞尔在同一个间隔间里. 我告诉他我不得不准备的那个报告,而他非常慷慨地帮助了我. 在整个旅途中,他即兴地以一种极其聪明的方式向我解释了许多漂亮的公式,包括 Artin-Hasse 指数(同态)以及维特

---

① D. Mumford, Lectures on curves on an algebraic surface. With a section by G. M. Bergman. Annals of Mathematics Studies, No. 59, Princeton University Press, Princeton, N. J. 1966. ——原注

向量的其他奇异之处.对此的讨论一直延续到 1967 年 6 月 SGA 6 讨论班结束.我对于 Cartier 的理论能在那时出现感到惊奇.我想,Tapis de Cartier 是存在的.

Drinfeld:什么是 Tapis de Cartier?

Illusie:Tapis de Cartier 是格罗腾迪克对于 Cartier 的形式群理论的叫法.Tapis(= 地毯)是一些布尔巴基成员使用的一种(略带贬义的)表达方式,将为一种理论辩护的人与地毯商人相比.

Bloch:如果你回头看一下,Cartier 是做了许多贡献的.

Illusie:是的,Cartier 的理论是有威力的,并对后来有强大的影响.但我不认为格罗腾迪克很多地用到了它.另一方面,那时格罗腾迪克对于 Quillen 的印象深刻,因为 Quillen 对于许多课题都有突出的新思想.关于余切复形,我现在已记不太清楚了,那时 Quillen 有一个将余切复形和 $\mathcal{O}$ 当作某个广拓扑(site,亦可译为"景",指拓扑化范畴——校注)的结构层来计算它们的 $Ext^{(i)}$ 的方法,这有点像晶体广拓扑(crystalline site),但其中的箭头是反转的.这使格罗腾迪克颇为惊讶.

不知名者:这个思想显然被 Gaitsgory 重新发现[①].

Bloch:在 Quillen 的关于余切复形的讲义中,我首次见到了在一个导张量积上的一个导张量积.

Illusie:不错,是在(导)自交复形与余切复形之间的关联.

Bloch:我以为它有点像是 $B \otimes^L_{B \otimes^L_A B} B$. 我记得我对

---

① D. Gaitsgory: Grothendieck topologies and deformation theory Ⅱ, Compositio Math. 106(1997), No. 3,321-348.——原注

第9章 代数几何大师的风采

此研究了好几天,仍对此迷惑不解,不知其所云.

Illusie:然而当我说我不能作出我的屈内特公式时,它的一个理由是这样一个东西在那时并不存在.

Drinfeld:我恐怕即便现在在文献中也不存在(虽然可能存在某些人的脑海里).在几年前,我需要在一个环上代数的导张量积,那时我正在写一篇关于DG范畴的文章.我既不能在文献中找到这个概念也不能干净地定义出它.所以我不得已写了一篇十分难看的东西.

9.4.13 格罗腾迪克的爱好

Illusie:我说不出多少格罗腾迪克的爱好.例如,你们知道他最喜欢什么乐曲吗?

Bloch:难道他会喜欢音乐吗?

Illusie:格罗腾迪克对于音乐有非常强的感觉.他喜欢巴赫,而他最钟爱的乐曲是贝多芬的最后四重奏.

你们还知道他最喜欢什么树吗?他喜爱大自然,比起其他树来有着一种他特别喜欢的.它就是橄榄树,一种朴素的树,活得很久,非常坚实,充满了阳光和生机.他非常喜欢橄榄树.

事实上,在到蒙特皮埃(法国南部的城市——译注)很久前他就非常喜欢南方.他成了布尔巴基成员后,他访问过 La Messuguière,那里举行过一此会议.

他试图把我带到那里去,但没能成行.它是在戛纳地区上面高地中的一处美丽的庄园.高一点地方叫 Grasse,再高一点则是一个叫 Cabris 的小村庄,那里就是这个庄园,种着按树、橄榄树、松树,有着宽阔的视野.他非常喜欢那里.他迷恋于这样的景色.

Drinfeld:您提到他喜爱音乐.那么您知道格罗腾

迪克钟爱什么书吗?

Illusie:我不记得. 我想他读得不多. 一天就只有 24 小时……

9.4.14 自守形式,稳定同伦,Anabelian 几何

Illusie:回想起来,我发现了一个奇怪的现象:在 1960 年代表示论和自守形式的理论取得了良好的进展,不知为什么却在 Bures-sur-Yvette(指 IHÉS)被忽视. 格罗腾迪克对于代数群相当了解.

Bloch:哦,如你所说,一天只有 24 小时嘛.

Illusie:是的,但他是可以像德利涅那样构造出与模形式相关联的 ℓ-进表示的,但他没有. 他的确对算术非常有兴趣,然而或许是它的计算方面不能吸引他吧. 我不知道怎么回事.

他喜欢将数学的不同方面放到一起:几何,分析,拓扑,……那么自守形式应该吸引他了. 但出于某种原因,他那时没有对它产生兴趣. 我想,格罗腾迪克与朗兰兹的会合点只是在 1972 年的安德卫普才得以实现. 塞尔在 1967~1968 年开了一门关于韦伊定理的课程. 但在 1968 年后格罗腾迪克有了其他的兴趣. 而在 1967 年前事物还未成熟. 我也不知说得对不对.

Beilinson:对于稳定同伦理论有什么可说的?

Illusie:格罗腾迪克当然对闭道空间,迭代的闭道空间感兴趣;n-范畴,n-叠形(stack)隐藏在他思想中,只是在那时没将它们做出来罢了.

Beilinson:它实际是在什么时候出现的? 皮卡范畴大体是在 1966 年.

Illusie:是的,它与他所做的余切复形有关. 那时他理解皮卡范畴的概念,后来德利涅将它层化成了皮卡

第 9 章 代数几何大师的风采

叠形.

Beilinson：高阶叠形呢？

Illusie：他考虑过这个问题，但那只是在他写了他的手稿"追寻叠形"(Pursuing stacks)之后很久. 还有，$\pi_1(P^1 - \{0,1,\infty\})$ 也总在他的思想之中. 他对伽罗瓦作用着迷，我记得他曾想过这个与费马问题的联系. 在 1960 年代，他也有关于 anabelian Geometry 的一些想法.

9.4.15 主旨理论

Illusie：我颇感遗憾的是，他没被允许在布尔巴基讨论班上讲有关的主旨理论. 他要求作 6～7 个报告，而组织者认为太多了.

Bloch：当时有点独特性；没有他人愿意讲他们自己的工作.

Illusie：是的，但你看，FGA (《代数几何基础》(Fondements de la Géométrie Algébrique)) 由若干专题报告组成. 他想要对主旨理论做点他曾对皮卡概形，希尔伯特概形等所做过的那些事. 还有 3 个关于 Brauer 群的报告，它们是重要且有用的，然而如果有 7 篇关于主旨理论的报告甚至更会引起人们的兴趣. 但是我想它们也不会包含现在还没有做出来的东西.

9.4.16 韦伊和格罗腾迪克

Bloch：有一次我问韦伊关于 19 世纪的数论，是否他认为那里还有任何想法还没有得到解决，他说："No."（笑声）

Illusie：我与塞尔讨论过什么是他认为的韦伊和格罗腾迪克各自的价值. 塞尔把韦伊置于更高的地位. 然而，尽管韦伊的贡献极其美妙，但我自己认为格罗腾迪克的工作还是更伟大.

Drinfeld:但正是韦伊的著名文章[①]使得模形式理论得以复活.格罗腾迪克大概做不出这些.

Illusie:是的,这的确是一个伟大的贡献.说到韦伊的书《代数几何基础》,它很难读.塞尔在另一回告诉我说,韦伊用他的语言不能够证明对于仿射簇的定理A.甚至对韦伊关于Kähler簇的书[②],我觉得也有点难以消化.

Bloch:那本书有特别重大的影响.

9.4.17 格罗腾迪克的文风

Illusie:是的,但是我不太喜欢韦伊的文风.格罗腾迪克的文风也有一些缺点.其一,是他的事后补记和脚注的习惯,这使人一开始对他说的难于感觉到而后却变得十分巨大.种瓜得瓜,种豆得豆.在这方面真是难以置信.如此多的,如此长的脚注!在他给Atiyah的关于德拉姆上同调的漂亮的信里已经有了许多的脚注,它们包含了一些最重要的东西.

Bloch:哦,我想起了看到过的影印资料,早期的那些影印件,那时复印机不太完善.他会打印一些信件,然后添上一些手书的,难以辨认的意见.

Illusie:是的,我已经习惯了他的笔迹,看得懂了.

Bloch:我们就会围在一起来解谜.

Illusie:对他来说没有什么表述是最好的.他总能

---

① A. Weil:Über die Beistimmung Dirichletscher Reihen durch Funktionalgleichungen,Math. Ann. 168(1967),149-156. ——原注

② A. Weil:Introduction à l'étude des variétés kählériennes,Pub. de l'Inst. de Math. de l'Univ. de Nancago,Ⅵ. Actualités Sci. Ind. No 1267,Hermann,Paris,1958. ——原注

找到更好的,更一般的,更灵巧的.在研究一个问题时,他说他必须与它一起休眠一阵.他希望像机械装置那样给它们加些油.为此你必须大略估计,做功课(像一个钢琴家那样),考虑特殊情形,函子化.最后你才得到一个经得住考验的能旋开(dévissage)的形式体系.

为什么格罗腾迪克在塞尔给了他在谢瓦莱讨论班的报告后有信心地断定,平展局部化会给出正确的这些 H^i,我想,其中的一个理由是,一旦你有了曲线的正确的上同调,那么用曲线的纤维化和旋开,你就也应该得到了高阶的 H^i.

我认为他是第一个将一个映射不写成从左到右而是竖直的人[①].

Drinfeld:就是他将 X 放在 S 的上方.以前 X 在左边而 S 在右边.

Illusie:是的.他想到的是在一个基底上.基可以是一个概形,一个拓扑斯或任何东西.基不具有特殊性质.它是具有重要性的相对状态.这就是为什么他要摆脱诺特假定(Noetherian assumptions)的原因.

Bloch:我记得在早期,概形,态射,都是分离的,后来它们成了拟分离的了.

9.4.18 交换代数

Illusie:在韦伊那个年代,你观察域,而后赋值,再到赋值环,以及正规环.环通常都假定为正规的.格罗腾迪克认为一开始就做这一系列的限制是可笑的.在定义 Spec A 时,A 应该是任意的交换环.

---

① 2010 年 4 月的补充:Cartier 观察到,很久以前竖的格式就被用来表示域的扩张,特别是在德国学派里. ——原注

> **Drinfeld**：对不起，打断一下. 如果环被假定为正规的，那么结点曲线该如何处理？非正规簇出现了……

> **Illusie**：当然，但他们常常去看其正规化. 格罗腾迪克留意到正规性的重要性，我想塞尔的正规性判定法是他研究深度理论和局部上同调的动机之一.

> **Bloch**：我怀疑是否今天这样一种风格的数学还能存在.

> **Illusie**：Voevodsky 的工作是相当一般的. 有几位试图模仿格罗腾迪克，但我恐怕他们永远不能达到格罗腾迪克所珍视的"老练(oily，原意是'含油的'——校注)"特性.

> 然而这并不是说格罗腾迪克不乐于研究具有丰富结构的对象. 说到 EGA Ⅳ，它当然是局部代数的杰作，这是一个他非常强的领域. 我们的许多东西都应该归功于利用余切复形的 EGA Ⅳ，尽管现在或许有些可以进行重写.

9.4.19　相对陈述

> **Illusie**：我们现在的确已习惯于将一些问题置于相对形式之下，结果我们忘记了那时它所具有的革命性. 希策布鲁赫(Hirzebruch)对于黎曼 – 罗赫定理的证明非常复杂，而它的相对形式即格罗腾迪克 – 黎曼 – 罗赫定理的证明将其转移到一个浸没情形则是那么容易. 妙不可言[1].

> 格罗腾迪克无疑是 K – 理论之父. 但它正是塞尔

---

[1] 2010 年 4 月的补充：如德利涅看出的，格罗腾迪克的另一个具有同样革命性的——同时与相对观点紧密相连的——思想，即它将概形想成为一个它所表示的函子，从而恢复了在环层空间处理法中多少消失掉的几何语言. ——原注

看待 χ 的思想. 我想以前的人对曲线的黎曼-罗赫公式的推广没有正确想法. 对于曲面, 公式的两端都令人难以理解. 是塞尔认识到欧拉-庞加莱特征数, 即 $H^i(\mathcal{O})$ 或 $H^i(E)$ 的维数的交错和, 才是你应该寻求的不变量. 那是在 1950 年代初期的事. 后来格罗腾迪克看出一般的 χ 是在 K-群中的.

9.4.20　国家学位制论文

Drinfeld: 那么说, 格罗腾迪克在为他的学生选问题时, 他并不非常关心这个问题知否可解啦.

Illusie: 当然, 他关心的是问题, 当他不知道如何解决它时, 便把它留给了学生. 国家学位制论文(Thèses d'état)就像这样……

Drinfeld: 那么完成一份学位论文要花多少年? 比如说, 你花了多少年? 你不得不一次再次地改变你的选题, 然后其间你还要参与 SGA 的工作, 这与你的论文不相干. 这对你的为人非常有用, 也是非常好的实践, 但与你的论文无关. 你花了几年?

Illusie: 1967 年末我开始着手余切复形的研究, 整个问题可以说在两年中结束了.

Drinfeld: 但在此之前, 由于所选问题的性质所致, 一些努力并不太成功. 你是什么时候开始做你的论文的? 就我所知, 甚至现在, 在美国标准的总时间是 5 年.

Illusie: 事实上, 我实质上做了两年. 在 1968 年我给 Quillen 写了一封信, 概述了我所做好的东西. 他说, "很好." 然后我就很快地写好了我的论文.

Drinfeld: 在那(在你开始参加格罗腾迪克的讨论班)之前你是研究生吗?

Illusie:我在 CNRS(国家科学研究中心,Centre National de la Recherche Scientifique).

Drinfeld:哦,你已经是……

Illusie:是的,它像是个天堂.你进的是巴黎高师……

Drinfeld:是的,确乎如此,我明白.

Illusie:进去之后你干得相当不错的话,那么嘉当便会发现你,说,"好,这个学生应该进 CNRS."一旦进了 CNRS,你以后就会永远在那里.事实并不完全如此.那时在 CNRS 的职位并不是"公务员"(fonctionnaire).由于我不是个懒人,我的合同一年接一年地更新.

当然,在高师我们可能有 15 个做数学的人,但在 CNRS 却没有那么多的职位.其他人可以得到"助教"的位置,它不像在 CNRS 那样好,但还是说得过去.

Drinfeld:是否有人不时地告诉你,到了你该完成论文的时候了?

Illusie:在 7 年之后,这就可能成了问题.当我于 1963 年开始进到 CNRS 起,到 1970 年完成了论文,我安全了.

Drinfeld:你花了 7 年,这会影响到你未来的职业机会吗?

Illusie:不会.从 1963～1969 年我是 attaché de recherche(可能相当于我们的助理研究员——译注),1969～1973 年我是 chargé of recherche(副研究员),在 1973 年晋升为 maître de recherche(研究员).当今如果一个学生 5 年后还没有通过答辩,就成了问题.

Drinfeld:什么变了……?

第 9 章 代数几何大师的风采

Illusie:原来的国家学位制论文(thèses d'État)被废止,取而代之的是按照美国模式的标准学位制论文.

Drinfeld:明白了.

Illusie:典型的情形是,一个学生有 3 年来完成他的论文. 3 年后,奖学金到期,他必须在某处找到一个职位,一个永久的或一个临时的(如像 ATER = attché d'enseignement et de recherche(教学和研究助理),或者博士后).

几年之后我们还有一个 nouvelle thése(新论文)的过渡体系,类似于我们现在的学位论文,随其后的才是thése d'Etat. 现在国家学位由 habilitation(取得教授职位的一种资格)替代. 它不是同一类的东西. 你要提交用以答辩的一组文章. 若要申请一个教授职位你就需要一个 habilitation.

9.4.21 今天的格罗腾迪克

不知名者:或许你能告诉我格罗腾迪克现在在哪里? 没人知道吗?

Illusie:或许有人知道. 我自己可不知道.

Bloch:如果我们上 Google,输入"格罗腾迪克"……

Illusie:我们会找到格罗腾迪克网站.

Bloch:对,是这个网站. 他有一个 topos 网[①]……

不知名者:他的儿子怎样? 他成了数学家吗?

Illusie:他有 4 个儿子. 听说最小的一个在哈佛学习.

9.4.22 **EGA**(《代数几何基础》)

Bloch:你现在不能告诉学生去找 EGA 来学代

---

① 格罗腾迪克 Circle.——原注

代数几何中的 Bézout 定理

数几何……

　　Illusie:实际上,学生需要读 EGA. 他们懂得,对于特殊的问题,他们不得不读这本书,这是它们能找到满意答案的唯一的地方. 你不得不给他们进入那里的钥匙,对他们讲解基本的语言. 那时他们通常宁愿去读 EGA 而不是其他解释性的书本. 当然,EGA 或 SGA 更像是一部字典而不是一本可以从 A 读 Z 的书.

　　Bloch:EGA 总让我抓狂的一件事是过多的背景参考资料. 我的意思是说,有一个句子,随后就是一个 7 位数的……

　　Illusie:不……你太夸张了.

　　Bloch:你根本不知道罩纱帘后面的内容是否是些极有意思的东西,你应该回头到不同的一册中去查找,或者事实上只是参考一些完全显然而且你不需要的东西.

　　Illusie:那是格罗滕迪克的一个原则:每个断言应该都被证明是正当的,或者由一个参考文献或者由一个证明去证实. 哪怕是一个"平凡的"断言. 他讨厌诸如这样的句子"容易看出","容易验证". 你瞧,当他写 EGA 时,他是在一个未知的地域中. 尽管他有一个清晰的总体画面,还是容易走入歧途. 这就是他为什么要对每一件事要去证实的原因之一. 他也要求迪厄多内能够理解这点!

　　Drinfeld:什么是迪厄多内对 EGA 的贡献?

　　Illusie:他在重写,充实细节,添加补遗,完善证明. 而格罗滕迪克是写最初的草稿第一稿(编号 000),我见到过的一些草稿已是相当详尽了. 当今你已经有如此有效的 TEX 系统,原稿看起来就非常棒. 在格罗腾

第 9 章 代数几何大师的风采

迪克那个时候,稿子的外观上或许不是那么漂亮,但迪厄多内-格罗腾迪克的原稿仍然妙不可言.

我认为迪厄多内的最重要贡献是对 EGA Ⅳ 中处理完备局部环时的正特征下的微分运算的部分,它是优环理论的基础.

还有,格罗腾迪克是不吝笔墨的. 他认为,一些补充,即便不是马上就要用到,但可能在以后会被证明是重要的,因此不应该删掉它们. 他要看到一个理论的方方面面.

不知名者:当格罗腾迪克开始写 EGA 时,是否他已经洞察到以后出现的平展上同调……在他心中是否有了一些应用?

Illusie:在 EGA Ⅰ 第一版(1960)中他给出了写全部 EGA 的计划,详尽地展示了他在那时的洞察力.

9.5 流形之严父小平邦彦评传[①]

小平邦彦先生于 1997 年盛夏 7 月 26 日逝世."小平去世"的消息传遍全世界,许多人为之悲痛. Henri Cartan(1904 年出生)于 8 月 8 日亲笔致涵(原文为英语)小平夫人せイ子(读作 Seiko——译者注):

"惊悉伟大的数学家小平先生逝世,悲痛异常. 我不禁回想起外尔教授授予他菲尔兹奖的情景. 他的逝世是数学界的重大损失. 我无法忘记小平教授. 由衷表

---

① 作者饭高茂. 原题:多样体の严父. 译自:数学セミナー,1997 年 12 期,8~14 页. 陈治中,译. 胡作玄,校.

示深切衷悼."

他亲自著述的《我只会算数不会别的(小平邦彦：我的履历书)》(日经科学社,昭和62年(1987年)),可作为小平先生半生的记录.他又在随笔录《一个懒惰数学家的笔记》(岩波书店,昭和63年初版,平成9年(1997)第7次印刷)中公布了他单身赴美时给夫人的一部分信件,淡泊而不加修饰地描写了当时的心境.现参考上述资料汇集成类似《评传》的东西奉献给年轻读者.

9.5.1 诞生——小学生活

小平邦彦先生1915年3月15日出生于东京都.父亲小平权一氏.权一在农林省(现在的农林水产省)任职(后历任农林次官),曾著有农业金融论,也是取得农学博士称号的学者.在极为繁忙的生活中,留下了著作40册,论文350篇.晚年,知道父亲庞大的工作后,小平先生无法抑制自己感叹的心情.1921年4月小平先生入私立小学帝国小学校.是当时还很稀罕的男女共校的学校,是美国式的,男生也有缝纫练习.他虽然算术很好,但其他科目不行,无法圆满回答任课老师的提问,非常惨,他因此不喜欢学校.而且特别讨厌体操,作文也因为找不到要写的材料而不喜欢.

9.5.2 中学时代——接触《代数学》

旧制的中学不是义务的,所以必须参加考试.他被府立第五中学(现都立小石川高校)录取.中学一年级学算术,二年级到四年级学习代数与平面几何,五年级学习立体几何.代数与几何教科书都是一册,使用三年.他在三年级时与同班的西谷真一一起学习代数与几何的教科书,试着作习题,不到半年就把教科书上的

第 9 章 代数几何大师的风采

题全部做完了. 他想知道更多的东西,于是搞到了藤原松三郎著的《代数学 1,2》(内田老鹤铺),就决定阅读该书.

《代数学》是以东北大学的讲义为主要内容,略加增删而成的. 序言中有一处说到"只有一处用到了微积分的一个定理,此外不预想读者具有任何初等数学以上的知识."恐怕正是这句话,使小平先生觉得中学生当然就能念了,就专心致志地阅读了. 这本书是从代数学的基础开始,涉及整个代数学进行详细解说,内容非常丰富. 形形色色的代数学新结果刊登在章末列举的"诸定理"中,极富魅力,牢牢抓住了小平先生的心. 我们来看看它的内容:第 1 章,有理数域;第 2 章,有理数域的数论(二次剩余,互反律,高次同余方程,Diophantine 方程);第 3 章,无理数(Meray 和 Cantor 的无理数论),接着讨论了连分数,Diophantine 逼近,行列式,结式,方程式及二次型等,共 640 页,第 1 卷才算完了. 第 2 卷从群论开始,有伽罗瓦的方程论,割圆方程,接着为矩阵,二元二次型的数论,线性变换群,不变式论,代数数域的数论,超越数论,达 800 页.

对于小平先生,伽罗瓦理论也很难对付,怎么也不明白,他就拼命阅读.

即使对三,四级学生,阅读数学专业书也是可能的. 这既是数学这门学科的长处,也是它的可怕之处. 也许有人觉得,像小平先生那样的天才"从中学生时代起就开始阅读数学专业书,那一定像读小说那样很有意思,非常羡慕,但也仅此而已". 实际并非如此,阅读《代数学》对小平先生也决非乐事. 他煞费苦心地把不明白的证明反复抄写在笔记上,直到弄懂为止. 后来他回顾当时的情况写道:"把不明白的证明反复抄写在笔记上背下来,自然就明白了.现在的数学在初等与中等教育中规定说重要的首先是要弄明白,只要求记住还不明白的证明是没有道理的.事实果真如此吗?我对此抱有疑问."他在中学里数学与物理,化学都比较不错,但英语,汉文,国语,地理,历史等却全都不行.他感叹道:"我在中学里也是个很惨的学生.在教室里就希望尽可能缩小到老师看不见.最最令人忧郁的是体操与军事教练时间."但周围的人却不是这样看小平先生的.班主任老师在中学四年结束时就强烈推荐他参加高校入学考试,但由于提前一年进高校很麻烦,他不愿意就拒绝了,到五年读完后才参加第一高等学校①的考试(日本旧制学校的学制是:小学 6 年,中学校 4~5 年,高等学校 3 年,帝国大学 2~3 年,然后是大学院.高等学校被看作是帝国大学的预科.太平洋战争结束后,实施小学 6 年,中学校 3 年,高等学校 3 年,大学 4 年的 6·3·3·4 制.1950 年废止旧(帝国)大学,高等学校等,将旧东京帝国大学,一高,东京高校合并为东京大学.——译者注).他对考试没有自信,自认为肯定不合格,结果却被告知以第一名的成绩录取.对此,小平先生写道:"那完全是个意外."

9.5.3 高生时期

入旧制的高校一看,想不到也要点名等,但先生却很舒服,令人羡慕.他在高校 2~3 年级时跟荒又秀夫先生(以代数数域的 ζ 函数的定理而著名的数学家)

---

① 从现在学制来看,高校或高等学校相当于高中或大学预科,而中学校则相当于初中.——校者注

学习了微分学与积分学.看看荒又先生,他萌生了想当高校老师的念头.

小平先生继续阅读藤原著的《代数学》,接着又阅读了高木贞治著的《初等整数论讲义》以及岩波数学讲座等.这些都是为数学科学生写的专业书.也由于受惠于阅读了《代数学》,高校的数学对他来说没有什么困难,但对文科依然感到棘手.然而当时教经济的矢内原忠雄讲师(后来的东大校长)却绝口称赞小平先生,并劝他"大学一定来经济学部."

9.5.4 理学部数学科时期

1935 年小平先生进入东京帝国大学数学科学习.课程除力学外只有数学课,力学也是像数学那样的,全都是小平先生的得意课程.他写道:"入大学后开始能够消除自卑感,非常高兴."当时的数学科,教授有高木贞治先生,中川铨吉先生,挂谷宗一先生,竹内端三先生,末纲恕一先生,副教授中有过正次先生与弥永昌吉先生.数学科的学生像浸泡在数学中那样生活,然而世界却在激烈动荡.末纲先生的考试因发生 2・26 事件(青年将校的政变未遂事件)而中止.没有考试最高兴,这点不论过去还是现在都没有变化.小平先生开始与同学们搭伴去上野动物园.

他在 2 年级时觉得每周 2 小时的课效率很差.决定在学校的课期末考试前借朋友的笔记抄下来就可以了,即使到了大学也不去听课,一心一意埋头阅读数学书.他去丸善书店买来外文书阅读,如 Lebesgue 积分的书,德语写的拓扑学大作(Alexandroff 与 Hopf)《拓扑学》等,彻底阅读这些书.这种阅读方法恰恰正是小平的风格.关于数学书的阅读方法,后来他如下写道:

代数几何中的 Bézout 定理

"对我来说,再也没有比数学书更难读的了. 几百页的数学书从头至尾通读是最最困难的事. 因为数学这东西,如果明白了,就简单明了得不值一提,所以就努力想只读定理就把它搞明白. 试图自己去证明. 结果,大多数是怎么思考也不明白. 没有办法就只得阅读书上的证明. 但是读一遍两遍还总觉得不明白,因此就试着在笔记上写下证明. 这时才看到证明中原先没有注意到的地方. 进一步我还要想想还有没有别的证明. 这样子一个月一章总算弄完,开始的部分又都忘掉了. 没有办法,只得再复习. 这才有了整章的概念……"(《数学セミナー》1970 年 8 月号)

数学大天才都得这样继续努力. 也唯其如此,才能不去听课.

《拓扑学》之后念了 Deuring 的《Algebren》(1932 年)[①],由此他得到启示而写了简短的论文. 这是大学三年级的时候,算是小平先生的处女作. 讨论了根基的平方为 0 的有限环的结构.

在旧制大学的最后学年三年级时,原计划跟末纲先生专攻代数,但遵照末纲先生指示,他就随弥永昌吉先生学习了几何,于是又读了 Alexandroff 与 Hopf 的《拓扑学》. 同期学习的有伊藤清氏(概率论大家,京都大学名誉教授)与木藤正典氏. 但不可思议的是,几何讨论班的情形似乎从小平先生的记忆中完全抹掉了. 如前所述,中学四年级后曾舍弃考入高校的机会而在五年级完了才入高校. 但也正由于此,他就与河田敬义先生在大学成了同学,后者毕业于七年制的东京高校,

---

① 疑为 1935 年之误. ——校者

与他只差一岁.河田先生是个从不缺课的优等生,小平先生就借抄河田先生的笔记通宵学习.河田先生参加的讨论班是跟着末纲先生,后来成了代数学的大家.小平先生曾经如此热衷于《代数学》,立志进行代数学研究是很自然的,但愿望却没有实现,转而研究几何.结果为拓扑等新兴理论所吸引,对流形上的几何及分析的发展作出了贡献,终于确立了复流形理论,作出了成为本世纪数学基础的重要工作.

9.5.5 理学部物理学科的学生时代

1938 年从数学科一毕业就参加考试,再次进入东京帝国大学物理学科学习.当时即使是帝大数学科毕业也未必有学术职位.他本可以马上考入大学院(即研究生院——译者注)继续学习,而小平先生则由于非常清楚数学与物理的深刻联系,还有他对韦伊先生的尊敬,而选择了入物理学科学习的道路.

小平成了物理学科的学生之后仍然没有去认真听课.继续过着那种学习数学,明白了什么就写论文的生活.这一时期所写的论文涉及复形与胞腔,维数理论,希尔伯特空间的算子论,群的概周期函数,李群的单参数群,紧阿贝尔群(与安倍亮氏共著),Kuratowski 映射与 Hopf 扩张定理等多个分支,但都是些短篇.1940 年他写出了处理群的测度与拓扑的关系的长篇论文发表在《日本数物会志》上.当时他年方弱冠,还是个 25 岁的大学生.他在物理学科学生时期与大川章哉(已故,学习院大学教授),木下是雄(原学习院大学学长)两氏尤为亲密.

9.5.6 战火中

物理学科毕业的同时,他成为物理教研室的研究

代数几何中的 Bézout 定理

嘱托(无确定职称而特别聘用人员——译者注),教物理学科的学生.1942 年 9 月起为东京文理科大学(后来的东京教育大学,筑波大学)副教授.此前一年河田先生也已是东京文理科大学的副教授了.1944 年 1 月起为东京帝国大学物理学科副教授,担任讲课与主持讨论班.据藤田宏氏(东大名誉教授,明治大学教授)说,小平先生担任前期(指物理学科的 1 年级,中期,后期分别指 2,3 年级)的物理数学课.复变函数的讲义中还有 Cauchy 定理,包括球函数以及 Haar 测度等对理论物理很重要的数学尖端内容,是很高深的.

1941 年 12 月 8 日日本与美国开战.翌年 5 月小平先生与セイ子(正确说应是セイ,但小平先生给夫人的家信中常写作セイ子)结婚.次年长子和彦诞生.由于战火而使危险激增,小平先生的家属就与弥永昌吉先生家(小平夫人为弥永先生的妹妹——译者注)一起也疏散到了轻井泽.寒假小平先生回来,全家开始了轻井泽的生活.由于食品与取暖材料匮乏,冬天的轻井泽成了极寒地区.靠尽量加盖厚被来御寒.麻烦的是厕所不能用水洗式的,只能用粪坑,而冬天粪便冻成硬块就像倒挂的冰柱.于是用锤子将粪便砸碎使得能够蹲下解手便成了小平先生的工作.

东京的学校继续上课与举行讨论班,但空袭越来越激烈以至无法学习.在物理科的会议上,年轻的小平副教授提议物理教研室疏散,得到干部的赞成而疏散到了诹访.数学教研室也汇合到了一起,接着东京文理科大学也疏散到了附近.这就使数学与物理的学生和学者在战争的灾难中受到了保护.对日本的科学实在是意义重大.由此可以看出,小平先生是如何敏锐地洞

察事物的本质而去完成最重要的工作的.

9.5.7 战争结束

1945年8月15日战争结束,物理学科与数学学科都回到了东京.食品难与住房难的问题依然严重.但学生却认真学习.小平先生将Weyl的黎曼面理论推广到高维的重大工作(调和微分形式理论)也得以顺利进行.这一理论战时只有在《日本学士院纪要》上报告了结果.该论文的撰写持续到战后,他在年幼的长子生病入院时,一边照看病人,一边在病房中继续书写,以这样超人的努力最终完成.1948年,该论文经角谷静夫先生介绍才托驻日美军中的熟人投稿到《Ann. of Math》.翌年收到主编莱夫谢茨教授决定发表的通知.这就是后来被外尔教授称赞为 great work 的伟大论文.这项研究是日本正在成为焦土之时所进行的,而在战争结束后受到战胜国美国的高度评价,论文发表在最权威的学术刊物上.深思此事,不能不再次肃然起敬.在看不到希望的战时,以及战争虽已结束,但仍在饥饿与健康不良中生活的战后日日夜夜,在这样的时刻,小平先生真正发挥了伟大的精神力量,继续进行了重大的研究.小平先生后来自己也感到不可思议,"现在想起来,不知道当时为什么能够不顾恶劣条件,埋头进行研究的."我斗胆猜测,恐怕是在数学这门学问中找到了自己的存在价值.注视人的一生,为了发现人生的意义,一心生活在学问之中,而毕其一生.这里可以看到人类精神的崇高辉煌.

9.5.8 赴美国

以在物理教研室的讨论班上阅读的Heisenberg的S矩阵的理论为契机,他发现了二阶常微分方程的特征函数展开式的一般公式.进而敏锐地发现,一旦将其应用于 Schrodinger 方程,S 矩阵就知道了.这篇论文是托应邀去普林斯顿高等研究所的汤川博士转交给该研究所的韦伊教授的.他又由韦伊教授处得知,Titchmarsh 得到了同样的公式.论文于翌年发表在(与约翰斯·霍普金斯大学关系很深的)权威数学杂志《Amer. J. of. Math》上.

1949 年 8 月 10 日他与朝永先生一起乘威尔逊总统号赴美,是应外尔教授的邀请前往普林斯顿高等研究所的.这是一艘有着高贵名字的华丽客船,但也有三等舱.他由于晕船而想到了死.用了两个星期经夏威夷到达旧金山.然后乘飞机,火车经芝加哥,纽约于 9 月 9 日到达普林斯顿,会见了 Oppenheimer(物理学家,高等研究所所长)与外尔.

9.5.9 天堂之国的研究生活

从生活困难的日本看来,他简直是到了一个天堂般的得天独厚的国家,就这样开始了这里的研究生活. 9 月在(与普林斯顿大学有关系的)《Ann. of Math》上发表了调和形式的论文,外尔,Siegel,Veblen 等大数学家都很感兴趣,外尔"请我英语好些后在讨论班上讲讲".但由于 Spencer 教授的强烈要求,10 月起他就开始在普林斯顿大学的讨论班上报告了.

当时的小平先生如下记述他一天(1949 年 10 月 14 日)的生活.

早 8 时起床,剃须,穿西服.外出早餐(玉米片,牛奶,咖啡),步行至研究所 9 时 30 分.9 时 40 分至 10 时 40 分是 Siegel(关于 3 体问题的)课,11 时 15 分至 12 时是外尔的讨论班.在食堂午餐.然后乘巴士去普

第 9 章　代数几何大师的风采

林斯顿大学,1 时 20 分至 2 时 20 分在小平讨论班上讲自己的论文.回家继续写论文,5 时 30 分左右街上餐馆晚餐.回家工作到深夜.

在得天独厚的环境里活跃地进行着研究.他还与芝加哥的韦伊教授通过信件进行研究交流,大受激励.11 月 12 日在给夫人的信中告诉她韦伊的来信中有"Your formula is very interesting. I think"的字句,他写道"我得意也".虽然远离家属,但这大概是他最幸运的时期了.

研究所每月薪金 250 美元.当时的汇率相当 9 万日元.12 月外尔劝他再在研究所呆一年.说"年薪 4 000 美元".小平先生希望与家属一起生活,但一年 4 000 美元无法把家属叫来.研究所预算很少,很难增加.当时赴美旅费一人就要 600 ~ 700 美元.这在今天看来都高得惊人.小平先生为此大感烦恼.终于约翰斯·霍普金斯大学来信提供 6 000 美元邀请其去,家属赴美有了可能.预示着光明的未来,《一个懒惰数学家的笔记》中的小平来信就到此结束.但与家属相会则要再过一年,直到 1951 年 6 月末才最终实现.

1949 年高级研究所.

1950 年约翰斯·霍普金斯大学.

1951 年普林斯顿大学与高等研究所.

1954 年获菲尔兹奖.

1957 年获日本学士院赏·授文化勋章.

1961 年哈佛大学客座教授.

1962 年约翰斯·霍普金斯大学教授.

1965 年斯坦福大学教授.

1965 年日本学士院院士.

9.5.10 流形论之严父

普林斯顿的德拉姆 - 小平讨论班的开展,以及 Spencer 对这项工作的热情,使复流形理论急速发展,其中心原动力总是小平先生. 选一部分小平先生的工作如下:

2 维 Kähler 流形场合的 Riemann-Roch 定理的证明,塞维利关于算术亏格的猜想的解决,解析层的理论,上同调的消灭定理,小平 - 塞尔的对偶性定理,霍奇流形是射影簇的证明,复结构的变形理论,复解析曲面的分类与结构理论,椭圆曲面的结构论. 回国以后的工作有,一般型曲面的结构论,高维 Nevanlinna 理论,等等. 这些都收集在纪念他六十诞辰的《小平邦彦西文论文集》(Collected Works, Iwanami and Princeton Univ. Press, 1975)中. 这部庞大的西文论文集共 3 卷,超过 1 600 页,这里记录了本世纪复流形进展的本质. 这是把小平先生称为流形论之严父的原因. 此外还有很多日文的论文. 如战前大阪出的油印杂志《全国志上谈话会》就登载了他关于算子环的论文等.

9.5.11 回国

1967 年 4 月起小平先生复职为东京大学理学部数学教研室教授. 赴美期间他已由东京大学物理教研室副教授晋升为数学教研室的教授,但实际上因为他一次也没有回国过,等于已经辞职了. 不可思议的是接受文化勋章时他也没有临时回来过,不过听说实际上只是因为政府方面完全没有联络过.

此后,他在东大开始 4 年级与大学院学生讲课. 河田先生还说:"小平君每周来坐坐就行",实际上开始了解析流形讨论班并持续了近 20 年. 每周六下午 1 时

至3时进行,每次发表新的研究成果.小平先生也出了一些未解决的问题.例如提出了第Ⅶ类曲面的第2 Betti 数是否为0,等等这些小平先生自己最感兴趣的问题,超过半数的问题已由参加讨论班的学生在几年内解决了.

每次讨论班一结束,小平先生总要说"去哪儿呢",然后一起到本乡的咖啡店或者去名为近江屋的点心店.小平先生总有各种各样的丰富话题,其中也有关于数学的.他讲对现代音乐的批判,文明的将来,脑的最新研究,懒人的生活状态等;也经常谈论在美期间亲身经历过的美国的数学教育.对当时在世界上流行的由 SMSG 提倡的 New Math 进行了批判性的说明.

在与数学有关的问题中,他明快地说"数学中所谓好的问题就是可以用一句话来说的,"偶尔也饶有兴趣地说"哥伦布是为了要发现印度而航海的,但在预想之外却发现了美洲.数学中也希望能像发现美洲那样有预想以外的发现."Thom 创立的突变理论因为是全新的数学,小平先生就相当赞许.

1967 年东京大学教授.

1977 年退休,获藤原赏,学习院大学教授.

1985 年获沃尔夫奖.

1987 年学习院大学退职.

1990 年国际数学家大会(ICM90)召开.

9.5.12　国际数学家大会(ICM90)

1983 年 ICM90 筹备委员会启动.国际数学家大会将汇集 3 000 人以上的数学家,连续开 10 天会.另外社交活动也不可缺少.还有菲尔兹奖的发奖仪式,为世人所瞩目.光是会议的准备就是一项巨大的工程.召开

代数几何中的 Bézout 定理

地定在京都,会场是国立京都国际会馆,但确立准备与运营的责任体制则非常困难. 为了作成使日本数学家能一致协力的体制,大家强烈要求只有请全体数学家深深敬仰的小平先生出马. 这样小平先生就同意了出任 ICM90 运营委员会会长. 我听到后简直无法相信,推测会有相当多的杂事. 像小平先生那样纯粹学者型的人连会议经费都得操心本来就不太合适. 但小平先生的确不得不去募集资金.

此外由数学家自己赞助的 ICM90 特别募金也开始征集. 我担任这项募金的实务. 小平先生亲自作募金的宗旨说明,在数学会年会上号召大家协力合作. 募金的转账单发给数学会的会员,仅开始几天就收到 30 件赞助款,10 万,30 万数额不等. 我有些坐立不安,就从大学直接去小平先生家请他在感谢信上签名. 顺便也请教小平先生关于捐赠事务的处理. 装入信封封好连贴上邮票所费时间超出预计. 给捐赠者的感谢信小平先生总是亲自确认并签上名. 该项募金历时 3 年多,捐赠者 1 300 人,总额超过 4 000 万日元. 但他自己好像逐渐感觉到签名成了沉重的负担. 他气喘发作等更加厉害,健康已明显衰弱.

向企业寻求赞助非常困难. 小平先生看到 ICM90 成功的关键在于赞助费的募集,于是鼓足勇气,建立了募集 ICM90 赞助费的组织. 根据旧制高校时的友人宫入氏的建议,由财界人士石川氏,谷村氏,龟德氏组成了 ICM90 募捐发起人会. 受小平先生人品的感染,作为募捐发起人而活跃的财界人士都具有卓越的见识. 小平先生认识到,财界能够赞助数学,这全靠旧制高校所代表的战前的文化. 实际上,日本财界为 ICM90 筹

第 9 章 代数几何大师的风采

出的金额比 ICM86 时美国财界捐赠的数额要大得多.

与财界领袖会晤时我也陪同前往. 回来的路上小平先生就说:"太累了,稍许吃一点吧",就去银座的资生堂吃快餐. 资生堂是小平先生学生时代经常光顾的饭店. 在美国时最初很为牛排之类所感动,但很快就对量多味重的美国料理不适应,怀念回忆的就是资生堂的料理. 当为了交涉赞助费做这种不习惯的工作而感疲劳时,他又回想了往日吃资生堂料理的情景.

ICM90 实际召开是在 1990 年,遗憾的是,他的身体已经虚弱到无法前往京都的会场了. 会议取得了巨大的成功,与会的有来自世界各地的数学家超过 4 000 人,森重文氏获菲尔兹奖. 从小平先生获奖算起有 40 个年头了.

9.5.13 数学教育

面临物理与数学教研室的疏散以及 ICM90 的组织建立等真正困难的局面,小平先生挺身而出,鼓起勇气解决了. 同样困难的局面也出现在数学教育的领域. 他注意到美国的 New Math 对日本的教育也产生了很大的影响,于是他挺身直言. 为了研究自己所受的教育与现在的教育有什么不同,他收集了许多战前的教科书作周密的准备,指出了教育上的问题. 说:"为了要从很小起就教太多的科目,……丧失了自己思考问题的空间. 这是否是学习能力低下的一个原因呢?"对于小学一年级就要教社会与理科提出了疑问(1983 年). 结果,在修订学习指导要领时,小学 1,2 年级起的社会与理科没有了,而代之以设置生活科. 这只能说小平先生的主张被曲解与被利用了.

9.5.14　家庭中的小平先生

他的住房，一进大门就是会客室，放着一架钢琴．钢琴上面随便放着一些乐谱．里面是厨房兼起居室，一张较大的餐桌镇座，桌子上除了餐具外还随便堆放着辞典，数学书和笔记本．连餐桌都是小平先生的工作场所．餐桌上也能做出数学，其注意力必须惊人的集中．

数学家 Siegel 一生单身，早上 9 点开始便沉浸在数学之中，从数学中醒来已经是半夜 12 点了．然后把一天的伙食并在一起吃完就睡，这种生活胃就很不好．小平先生经常说这件事．无奈数学的研究可以说每每都是孤独的战斗，在这点上是很可怜的．小平先生的情况却不同．就是因为有セイ子夫人在．先生与夫人是家庭中的严父和慈母，两个女儿健康成长，这样的家庭对数学家来说是个模范．小平先生从这家庭生活中得到无限的安慰，也挽救了先生所具有的悲观厌世主义以及由此带来的孤独感与寂寞感，结果便使他在数学中造就了伟大的工作．

9.6　小平邦彦的数学教育思想

9.6.1　前言

数学家关心数学教育，虽然是零星的，但是有悠久的历史了．20 世纪初，德国数学家克莱茵倡导以"函数为纲"的数学教育改革运动，英国数学家贝利制定了实用数学教学大纲，法国数学家阿达玛和勒贝格等编写数学教科书，美国数学家摩尔提倡混合数学，日本数学家小平邦彦和广中平佑在 60 年代对"新数运动"的

第 9 章　代数几何大师的风采

批判,我国的华罗庚等数学家对数学教育的关心等无不说明数学家与数学教育的密切关系.由于数学家的特殊地位,这些事实对数学教育的发展起了不同的影响,有的甚至起到了关键作用.近年来,在我国也有不少数学家关心或参与数学教育改革、数学课程标准的制定工作.例如,张景中院士的"从数学教育到教育数学",王梓坤院士和徐利治教授的"MM 教育方式"("TEC 教育方式")的倡导,他们对数学教育的关心令数学教育工作者欢欣鼓舞.数学家对数学教育的关心和参与的原因可能是很复杂的,有各方面的理由.数学家"由于对低一级学校的训练不足、高等课程选修人数的下降、中小学数学课程变质的潜在可能性以及国家地位的受威胁等问题的关注,不时地推动着数学家们去考察中小学的所作所为,和考虑它们可以怎样地改进.关于数学是怎样地被创造出来的这个问题的好奇心,也不时地引导数学家们对他们自己的思考过程进行回顾,并企图把那种思考过程教给别人.一些数学家在观察了他们的儿辈或孙辈的数学思维结果之后,受到鼓舞去对那种思维作出详细的分析,或对它们的改进订出计划".①在本文中将要论述日本数学家小平邦彦从自己女儿在美国的中学学习的经历、数学的发展和数学结构等特点和数学与日本国家命运之间的关系等方面来关注数学教育,以及他与日本数学教育家之间的激烈争论.

9.6.2　小平邦彦

小平邦彦,1915 年 3 月出生于日本长野县,1938

---

① [美]D·A·格劳斯主编.数学教与学研究手册.上海教育出版社,1999.

代数几何中的 Bézout 定理

年毕业于东京大学数学科,1941 年毕业于东京大学物理科. 先后任东京文理科大学副教授、东京大学副教授、教授. 1949 年获得理学博士学位,同年被美国著名数学家外尔邀请到普林斯顿高级研究所工作,先后被聘请为普林斯顿大学、哈佛大学、约翰斯·霍普金斯大学、斯坦福大学等大学教授. 当时他虽然辞去东京大学教授职务,但是 1967 年回国后又被聘为东京大学教授. 1965 年当选日本学士院会员,先后获日本学士赏(1957)、文化勋章(1957)、藤原赏(1975). 此外,他被选为哥廷根科学院和美国国家科学院的外籍院士、美国艺术科学院外籍名誉会员. 1975 年退休后,任学习院大学的教授. 小平邦彦在代数几何学、分析学、位相几何学、代数学等多个领域都取得了卓越成就,并于 1954 年,在荷兰阿姆斯特丹举行的第 12 届世界数学家大会上被授予第三届菲尔兹奖. 著名数学家外尔颁奖时评价小平邦彦说"小平先生,你所做的工作,与我从年轻时就想做的工作密切相关,但是你的工作比起我所梦想的要漂亮得多. 自从 1949 年你来到普林斯顿之后,看到你的数学研究的发展,是我一生中最高兴的事."[①]1985 年,小平邦彦由于对代数几何做出杰出贡献而获得沃尔夫奖.

作为世界著名数学家的小平邦彦格外关心数学教育的发展,从 1968 年开始通过在学术杂志上发表文章、电视讨论或辩论等各种形式阐述了自己的关于数学教育的观点,引起了当时的日本数学教育界的广泛

---

① 《日本数学 100 年史》编辑委员会编. 日本数学 100 年史. 东京:岩波书店,1984.

第9章 代数几何大师的风采

关注,同时也引起了数学家和数学教育家之间围绕数学教育现代化这个问题的激烈争论.后来小平邦彦的言论和文章收录在他的文选《懒惰的数学家的书》(岩波书店,2000)、《我只会算术》(岩波书店,2002)中.另外,小平邦彦还出版了与初等数学教育有关的著作《几何的乐趣》(岩波书店,1985)、《数学的学习方法》(岩波书店,1987)、《几何的魅力》(岩波书店,1991)等.上述著作对日本数学教育产生了很大影响.更值得提出的是,小平邦彦作为数学家,不仅关心中小学数学教育,而且直接参与中小学数学教育工作,他自己编写了中学数学教科书《代数·几何》(东京书籍,1982)和《基础解析》(东京书籍,1982).20世纪80年代初我国翻译并出版了这些教科书,1996年美国也翻译出版了这些教科书.他的教科书有简明扼要等特点(另文介绍).

诚然,小平邦彦的数学教育思想的提出和教科书的编写等活动都有特殊的历史背景:欧美、日本数学教育现代化运动和日本中小学生学力降低等,激发了小平邦彦对数学教育的关注与参与.他的数学教育思想以及与数学教育家之间的争论对我们今天的数学教育改革也具有重要的参考价值.

9.6.3 小平邦彦的数学教育思想

小平邦彦不仅对世界数学发展作出了杰出贡献,而且对数学教育也有一定的研究,并提出了自己独到的见解.

9.6.3.1 没有创造能力的教育是很危险的

1984年,小平邦彦以日本大学生学力下降的事实为切入点,对日本教育的发展提出了自己的见解.

小平邦彦指出:"所谓学力不是指知识的量,而是指独立思考事物的能力.这种能力对缺乏自然资源的日本来说是至关重要的."[①]他认为,学生学力下降的根本原因可能在于,初等教育和中等教育阶段过早地给学生灌输多种学科的过多的知识.他指出:"例如从小学一年级开始教理科和社会科.由于过早地把多种学科教给学生,理论性的学科也被堕落为死记硬背的东西了,学生失去了自己思考的自由,这可能是学力下降的一个原因."事实上,有些知识是孩提时期一定要学习的,有些知识是长大以后在理解的基础上学习的.但是不科学的教育政策让儿童死记硬背成人的知识;于是大幅度地减少数学和语文的学习时间,浪费儿童的时间和精力.小平邦彦认为,数学和语文是最基本的学科,它们的性质与理科、社会科是截然不同的,应该安排更多的时间来教数学和语文,同时要减少其他社会科的教学时间,甚至在小学低年级不安排理科和社会科更合适,在小学五年级安排社会科和理科教学其效果更好.

9.6.3.2 以基础学科为重点的课程设置原则

小平邦彦对人类学习的知识进行分类之后,提出了课程设置原则.他认为人类学习的知识可以分三个种类:

(A)儿童时期必须要学习的知识,即长大以后学习起来困难的知识;

(B)长大以后容易学习的知识,或者说长大以后学习起来要比儿童时期更容易的知识;

---

① 小平邦彦.怠け数学者の记.东京:岩波书店,2000.

第9章 代数几何大师的风采

(C) 即使是不在学校专门学习也能够自然地掌握的知识.

由此可见,(A) 是在小学必须要学习的知识,那就是数学和语文了,这就是把数学和语文作为小学基础学科的根本原因.

基于上述分类及观点,小平邦彦提出课程设置的两条原则:

原则一,把在小学用充足的时间来彻底地教语文和数学作为第一目标,在剩余时间里教其他学科. 从初中开始英语也成为基本学科.

原则二,学生到适当年龄后再教语文和数学以外的其他学科.

小平邦彦认为,给小学一二年级学生教理科和社会科是不符合他们的年龄特征的. 基于以上原则,他对当时的学校教育制度提出了批评,认为争先恐后地过早地教多种学科的做法是无视教育原则的体现. 在中小学设置多种学科之后,各学科的教师为了扩大自己学科势力范围而互相竞争,结果导致语文、数学等基础性学科的知识被变成死记硬背的东西,学生忙于背这些知识,从而丧失了独立思考的时间,如果这样的教育继续下去,日本将会在国际竞争中遭到失败,经济发展也会停滞.

他认为在中等教育中,"在培养基础学科的实力时,要用充足的时间来进行反复练习是不可缺少的."小平邦彦指出,不仅是过早地教各种学科,而且在数学学科内部也存在不少问题. 首先,过早地教很多知识的现象,如高等数学内容逐渐被降到高中,高中的高年级内容被降到它的低一年级等. 其次,数学考试越来越难,在没有掌握试题模式的情况下回答问题是相当困难的.例如,小平邦彦全力以赴做小学六年级的 50 分钟的测试题,结果没有能够全部做出来.训练考试技巧的数学教育的特点就是:"调查了入学考试中要出的问题的模式之后,教给学生对某种模式的问题应该采用什么方法来解答.学生在考试中,首先观察问题的模式来判断自己是否能够解答,如果能够解答就立即去解答;如果不能解答,由于时间不够,因此连考虑都不用考虑就跳到下一个问题.……如果不是这样,小学生不可能在限定时间内能够解答连数学家都不能解答的问题."这种数学教育就像"给猴子教把戏一样"没有什么创造性思维能力的培养.

基于以上论述,小平邦彦提出了一个重要问题,即现在这种"早期教育"比过去的传统教育是否优越?

他对教育制度的灵活化提出建议:学生的能力和个性等方面存在着千差万别,因此基于这些差距,应该制定灵活的教育制度.例如,可以制定如下制度:

第一,根据各个学科的能力的不同来编制班级.某一学生是语文的 A 班级、数学的 C 班级;某一学生是语文的 C 班级、数学的 A 班级.这种班级编制能够避免教育不公平的问题.

第二,允许学生跳级.即允许学习成绩优异者可以跳到高年级或提前参加大学入学考试.(一般地,日本教育法不允许学生跳级)

第三,个别解决有特殊才能的学生,所谓特殊才能不局限于学问的才能,例如也包含音乐、绘画等方面的才能.

9.6.3.3 固定的考试模式会抵制创造性思维的培养

小平邦彦认为,当时数学考试存在两个方面的问题.首先,无论是中小学试题还是高考试题,其题目数量过大.这与过去不同,在过去的学校数学教育中,考试题的量不大,学生可以有充分的时间来思考.

其次,高考试题的"×○"(注:只看结果的对错,不看过程的考试题)形式严重影响了初等教育和中等教育,因为这种试题模式一直影响到小学数学教学,在过去的高考试题中没有"×○"形式的题,学生有充分的时间来思考,过去的学习是学问的学习.例如对于学习数学这个学问来说,理解了它之后才能解答数学问题.现在试题的模式基本上已经被固定了,被试题模式束缚的学生即使是上了大学也未必真正理解了数学,这是一个奇怪的现象.

小平邦彦给本科生上课时进行了一次问卷调查,问学生"你们说听不懂讲课,那为什么不能思考到理解为止呢?"某些学生回答说:"在中学阶段我们常常是被动的,虽然自己没有彻底理解但却能解答问题,所以可能养成了不求甚解的思考习惯."由此可见,大学生学力下降的另一个原因就是,学校教育受高考影响已经被堕落为训练考试技巧的教育了.

出现忽视上述教育原则的根本原因之一就是,人们认为"小孩是小型的大人",即"小孩的能力就是大人能力的缩小而已."小平邦彦通过大人和小孩学习英语水平的差别等具体例子反驳了这种错误观点.

9.6.4 小平邦彦对数学教育现代化运动的批判及其与教育界之间的激烈争论

小平邦彦在不同场合和不少文章中,从数学学科的发展史、数学学科的特点和儿童的年龄特征等角度对 20 世纪 60 年代的数学教育现代化运动提出了尖锐的批评. 他对数学教育现代化的观点集中体现在于 1967 年他在日本《通产杂志》上发表的"不可理解的日本数学教育"中,那就是:(1)数学教育应按数学发展史顺序进行,而不是按逻辑基础来进行;(2)在中小学教集合论是不可取的;(3)在中小学数学教学中,要教基本的知识,没有必要教多领域的知识;(4)在小学通过数的计算的反复练习来培养学生数学的基本学力是最基本的. 为了更全面地了解他的思想,把该文的主要部分摘录如下:

由于科学技术的基础是数学,数学教育对于日本的产业的未来生存具有至关重要性.

在数学的初等教育中教各领域的少量知识,犹如让学生学习音乐中的所有乐器和少量教多种外语那样的很没用的知识. 那为什么在数学的情形下,谁也没有注意到这种现象呢? 例如,在小学六年级教一点概率,在初中二年级也教点概率,高中一二年也教一些概率. 这是没有效果的教育方法. 制定课程标准的委员会的各位成员,是否忘记了人在几周、在一周内数小时学习的知识过了一年半载之后会完全被忘掉的事实?

奇怪的是,在中小学教学中混进来了多种领域中的集合、位相几何等知识,这些知识除将来成为数学家的学生来说都是没有必要的. 从小学开始教集合的理

第9章 代数几何大师的风采

由就是因为数学的基础是集合论,因此数学教育也应该从集合开始,这就是现代数学教育的基本理念.

但是,所谓数学基础的集合论有以下含义:对 2 000 多年前以来所发生发展起来的数学的集大成的结构进行分析,并把它作为一个体系来记述的基础就是集合论.这并不意味着发生发展的基础是集合论.给儿童教数学就是为了生成和发展儿童的数学能力,因此数学的初等教育必须遵循数学的历史发展的顺序.比起逻辑性的基本概念,历史性地出现的概念,对儿童来说更容易理解.高中毕业之前的数学是在17世纪后半叶到18世纪发展起来的微积分初步.19世纪后半叶,康托尔为了解决实数全体集合的无穷集合而创立了集合论.

违背这种历史顺序,即使给中学生教集合,儿童还是不易理解集合论的本质,所以只能给学生教的是集合论没有价值的部分——集合论的玩具了.其结果,为了教玩具的数学而浪费掉时间和精力,从而真正的数学被忽视了.

如数学这个词所表示的那样,它是数的学问,其基础首先就是计算(运算).在初等教育中最重要的区别是,若儿童时期不习得的话,长大之后不易掌握的基础学力和长大之后更容易掌握的技能,要把基础学力的训练置于重要位置上.

如果儿童时期不能够通过反复练习掌握数的计算,那么长大后不易掌握;数学家作为常识的必要的集合论,上大学后听两节课就会很容易记住它.从这个意义上看,在中小学教集合论是错误的.在小学数学中,

代数几何中的 Bézout 定理

关键的是通过反复练习数的计算来培养数学的基础学力.

推进现代化的人们认为,并不是在小学教集合论,而是根据集合论教现代数学的思考方法,除了成为数学基本思考能力的数的计算之外,还存在更高尚的数学的思考能力.我认为这种观点是错误的.

据了解初中一年级学生有一成学生不会简单的分数加减法计算了.无论怎样地教集合论也不会分数的计算,那究竟是怎么回事呢？如果通过集合论的教学能够培养学生思维能力的话,应该会分数的简单化计算吧.但是事实并非如此,这就证明了现代化的观点是错误的.

数学家以外的人是不需要集合论的,在第一线活跃着的自然科学家和工程师都没有学过集合论,这是明摆着的事实.

逻辑是数学的语法.我们写文章时的语法是在多年读、写文章时的过程中自然掌握的,而决不是根据在过去初中所学过的语法来写,因此才能够得心应手地使用.众所周知,这与无论怎样学习英语语法也不怎么会写英语文章一样.

数学中的逻辑也是一样,我们数学家在学习数学的过程中自然地掌握了逻辑.除数理逻辑的专家以外,没人再回头来学习逻辑的.从现行课程标准看,在高中一年级教逻辑,那为什么把连数学家也没有学过的逻辑教给高中生呢？这是不可理解的.

数学的初等教育的目的并不是把数学的各领域的片段知识灌输给学生,而是要培养数学的思维能力和

第9章 代数几何大师的风采

数学的感觉.正因为如此,必须把范围限定在数学的最基本领域内,将它彻底地教给学生.如果能够熟练使用小学的数的计算、初中的代数和几何、高中的代数、几何和微积分初步知识,那么这种初等教育就是成功的.

在必要的时候学习概率统计等应用学科,因为这是即使长大以后也能学习,那时的学习与半生不熟的入门知识的学习相比,它对在基本领域中所养成的灵活的思维能力和敏锐的直觉能力所起的作用是更大的.……倡导数学教育现代化的人们认为,为了适应数学的迅速发展必须更新数学教育.但是进步的是数学的最前沿部分,而数学的基本东西一点也没有变.正在从事数学研究的数学家们都反对数学教育的现代化.然而现代化在数学教育界还是很流行,这实在是个不可思议的现象.

小平邦彦的以上观点得到了广中平佑等数学家的赞同,同时也受到当时不少在教学第一线的中小学数学教师们的欢迎(注:这些中小学数学教师并不是像小平邦彦那样深刻认识数学和数学教育现代化,而是对现代数学的教学内容感到陌生而欢迎小平邦彦的观点)[①],但是在很大程度上遭到数学教育界的反对,甚至辩论是极其激烈的.当时日本的《朝日新闻》、《每日新闻》、《读卖新闻》和NHK电视台等媒体主持举行反对数学教育现代化的讨论,事实上,辩论的对象就是反对数学教育现代化的代表——日本大名鼎鼎的数学家

---

① 日本数学教育学会编著.中学校数学教育史(下卷:数学教育研究团体及其活动).东京:教育出版株式会社,1988.

代数几何中的 Bézout 定理

小平邦彦和广中平佑. 很多数学教育研究者都对小平邦彦持反对的观点. 特别是日本数学教育家川口廷①通过电视、报纸、杂志等媒体严厉地反驳了小平邦彦对数学教育现代化的指责. 他说:"日本数学界精英(小平邦彦)先生在很多杂志上强调在小学数学中的'集合'无用论. 由于数学界最高权威的先生们具有说服力,其影响是极其深刻的. 我对此提出异议,不能接受他们的批评. ……小平邦彦博士认为把集合论教给学生是非常错误的. 我们能够理解博士所指出的'现代小学数学是以康托尔创立的集合论的学习为教学目标是错误的'. 但是我们不知道他这个判断的根据从那里推导出来的呢? 在课程标准和教科书中连一句也没提到教集合论的要求,因此值得怀疑小平博士的判断. 也许我的话有些失礼了,但博士的高论给人的感觉就是,您自己随意地确定那种小学数学教学目标之后反过来自己进行攻击它吧."②

川口认为,在小学数学教学中,值得注意的是以具体知识等为契机,形成数和图形等概念时,从某种观点观察那些知识,对被认为相同的事物起共同的名称,发现共同性质的教学指导. 这种想法对知识的分类和整理的学习具有重要作用. 在这种情形下,必须将集合作

---

① 川口廷:数学教育家. 1977～1981 年,任日本数学教育学会长. 1981 年后任日本数学教育学会名誉会长. 1956～1978 年,先后任日本文部省教材调查委员会委员、教育课程审议委员会委员、学术审议委员会委员等职务.
② 川口廷自选集. 教育・数学・文化——これからを贯き通す唯一筋の道を求めて(第一卷),1922.

第 9 章 代数几何大师的风采

为思考对象,从某种观点作集合来开展教学活动成为问题.在这个意义上,不局限于数和图形,对于小学数学中的各种概念的形成来说,着眼于集合的活动具有重要意义,但博士所说的"没有价值的部分"是否指这样的教学活动? 当然在康托尔所想出来的集合论的学问体系中,这种教学活动是"最没有价值的部分".但是我们不能忘记所议论的焦点是从 6 岁开始的儿童教育问题.

对于小平邦彦的关于不教集合,"彻底的计算训练才是最重要"之主张,川口提出了严厉的批评.川口认为,计算训练是重要的,学科教学都强调着技能的培养.他说:"但是博士所说的真正意思是,仅仅在形式上训练多位数的四则计算等最佳,而不重视其他内容的话,我是不敢恭维的.但是对于计算训练问题,进行抽象的议论也是无济于事的.具体地说,如果博士能够具体地指出来在数学学科的课程标准中与计算有关的内容,哪些部分有缺陷、应该强调哪些部分,那么我会感到无比荣幸."当然,川口并不认为现行的数学教育没有问题,他只对数学家从纯粹数学角度出发过分指责数学教育的做法进行反驳而已.

由此可见,川口是针锋相对地批评了小平邦彦.还有一些数学教育专家婉转地批评了小平邦彦.如,佐佐木元太郎教授对小平邦彦和广中平佑提出批评说:"这两位数学家的批评在很大程度上,误解了我国数学教育现代化比英国还稳健地考虑之后才进行的实际情况.另外,从制作课程标准者的方面看,忘记了第二次世界大战前从小学上中学的升学率不到百分之几的事实."①一言以蔽之,多数数学教育家对小平邦彦的言论不满,都不同程度地提出了自己观点.

以上简要介绍了小平邦彦的数学教育思想及围绕日本数学教育现代化的争论.这对我国目前的数学教育改革和数学教育研究都具有一定的启发作用.首先,让我们去思考我国的著名数学家关心参与数学教育研究的究竟有多少?据笔者了解,日本著名数学家弥永昌吉②、藤田宏③教授等都格外关心数学教育,并主编或编写的中学数学教科书影响颇大.其次,从研究方面来讲,我们从数学家参与数学教育的层面.对中日或中外数学教育进行比较研究,会得到更有意义的结果.

9.7 小平邦彦访谈录④

9.7.1 日本的数学水平很高

伊东:1972年与先生在普林斯顿高等研究所会面以来,已经三年过去了.那时先生好像是应普林斯顿大学Spencer教授的邀请,悠闲自在地做着研究.像最近

---

① 佐佐木元郎著.数学教育の研究—数学教育思潮 の变迁.东京:教育出版センター,1986.

② 弥永昌吉:数论专家,日本学士院院士,1959年获法国文化勋章,1976年任ICML主席.

③ 藤田宏:计算数学和应用数学家.现任(日本)数学教育会会长.

④ 作者伊东俊太郎.原题:学术交流的周边——数学的世界をめぐつて,译自:急け数学者の记,原载《国际交流》,1975年5月号,岩波书店,1985年5月第一版,pp.96-115.陈治中,译.胡作玄,校.

第 9 章 代数几何大师的风采

那样,先生总是在国际范围内,活跃在第一线的.一时号称"人才外流第一号",相当引起媒体的骚动.最初去国外研究是什么时候?

小平:1949 年(昭和 24 年).

伊东:那是去哪里?

小平:普林斯顿高等研究所.开始是外尔的邀请.在高等研究所呆了一年,接着去约翰斯·霍普金斯大学作为客座教授一年.然后又回到普林斯顿,有时在高等研究所,有时在大学,直到 1961 年.后来又去哈佛大学一年,约翰斯·霍普金斯大学三年,斯坦福大学两年,然后回到日本.全部共十八年吧!

伊东:1954 年在阿姆斯特丹的国际数学家大会上您荣获被称为数学诺贝尔奖的菲尔兹奖,您能谈谈当时的感想吗?

小平:那并不是很明确专门针对哪项研究而授予的奖.调和积分论呀,复流形的研究也开始了,大概是关于这些给的吧.有年龄限制的.

伊东:这倒很有意思.

小平:每四年召开一次的数学家大会上,对于作出优秀工作的年轻人所授的奖,包含有鼓励的意思在内.年轻是一个条件.问题是到多大算是年轻呢?现在定的正好是四十岁.也有说法是否延长一些,但不管怎么说,超过了四十岁总该算是中年人了吧……

伊东:数学毕竟还是四十岁左右以前才能做出好的工作的.另外,若从国际交流上考虑,人文及社会科学在海外活跃的人员也很多,但总有些人在语言方面感到无法充分地表达自己的意思,所谓的语言障碍.这一点对自然科学,特别是数学,写下符号也就可以相通了,这是否是有利条件呢?这方面感觉如何?

小平:对,总是非常有利一点.最初一年间我对英语就一窍不通.

伊东:那也毫无妨碍吗?

小平:没有妨碍.其间还要讲课呢!因为发音很差,对说英语没有自信,所以连文章都全写在黑板上了.这样反倒容易懂了,学生还挺高兴.所以学生不说我的讲课"难听懂",而说"难看懂".真是不可思议.连跟我的研究生也都这样,只讲一点点英语,什么都写在黑板上了,连没有必要写的也都写上.

伊东:真有意思.先生讲课的风格都传给了美国人.由此可见,数学及自然科学比较容易进行国际交流.特别是数学,与其他自然科学相比,例如即使是与当时还在世界上领先的理论物理相比,在国际范围从事世界性工作的人也非常之多.就以高等研究所为例,数学有三四个人,任何时候都有年轻的日本人在那里,他们都做着很好的工作.理论物理最近大约隔年才有一人,稍感寂寞.再看美国大学,一流大学中有日本人教授,每每还都是招牌教授,用来提高声望.例如普林斯顿的岩泽先生与志村,哈佛的广中,约翰斯·霍普金斯的井草,伊利诺伊的竹内,耶鲁的玉河,都引人注目地活跃在各自的大学.即使这么看,也特别是数学领域,日本人在世界上持续地作着出色的研究.这从老早就开始,至今仍在继续.不知为什么,总有日本人数学方面很强的印象……

小平:为什么呢…….都说是实验物理要花钱.但

理论物理与数学是一样的呀.都转到数学了吗？不太清楚.的确,语言的问题,理论物理与数学似乎不同.理论物理中进行讨论,不说服对方是不行的.不能像数学那样,证明出来也就这样了.

伊东：日本的数学教育是不是很好？

小平：不,并非如此.水准是很高,但是好是坏不知道.这一点不可思议.美国的水准相当低.日本在我小的时候水准也很低.

伊东：但是,美国后来有些人迅速发挥了才能.

小平：是的.进大学后有些人很快得到提高.

伊东：日本人往往争做学校尖子,日本人最初开始就要给水平高的学生灌输各种东西,这一点也许是有问题.

9.7.2 数学是感觉的学问

伊东：稍微改变一下话题.最近在东大理学部的《广报》上,先生发表了一篇非常有意思的随笔,题目是"一个数学家的妄想".文章对于数学到底是什么东西,阐述了由先生自身的体验而得到的意味深长的见解.文章中说"数学是包罗万象的根底".物理现象的根底有数学现象,数学家称这种现象为"数觉",是感觉,"看得透"的.因此,数学与其说是逻辑的学问,不如说是感觉的学问.这与通常的说法不同,唯有先生能写出这样的东西,还想再听听先生在这方面的见解.

小平：我想数学的实在这种东西是有的.

伊东：这种数学的实在是什么样的东西呢？

小平：物理的实在我们会觉得是能够触摸看到的,但仔细想想,根本上也并不知道.中子、质子并不能触摸看到.再有那可疑的基本粒子,什么寿命是几百万分之一秒等,不使用花多少亿美元建造的大型加速器就不知道它是否存在.在这个意义上,认为物理的实在是比数学的实在更清楚明白的实在这种想法,已经有些可笑了.我想是否是在根本上有某种数学的实在,而在其上搭载着所有的自然现象.我总有见到那种东西的感觉.普遍的说法是只有五种感觉.

伊东:像我这样就好像只有五种感觉.数学的实在不像物理的实在那样"看得"到.先生所说的"数觉"是否是一部分人有,那都是些非常敏锐的人,大概就是所谓的数学家吧.

小平:不,谁都有,敏锐的人与不怎么敏锐的人都有.世上有候鸟吧.根据某种说法,候鸟晚上是看着星座飞翔的.如果对时间、空间没有相当敏锐的感觉,要看着星座决定方向是不可能的.因为时间不同、日子不同、还有地点不同,星座的样子是变化的.我想,这种奇妙的感觉如果是进化上需要的话,不就会发达了吗?

例如有所谓图案的认知.人类就连三四岁的小孩子都有非常敏锐的识别图案的感觉.但是普通的计算机就不行.要想识别图案,就必须有相当大型的计算机.这些东西正好已经在人们的头脑中了.但是,小型计算机能做的数的计算,人却不行.相当简单的一个回路.假如百万年以前起进化上就需要,那么计算机能够做的事人也就应该能够做到.

伊东:我在普林斯顿高等研究所,有机会与先生熟悉的外尔先生进行谈话.外尔先生也有这种说法,即用直感去"看"数学的实在.这与先生说的完全相符,恐

第 9 章　代数几何大师的风采

怕创造性地做着数学的人,并不是先设定无矛盾的形式公理再去做逻辑演绎,而是有什么确切的直感,在这种直感的引导下进行研究的. 这种所谓的直感,不是经验意义上的感觉.

小平:看图形并不是单纯的视觉. 比如围棋,总而言之那就是图形的识别. 思考归思考,但光是思考最终也成不了围棋专家. 计算机再怎么做也是不行的. 围棋似乎也是一开始就知道能否成为专家的. 喜爱围棋、要想成为围棋高手的话,就请到专家那里去下棋. 就是说立即就能知道,你到底能到什么程度,或者若只能到这种程度还不如打住为好,等等.

伊东:那也有一种"棋觉"的感觉了.

小平:所以大学硕士课程的入学考试之类也是口试为好. 能很好地了解. 笔试尽管很好,但一开口就暴露出问题了.

伊东:这很有意思. 数学也那样吗?

小平:一般认为,数学应是从公理出发进行逻辑的推导. 全部用符号书写. 都这么说的吧. 如果真是这样的话,就没有任何理由去选择往哪个方向推进. 那样一来,不推导出全部东西也就不行. 因此在平面几何中,一般也就先要从公理出发,首先做做像三角形内角之和等于两个直角这样的工作. 至于为什么要考虑这样的问题,那不是由公理推出来的. 仍然还是个感觉……

伊东:并不仅仅是按逻辑去进行演绎,然后只是跟着它走.

小平:对. 仅仅逻辑并不能得出朝哪个方向去推进逻辑.

伊东:要看到方向.

小平:要看到.

伊东:这么说来,数学上发现有意义的问题,正像哥伦布发现美洲时一样,凭着一种"实在"的预感,由直感决定航行方向的.数学家也是由"数觉"的引导而去开拓新的研究的了.

小平:我想是这样的.

伊东:再一个想听听的问题是,数学为什么在自然科学中有用呢? 先生也写到了,例如像黎曼几何预言了爱因斯坦的相对论那样,数学不是跟在自然科学的后面追赶,而是数学研究成果先建立起来,成为自然解析的有力武器.我们一般很容易这样想,认为首先有作为明显结构的物理现象,而数学结构只不过是将其模写下来.这样就产生了疑问,为什么先建立起来的数学能如此完美地模写呢? 先生的意思是,不能说物理的实在就一定比数学的实在更可靠,例如说像量子力学,物理实在的意义常常是由数学给出的.是否可以这样认为,毋宁说数学在深层次上规定了物理的实在并赋予其意义.

小平:是有这样的意思.不这样认为就无法很好地加以说明.最不可思议的是,用式子计算,开始想的仅仅只是式子上的事,但慢慢随着时间的推移,从中就有所发现了.

最近有所谓的黑洞.那只是在爱因斯坦的广义相对论方程的数学解中出现的.却万万想不到那是真的,的确好像是有的.据说在远方某处的双星有一颗发光.而另一颗则由于黑洞完全看不见.但因为是双星,质量

等等好像就可以计算.一方放出气体,被另一方吸收.据说在即将吸收时就放射出 X 射线.这已经可以由人造卫星等观测到.从观测看来,那就是黑洞那样的东西.

总觉得数学现象就在一切东西的背后.

伊东:非常有意思.不过,当您说到"观察"数学的实在这种现象时,所看到的到底是什么呢?数学家在进行创造时的确是看到了什么,那看到的又是什么呢?不单单是感觉的对象,更加理性些的……

小平:这一点物理方面不也是一样的吗?特别像奇妙的基本粒子,看到了什么呢,还是不知道.为了把混杂的一切系统解释为理论,就想象有了基本粒子.决不是直接触摸到的,也不是看到的.

伊东:存在着数学的宇宙,数学家凝视其中的某个局部的同时,进行其创造的行为……

小平:我们在数学上找到新定理.那时必定觉得是"发现",而不觉得是"发明".

伊东:找到了已经存在的东西.

小平:对,感觉就是找到了早就有的东西,尽管还不能完美地说明.如果再稍微认真学习就好了,我的只是单纯的"妄想".

9.7.3　日本与美国的比较

伊东:可能的话,想请您谈谈兴趣爱好方面的情况.据说您的钢琴弹得非常棒,夫人拉小提琴,是音乐之家……

小平:说不上很好,弹是弹的.

伊东:但是,数学家与音乐,从毕达哥拉斯以来有没有什么联系的地方呢?

小平:比起文科的人来,看来喜欢的人要多一些.但是到达专家水平的人几乎没有吧.在美国遇到过几位先是想成为音乐家,后来打住又成了数学家的.其中还有本职是作曲家,但因为靠作曲不能谋生而当数学老师的特别人物.

伊东:有人从先生那里听到过许多美国趣闻,听说先生在数学以外也有极强的求知欲,经常阅读《Time》,《News-week》等.

小平:那和日本的周刊杂志不同,写的都是很有意思又有内容的话.也有自然科学方面的内容.

不知什么时候,有一篇很奇怪的文章,"喂猪喝酒的实验".

伊东:哈,那是什么样的实验呢?

小平:有 10 头猪在一起喂养,全都排了顺序.晚上都进小屋入睡,地位最高的到最里面暖和的地方.最后一头却在外面忍着寒冷睡觉.据说猪爱喝酒.有一次,给猪喝鸡尾酒,头儿就猛喝,醉得一塌糊涂.排次时地位就掉下来了.大约到了第三号.等酒醒过来,又回到头儿的位置.这头猪因而就汲取了教训,从第二回起就的确注意了,没怎么喝.喝得最多的据说是倒数第二位的.是欲望不满足吧,好像是最忧郁.最下面的家伙已经幡然醒悟了,几乎没喝.是呀,猪尚且如此,颇有感触.像这样有趣的文章登载很多.

伊东:很有趣味.18 年间您在国外非常活跃,对世界数学界的发展作出了贡献.七年前回国,这回是在日本培养后进,感觉怎么样,将外国与日本比较,有些什

第 9 章　代数几何大师的风采

么感想？

小平：非常不同. 那边讲课时间很多. 大致每周六小时. 在日本往往晚去十分钟左右, 绝对不那么准时. 在美国要准时出去, 干六个小时, 休息也很少. 这一点日本很舒服. 充其量一周二小时左右. 然后随你休息. 要开会就不讲课了. 那种事在美国是绝对没有的. 不过美国只要讲课就可以了, 几乎没有杂事.

这是为什么呢？ 想来想去, 简而言之, 就是各负其责, 自己决定事情, 不与别人商谈. 例如教研室主任非常有权. 直接决定教员的工资. 我在约翰斯·霍普金斯大学呆了三年, 教员全员集中, 一本正经进行讨论, 一年三四次. 像副教授的人事问题进行商谈, 此外大致都是主任决定. 那主任就很忙了, 不, 相反倒是很空. 在日本很忙恐怕是因为开会. 要是全部都由自己决定的话……

伊东：连小事都得全体到会才能决定, 因此杂事就很多.

小平：委员会的工作在美国也是赋予了全权. 例如学位论文审查委员会. 五位委员叫来学生进行认真的口试. 二三小时左右. 口试一完, 让学生在教室外等着, 商量以后立即决定. 然后马上叫来学生, 告诉他是否能成为博士.

而在日本, 口试完后还要在理学系委员会上重新说明这一结果, 再在这里投票决定. 然而尚无一例是因这投票而被否决的. 这不是没事找事吗？

9.7.4　阻碍交流的制度问题

伊东：回日本后担任了东大理学部的部长, 又有大学纷争, 种种事情也很不容易吧. 而在美国只要悠闲自在地进行研究.再有一点是经济方面的,美国要好得多,日本则很差,也都认为这是学者外流的原因.这方面怎么样?

小平:这种情况是有的.在美国即使是只有工资,别的什么也没有,也完全不用担心就能过好日子.而在日本就还得打点工.不过最近日本好多了.

伊东:先生在世界上很活跃,我们作为日本人深感自豪.同时回国后培养了日本的后进,也有重要的意义.例如,小平先生那里出了非常优秀的弟子,听说在前年的流形论国际会议上都相当活跃.这是回日本后好的方面.

小平:对,这点是不错.虽然只是一些式子,但日语说话都能相通.因此在本土的学生很多.这是否是日本特有的现象.

美国一流学校有很多.哈佛、普林斯顿、斯坦福、伯克利等.分散在这些地方,不同学校的学生素质没有多大差别.日本不知为什么都集中到了东大.

伊东:这样对培养人是不利的.

小平:对.我倒很高兴.但从日本全局来看,都集中在东大是不合适的.

伊东:是呀,稍微再分散一些就好了.

小平:这方面仍然是跟美国的想法不一样.在美国从大学一毕业,大致都到别的大学的研究生院.而从研究生院出来,就职时又去另一个大学.

伊东:这样很好.因为场所改变产生"突变",环境不同,带来的刺激不同,就产生新的思想,在种种意义上带给了自己变革的机会.长期待在一个地方是否好,是有这个问题.日本也是,固定在一个地方好不好是个问题.国际上情形也是一样的,出国问题也是个大问题,像先生那样在国际舞台上进行出色的研究,对世界的学术文化作出贡献,是最有希望的.而同时,大家都出国走了也是很遗憾的,还是希望回来培养日本的后进.

小平:我想愿意回来的人还是相当多的.但日本的制度情况非常不好.就是说,日本的制度对长期在同一地方工作的人有利.退职金多,养老金也多.按连续工龄的三倍四倍的比例增加.暂时间断了一下就减得很厉害.因此就是想回来也不回了.养老金就有危险,退职金也少.加之住房又很贵.如果这些问题能妥善解决,我想相当多的人是会回来的.

伊东:制度方面有必要向有利于交流的方向转变.

小平:有必要.全社会的习惯就认为不改变工作场所是好样的……

伊东:由于是个缺乏流动性的社会.在国际上就会不知不觉出现孤立状态.

小平:日本内部私立大学与官立(国立或公立)大学之间交流也受损失.在私立学校工作的时间与在官立学校工作的时间不能同样计算.因此在私立学校工作十年左右再转到官立,工资就比同龄段的人要少.养老金等也受影响.也许都不是大问题,但的确对交流不利.

9.7.5 日本也应建立开放的学术"场所"

小平:因此我总觉得以往的交流就像单行道.对方掏钱把这边的人大批请出去.这边想请也没有钱.数学

的情形是我们也都有研究费.但限制得非常厉害,绝对不能用于请外国人.而在美国,从 NSF 拿到研究费就能自由支配.

伊东:是的.我在美国只呆过两回,两次都是用对方的钱.获得 Ph.D 后,美国的 NSF 就出钱让我去欧洲、中东进行研究旅行.对于学者的研究,没有国籍的差别.真正是开放的,在世界范围内提供研究支持.

小平:数学的情形,研究费最希望是用于交流,别的什么也用不着.

伊东:是呀.对方优秀的学者过来,我们就会受到各种各样的冲击.这边也给对方以冲击——这种交流是最需要的.

小平:正是如此.最想用的地方不让使用,这种奇怪的规定是哪里决定的呢?想要干什么呢?

伊东:最近对外国的日本问题研究者的待遇已经好多了.因此很多人到日本来了.然而日本问题不研究也行.纯数学也好,理论物理也好,这些学问是世界性的.离开国籍问题都没有关系.就连我们在美国,也一点没做对美国的研究.

小平:是这样的.真希望有像普林斯顿高等研究所那样的研究所.据说是位老太太捐赠的基金.在此基础上建立的研究所,开始是想研究数学与历史的.

伊东:美国为了迅速赶上欧洲的最高学术水平,过去,一离开美国的大学,就都去欧洲进行研究.据说由于这样不行,都希望制定能在美国进行研究的体制,这样就确立起来了.

小平:所以就真正请来一流的人才.好像是出惊人

的高薪.爱因斯坦,外尔,Siegel,云集了当时的超一流的人才.集中这些人,对他们完全没有义务.只是研究.有了这样的教授,然后就从世界各地邀请年轻人.我去的时候全部已有百人左右.从世界各地请去,完全没有义务,就让学习.一般是两年.结果成了世界的数学中心,对数学的进步作出相当的贡献.

伊东:最高兴的是十时与三时的喝茶时间.各个领域的人员汇集在一起,随便交谈.或者是年轻人之间交谈,或者是与数学方面的韦伊先生及社会学家李斯曼等伟人谈话.真是极大的乐事.无拘无束自由交谈,没有任何目的.以后想要创造些什么呀,只做这些是徒劳的呀,等等,像这样的东西全然没有.无偿的研究学问的场所,这实际上是非常珍贵的.事实证明,该研究所产生了世界第一流的数学与理论物理的业绩,历史研究也是一样.我想这是个教训.只着眼于考虑眼前的利益,就不会有真正的学术的进步.

小平:是的.而且连宿舍都安排好了.宿舍里餐具、卧具一应齐全.到达后两、三天内的食品也买好放在冰箱里.就是你什么也不知道,也能使你马上过上日子.希望在日本也建立这样的研究场所.并不需要太多的钱.

伊东:希望如此.不要先去考虑马上就能起什么作用,等等.如果在日本建立了那种学术研究的自由场所,是否可以说日本才开始在世界上有了一席之地呢!

9.8 又一位高尚的人离世而去[①]

编者按 著名数学家小平邦彦于1997年7月26日逝世.本刊将陆续刊出一些小平邦彦的文章及对他的评述文章,以示纪念.

上周末访问了新潟市的北方文化博物馆,100多年前建造的富豪的邸院,其豪华壮观令同行各位为之咋舌.在形形色色的、毫无异议是奢华的展品中,特别引起我注意的是一件山冈铁舟的书法:游里工夫独造微.

我不揣冒昧加以解释:"流水般随意游玩,心底里凝神钻研,独自洞察真理之微妙."也许有些冒失,但考虑这句话的意思,突然觉得这不正是小平邦彦先生人品的写照吗?当然,这只是由那幅书法而产生的遐想,与这是铁舟的书法或者是别的谁的都毫无关系.

出身名门,并且具有超群才能的小平先生的生活方式,完全像是反面镜中的倒影那样,是一个朴实、谦虚的纯粹数学家的一生.既可以说不可思议,也可以说的确如此.先生回想起他读小学时不喜欢除了数学以外的学科,说话声音很小而且有些口吃,因而不能很好回答老师的提问,是教室里一个很可怜的学生,因此不喜欢学校.听说物理学家汤川秀树先生也如此,他从儿

[①] 作者广中平佑.原题:美しい人がまた一人この世を去つた.原载:数学やべ,1997年12期,16～17页.陈治中,译.胡作玄,校.

第 9 章　代数几何大师的风采

童时代起就有一种莫名其妙的厌世感,为了填补心灵的空白必定专心于学问,从而成就了伟大的事业.小平先生大概也是和汤川先生一样用比一般人更加朴素的心灵去感受学问的.

小平先生从东京帝国大学(现东京大学)理学部数学科毕业后,又参加通常的入学考试而入学东京大学理学部物理学科,得两个学位而毕业.除了数学与物理外,音乐特别是钢琴与小平先生一生都有着深刻的联系.家里有一台大正 11 年(1922 年)父亲从德国买回钢琴,从中学三年级起每周一次到专业教师处练习着钢琴.钢琴老师中有河上彻太郎氏的妻子、后又有成为井上基成氏妻子的泽崎秋子等.在小提琴家中岛田鹤子的弟子的演奏会上,小平先生每每担当小提琴的钢琴伴奏.除为小提琴家以外他还担任山滋及东京艺术大学的田宫孝子等伴奏.据说与弥永昌吉先生的妹妹やイ 子(读作 Seiko——译者注)结婚也是因小提琴伴奏而缔结的良缘.

他在约翰斯·霍普金斯大学执教一年后又回到普林斯顿高等研究所时,家属才总算从日本过来,开始过上一家团圆的快活日子.小平先生花 60 美元买了一台旧钢琴,妻子やイ 子则通过函售买了一把 10 美元的小提琴.因为附近的气象学家菲利普斯吹圆号、数学家莱普松吹巴松管、数学家亚历山大吹长笛,大家一起组成室内乐队进行演奏,非常高兴.由于钢琴太老无法调音,小平先生在演奏贝多芬的圆号奏鸣曲时要比乐谱高半个音演奏.

昭和 28 年(1953 年)9 月,小平先生在普林斯顿

代数几何中的 Bézout 定理

大学数学系与从斯坦福大学转来的 Spencer 认识. 从此开始了两人深厚的友情与辉煌的共同研究. 两人几乎每天一起吃午餐, 谈论数学. Spencer 教授只比小平先生大 3 岁, 他长年从事单变量复分析研究, 后转向了高维几何. 在黎曼几何、调和积分以及复解析流形的研究方面, 小平先生已经先做了几年. 但 Spencer 教授的学习欲望以及研究能量似乎相当大. 受到 Spencer 教授的刺激, 蓄积在小平先生头脑里的东西一举萌芽、开花、结果, 得到了可以说是小平数学的金字塔的"小平消灭定理"、"霍奇流形在射影空间嵌入", 等等. 用当时在普林斯顿的 R. Bott (后为哈佛大学教授) 的话, 那时大家都把话题集中在小平先生接连不断的理论展开上. 由于这一系列的辉煌业绩, 小平先生于昭和 29 年 (1954 年) 在阿姆斯特丹召开的国际数学家大会上荣获菲尔兹奖. 那正是我从京都大学理学部数学科毕业正式开始代数几何研究的时候.

我作为哈佛大学的研究生留学是昭和 32 年 (1957 年), 初次见到小平先生好像是此后不久. 小平先生与我的导师扎里斯基很要好, 所以有幸听到访问哈佛大学时小平先生在讨论班上的报告. 最初听到的是关于线性系 (linear series) 的完全性的话题. 当从法国的 IHES 来的格罗腾迪克先生在哈佛连续讲演 Scheme 理论时, 我几次都有幸与小平先生同席.

数学家中有的人对各种领域与课题有强烈的价值判断, 断言优劣, 并毫无顾忌地贬低劣者. 这样的数学家中有作出辉煌业绩者, 也有无所成就者. 小平先生

第 9 章 代数几何大师的风采

则属于相反的类型,只要是别人的工作,不管是什么样的工作,他都赞许地倾听.特别对于年轻的研究者所说的,都是这样对待的.即使对方是年轻小辈,他始终是平等地询问、倾听、赞许.

有一次他说"Kahler 流形不管怎么变形还是 Kahler 流形的长篇论文写出来后,就有人指出了证明不完备,又重新写了长篇论文,还有不完备之处.多少次修改都有人说这说那,我和 Spencer 都感到很困惑,怕是不能作成反例吧.光是摆弄永田的非 Kahler 流形的例子恐怕是作不出反例的",我由于认真学习过永田雅宜先生的论文,就回答说"用永田的例子不行".那一晚我便换了一个角度再一次认真加以考虑,结果很容易就发现了反例.小平先生的直觉是正确的.

以后我得到了解决奇点解消问题的线索,但还处于不能清楚看透的阶段,就请教了小平先生,也许4维也行吧.那时他告诉我,在4维的变形中存在不能解消的奇点.然后说:"这种例子与用有理变换进行解消的问题没有关系."他教给我的例子使我大大增加了勇气.小平先生决没有抢先去断定.在被称为所谓才子的数学家中,不少场合都能确实看到那种"要比对方先回答"的意思.这大抵是好的,但有时也并非如此.而我所知道的小平先生却完全没有这种意思与态度.因此,不了解的人一开始与先生接触,也许觉得他是个优秀但却有些迟钝的人.如果是美国人中那些喜欢同英语讲得好的人交谈的数学家,也许会对与小平先生的谈话感到棘手.这点上,Spencer 先生确实是个很亲切的人,他和小平先生是非常要好的朋友.

小平先生昭和40年(1965年)成为日本学士院会员,昭和42年回国复职为东京大学数学科教授.在东京大学,从小平流派的复曲面论出发培育了许多优秀的年轻数学家,诞生了所谓的小平学派并得到很大的发展.这不用说是由于先生的业绩的魅力,但先生的人品恐怕也是吸引年轻研究者的巨大力量.

最后借小平先生自己的话作结尾.

"如果我不去写当时连发表希望都没有的调和张量场的论文,或者即使写了而没有角谷(静夫)帮我托驻日美军将论文送到美国.那么普林斯顿就不会邀请我去.又即使去了普林斯顿而没有结识Spencer,研究就肯定不是那样进展.因为数学研究仅仅只是用头脑去思索,注意到研究的中心是自主的行动,以后再回头看看,感觉到最终都是命运的安排.我只是顺着命运的安排在数学世界里漂泊."(参见《我只会算数不会别的》)

又一位高尚的人离世而去.

注 广中平佑,1931年生于山口县.京都大学理学部数学科毕业.经布朗达依斯(Brandeis)大学、哥伦比亚大学,1968年起任哈佛大学教授.历任京都大学教授、京都大学数理解析研究所所长.现为山口大学校长.1970年因"关于复流形奇点的研究"而获菲尔兹奖.1984年设立数理科学振兴会,以后设"数理之翼"夏季讨论班等,着力培养年轻研究者.

9.9 代数簇的极小模型理论
——森重文、川又雄二郎的业绩[①]

1988年日本数学会奖秋季奖授予森重文(名古屋大学理学部)与川又雄二郎(东京大学理学部). 获奖工作是代数簇的极小模型理论.

这次有两位作出重要贡献者同时获奖,是因为秋季奖是按工作而颁发的. 极小模型理论被选为日本数学会奖的对象,对于最近仍然发展显著的代数几何来说,是很光荣的,实在欣喜至极.

由于《数学》第40卷第2号评论栏中有获奖者之一川又氏的佳作"高维代数簇的分类理论——极小模型理论",所以这里尽量避免重复,主要说明前一时期发展的情况.

9.9.1 双有理变换

今年几何奖得主藤本坦孝教授的工作中也有极小曲面,但微分几何中的极小与代数几何中极小的含义完全不同.

代数几何学的起源是关于平面代数曲线的讨论,因此经常出现

$$x_1 = P(x,y), y_1 = Q(x,y)$$

[①] 作者饭高茂. 原题:代数多样体の极小モデル理论について——森重文,川又雄二郎氏の业绩——译自:《数学》,第41卷第1号(1989),59-64. 陈治中,译. 戴新生,校.

型的变换. P,Q 是两变量的有理式. 反过来若(按两个有理式)来解就成了二变量双有理变换的一个例子,特别地称为 Cremona 变换. 这是平面曲线论中最基本的变换. 在双有理变换中值不确定的点就很多, 这时可认为多个点对应于一个点. Cremona 变换若将线性情形除外, 则在射影平面上一定存在没有定义的点, 而以适当的有理曲线与该点对应. 但是, 当取平面曲线 C, 按 Cremona 变换 T 进行变换得到曲线 B 时, 若取 C 与 B 的完备非奇异模型, 则它们之间诱导的双有理变换就为处处都有定义的变换, 即双正则变换. 于是就成为作为代数簇的同构对应.

这样, 由于一维时完备非奇异模型上双有理变换为同构, 一切就简单了. 但是即使在处理曲线时, 只说非奇异的也不行. 像有理函数、有理变换及双有理变换等都不是集合论中说的映射. 因此 M. Reid[①] 说道: 奉劝那些对于考虑值不唯一确定的对象感到难以接受的人立即放弃代数几何.

9.9.2 2 维极小模型

但 1 到 2 维, 即使是完备非奇异模型, 也会出现双有理变换却不是正则的情形. 这就需要极小模型. 扎里斯基教授向日本年轻数学家说明极小模型的重要性时是 1956 年. 扎里斯基这一年在东京与京都举行了极小模型讲座, 讲义已由日本数学会出版. 讲义中对意大利学派的代数曲面极小模型理论被推广到特征为正的情

---

① M. Reid, Undergraduate Algebraic Geometry, London Mathematical Society Student Texts, 12 Cambridge Univ. Press 1988.

形进行了说明.

扎里斯基在远东讲授极小模型时,是否就已经预感到高维极小模型理论将在日本昌盛,并建立起巨大的理论呢?

适逢其时,他与年轻的广中平佑相遇,并促成广中到哈佛大学留学. 以广中在该校的博士论文为基础,诞生了关于代数簇的正代数1循环构成的锥体的理论. 广中建立的奇异点分解理论显然极为重要,是高维代数几何获得惊人发展的基础.

9.9.3 扎里斯基极小模型

以下代数簇只在复数域上考虑. 现在要说明扎里斯基极小模型. 固定某个函数域 L. L 的(非奇异射影)模型 V 是指函数域为 L 的非奇异射影簇. 因此,固定 L 的某个模型 W,考虑另一个模型 V 与从 V 到 W 的双有理变换 f,现考虑对子 (V,f) 的全体.

当存在从 V 到 V' 的双正则映射 h 且 $f'h=f$ 时,认为 (V,f) 与 (V',f') 等价,把这些等价类全体记作 $B(L)$.

在 $B(L)$ 中引进一个序. 假设 $(V,f) \geq (V',f')$ 是指存在从 V 到 V' 的正则双有理映射 h,且满足 $f' \circ h = f$. 换这次序关系,由毕卡数的计算立即知道,任意对子都有极小元. 称其为相对极小模型.

假如 $B(L)$ 中有最小元 (V,f),那么它也是极小元,这时称 (V,f) 或 V 本身为极小模型.

若 (V,f) 为极小模型,则别的 (V',f') 也为极小,因此这个定义不会引起混乱.

如果只是定义与极小元的存在,倒还容易理解. 但是在数学上光是简单的事情并没有用处.

限于 2 维范围,奇迹就发生了.

9.9.4　2 维极小模型问题的解决

2 维时,只要不是直纹曲面,极小元就只有一个. 换句话说,极小元就是最小元,相对极小模型就是极小模型.

相对地,在非极小的曲面 S 上,存在着在非奇异处可收缩的曲线,即第一种例外曲线 E.

第一奇迹　第一种例外曲线 E 是不可约曲线,由数值条件 $E \cdot E = E \cdot K = -1$ 刻画. 这里 K 是 S 的典范除子.

这样的 E 如果不存在,S 就是相对极小模型. 假定 K 的若干倍确定的完备线性系非空. 这时就导出

$$若 E \cdot K < 0, 则 E \cdot E = -1$$

因此 E 为第一种例外曲线.

其对偶命题如下:若 K 与 S 上的曲线恒有非负的交,则 S 是相对极小模型.

所以下面的一般定义很重要:除子 D 说是 nef(numerically effective),如果它与曲线的交恒为非负.

第二个奇迹　若 K 是 nef,则 S 为极小模型.

如果按 $B(L)$ 中最小元这样的方向去考虑极小模型就走入了迷途,而在理论的展开上有用的则是以简单的交点数计算为基础的数值事实,它是 2 维极小模型理论成立的支柱. 其理论的展开每每求助于侥幸,而获得奇迹般的成功,但同样的讨论却不适用于高维.

实际上存在着反例. 已找到的有:典范除子 K 虽然平凡,但到自身的双有理变换却不是双正则的例子;

K 上没有基点的一般型 3 维簇但有多个相对极小模型的例子,等等.

9.9.5 极小模型的意义

说 V 是扎里斯基意义上的极小模型,换言之即,从非奇异簇 U 到 V 的双有理变换恒为正则映射. 加强条件,定义在较强意义上的极小模型为,从 U 到 V 的所有有理映射总是正则的. 众所周知,像方格正的曲线、阿贝尔簇等熟知的簇都是较强意义上的极小模型. 这从有理映射在其不确定点处导出有理曲线的事实便随之得到. 但这一事实对代数簇的一般研究却没有用处.

当人们知道以次序为基调的极小模型理论不成立时,又该怎么办呢?

高维时没有极小模型理论,因此决定应该建立一般理论也是好的. 这方面最大的成果恐怕是川又根据小平维数和非正则数刻画 n 维阿贝尔簇的双有理特征. 3 维时由上野证明了. 后来 J. Kollár 将小平维数等于零的条件精确化,在 $2n$ 亏格 $=1(n>3)$ 的条件下取得了成功.

9.9.6 森理论

Hartshorne 的一个猜想说,具有丰富切丛的代数簇只有射影空间,森重文在肯定地解决该猜想上取得了成功,他在证明的过程中证明 K 若不是 nef,就一定存在有理曲线,并且存在特殊的有理曲线. 而且重新对偶地抓住曲面时第一种例外曲线的本质,推广到高维,并且存在特殊的有理曲线. 而且重新对偶地抓住曲面时第一种例外曲线的本质,推广到高维,确立端射线的概念. 从而明确把握了代数簇的正的 1 循环构成的锥体的构造, 在非奇异的场合得到了锥体定理. 以此为基础对 3 维时的收缩映射 (contraction) 进行分类, 所谓的森理论即由此诞生. 它有效地给出了具体研究双有理变换的手段, 确实成果卓著.

9.9.7 代数曲面的分类

2 维极小模型问题的解决, 其妙处并不只是简单地体现在极小元为最小元这点上, 而在于搞清代数曲面的构造, 并对其进行分类方面扮演关键的角色.

我们知道, 非极小的相对极小模型的曲面为射影平面或曲线上的射影直线丛. 没有极小模型的曲面的其构造是完全清楚的.

成为极小模型的曲面 S 虽有各种各样, 但可以证明, 其标准除子 K 是半丰富的, 换言之, K 的若干倍确定的完备线性系中没有基点. 以这些为基础的对曲面进行了详细的研究. 曲面的典范环 (即多重典范除子的正则截面构成的分次环) 一般是有限生成的, 取其 Proj, 定义为 S 的典范模型. 若 S 是一般型, 则与 S 为双有理同构.

双有理同构的簇的典范模型一般为双正则同构, 这里再现了 1 维时的状况, 即双有理变换为双正则映射.

9.9.8 一般极小模型

M. Reid 寻求一般型的高维典范模型的奇异点应有的形状, 得到典范奇异性的概念, 并且作为 2 维非奇

异的推广又获得了终端奇异性的概念[1]. 即使是对于包含这种奇异性的簇来说,典范除子 K 也还有好的性质而可以定义,所以当 K 为 nef 时称为(Reid 意义上的)极小模型. 这是 2 维时极小模型所具有性质的推广. 因此该定义中的极小模型就导不出 $B(L)$ 中的最小性.

9.9.9 无基点定理

川又以小平的上同调消灭定理的推广为基础,以 Reid, Shokurov, Benveniste 等的重要贡献为依据证明了,若极小模型是一般型的,则 K 为半丰富. 根据川又自己的推广,就得到具有典范奇异性的簇上的无基点定理.[2]

定理 1(无基点定理) 设 X 是只有典范奇异点的 n 维射影簇, H 为 X 上的 Cartier 除子,对于某个自然数 a, 如果 H 与 $aH - K_X$ 是 nef, 且 $(aH - K_X)^n > 0$, 则存在某个正数 m_0, 对 $m > m_0$, 在 $|mH|$ 中没有基点.

若 K 是 nef 且 X 是一般型的,则由此立即得出 X 的典范环的有限生成性. 不仅如此,利用这一定理,具有典范奇异点时的端射线的收缩就有可能. 还能得到在 Q-分解时的锥体定理. 进而在相对的情形,以及所谓 log 型的情形(X, Δ), 也可扩张端射线的理论,使得对于一般代数簇,强有力的研究手段得以开发.

---

[1] M. Reid, Minmal models for canonical 3-folds, Advanced Studies in Pure Math, 1(1983), Kinokuniva. North Holland, 13-180.

[2] Y. Kawamata, K. Matsuda, K. Matsuki, Introduction to the minimal model problem, Advanced Studies in Pure Math, 10(1987), Kinokuniya, North Holland, 283-360.

与曲面时一样,就是高维时对极小模型的研究也有进展,已经积累了许多卓著的成果,如小平维数的加法猜想可由极小模型的存在及其典范除子的半丰富性自然导出(川又);多重亏格的形变不变性也可由此而得出(中山),等等.因此,极小模型的存在性就体现了代数几何中最重要且困难的课题.

9.9.10 极小模型的构成

设 X 是 n 维 Q 分解且只具有终端奇异点的射影代数簇.

此处所谓 Q 分解(Q-factorial)是指一切韦伊除子的若干倍为 Cartier 除子,换句话说就是与线丛相对应. 终端奇异点(包括典范奇异点的情形在内)的定义如下.

定义 1 设 (X, P) 为正规奇异点的芽,当下面的条件满足时,称 (X, P) 为终端(或典范)奇异点:

(1) 典范除子 K_X 的若干倍为 Cartier 除子;

(2) 除去适当的奇异点,有 $h: Y \to X$,当令 $K_Y \underset{Q}{=} h^*(K_X) + \sum_{j=1}^{r} a_j E_j$ (E_j 为全体 h–例外除子)时,对于一切 j,满足 $a_j > 0$.(若以 $\geq$ 替换 $>$,即为典范奇异点的定义)①

乍一看定义很复杂,但当(1)的条件服从 Q 分解的定义,有效运用曲线与除子的交点理论时,就很简便.(2)中 Q 上面的 = 是若干倍的,可以在线性等价的

---

① 当 X 为曲面时,终端奇点等价于光滑点,而典范奇点等价于有理二重点.——校注

意义上使用.(2)的条件也是很自然的,由此可知,即使是具有典范奇异点的情形,根据 h 进行提升,多重典范线性系是不变的.亦即由(2)的条件得到,多重亏格、小平维数等即使在具有典范奇异点的场合,在双有理变换下仍不变.

当 X 的典范除子是 nef 时,X 是极小模型.若非极小,则按锥体定理就存在端射线,如果应用无基点定理,则可知存在端射线的收缩映象 $\phi: X \to Z$. 这里 Z 是正规射影代数簇,$-K$ 为 ϕ 丰富. Z 虽是射影的,但它的奇异点性有可能变坏,而出现按典范奇异性不能解决的情况.

对于 X 上的曲线 C,$\phi(C)$ 成点与属于将 C 进行 contract 的端射线是等价的.

看看毕卡数,$\rho(Z) = \rho(X) - 1$ 关系成立,ρ 减少 1. φ 有如下 3 种情形:

1)$\dim Z < \dim X$. ϕ 为纤维空间,其一般纤维是 Q-Fano簇,这时若按宫冈 – 森[①],X 是单直纹的(亦即,有理曲线族覆盖 X),小平维数等于 $-\infty$.

2)ϕ 是双有理的,X 中有素除子 E,且 $\phi(E)$ 在 Z 中的余维数大于 1. 这时 Z 也是 Q 分解的,且为至多只有终端奇异点的射影代数簇,一切进行顺利.

3)ϕ 虽是双有理的,但在余维数 1 时同构. 也就是 ϕ 例外集合的余维数大于 1. 这时 Z 的典范除子没有 Q-Cartier,特别是 Z 没有典范奇异性.

---

① Y. Miyaoka, S. Mori, A numerical criterion of uniruledness. Ann of Math, 124(1986), 65-69.

代数几何中的 Bézout 定理

现若 1) 成立，X 就为单直纹的. 相当于 2 维时直纹的情形，此时没有极小模型.

当 2) 成立时，把所得的 Z 看作 X 进行同样的讨论.

3) 成立时的处理最困难. 很难从 X 去了解 Z. 有必要寻找别的模型. 这就是 Flip 理论.

9.9.11 **Flip**

下面的猜想成立.

Flip 猜想 I 在 3) 的情形下，存在 Q 分解的，至多只有终端奇异点的射影代数簇 X^+ 和正则双有理映射 $\varphi^+ : X^+ \to Z$ 存在，X^+ 的典范除子 K^+ 为 ϕ^+ - 丰富.

这种 X^+ 如果存在，则知道它一定可以写成 $\operatorname{Proj}(\bigoplus_{t \geq 0} \theta_Z(tK_Z))$. 当 X^+ 存在时，把 ϕ 与 φ^+ 的逆合成而得的双有理映射或者 X^+ 称为 φ 的 Flip.

取 X^+ 代替 Z，看它是否为极小模型，若不然，就取终端射线再进行收缩的操作.

Flip 猜想 II Flip 列有限次终了. 如果这点得到肯定的解决，那么就可以说，代数簇若不是单直纹的就存在极小模型. 也就是说，对于给定的代数簇，按广中的奇异点分解定理，考虑非奇异射影代数簇，对此就适用刚才的讨论.

2 维时不出现 Flip. 上述操作给出经典极小模型问题的解.

关于 3 维的 Flip 猜想 II 可以根据 Shokurov 引进

的新的不变量 difficulty 来证明. 猜想 I 由森①利用川又②的结果解决了. 解决这一问题运用了现代代数几何的精华,同时还需要关于 3 维终端奇异点的详细而巨大的计算. 由于这是最困难且饶有兴味的情形,以下稍稍加以说明.

川又得到了下面关于 3 维典范奇异点的结果.

定理 2 设 V 是只具有典范奇异点的 3 维正规代数簇,设 D 是 V 上的韦伊除子,则环层 $\oplus O_{t>0}(tD)$ 为局部有限生成的 O_y - 分次环.

在终端奇异点的场合,根据 Reid 的结果,该定理可以用曲面的有理 2 重点族的奇异点同时分解理论来表示. 一般情形可以用锥体定理到收缩映射的相对场合以及它们的 log 场合的推广来归纳证明. 由此知道, Flip 猜想 I 可以由下面的猜想导出.

猜想 设 Z 是按 3) 的操作得到的正规簇的奇异点的芽. 这时:

(ⅰ) $|-K|$ 的一般元只有有理奇异点③.

(ⅱ) 当设 $|-2K|$ 的一般元为 D 时,用它构造分歧的二重覆盖 $Z_2 \to Z$④,则 Z_2 只有典范奇异点. (由(ⅰ)可推出(ⅱ). 这也称为 bi-elephant 猜想)

---

① S. Mori, Flip theorem and the existence of minimal models for 3-folds, J. of AMS, 1(1988), 117-253.

② Y. Kawamata. Crepant blowing-ups of a 3-dimensional canonical singularities and its applincation to degeneration of suriaces, Ann. Math., (1987).

③ M. Reid 把这样的除子称为 DuVal elephant. 曲面的有理奇点又称有理二重点或 DuVal 奇点. ——校注

④ 二重覆盖的分歧轨迹为 D. ——校注

因为 Flip 猜想 I 由关于 Z 的局部性质即 $\underset{t\geqslant 0}{\oplus} O_Z(tK_Z)$ 的有限生成性得出,所以可以假设 Z 是芽且是解析芽. 不妨假设,对于收缩映射 $\varphi: X \rightarrow Z$,其例外集合不可约,且与射影直线同构①. 进而知道在 C 上有 index >1 的 X 的奇异点. 森对于 3 维终端奇异点中的那些 index >1 的奇异点的研究,归结为对循环群在 index $=1$ 的终端奇异点的领域作用的分析②,并根据 index $=1$ 的终端奇异点是非奇异的或者是合成型有理二重点(cDV 奇异点)③,而差不多完成了对终端奇异点的分类. 其结果,在上述状况下表示了下面的事实.

(1) X 在 C 上至多只有一个 index $=1$ 的奇异点;

(2) X 在 C 上至多只有两个 index $=2$ 以上的奇异点;

(3) X 在 C 上有 3 个奇异点时,其中之一的 index $=2$.

9.9.12 应用

极小模型的存在一确立,马上得到如下有趣的结果:

(1) 小平维数为负的 3 维簇是单直纹的.

其逆显然,得到相当简明的结论,即,3 维单直纹

---

① 记之为 $C, X \supset C \cong P^1$ 称为一个端领域. ——校注

② 对 (X, C, P) 构造所谓的 index 1 覆盖 $(X^\#, C^\#, P^\#)$,循环群作用在这覆盖上其商为 (X, C, P). Index 的定义为满足 rK 为 Cartier 除子的最小正整数 r. ——校注

③ 设 (X, P) 为 3 维簇奇点,若经过 P 的一般超平面截面所得的曲面奇点为 DuVal 奇点,则称 (X, P) 为 Compound DuVal 奇点(通称为 cDV 奇点). ——校注

第9章 代数几何大师的风采

性可用小平维数等于 $-\infty$ 来刻画. 可以说这是 2 维时 Enriques 单直纹曲面判定法的 3 维版本, 该判定法说, 若 12 亏格是 0, 则为直纹曲面. 若按 Enriques 判定法, 就立即得出下面耐人寻味的结果: 直纹曲面经有理变换得到的曲面还是直纹曲面. 但遗憾的是在 3 维版本中这样的应用不能进行. 若不进一步推进单直纹簇的研究, 恐怕就不能得到相当于代数曲面分类理论的深刻结果.

(2) 3 维一般型簇的标准环是有限生成的分次环.

这只要结合川又的无基点定理的结果便立即可得. 与此相关, 川又 – 松木[①]确立的结果也令人回味无穷, 即在一般型的场合极小模型只有限个.

(3) 3 维非奇异射影簇之间的双有理映射可以由收缩与 Flip 以及它们的逆得到.

2 维时的双有理映射只要有限次合成收缩及其逆便可得到, 这是该事实的推广. 2 维时的证明用第一种例外曲线的数值判定便立即明白, 而 3 维时则远为困难. 看一看所完成的证明, 似乎就明白了那些想要将 2 维时双有理映射的分解定理推广的众多朴素尝试终究归于失败的必然理由.

森在与 Kollár 的共同研究中, 证明了即使在相对的情形, 也存在 3 维簇构成的族的极小模型; 利用此结果证明了 3 维时小平维数的形变不变性. 多重亏格的形变不变性无法证明, 这是由于不能证明上述极小模

---

① Y. Kawamata, K. Matsuki, The number of minimal models for a 3-fold of general type is finit. Math, Ann 276(1987), 595-598.

型的典范除子是半丰富的.根据川又、宫冈的基本贡献,当 $K^3=0, K^2$ 在数值上不为 0 时,知道只要小平维数为正即可.对此松木在 1988 年哥伦比亚大学的学位论文中进行了详细的研究,但没有得到最终的解决.

如以上所见,极小模型理论是研究代数簇构造的关键,在高维代数簇中进行如此精密而深刻的研究,前不久连做梦都不敢想象.我们期待这更大的梦在可能范围内得以实现,就此结束.

中山昇氏对完成原稿帮助不小,记之以表示感谢.

9.9.13 附记:日本数学会理事长伊藤清三对上述获奖工作的评论

森重文、川又雄二郎两位最近在 3 维以上的高维代数几何学中,取得了世界领先的卓越成果,为高维代数几何今后的发展打下了基础.

这就是:决定代数簇上正的 1 循环(one-cycle)构成的锥(cone)的形状的锥体定理;表示在一定的条件下在完备线性系中没有基点的无基点定理(base point free theorem);完全决定 3 维时关于收缩映射的基本形状的收缩定理;递交换的公式化与存在证明——根据森、川又两位关于上述的各项基本研究,在 1987 年终于由森氏证明了,不是单有理的 3 维代数簇的极小模型存在.

这样,利用高维极小模型具有的漂亮性质与存在定理,一般高维代数簇的几何构造的基础也正在逐渐明了,可以期待对今后高维几何的世界性发展将作出显著的贡献.

森、川又两位的研究尽管互相独立,而在结果方面

两者互相补充,从而取得了如此显著的成果,我认为授予日本数学会奖秋季奖是再合适不过的.

9.10 菲尔兹奖获得者森重文访问记[①]

9.10.1 邂逅数学

问:祝贺您荣获菲尔兹奖.是否可以首先请您谈谈初中、高中时的情况.您从初中起就是个数学尖子吗?

森:初中时并没有特别爱好数学,从高中起才喜欢的,也许是因为成绩好的关系就喜欢了.高中时栉田先生帮助组成了数学研究同好会.

问:都干些什么呢?

森:就像竞赛、测验那样.读些书,充其量不过是三次方程的解法之类.也有难题什么的,但我总是懒惰成性,并没有怎么深入.

问:升大学时选择理学部没有犹豫吗?

森:因为到别的学部学些什么完全想象不出来.也不清楚理学部与工学部的严格区别是什么.我喜欢也有兴趣具体干些什么.塑料模型也喜欢,至今小孩弄坏了玩具就由我修理.

问:入大学以后呢?

森:那时正是大学闹学潮的时代,入学半年后就没

[①] 作者浪川幸彦等.原题:森重文 – Interview,译自:数学セミナー—1991年2月号临时增刊,国际数学者会议,ICM′90,6~9页.陈治中,译.孙伟志,校.

有上课.因此,负责我们班的岩井(齐良)先生指导我们,组织了自愿参加的自由讨论班.朋友们选了书,那是范·德·瓦尔登的《近世代数学》.这就很自然地进入了代数学习阶段.

后来想想也是没有办法的,总感到代数适合自己的性格.说起来如果一开始就学分析的话也许就会不一样了(笑).因为是效果论嘛.

问:后来大学二年级时都做了些什么呢?

森:土井(公二)先生给我们讲授代数课.一年级时的自由讨论班的影响也还有,似乎已经入了门.大家说如果要读这样一本书的话,那应该是整数论的书.是韦伊的《Foundation》.后来又读了大约三本有关阿贝尔流形的书以及有关曲线的书,这时土井先生特别忙,无法再跟我们一起讨论了.该怎么办呢,摇摆不定之际,觉得应该向代数几何方向努力,虽然表面上是整数论实际上却是代数几何的基础.因为韦伊的书是代数几何与整数论两方面的基础.

问:听您刚才所说,三四年级时似乎已经读了大学院(即研究生院)硕士水平的书了.

森:一旦搞了代数,就一直对这方面感兴趣.我曾几次取得相同学科的学分.由于当时的那种学习方法才导致现在的情况.当时并没有什么人来劝阻我.

浪川:现在大学的体制几乎已经无法涌现那种人才了.毁掉有创造性的人才,看来是个问题.

问:有没有对你有影响的数学家呢?

森:相当多.多到回答不上来.当出现转机的时候,经常有人在场,对我起了决定方向的作用.

第 9 章　代数几何大师的风采

高中时组织数学研究会的梣田先生. 在基础部的自由讨论班上讲课的岩井先生. 土井先生也如此. 讨论班指导教师永田（雅宜）先生，丸山（正树）也都关心照顾讨论班. 不光是对讨论班的关心，当我在美国觉得已经解决了 Hartshome 猜想时，参加研究的隅广（秀康）也是……

因为没有绝对感受到哪一位的影响最深，很难回答. 后来大学三年级时，广中平佑先生从美国回来，听他的代数几何入门也很好. 四年级时 M. Artin 在京都大学讲了曲面的分类. 这样数起来就没个完. 感觉到受影响的数学家们不知在什么地方隐藏下来似的.

9.10.2　从极小模型到 Hartshome 猜想

问：请问您是怎样回答"什么是代数几何"这个问题的.

森：在 ICM 全体大会一小时报告时，就考虑怎样去组织呢？首先就是从回答这一问题开始讲的. 所以开始的一半是基础的内容. 也有人说开始的 30 分钟没必要.

大家都觉得很难说明什么是代数几何，但是因为只使用四则运算，所以如果对于看不到"图形"这一点不介意的话，那就不会难以回答了. 所谓代数几何就是"用联立方程式表示的图形"，所以最好抓住这样的感觉；就是描绘一些图形. 啊！这就是代数几何！啊！这就是代数几何！虽然只描绘像抽象画那样的图形，但只要具有遵循逻辑的逻辑能力与想象力那种柔软性思维，也就不会觉得有多么难了. 这么一想，我就根据这种感觉试图以图形为中心来作这次报告. 看看过去大

代数几何中的 Bézout 定理

会上有关代数几何、特别是分类理论的报告记录,都是面向专家的.尽管我写的与说的有所不同,但是我总想如果不怎么难理解的话不是更好吗?

问:请谈谈极小模型的存在性证明与 Hartshome 猜想的解决之间的关系.

森:与"数学最前沿"①中所说的同样,就是扭曲的、或弯曲的、鼓出的曲面等.所谓极小模型,总之就是处处扭曲的.而反面的极端就是处处鼓起的图形,Hartshome 猜想就是说这样的图形在各维数中是唯一的.确实是唯一的这一问题已经证明了.如何处理处处无扭曲,也就是在某处鼓起的图形,这一分类问题的核心就是所谓的 Hartshome 猜想.

起初我并不是一开始就把 Hartshome 猜想放在首要位置上考虑的.而是在解决了某些问题以后,想将 Hartshome 猜想中使用的手法与思想再精密化,看看是否能解决一下其周边的问题(也就是在某处稍扭的图形),这就朝极小模型的方向发展了.

浪川:解决 Hartshome 猜想的基本思想是转化成特征数 p 来解,在这方面不得不承认东京大学小平学派的人们连想都没有想到.

问:那么东大没有想出来的原因是什么?

浪川:因为在东大还总是在复数域 **C** 亦即特征数为零中考虑.

---

① 指森重文发表在《数学セミナー》1990 年第 1 期"数学最前沿"专栏上的文章"高维分类理论"(高次元分類理論しニつひて).——译注

森：我想也可能他们想不到从特征数 p 得出零.因为总认为特征数 p 的世界是病态的,所以或许就很难联想到由此研究特征数为零的情况.

而我的情况刚才已经说了,因为开始学的是数论,所以也可以说对特征数 p 感兴趣.

问：从 Hartshome 猜想到极小模型的过程中,您在多大程度上意识到饭高过程的呢?

森：在考虑 Hartshome 猜想时完全没有想到.其后一段时间也根本没有意识到.因为应用极小模型于饭高过程的部分首先是不断地进行整理解决,所以也没有时间专门去把饭高过程作为问题来研究(笑).况且饭高过程在三维平坦场合还完全没有人做过.这一问题完成之后是否就可以说饭高过程完成了呢?实际上这还是处在稍微靠前的阶段.而在二维的情况,大约是一百年前的事情了.

浪川：在这个意义上可以说森君作了三维分类理论的基础部分的工作.而二维的情况已经有了代数几何的极小模型理论,由此也就开始了现代分类理论,重要的毋宁说还是今后.

问：饭高(茂)先生曾说："三维极小模型的存在连想都没有想到过."

浪川：我是在饭高先生极力宣传"饭高过程"时在场的人,所以很清楚那时的情况.结果是已经无法期望二维极小模型那样的理论,所以在三维的情况中有些人定义了各种各样的不变量,总有点想干点什么的精神.我觉得莫不如为了补充极小模型理论应该做些什么才好,这就产生了饭高意识.

问:由此说来您是否完全没有想到三维时也有如此漂亮的极小模型呢.

森:即使在那个地方的极小模型不存在,但不管怎样我有很强的自信心,相信能在可能的范围内找出极小模型.幸亏饭高过程不断发展,有关三维的情况发生了历史的逆转现象.这就导致了当极小模型的应用完成之后,存在性也就完成了.因此尽管仅在这一领域中有这样的活跃研究与发展,也是因为有饭高先生的过程.

问:今后的研究怎样进行呢?

森:三维还刚刚开始,不知道的东西还很多.因此,今后打算在其中至今仍然感兴趣的方向进行研究.

不过我自己对分类理论并不太满足,进行严格分类的研究与我的性格总不太适合.每个人的性格也反映在数学方面.三维也包括分类理论在内,不知道的问题到处都是.

但从一个方面去整理解决这些问题首先是不可能的.因为数学根据不同的问题都有不同的特征,所以就有与某人感受相投的好坏问题.因此就想在其中对有兴趣的方向上进行研究.

9.10.3 ICM90 的印象

问:说些一般性的,这次 ICM 的印象如何?

森:累死了(笑).连听演讲都会昏昏入睡.真是累得很.

报纸上登出菲尔兹奖的内定之后,遇到别人问时我就拼命解释我的成果,人们一说听不懂时,我就觉得相当疲劳(笑).这样连续十多次,我就相当没意思了……

数学不宣传也不行,由于这个原因,我就答应了接受采访.但是一直不断地加进个人方面的谈话实在是……很难把握这方面的差异.

问:这次的 ICM 新闻中说是相当于数学物理的会议,对此您是怎么想的?

森:我没有什么感想.该保留的保留下,该发展的发展.以后会怎样,如果任其自然,那是再好不过的了.

我自己对数学的搞法几乎不是抱有对将来的展望,有意识地想要干什么才去干的.也许我也会出乎意料却很自然地走向数学物理方向,那可不知道.因为数学变化莫测,所以与其按领域去分类,倒不如靠思想不断前进.不是纵向区分,而是往往通过横的四维空间体现出变化之处的.

我自己开始完全没有想到去搞分类理论.就好像是被什么东西拽着,就像被狗拽着散步那样,走到了分类理论.大学都像我这样去做也不好办,但有少数数学家这么做不也很好吗?

9.10.4 致年轻人

问:请您对今后对要搞数学的年轻人说几句.

森:重要的是既要有兴趣,又要能提出问题.许多情况也许能够得出简单的解答的东西,但是要谋求更好的回答,我想自觉意识到尚未解决的问题也是重要的.

因此在选择研究课题、想要去解决的时候,考虑到这很重要呀,或者似乎能够解决等,结果最后留存的恐怕只是自己的直观. 这里的直观归根结底就是喜欢不喜欢. 如果是由于自己喜欢而走的路那么到最后阶段挺一挺也就过来了. 很难肯定这到底有利还是不利. 是不是那个道理(笑)?

问: 开幕式那天看到您的脸色真是很疲劳. 今天大会结束,在您疲惫不堪的时候接受我们的采访,表示万分感谢.

9.10.5 采访后记

森氏荣获菲尔兹奖,作为一个同行又曾是同事,我由衷高兴. 20 年前当饭高氏提出这个分类过程时,欧美的同行们表现非常冷淡,我们知道这种受委屈的心情,也就更增一分喜悦.

我们虽然对他获得菲尔兹奖感到高兴,但也为因日本的过分宣传而狂骚起来使他牺牲了很多的宝贵时间,感到痛惜. 按其性格他是过分诚实地去对付了. 但愿他能早日回到他原来的研究领域中来.

他本来的工作场所毋宁说是在今后,而且我私自猜想,那一定是纠缠着基本粒子理论的.

另一方面,今天纯数学需要优秀的年轻人,为了吸引他们,也祝愿森氏在各种领域,以多方面的专家身份活跃起来.

第 9 章 代数几何大师的风采

9.11 仿佛来自虚空格罗腾迪克的一生[①]

9.11.1 新几何的诞生

按照三十年后的后见之明,现在我可以说就是在 1958 年,紧随着两件主要工具,概型(scheme,它代表旧概念"代数簇"的一个变形)和拓扑斯(topos,它代表空间概念的变体,尽管更加复杂)之后,新几何的观点真正诞生了.

——《收获与播种》(以下简记为"R&S"),p.23

1958 年 8 月,格罗腾迪克在爱丁堡(Edinburgh)举行的国际数学家大会上作了一个大会报告[Edin].这个报告用一种非凡的先见之明,简要描述了许多他将在未来 12 年里工作的主题. 很清楚,这个时候他的目标就是要证明韦伊的著名猜想,这个猜想揭示了离散的代数簇世界和连续的拓扑世界之间的深刻联系.

在这个时候,代数几何的发展非常迅猛,很多未决的公开问题并不需要很多背景知识. 起初,这个学科主要是研究复数域上的簇. 在 20 世纪初叶,这个领域是意大利数学家,诸如卡斯特尔努沃,Federigo Enriques 和 Francesco Severi 等的专长. 尽管他们叙述了很多独

[①] 作者 Allyn Jackson. 原题:Comme Appelé du Néant——As If Summoned from the Void:The Life of Alexandre 格罗腾迪克. 译自:Notices of the AMS,Vol.51(2004),No.10,p.1196-1212. 欧阳毅,译. 陆柱家,校.

在本文中,凡[* * *],其中除最后一个 * 可为数字外,其余的 * 为西文,皆表示原文末所列的参考文献.——校注

代数几何中的 Bézout 定理

创思想,但他们的结果不都是通过严格证明得来的. 在 1930 和 1940 年代,其他一些数学家,包括范·德·瓦尔登,韦伊和扎里斯基,打算研究任意数域上的簇,特别是在数论上很重要的特征 p 域上的簇. 但是,由于意大利代数几何学派严谨性的匮乏,有必要在此领域建筑新的基础. 这就是韦伊在他 1946 年出版的《代数几何基础》(Foundations of Algebraic Geometry,[Weil])中所做的事情.

韦伊的猜想出现在他 1949 年的文章[Weil2]中. 由数论中某些问题的启发,韦伊研究了一类其一些特殊情况是由 Emil Artin 引进的 zeta 函数;它被叫作 zeta 函数是因为它是通过和黎曼 zeta 函数作类比定义得来的. 给定定义于特征 p 的有限域上的一个代数簇 V,则可以计算 V 在此域上有理点的个数,以及在其每个有限扩域上有理点的个数. 再将这些数放入一个母函数(它是 V 的 zeta 函数)中. 在曲线和阿贝尔簇两种情况下,韦伊证明了这个 zeta 函数的 3 个事实:它是一个有理函数;它满足函数方程;它的零点和极点有某种特定的形式. 这种(特定的)形式,经过换元后,恰好和黎曼假设相对应. 韦伊更进一步观察到,如果 V 是由某个特征零簇 W 模 p 得到的,那么当 V 的 zeta 函数表示为有理函数时,W 的贝蒂数就可以从 V 的 zeta 函数上读出. 韦伊猜想就是问,如果在射影非奇异代数簇上定义这样的 zeta 函数,是否同样的性质还是正确的. 特别地,像贝蒂数这样的拓扑量是否会在 zeta 函数里面出现? 这种猜想中的代数几何和拓扑的联系,暗示当时的一些新工具,比如说为研究拓扑空间而发展出来的

第 9 章 代数几何大师的风采

上同调理论,可能适用于代数簇.由于和经典黎曼假设的类似,韦伊猜想的第 3 条有时也叫作"同余黎曼假设";这个猜想后来被证实是 3 个中最难证明的.

"韦伊猜想一经问世,很显然它们会由于某种原因而将扮演一个中心角色,"Katz 说道,"这不仅因为它们就是作为'黑盒子'式的论断也是令人惊异的,而且因为看上去很清楚要解决它们将需要发展很多不可思议的新工具,这些工具它们自身将由于某种原因具有不可思议的价值——这些后来都被证明是完全正确的."高等研究院的德利涅说(韦伊猜想)吸引格罗腾迪克的地方正是猜测中的代数几何和拓扑之间的联系.他喜欢这种"将韦伊的这个梦想变成强大的机器"的想法,德利涅评论道.

格罗腾迪克不是由于韦伊猜想很有名、或者由于别人认为它们很难而对韦伊猜想感兴趣的.事实上,他并不是靠对困难问题的挑战来推动自己.他感兴趣的问题,是那些看上去会指向更大而又隐藏着的结构. "他的目标在于发现和创造问题的自然栖息之家,"德利涅注意到,"这个部分是他感兴趣的,尤甚于解决问题."这种方式和同时代另外一位伟大数学家 John Nash 的方式形成鲜明对照.在他的数学黄金时代,Nash 喜欢找那些被他同事们认为是最重要、最有挑战性的特别的问题来[Nasar]. "Nash 像一个奥运会的运动员,"密歇根大学的 Hyman Bass 评论道. "他对众多的个人挑战感兴趣."如果 Nash 算是一个善于解决问题的理想范例,那么格罗腾迪克则是建构理论的完美范例.Bass 说,格罗腾迪克"有一种关于数学可能是什么的高屋建瓴般的观点."

　　1958 年秋,格罗腾迪克开始了他到哈佛大学数学系的多次访问的第一次. Tate 其时正是那里的教授,而系主任是扎里斯基. 那时候格罗腾迪克已经用新发展的上同调的方法,重新证明了连通性定理,这是扎里斯基最重要的成果之一,于 1940 年代被其证明. 根据当时是扎里斯基学生,现在布朗大学的 David Mumford 的话,扎里斯基自己从没有学会这些新方法,但是他明白它们的作用,希望他的学生们受到新方法的熏陶,因此他邀请格罗腾迪克来访问哈佛.

　　Mumford 注意到扎里斯基和格罗腾迪克相处得很好,尽管作为数学家他们是完全不同的. 据说扎里斯基如果被一个问题难住的时候,就会跑到黑板前,画一条自相交曲线,这样可以帮助他将各种想法条理化."谣传他会将这画在黑板的一个角落里,然后他会擦掉它,继续做代数运算."Mumford 解释说,"他必须通过创造一个几何图像、重新建构从几何到代数的联系来使自己思维清晰."根据 Mumford 的话,这种事格罗腾迪克是绝对不会做的;他似乎从不从例子开始研究,除那些特别简单、几乎是平凡的例子外. 除去交换图表外,他也几乎不画图.

　　Mumford 回忆道,当格罗腾迪克首次应邀到哈佛大学之前,他和扎里斯基通过几次信. 这时离众议院非美活动委员会的时代不久,得到签证的一个要求是访问者宣誓自己不会从事推翻美国政府的活动. 格罗腾迪克告诉扎里斯基他拒绝做这样的宣誓. 当被告知他可能会因此进监狱时,格罗腾迪克说进监狱可以接受,只

要学生们可以来探访他而且他有足够多的书可用.

Mumford 发现,格罗腾迪克在哈佛大学的讲座上向抽象化的跃进相当惊险. 有一次他询问某个引理如何证明,结果得到一个高度抽象的论证作为回复. Mumford 开始时不相信如此抽象的论证能够证明如此具体的引理. "于是我走开了,想了好几天,结果我意识到它是完全正确的." Mumford 回忆道,"他比我见到的任何人都更具有这种能力,去完成一个绝对令人吃惊的飞跃到某个在度上更抽象的东西上去……他一直都在寻找某种方法来叙述一个问题,看上去很明显地将所有的东西都从问题里抛开,这样你会认为里面什么都没有了. 然而还有些东西留了下来,而他能够在这看上去的真空里发现真正的结构."

9.11.2 英雄岁月

在 IHÉS 的英雄岁月里,迪厄多内和我是仅有的成员,也是仅有的可以给它带来信誉和科学世界听众的人. ……我觉得自己和迪厄多内一起,有点像是我任职的这个研究院的"科学"共同创始人,而且我期望在那里结束我的岁月! 我最终强烈地认同 IHÉS……

——《收获与播种》,p.169

1958 年 6 月,在巴黎索邦举行的发起人会议上,IHÉS 正式成立. IHÉS 的创始人 Léon Motchane,一位具有物理学博士学位的商人,设想在法国成立一个和普林斯顿高等研究院类似的独立的研究型学院. IHÉS 的最初计划是集中做三个领域的基础研究:数学,理论物理和人类科学方法论. 尽管第三个领域从来没有在那立足过. 在 10 年时间里,IHÉS 已经建设成为世界上最顶尖的数学和理论物理中心之一,拥有一群为数不多但素质一流的成员和一个活跃的访问学者计划.

根据科学史家 David Aubin 的博士论文[Aubin],就是在 1958 年 Edinburgh 数学家大会或者可能更早些, Motchane 会说服迪厄多内和格罗腾迪克接受新设立的 IHÉS 的教授职位. Cartier 在[Cartier2]中说 Motchane 起初希望聘用迪厄多内,而迪厄多内则将聘请格罗腾迪克为他接受聘请的一个条件. 因为 IHÉS 从一开始就是独立于国家的,聘请格罗腾迪克不是一个问题,尽管他是无国籍人. 两位教授在 1959 年 3 月正式履职,格罗腾迪克在同年 5 月开始他的代数几何讨论班. René Thom, 1958 年大会菲尔兹奖章获得者,在 1963 年 10 月加入 IHÉS 的数学学部,而 IHÉS 的理论物理学部随着 1962 年 Louis Michel 和 1964 年 David Ruelle 的任命开始进行活动. 就这样到 1960 年代中期,Motchane 就已经为他的新研究院招募了一群杰出的研究人员.

到 1962 年的时候,IHÉS 还没有永久的活动场所. 办公场所是从 Thiers 基金会租用的,讨论班也在那里或在巴黎的大学里举行. Aubin 报道说一位叫 Arthur Wightman 的 IHÉS 早期访问学者就被希望在他的旅馆房间里工作. 据说,当一位访问学者告之图书馆资料不足的时候,格罗腾迪克回答说:"我们不读书,我们是写书的!" 的确在最初几年里,研究院的很多活动是围绕"Publications Mathématiques de l'IHÉS(IHÉS 的数学出版物)"进行的,它以几卷奠基性著作《Éléments de Géométrize Algébrique》(代数几何基础)而开了头,该著作以首字母缩写 EGA 而闻名于世. 事实上 EGA 的撰写

第9章 代数几何大师的风采

在迪厄多内和格罗腾迪克正式于 IHÉS 上任前半年就已经开始了;[Corr]里提及最初写作的日期是 1958 年的秋天.

通常认为 EGA 的作者是格罗腾迪克,"与迪厄多内的合作". 格罗腾迪克将笔记和草稿写好,这些然后由迪厄多内充实和完善. 根据 Armand Borel 的解释,格罗腾迪克是把握 EGA 全局的人,而迪厄多内只是对此有逐行的理解."迪厄多内将它写得相当繁琐,"Borel 评论说. 同时,"迪厄多内当然又有令人难以置信的高效. 没有别的人可以将它写好而不严重影响自己的工作."对于当时那些想进入这个领域的人来说,从 EGA 中学习是一件令人望而生畏的挑战. 目前它很少作为这个领域的入门书,因为有其他许多更容易入门的教材可供选择. 不过那些教材并没有做 EGA 打算做的事,也就是完全而系统地解释清楚研究概型所需要的一些工具. 现在在 Bonn(波恩)的马克斯-普朗克数学研究所(Max-Planck-Institut für Mathematik)的 Gerd Faltings,当他在普林斯顿大学的时候,就鼓励自己的博士研究生去学 EGA. 对当今很多数学家而言,EGA 仍然是一本有用而全面的参考书. IHÉS 的现任院长 Jean-Pierre Bourguignon 说每年研究院仍然要卖掉超过 100 本的 EGA.

格罗腾迪克计划中 EGA 要包括的东西十分多. 在 1959 年 8 月给塞尔的信中,他给了个简要的大纲,其中包括基本群,范畴论,留数,对偶性,相交数,韦伊上同调,加上"如果上帝愿意,一点同伦论"."除非有不可预知的困难或者我掉入泥沼里去了,这个 multiplodocus 应该在三年内或最多四年内完成,"格罗腾迪克很乐观地说,此处他用了他和塞尔的玩笑用语 multiplodocus,其意是指一篇很长的文章."我们接下去就可以开始做代数几何了!"格罗腾迪克欢呼道. 后来的情况表明,EGA 在经过近乎指数式增长后失去了动力:第一章和第二章每章一卷,第三章两卷,而最后一章第四章则达到了四卷. 它们一共有 1 800 多页. 尽管 EGA 没有达到格罗腾迪克计划的要求,它仍然是一项里程碑式的著作.

EGA 这个标题仿效 Nicolas Bourbaki 的《数学原理》(Éléments de Mathématique)系列的标题不是偶然的,正如后者仿效欧几里得(Euclid)的《几何原本》(Elements)也不偶然一样:格罗腾迪克从 1950 年代后期开始,数年内曾经是布尔巴基学派的成员,而且他和学派内很多成员关系密切. 布尔巴基是一群数学家的笔名,其中大多数是法国人,他们在一起合作撰写数学方面一系列基础性的著作. 迪厄多内和小平邦彦,谢瓦莱,Jean Delsarte,韦伊一起,是布尔巴基学派的创始成员. 一般情况下学派大约有 10 名成员,其组成随着岁月而演化. 第一本布尔巴基的书出版于 1939 年,而布尔巴基的影响在 1950 年代和 1960 年代达到了顶峰. 这些书籍的目的是对数学的中心领域提供公理化的处理,使其一般性程度足以对最大数量的数学家有用. 这些著作都是经过成员间激烈甚至火爆的辩论的严格考验才诞生的,而许多成员都有很强的人格和非常个性化的观点. 曾是布尔巴基成员 25 年的 Borel 写道这个合作可能是"数学史上的独特事件"[Borel]. 布尔巴基汇聚了当时一些顶尖数学家的努力,他们无私地并匿名地奉献自己的大量时间和精力来撰写教材,使得这个领域的一大部分容易让大

第 9 章 代数几何大师的风采

家理解.这些教材有很大的影响,到 1970 和 1980 年代,有人埋怨布尔巴基的影响太大了.还有人也批评这些书的形式过于抽象和一般化.

布尔巴基和格罗腾迪克的工作有一些相似之处,这表现在抽象化和一般化的程度上,也表现在其目的都是基本、彻底而有系统.他们间的主要区别是布尔巴基包括了数学研究的一系列领域,而格罗腾迪克主要关注在代数几何上发展新的思想,以韦伊猜想作为其主要目标.格罗腾迪克的工作差不多集中在他自己的内在观点上,而布尔巴基则是铸造其成员们不同观点结合的合作努力.

Borel 在 [Borel] 中描述了 1957 年 3 月布尔巴基的聚会,他称之为"顽固的函子大会",因为格罗腾迪克提议一篇关于层理论的布尔巴基草稿应该从一个更范畴论的观点来重写.布尔巴基没有采用这个想法,认为这将导致无穷无尽的基础建设的循环往复.格罗腾迪克"不能够真正和布尔巴基合作,因为他有他自己的庞大机器,而布尔巴基对他而言.还不够一般化,"塞尔回忆说.另外,塞尔评论道:"我认为他不是很喜欢布尔巴基这样的体系,在此我们可以真正详细讨论草稿并且批评它们.……这不是他做数学的方式.他想自己单干."格罗滕迪克在 1960 年离开布尔巴基,尽管他继续和其中很多成员关系密切.

有些故事传说格罗滕迪克离开布尔巴基是因为他和韦伊的冲突,实际上他们在布尔巴基的时间上仅仅有很短的重合:根据惯例,成员必须在 50 岁的时候退休,所以韦伊在 1956 年离开了学派.然而,格罗滕迪克和韦伊作为数学家很不一样倒的确是事实.根据德利涅的说法:"韦伊不知为何觉得格罗腾迪克对意大利几何学家们的工作和对经典文献中的结果太无知了,而且韦伊不喜欢这种建造巨大机器的工作方式.……他们的风格相当不一样."

除去 EGA 外,格罗腾迪克代数几何全集的另外一个主要部分是 Séminaire de Géométrie Algébrique du Bois Marie,简称 SGA,其中包括他在 IHÉS 讨论班演讲的讲义.它们最初由 IHÉS 分发.SGA2 由 North Holland 和 Masson 两个出版社合作出版,而其他几卷则由 Springer-Verlag 出版.SGA1 整理自 1960~1961 年讨论班,而这个系列最后一卷 SGA7 则来自 1967~1969 年的讨论班.与目的是为了奠基的 EGA 不一样,SGA 描述的是出现在格罗腾迪克讨论班上的正在进行的研究.他也在巴黎布尔巴基讨论班上介绍了很多结果,它们被合集为 FGA,即 Fondements de la Géométrie Algébrique,它于 1962 年出版.EGA,SGA 和 FGA 加起来大约有 7 500 页.

9.11.3 魔术扇子

如果说数学里有什么东西让我比对别的东西更着迷的话(毫无疑问,总有些让我着迷的),它既不是"数"也不是"大小",而是型(form).在一千零一张通过其型展示给我的面孔中,让我比其他更着迷的而且会继续让我着迷下去的,就是那隐藏在数学对象下的结构.

——《收获与播种》,p.27

在 R&S 第一卷里,格罗腾迪克对他的工作作了一个解释性的概括,意在让非数学家能够理解(p.25~48).在那儿他写道,从最根本上来讲,他的工作是寻找

第 9 章　代数几何大师的风采

两个世界的统一:"算术世界,其中(所谓的)'空间'没有连续性的概念,和连续物体的世界,其中的'空间'在恰当的条件下,可以用分析学家的方法来理解。"韦伊猜想如此让人渴望正是因为它们提供了此种统一的线索。胜于直接尝试解决韦伊猜想,格罗腾迪克大大推广了它们的整个内涵。这样做可以让他感知更大的结构,韦伊猜想凭依于此结构,却只能给它提供惊鸿一瞥。在 R&S 这一节里,格罗腾迪克解释了他工作中一些主要思想,包括概型、层和拓扑斯。

基本上说,概型是代数簇概念的一个推广。给定一组素特征有限域,一个概型就可以产生一组代数簇,而每一个都有它自己与众不同的几何结构。"这些具有不同特征的不同代数簇构成的组可以想象为一把'由代数簇组成的无限扇面的扇子'(每个特征构成一个扇面),"格罗腾迪克写道。"'概型'就是这样的魔术扇子,就如扇子连接很多不同的'分支'一样,它连接着所有可能特征的'化身'或'转世'"。到概型的推广则可以让大家在一个统一方法下,研究一个代数簇所有的不同"化身"。在格罗腾迪克之前,"我认为大家都不真正相信能够这样做,"Michael Artin 评论说,"这太激进了。没有人有勇气哪怕去想象这个方法可能行,甚至可能在完全一般的情况下都行。这个想法真的太出色了。"

从 19 世纪意大利数学家贝蒂的远见开始,同调和它的对偶上同调被发展为衡量空间的这个或那个方面的"准尺"。由韦伊猜想隐含着的洞察力所激发的巨大期望就是拓扑空间的上同调方法可以适用于簇与概型。这个期望在很大程度上由格罗腾迪克及其合作者的工作实现了。"就像夜以继日一样将这些上同调技巧带到"代

代数几何中的 Bézout 定理

数几何中，Mumford 注意到，"它完全颠覆了这个领域.这就像傅里叶(Fourier)分析之前和之后的分析学.你一旦知道傅里叶分析的技巧，突然间你看一个函数的时候就有了完全深刻的洞察力.这和上同调很类似."

层的概念是由 Jean Leray 所构想而后由 Henri Cartan 和 Jean-Pierre Serre 进一步发展的.在他的奠基性文章 FAC(Faisceaux algébriques cohérents(代数凝聚层)，[FAC])中，塞尔论证了如何将层应用到代数几何中去.格罗腾迪克在 R&S 中没有确切地说层是什么，但他描述了这个概念如何改变了数学的全貌：当层的想法提出来后，就好像原来的五好标准上同调"准尺"突然间繁殖成为一组无穷多个新"准尺"，它们拥有各种各样的大小和形状，每一个都完美地适合它自己独特的衡量任务.进一步说，一个空间所有层构成的范畴包含了如此多的信息，本质上人们可以"忘记"这个空间本身.所有这些的信息都包括在层里面——格罗腾迪克称此为"沉默而可靠的向导"，引领他走向发现之路.

格罗腾迪克写道，拓扑斯的概念是"空间概念的变体".层的概念提供了一种办法，将空间所依附的拓扑设置转化为层范畴所依附的范畴设置.拓扑斯则可以描述为这样一个范畴，它尽管无需起因于普通空间，却具有层范畴所有"好"的性质.拓扑斯的概念，格罗腾迪克写道，突出了这样的事实："对于一个拓扑空间而言真正重要的根本不是它的'点'或者点构成的子集和它们的邻近关系等等，而是空间上的层和层构成的范畴."

为了提出拓扑斯的概念，格罗腾迪克"很深入地思考了空间的概念"，德利涅评价道."他为理解韦伊猜想所创立的理论首先是创立拓扑斯的概念，将空间概念推

第 9 章 代数几何大师的风采

广,然后定义适用于这个问题的拓扑斯,"他解释说. 格罗腾迪克也证实了"你可以真正在其上面工作,我们关于普通空间的直觉在拓扑斯上仍然适用.……这是一个很深刻的想法."

在 R&S 中格罗腾迪克评论道,从技术观点而言,他在数学上的很多工作集中在发展所缺乏的上同调理论. 由格罗腾迪克, Michael Artin 以及其他一些人所发展的平展上同调(étale cohomology)就是这样一种理论,其明确意图是应用于韦伊猜想,而它确实是他们的证明中的主要因素之一. 但是格罗腾迪克走得更远,发展了 motive 的概念,他将此描述为"终极上同调不变量",所有其他的上同调理论都是它不同的实现或者化身. motive 的完整理论至今还没有发展起来,不过由它已经产生了大量数学. 比如,在 1970 年代,IAS 的德利涅和朗兰兹猜想了 motives 和自守表示间的精确关系. 这个猜想,现在是所谓朗兰兹纲领的一部分,首次以印刷形式出现在[Langlands]一文中. 多伦多(Toronto)大学的 James Arthur 认为彻底证明这个猜想将是数十年后的事情. 但他指出,怀尔斯的费马大定理的证明,本质上就是证明了这个猜想在椭圆曲线所产生的二维 motives 的特殊情况. 另外一个例子是 IAS 的 Vladimir Voevodsky 在 motive 上同调的工作,由此他在 2002 年获得菲尔兹奖章. 这个工作发展了格罗腾迪克关于 motive 的一些原始想法.

在关于他数学工作的简短回顾的追忆中写道,构成它的精华和力量的,不是结果或大的定理,而是"想法,甚至梦想"(p.51).

9.11.4 格罗腾迪克学派

直到 1970 年第一次"苏醒"的时候,我和我的学生们的关系,就如我和自己工作的关系一样,是我感到满意和快乐——这些是我生活的和谐感知的切实而无可指责的基础之一——的一个源泉,至今仍有它的意义……

——《收获与播种》,p. 63

在 1961 年秋访问哈佛时,格罗腾迪克致信给塞尔:"哈佛的数学气氛真是棒极了,和巴黎相比是一股真正的清新空气,而巴黎的情况则是一年年越来越糟糕.这里有一大群聪明的学生开始熟悉概型的语言,他们别无所求,只想做些有趣的问题,我们显然是不缺有趣问题"[Corr]. Michael Artin,他于 1960 年在扎里斯基指导下完成论文,此时正是哈佛的 Benjamin Pierce 讲师.完成论文之后,Artin 马上开始学习新的概型语言,他也对平展上同调的概念感兴趣.当格罗腾迪克 1961 年来哈佛的时候,"我询问他平展上同调的定义,"Artin 笑着回忆说.这个定义当时还没有明确给出来. Artin 说道:"实际上整个秋天我们都在辩论这个定义."

1962 年搬到 MIT 后,Artin 开了个关于平展上同调的讨论班.接下去两年大部分时间他在 IHÉS 度过,和格罗腾迪克一起工作.平展上同调的定义完成后,仍然还有许多工作要做来驯服这个理论,让它变成一个可以真正使用的工具."这个定义看上去很美,不过它不保证什么东西是有限的,也不保证可计算,甚至不保证任何东西,"Mumford 评论道.这就是 Artin 和格罗腾迪克要投入的工作;其中一个结果就是 Artin 可表定理,与 Jean-Louis Verdier 一起,他们主持了 1963 ~

第 9 章 代数几何大师的风采

1964 年的讨论班,其主题即平展上同调.这个讨论班写成为 SGA4 的三卷书,一共差不多有 1 600 页.

可能有人不同意格罗腾迪克对 1960 年代早期巴黎数学氛围"糟糕"的评价,但毫无疑问,当他在 1961 年回到 IHÉS,重新开始他的讨论班时,巴黎的数学氛围得到了相当大的加强.那里的气氛"相当棒",Artin 回忆说.这个讨论班参加人数众多,包括巴黎数学界的头面人物以及世界各地来访的数学家.一群出色而好学的学生围绕在格罗腾迪克周围,在他的指导下写论文(由于 IHÉS 不授予学位,名义上说他们是巴黎市内外一些大学的学生).1962 年,IHÉS 搬到它的永久之家,位于巴黎郊区 Bures-sur-Yvette 一个叫 Bois-Marie 的宁静而树木丛生的公园里.那个举行讨论班的舞台式建筑,及其绘图大窗户和所赋予的开放而通透的感觉,给这里提供了一种不凡而生动的背景.格罗腾迪克是所有活动的激情四射的中心."这些讨论班是非常交互式的,"Hyman Bass 回忆说,他于 1960 年代访问过 IHÉS,"不过不管格罗腾迪克是不是发言人,他都占着统治地位."他特别严格而且可能对人比较苛求."他不是无情的,但他也不溺爱学生."Bass 说道.

格罗腾迪克发展了一套与学生一起工作的固定模式.一个典型例子是巴黎南大学(Université de Paris en Orsay)的 Luc Illusie(老耶律),他于 1964 年成为格罗腾迪克的学生.Luc Illusie 曾参加巴黎的小平邦彦和施瓦兹的讨论班,正是小平邦彦建议 Luc Illusie 或者可以跟随格罗腾迪克做论文.Luc Illusie 其时还只学习过拓扑,很害怕去见这位代数几何之"神".后来表明,见面的时候格罗腾迪克相当友善,他让 Luc Illusie 解

代数几何中的 Bézout 定理

释自己已经做过的事情. Luc Illusie 说了一小段时间后, 格罗滕迪克走到黑板前, 开始讨论起层、有限性条件、伪凝聚层和其他类似的东西. "黑板上的数学就像海一样, 像那奔流的溪流一样," Luc Illusie 回忆道. 最后, 格罗滕迪克说下一年他打算将讨论班主题定为 L – 函数和 l-adic 上同调, Luc Illusie 可以帮助记录笔记. 当 Luc Illusie 提出异议, 说自己根本不懂代数几何时, 格罗滕迪克说没关系: "你很快会学会的."

Luc Illusie 的确学会了. "他讲课非常清楚, 而且他花大力气去回顾那些必需的知识, 包括所有的预备知识," Luc Illusie 评价道. 格罗滕迪克是位优秀的老师, 非常有耐心而且善于清楚解释问题. "他会花时间去解释非常简单的例子, 来展示这个机器的有效性," Luc Illusie 说. 格罗滕迪克会讨论一些形式化的性质, 那些常常被人掩饰为"平凡情况"因而太显然而不需要讨论的性质. 通常"你不会去详述它, 你不会在它上面花时间," Luc Illusie 说, 但这些东西对于教学非常有用. "有时有点冗长, 但是它对理解问题很有帮助."

格罗滕迪克给 Luc Illusie 的任务是作讨论班一些报告的笔记——准确地说, 是 SGA5 的报告 I, II 和 III. 笔记完成后, "当我将它们交给他时全身都在发抖," Luc Illusie 回忆道. 几个星期后格罗滕迪克告诉 Luc Illusie 到他家去讨论笔记; 他常常与同事和学生在家工作. 格罗滕迪克将笔记拿出来放在桌子上后, Luc Illusie 看到笔记上涂满了铅笔写的注释. 两个人会坐在那里好几个小时来让格罗滕迪克解释每一句注释. "他可能批评一个逗号、一个句号的用法, 可能批评一个声调的用法, 也可能深刻批评关于一个命题的实质

378

第9章 代数几何大师的风采

并提出另一种组织方法——各种各样的评论都有,"Luc Illusie 说道,"但是他的评语都说到点子上."这样逐行对笔记做评论格罗腾迪克指导学生很典型的方法. Luc Illusie 回忆起有几个学生因为不能忍受这样近距离的批评,最终在别人指导下写了论文. 有个学生一次见过格罗腾迪克后差点流眼泪了. Luc Illusie 说:"我记得有些人很不喜欢这样的方式. 你必须照这样做……(但)这些批评不是吹毛求疵."

1968 年 Nicholas Katz 以博士后身份访问 IHÉS 时也被给了个任务. 格罗腾迪克建议 Katz 可以在讨论班上做个关于莱夫谢茨束的报告. "我曾听说过莱夫谢茨束,但除去听说过它们之外我对它们几乎一无所知,"Katz 回忆说. "但到年底的时候我已经在讨论班上做过几次报告了,现在这些作为 SGA7 的一部分留传了下来. 我从这里学到了相当多的东西,这对我的未来有很大影响." Katz 说格罗腾迪克一周内可能会去 IHÉS 一次和访问学者谈话. "绝对令人惊讶的是他不知怎么可以让他们对某些事情感兴趣,给他们一些事情做,"Katz 解释说,"而且,在我看来,他有那种令人惊讶的洞察力知道对某个人而言什么问题是个好问题,可以让他去考虑. 在数学上,他有种很难言传的非凡魅力,以至于大家觉得几乎是一项荣幸被请求在格罗腾迪克对未来的远见卓识架构里做些事情."

哈佛大学的 Barry Mazur 至今仍然记得在 1960 年代早期在 IHÉS 和格罗腾迪克最初一次谈话中,格罗腾迪克给他提出的问题,那个问题起初是 Gerard Washnitzer 问格罗腾迪克的. 问题是这样的:定义在一个域上的代数簇能否由此域到复数域的两个不同嵌入而得到拓扑上不同的流形？塞尔早前曾给了些例子说明两个流形可能不一样,受这个问题的激发,Mazur 后来和 Artin 在同伦论上做了些工作.但在格罗腾迪克说起这个问题的时候,Mazur 还是个全心全意的微分拓扑学家,而这样的问题本来他是不会碰到的."对于格罗腾迪克,这是个很自然的问题,"Mazur 说道,"但对我而言,这恰好是让我开始从代数方面思考的动力."格罗腾迪克有种真正的天赋来"给人们搭配未解决问题.他会估量你的能力而提出一个问题给你,而它正是将为你照亮世界的东西.这是种相当奇妙而罕见的感知模式."

除了与 IHÉS 的同事及学生一起工作外,格罗腾迪克和巴黎之外一大群数学家保持着通信联系,有关他的纲领中的部分内容,有些人正在进行工作.例如,位于 Berkeley 的加州大学的 Robin Hartshorne 1961 年的时候正在哈佛大学上学,从格罗腾迪克在那里的讲座里,他得到关于论文主题的想法,即研究希尔伯特概型.论文完成后 Hartshorne 给已经回到巴黎的格罗腾迪克寄了一份.在日期署为 1962 年 9 月 27 日的回信中,格罗腾迪克对论文做了些简短的正面评价."接下去 3 到 4 页全是他对我可能可以发展的更深定理的想法和其他关于这个学科大家应该知道的东西,"Hartshorne 说.他注意到信中建议的有些事情是"不可完成的困难",而其他一些则显示了非凡的远见.倾泻这些想法后,格罗腾迪克又回来谈及论文,给了 3 页详细的评语.

在他 1958 年于 Edinburgh 数学家大会的报告中,格罗腾迪克已经概述了他关于对偶理论的想法,但由

第 9 章　代数几何大师的风采

于他在 IHÉS 讨论班中正忙着别的一些主题,没有时间来讨论它.于是 Hartshorne 提出自己在哈佛开一个关于对偶的讨论班并将笔记记录下来.1963 年夏天,格罗腾迪克给了 Hartshorne 大约 250 页的课前笔记(pre-notes),这将成为 Hartshorne 这年秋天开始的讨论班的基础.听众提出的问题帮助 Harshorne 发展和提炼了对偶理论,他并开始将它系统记录下来.他将每一章都寄给格罗腾迪克来接受批评,"它被寄回来的时候整个都布满了红墨水,"Hartshorne 回忆道,"于是我将他说的都改正了并即给他寄新的版本.它被寄回时上面的红墨水更多."意识到这可能是个无穷尽的过程后,Hartshorne 有一天决定将手稿拿去出版;此书 1966 年出现在 Springer 的 Lecture Notes 系列里 [Hartshorne].

格罗腾迪克"有如此多的想法以至基本上他一个人让那时候世界上所有在代数几何领域中认真工作的人都很忙碌,"Hartshorne 注意到.他是如何让这个事业一直运行下来的呢?"我认为这没有什么简单答案,"Michael Artin 回答说.不过,格罗腾迪克的充沛精力和知识宽度显然是其中的一些原因."他精力非常充沛,而且他涵盖很多领域,"Artin 说."他能够完全控制这个领域达 12 年之久真是太不寻常了,这可不是个懒人集中营."

在 IHÉS 的岁月里,格罗腾迪克全身心地投入到数学中.他的非凡精力和工作能力,以及对自身观点的顽强坚持,产生了思维的巨浪,将很多人冲入它的奔涌激流中.他没有在自己所设定的令人畏惧的计划面前退缩,反而勇往直前地投入进去,冲向大大小小的目

代数几何中的 Bézout 定理

标."他的数学议程比起一个能做的要多出很多,"Bass 评价道.他将其中很多工作分配给他的学生们和合作者们来做,而他自己也做了很大一部分的工作.给予他动力的,如他在 R&S 里所解释的,就只是理解事情的渴望,而确实,那些知道他的人证明他不是由于什么形式的竞赛来推动自己的."在那时,从没有过这样要在别人之前证明某个东西的想法,"塞尔解释道.而且在任何时候,"他不会和别的任何人竞赛,一个原因是他希望按他自己的方式来做事情,而几乎没有别人愿意这样做.完成它需要太多工作了."

格罗腾迪克学派的统治地位有些有害的效果.甚至格罗腾迪克在 IHÉS 的杰出同事,René Thom 也感到有压力.在[Fields]中 Thom 写道,与其他同事的关系比较起来,他与格罗腾迪克的关系"不那么愉快"."他的技术优势是决定性的,"Thom 写道."他的讨论班吸引了整个巴黎数学界,而我则没有什么新的东西可供给大家.这促使我离开了严肃数学世界而去处理更一般的概念,比如组织形态的发生,这个学科让我更感兴趣,引导我走向一个很一般形式的'哲学'生物学."

在其 1988 年的教材《本科生代数几何》最后的历史注释中,Miles Reid 写道:"对格罗腾迪克的个人崇拜有些严重的副作用:许多曾经花了一生很大一部分时间去掌握韦伊的代数几何基础的人觉得受到了拒绝和羞辱……整整一代学生(主要是法国人)被洗脑而愚蠢地认为如果一个问题不能放置于高效能的抽象框架里就不值得去研究."如此"洗脑"可能是时代时尚无法避免的副产品,尽管格罗腾迪克自己从来不是为抽象化而追求抽象化的. Reid 也注意到,除去少数可

以"跟上步伐并生存下来"的格罗腾迪克的学生，从他的思想里得益最多的是那些在一段距离外受影响的人，特别是美国，日本和俄国的数学家. Pierre Cartier 在俄国数学家，如 Vladimir Drinfeld，Maxim Kontsevich，Yuri Manin 和 Vladimir Voevodsky 的工作中看到了格罗腾迪克思想的传承. Cartier 说："他们抓住了格罗腾迪克思想的精髓，但他们能够将它和其他东西结合起来."

9.11.5　一种不同的思考方式

对发现工作而言，特别的关注和激情四射的热情是一种本质的力量，就如同阳光的温暖对于埋藏在富饶土壤里的种子的蛰伏成长和它们在阳光下柔顺而不可思议的绽放所起的作用一样.

——《收获与播种》, p. 49

格罗腾迪克有他自己一套研究数学的方式. 正如麻省理工学院的 Michael Artin 所言，在 1950 年代晚期和 1960 年代"(数学)世界需要适应他，适应他抽象化(思维)的力量". 现在格罗腾迪克的观点已经如此深入地被吸收到代数几何里面，以至于对现在这个领域研究中的研究生而言它是再正常不过的了，他们中很多人没有意识到以前的情形是相当不一样的. 普林斯顿大学的 Nicholas Katz 说在他作为一个年轻数学家首次接触到格罗腾迪克思考问题的方式时，这种方式在他看来是与以前完全不同的全新的方式，但是却很难明确指出不同处是什么. 如 Katz 所指出，这种观念的转换是如此的根本和卓有成效，而且一旦得到采用后是如此完全的自然以至于"很难想象在你这样考虑问题之前的时代是什么样子的."

代数几何中的 Bézout 定理

尽管格罗腾迪克从一个非常一般化的观点来研究问题,他并不是为了一般化而这样做的,而是因为他可以采用一般化观点而成果丰硕."这种研究方式在那些天赋稍缺的人手里只会导致大多数人所谓的毫无果实的一般化,"Katz 评价说,"而他不知何故却知道应该去思考哪样的一般问题."格罗腾迪克总是寻找最恰好的一般情形,它正好能够提供正确的方法来领悟问题."一次接一次地,他看上去就有一个诀窍,(在研究问题时)去掉恰当多的东西,而留存下来的不是特殊情况,也不是真空,"得克萨斯(Texas)大学奥斯汀(Austin)分校的 John Tate 评论道,"它如同行云流水,不带累赘,刚刚好."

格罗腾迪克思考问题模式的一个很显著的特征是他好像几乎从不依赖例子. 这个可以从所谓的"素数"的传说中看出. 在一次数学讨论中,有人建议格罗腾迪克他们应该考虑一个特殊素数. "你是说一个具体的数?"格罗腾迪克问道. 那人回答说是的,一个具体的素数. 格罗腾迪克建议道:"行. 就选 57."

但格罗腾迪克一定知道 57 不是一个素数,对吧? 完全错了,布朗(Brown)大学的 David Mumford 说道. "他不从具体例子来思考问题."与他形成对照的是印度数学家 Ramanujan,他对很多数的性质非常熟悉,其中有些数相当巨大. 那种类型的思考方式代表了和格罗腾迪克的方式相对的数学世界. "他真的从没有在特例里下工夫,"Mumford 观察到,"我只能从例子中来理解事情,然后逐渐让它们更抽象些. 我不认为这样先看一个例子对格罗腾迪克有一丁点帮助. 他真的是从绝对最大限度的抽象方式中思考问题来掌握局势的.

这很奇怪,这就是他的思维方式."巴塞尔(Basel)大学的 Norbert A'Campo 有次问及格罗腾迪克关于柏拉图体的一些情况,格罗腾迪克建议他小心点. 他说,柏拉图体是如此漂亮而特殊,人们不应该设想如此特别的美好东西在更一般情形下仍然会保持.

格罗腾迪克曾经这样说过,一个人从来就不应该试着去证明那些几乎不显然的东西. 这句话的意思不是说大家在选择研究的问题时不要有抱负. 而是,"如果你看不出你正在工作的问题不是几乎显然的话,那么你还不到研究它的时候,"伯克利(Berkeley)的加利福尼亚(California)大学的 Arthur Ogus 如此解释:"在这个方向再做些准备吧. 而这就是他研究数学的方式,每样东西都应该如此自然,它看上去是完全直接的."很多数学家会选择一个描述清晰的问题来敲打它,格罗腾迪克很不喜欢这种方式. 在 R&S 中一段广为人知的段落里,他将这种方式比喻成拿着锤子和凿子去敲核桃. 他自己宁愿将核桃放在水里将壳慢慢地泡软,或者让它日晒雨露,等待它自然爆裂的恰当时机(p. 552~553). "因此格罗腾迪克所做的很多事情就像是事情的自然面貌一样,因为它看上去是自己长出来的,"Ogus 注意到.

格罗腾迪克具有给新的数学概念选取印象深刻、唤起大家注意力的名字的天赋;事实上他认识到,给数学对象命名这种行为如同它们的发现之旅的一个有机组成部分,如同一种掌握它们的方式,甚至在它们还没有被完全理解之前(R&S, p. 24). 一个这样的术语是 étale(平展),在法语里面它原是用来表示缓潮时候的海,也就是说,此时既不涨潮,也不退潮. 在缓潮的时候海面就像展开的床单一样,这就会让人联想到覆盖空间的概念. 如格罗腾迪克在 R&S 中所解释的,他选用在希腊文里原意为"空间"的 topos 这个词,来暗示"拓扑直觉适用的'卓越对象'"这样一个想法(p. 40 ~ 41). 和这个想法相配,topos 就暗示了最根本,最原始的空间概念. 术语"motif"(英文里的"motive")这个概念意在唤起这个词的双重意思:一个反复出现的主题和造成行动的原因.

格罗腾迪克对取名的关注意味着他厌恶那些看上去不合适的术语:在 R&S 中,他说自己在第一次听到 perverse sheaf 这个术语时感到有种"本能的退缩"."真是一个糟糕的想法,去将这样一个名字给予一个数学对象!"他写道,"或者给予任何事物或者生物,除去在苛责一个人的时候——因为显而易见,对于宇宙里所有'东西'来说,我们人类是唯一可以适用这个术语."(p. 293)

尽管格罗腾迪克拥有伟大的技术能力,这一直都是第 2 位的;这只是他执行他的更大构想的方式而已. 众所周知,他证明了某些结果和发展了某些工具,但他最大的遗产是创立了数学的一个新的观点. 从这方面来说,格罗腾迪克和伽罗瓦相似. 的确,在 R&S 很多处,格罗腾迪克写道他强烈地认同伽罗瓦. 他也提到年轻时候读过一本由 Leopold Infeld 撰写的伽罗瓦的传记[Infeld](p. 63).

最终来说,格罗腾迪克在数学上的成就的源泉是某种相当谦卑的东西:他对他所研究的数学对象的爱.

9.11.6 停滞的精神

从 1945 年(我 17 岁的时候)到 1969 年(我进入

第 9 章 代数几何大师的风采

42 岁的时候),25 年里我几乎将我的全部精力都投入到数学研究中.这自然是过多的投入了.我为此付出了越来越"迟钝"的长期精神上停滞的代价,这些我在《收获与播种》中不止一次提到过.

——《收获与播种》,p.17

在 1960 年代,哈佛大学的 Barry Mazur 和他妻子访问过高等科学研究院(IHÉS).尽管那时候格罗腾迪克已经有了自己的家庭和房子,他仍然在 Mazur 居住的大楼里保留了一间公寓,并且常常在那里工作到深夜.由于公寓的钥匙不能开外面的门,而这道门到晚上 11 点的时候就锁上了,在巴黎度过一个晚上后回到大楼就会有困难.但是"我记得我们从来没有遇到过麻烦,"Mazur 回忆道."我们会乘末班火车回来,百分之百地确信格罗腾迪克还在工作,而他的书桌靠着窗.我们会扔小石子到他窗户上,他就会来为我们开门."格罗腾迪克的公寓只是简单装修了一下;Mazur 记得里面有一只金属线做的山羊雕塑和一个装满西班牙橄榄的缸子.

格罗腾迪克在一间斯巴达式的公寓里工作到深夜的这种略显孤独的形象刻画了 1960 年代他的生活的一个方面.那个时候他不停地研究数学.他和同事们讨论问题,指导学生们学习,做讲座,和法国之外的数学家们保持广泛联系,还撰写一卷又一卷看上去没有尽头的 EGA 和 SGA.毫不夸张地说他单枪匹马地领导了世界范围内代数几何里一个巨大而蓬勃发展的部分.他在数学之外似乎没有多少爱好;同事们说他从不看报纸.就是在数学家中间,他们习惯于诚实而且高度投入对待工作,格罗腾迪克也是一个异类."整整 10 年

代数几何中的 Bézout 定理

里格罗腾迪克一周 7 天,一天 12 个小时研究代数几何的基础,"他的 IHÉS 同事 David Ruelle 注意到."他已经完成了这座一定得有 10 层高的楼房的 -1 层的工作,而正在第 0 层上工作……到一定时候很清楚你永远也盖不成这座大楼."

格罗腾迪克如此极度地醉心于数学研究是他在 R&S 里面提到的"精神上的停滞"的一个原因,接下来这则是他在 1970 年离开他已经成为其中一个领袖人物的数学世界的原因之一. 朝向他的离去迈出的一步是 IHÉS 内部的一次危机,此危机导致了他的辞职. 从 1969 年末开始,格罗腾迪克卷入了和 IHÉS 创始人和院长 Léon Motchane 关于研究院来自军事方面资助的冲突. 如科学史家 David Aubin 所解释 [Aubin],在 1960 年代,IHÉS 的经费很不稳定,有些年里研究院从一些法国军事机构获得它的一小部分预算,其额度从没有超过 5%. IHÉS 的所有永久教授对于军事资助都有疑虑,1969 年末他们坚持要 Motchane 放弃接受如此的资助. Motchane 起初同意了,但是,正如 Aubin 注意到的,他在数月后收回了他的话,当 IHÉS 的预算岌岌可危的时候,他从陆军部长处接受了一笔基金. 格罗腾迪克感到非常愤怒,他劝说其他教授和他一起辞职. 但是枉然了,没有人这样去做. 不到一年前,很大程度上由于格罗腾迪克的推荐,德利涅作为永久教授加入 IHÉS,格罗腾迪克劝说他这位新任命的同事和他一起辞职. 德利涅也拒绝了."因为我在数学上和他非常亲密,格罗腾迪克很惊讶而且深深失望这种数学思想上的亲密没有延伸到数学之外,"德利涅回忆道. 格罗腾迪克的辞职信写于 1970 年 5 月 25 日.

第 9 章 代数几何大师的风采

他与 IHÉS 的决裂是格罗腾迪克生平所发生的意义深远的转向的最明显标志. 靠近 1960 年代末期的时候还有其他一些信号. 有些很小. Mazur 回忆道当他在 1968 年访问 IHÉS 的时候,格罗腾迪克告诉 Mazur 说他去看电影了——这可能是 10 年里的第一次. 有些则比较大. 1966 年当他在莫斯科国际数学家大会上荣获菲尔兹奖章的时候,格罗腾迪克以拒绝参加大会来作为对苏联政府的抗议. 1967 年格罗腾迪克在越南旅行了 3 周,那里显然给了他留下很深印象. 他关于越南之行的书面记述[Vietnam]描写了那些为数众多的空袭警报和一次让两位数学教师遇难的轰炸,以及越南人在他们的国度里培植数学生活的英勇行动. 和一位叫 Mircea Dumitrescu 的罗马尼亚内科医生的友谊让格罗腾迪克在 1960 年代后期做了一次相当严肃的学习生物学的知识冒险,他还和 Ruelle 讨论过物理.

发生在不平凡的 1968 年的那些事件一定对格罗腾迪克也有影响. 那一年里全世界范围内经历了学生的抗议示威和社会的剧变,以及苏联对:"布拉格之春"的残酷镇压. 在法国,1968 年 5 月时(政治气候)达到了沸点,其时大学生们反对大学和政府的政策,就是这些政策酿成了大规模的示威,而示威很快就演变成为暴乱. 在巴黎,成千上万的学生、老师和工人上街抗议警察的暴行,而法国政府,出于对革命的害怕,在巴黎周围驻扎了坦克. 数百万的工人开始罢工,整个国家瘫痪了大约两周时间. Karen Tate,其时她正和她当时的丈夫 John Tate 住在巴黎,回忆起当时无处不在的混乱. "铺路的石头,短棍和其他手边可以用来投射的东西在空中飞翔,"她说. "整个国家很快就陷入了停顿.

代数几何中的 Bézout 定理

没有汽油(卡车司机在罢工),没有火车(火车工人在罢工),巴黎市内垃圾堆积如山(环卫工人在罢工),商店架子上没有多少食品."她和 John 逃到 Bures-sur-Yvette,在那里她的弟弟 Michael Artin 正在访问 IHÉS. 在这次冲突中许多巴黎数学家站在学生一边. Karin Tate 说示威是她所知道的数学家之间交谈的主要话题,尽管她不记得是否和格罗腾迪克讨论过这个话题.

从 IHÉS 辞职后不久,格罗腾迪克就投入了一个对他而言全新的世界,政治示威的世界. 在 1970 年 6 月 26 日在巴黎南大学的讲演里,他没有谈论数学,而是谈论了核武器的增多和扩散对人类生存造成的威胁,并呼吁科学家和数学家不要以任何形式和军队合作. Nicholas Katz 刚来 IHÉS 访问,并惊讶地听到了格罗腾迪克辞职的消息. 他参加了这次演讲,根据他的说法,演讲在一个非常拥挤的报告厅里举行,吸引了数百人. Katz 回忆道在讲演中格罗腾迪克甚至说,考虑到这些对于人类迫在眉睫的威胁,数学研究实际上也是"有害的".

这次讲演的一个书面版本,"当今世界学者的责任:学者和军事设备",作为一个未发表的手稿在世上传播. 其中一个附录描述了参加讲演的学生的敌意反应,他们散发传单嘲笑格罗腾迪克. 其中一份传单在附录里复制了下来;是一个典型的口号:"成功,僵化,自我毁灭:变成一个由格罗腾迪克遥控的小概型." 很清楚他被认为是成功人士里令人憎恶的一员.

在这个手稿另一篇附录里,格罗腾迪克提议成立一个组织来为在环境恶化和军事冲突威胁下人类的生存而战斗. 这个名叫"生存"的组织在 1970 年 7 月成

立,正值格罗腾迪克在蒙特利尔(Montreal)大学一个代数几何暑期学校上第 2 次做他的 Orsay 讲演的时候."生存"的主要活动是出版与它同名的时事通讯,其第一期由格罗腾迪克用英文撰写,时间为 1970 年 8 月.该期时事通讯描绘了一个雄心勃勃的日程,包括科学书籍的出版,以目标群为非专家的关于科学的公共课程的组织和对接受军事资助的科研机构的抵制.

第一期上刊登了这个组织成员的名字、职业和地址的名单,一共有 25 人.名单上有一些数学家、格罗腾迪克的岳母和他的儿子 Serge.这个组织的主持人是格罗腾迪克和其他 3 位数学家:Claude Chevalley, Denis Guedj 和 Pierre Samuel(R&S, p. 758)."生存"是骚动的 1960 年代后涌现的许多左翼组织之一;在美国的一个类似组织是"数学行动组织".由于太小而且成员散得很开而不能获得很大影响,"生存"在巴黎比在美国和加拿大要活跃些,主要归因于格罗腾迪克的参与.当他在 1973 年离开巴黎时,这个组织就逐渐消失了.

在 1970 年夏天尼斯(Nice)的 ICM(国际数学家大会)上,格罗腾迪克试着为"生存"招募新成员.他写道,"我预期有大量的人会登记——结果(如果我没记错的话),有两到三个人"(R&S, p. 758).然而,他的皈依改宗引起了大量注意."首先,他是数学界那时候的世界明星之一,"参加了大会的 IHÉS 的 Pierre Cartier 说道,"而且,你应该记得那时候的政治气氛."许多数学家反对越南战争并同情"生存"的反军队立场.Cartier 说,在大会期间,格罗腾迪克在展览区两家出版商摊位间偷偷地塞进一张桌子,并在他儿子 Serge 的帮助下,开始派发"生存"的时事通讯.这导致了他与老

代数几何中的 Bézout 定理

同事和朋友迪厄多内的激烈争吵,其时迪厄多内是 1964 年成立的 Nice 大学理学院首任院长,并负责那里举行的 ICM. Cartier 说道他和别的一些人不成功地劝说迪厄多内允许这个"非官方摊位". 最终格罗腾迪克将桌子挪到举行大会的大厅前面的街上. 但另一个问题出现了:在与 Nice 市长艰难的协商后,大会组织者承诺不会有街头示威. 警察开始询问格罗腾迪克,最后警察首长也到了. 格罗腾迪克被要求只要将桌子移后几码,让它不在行人道上就可以了. "但是他拒绝了," Cartier 回忆道,"他想被送进监狱. 他真的想被送进监狱!" 最后,Cartier 说,他和其他一些人将桌子移后一些,足以让警察满意.

尽管格罗腾迪克投入政治是突然的,但他决不是孤独的. 他的好朋友 Cartier 有着相当长的政治活动的历史. 比如说,他是那些利用华沙 1983 年 ICM 召开的时机协商释放波兰 150 名政治犯的数学家之一. Cartier 将他的行动主义归因于他的老师和(政治)导师施瓦兹树立的榜样,施瓦兹是法国政治声音最响亮、活动最积极的学术界人士. 施瓦兹是格罗腾迪克的论文导师. 另一位格罗腾迪克熟悉的法国数学家 Pierre Samuel 是法国绿党的创始人之一. 在法国以外,很多数学家政治上也很活跃. 在北美最为人知的有 Chandler Davis 和 Stephen Smale,他们都深深地卷入了反对越战的示威.

尽管他的信念强烈,但是格罗腾迪克从来没有在真实世界的政治中留下过印迹. "他内心里一直是个无政府主义者," Cartier 观察到,"在很多情况下,我的基本立场和他的立场相差不远. 但他是如此天真以致

392

在政治上和他一起做点事情根本不可能."而且他还相当傲慢. Cartier 回忆道,1965 年法国一次不确定结果的总统大选后,报纸的头条是戴高乐(de Gaulle)还没有被选上.格罗腾迪克询问道这是否意味法国将不会有总统了. Cartier 不得不向他解释什么叫决定性竞选(runoff election)."格罗腾迪克是个政治文盲,"Cartier 说.但他的确想帮助人们:给那些无家可归者或者其他需要的人士提供几周的避难所对于格罗腾迪克而言并不是什么不寻常的事."他非常慷慨,他一直非常慷慨,"Cartier 说,"他记得他的少年时代,他困难的少年时代,那时候他母亲一无所有,因而他时刻准备给予帮助——但是这种帮助不是政治上的."

9.11.7 疯狂的 70 年代

1970 年我从一个环境进入到另一个环境——从"第一流"人士所处的环境来到"沼泽地";突然间,我的大多数新朋友是一年前这个地区中我还心照不宣地置之于无名无貌的那群人.这个所谓的沼泽突然间动了起来,从这些和我共同历险——另外一个历险——的朋友们的脸上展现出生命的迹象.

——《收获与播种》,p.38

"荣誉勋位勋章(Légion d'Honneur)!荣誉勋位勋章!"格罗腾迪克从礼堂后部大喊,手里挥动着一张纸,上面描摹着荣誉军团十字勋章,由法国政府授予的殊勋.这个场景发生在一次关于模函数的暑期学校开幕当天,此暑期学校于 1972 年夏天在安特卫普(Antwerp)①举行并得到北大西洋公约组织(NATO)的资

---

① 安特卫普,比利时的第 2 大城市,位于比利时北部偏西处;欧洲的第 2 大海港(第一大海港为荷兰西南部的鹿特丹(Rotterdam)).——校注

代数几何中的 Bézout 定理

助. 格罗腾迪克长期以来的朋友,法兰西学院的塞尔,刚刚被授予荣誉勋位勋章,正在发表开幕演说. 格罗腾迪克走近塞尔问道:"你是否介意我到讲台上说点事情?"塞尔回答说,"是的,我介意." 然后离开了礼堂. 格罗腾迪克走上讲台开始演说反对北约对这次大会的支持. 别的一些数学家也同情这种观点: 一个例子是 Roger Godement, 他于 1971 年 4 月发表了一封公开信来说明他拒绝参加这次会议的理由.

其时不为格罗腾迪克所知的是, Cartier 和其他一些对于北约的资助感到不安的数学家已经做了详细的协商, 请来一位北约代表与会和他们公开辩论. Cartier 和其他人将格罗腾迪克劝下讲台, 但是损失已经产生了: Cartier 很快就收到这位北约代表打来的愤怒的电话, 他已经听说了这次突发事件而拒绝前来, 并相信作一次有序辩论的条件已经被破坏了. "对于我来说, 这是件很悲哀的事, 因为就我的记忆, 我认为听众中大多数人政治上站在格罗腾迪克这一边." Cartier 注意到, "就是和他的政治观点或者社会观点接近的人也反对他这种行为……他表现得就像个十几岁的野孩子."

到安特卫普会议的时候, 格罗腾迪克已经切断了很多曾经围绕着他的专注于数学的有序生活的联系. 首先, 他不再有一个永久职位. 在他 1970 年离开 IHÉS 后, 塞尔为他在法兰西学院安排了一个为期两年的访问职位. 这个精英学院和法国其他大学运作不一样 (从这点来说, 和别的任何地方都不一样). 学院里每一位教授必须提交他或她这一年里计划讲授课程的提纲, 是由所有教授组成的大会来获得批准. 塞尔回忆道格罗腾迪克提交了两个纲要: 一个是关于数学的而另

第 9 章 代数几何大师的风采

一个是关于"生存"组织所关心的政治主题. 委员会批准了数学提纲而拒绝了另一个提纲. 于是格罗腾迪克在数学讲演前会发表长篇政治演说. 两年后,他申请法兰西学院一个由于 Szolem Mandelbrojt 的退休而空缺下来的永久职位. 格罗腾迪克递交的 CV(curriculum vitae,简历)中明白地表示他计划放弃数学而专注于那些他认为远比数学更紧急的任务:"生存的需要和我们星球稳定而人道的秩序的提倡."法兰西学院怎么可能给一个申明自己不再做数学的人数学职位呢?"他被正确地拒绝了,"塞尔说道.

也就是在格罗腾迪克离开 IHÉS 不久这段时期,他的家庭生活破碎了,他和妻子分居了. 在离开 IHÉS 两年内,格罗腾迪克花了很多时间在北美的大学数学系讲演. 他坚持只有也安排他作政治演说的时候他才会去作数学报告,通过这来传播他的"生存"信仰. 在 1972 年 5 月一次这样的旅行中,他访问了 Rutgers 大学并遇见了 Justine Bumby(那时候的姓是 Skalba),她当时是 Daniel Gorenstein 的研究生. 被格罗腾迪克的个人魅力所吸引,Bumby 抛弃了她的研究生生活来追随他,先是陪他美国之行剩余的部分,然后来到法国,在那里她和他共同生活了两年. "他是我见过的最聪明的人,"她说道,"我非常敬畏他."

他们在一起的生活在某些方面象征了 1970 年代那些反文化的年代. 有一次,在 Avignon 的一次和平示威中,警察开始干预,骚扰并驱散示威者. 当他们开始对付格罗腾迪克的时候,他变得非常愤怒,Bumby 回忆道. "他是个拳击好手,因此很敏捷,"她说,"我们看到警察向我们走来,大家都很害怕,接下去我们看到的是

代数几何中的 Bézout 定理

这两个警察已经躺在地上了."格罗腾迪克独自击倒了两个警察.其他警察将格罗腾迪克制伏后,Bumby 和他被捆着放在一辆货车里送到警察局.当他的身份文件显示他是法兰西学院的教授后,他们俩被送去见警察局长,因为 Bumby 不会说法语,局长和他们用英语交谈.在警察局长表达了希望避免教授和警察发生冲突的愿望的一段短暂谈话后,警方没有起诉而释放了他们俩.

Bumby 来到法国和格罗腾迪克一起后不久,他在巴黎南面 Chatenay-Malabry 租下的一个大房子里组织了一个公社,他们一起住在那里.她说他在房子的地下室售卖有机蔬菜和海盐.这个公社是个忙乱的地方:Bumby 说格罗腾迪克在里面开会来讨论"生存"组织提出的一些问题,会议的参加者可能达百人之多,这些也吸引了相当的媒体关注.然而,公社由于成员间相当复杂的个人关系很快就解散了.就在这个时候格罗腾迪克在法兰西学院的职位结束了,1972 年秋天他接受了巴黎南大学一个临时的为期一年的教学职位.这之后,格罗腾迪克得到了一个叫作 professeur à titre personnel 的职位,这个职位是为个人设立的,并可以带到法国任何大学里去.格罗腾迪克将他的职位带到蒙彼利尔(Montpellier)大学,在那里他一直呆到 1988 年退休.

1973 年春天他和 Bumby 搬到法国南部一个叫 Olmetle-sec 的村庄里.这地区那时候是嬉皮士和其他那些在反文化运动中渴望一种"返璞归真"的简单生活方式的人的集中地.在这里格罗腾迪克又尝试开办公社,但是个性的矛盾导致了它的失败.在不同的时

第9章 代数几何大师的风采

候,格罗腾迪克的 3 个孩子在巴黎和在 Olmet 开办的公社住过.后面这个公社解散后,格罗腾迪克和 Bymby 及他的孩子们搬到不远处的 Villecun. Bumby 注意到格罗腾迪克很难适应这些被吸引到反文化运动的人们的处事方式."他数学上的学生都是些很认真的,而且很有纪律,工作非常努力的人,"她说道,"在反文化运动中他则见到些整天晃荡听音乐的人."曾经作为数学上无可置疑的领袖,格罗腾迪克发现自己正处在一个非常不同的环境里,在这里他的观点不是一直都被认真看待的."在做代数几何的时候他习惯于别人认同他的观点,"Bumby 评价道,"当他转向政治时,所有那些以前应该会赞同他的人突然间和他意见相左了……这可不是他习惯的事."

尽管格罗腾迪克大部分时候非常温情,非常有爱心,Bumby 说,他有时候情绪会有激烈的爆发,接下去是一段时间的沉默冷淡.也有些时候在困扰时他会用德语自言自语,尽管她不懂德语."他会不停地说下去就当我不在那一样,"她说道,"这有点让人害怕."他很节俭:有时候是强制性地节俭:一次,为避免将剩下的 3 夸脱咖啡倒掉,他喝了它——结果可想而知,他很快就生了病. Bumby 说她认为他说德语和过度节俭在心理学上可能与他童年时遭受的困苦、特别是他和母亲在战俘收容所生活的那段时期有关联.

格罗腾迪克可能曾经遭遇过某种形式的心理崩溃,如今 Bumby 还想知道当时她是否应该为他寻求治疗.我们也不清楚他是否会去接受这样的治疗.在他们的儿子 John 于 1973 年秋天降生后不久他们就分手了.在巴黎呆了一段时间后,Bumby 搬回美国.她和

代数几何中的 Bézout 定理

Rutgers 大学一位叫 Richard Bumby 的丧偶的数学家结婚,他们共同抚养 John 和 Richard 的两个女儿. John 显示了相当的数学才能,他是哈佛大学数学专业的学生. 最近他在 Rutgers 大学完成统计学博士学位学业. 格罗腾迪克和他这个儿子没有联系.

在 1970 年代早期,格罗腾迪克的兴趣和他抛在脑后的那个数学世界的人们很不一样. 但是那个世界在 1973 年夏天以一种高调的方式强行闯入了,其时在英国剑桥大学举行的向 W. V. D. Hodge 致敬的会议(庆贺其 70 寿辰——校注)上,德利涅做了系列演讲,叙述他关于韦伊猜想中最后也是最顽固的那个猜想的证明. 格罗腾迪克以前的学生 Luc Illusie 参加了会议并写信告诉他这个消息. 出于想知道更多一些情况,格罗腾迪克由 Bumby 陪同在 1973 年 7 月访问了 IHÉS.

1959 年 Bernard Dwork 使用 p-adic 的方法证明了第一韦伊猜想(它是说有限域上代数簇的 zeta 函数是有理函数). 格罗腾迪克 1964 年关于这个猜想的 l-adic 证明则更一般,并引入了他的"六种运算的形式化". 在 1960 年代,格罗腾迪克也证明了第二韦伊猜想(有时候也叫"同余黎曼假设")是他很多工作的主要推动力. 他提出了他所谓的"标准猜想",这些如果被证明了,则推出所有的韦伊猜想. 标准猜想在差不多同一时候也被 Enrico Bombieri 独立提出. 到现在,标准猜想还是不可接近的. 在证明最后的韦伊猜想的时候,德利涅找到一个巧妙的方法让他可以绕过它们. 他使用的一个主要思想来自 R. A. Rankin 一篇关于模形式经典理论的文章[Rankin],而格罗腾迪克不清楚这篇文章. 如 John Tate 指出,"对于最后的韦伊猜想证明,

第 9 章 代数几何大师的风采

你需要另外一个更经典的成分.那是格罗腾迪克的盲点."

当 Bumby 和格罗腾迪克那个夏天出现在 IHÉS 的时候,那里的一个访问学者是明尼苏达(Minnesota)大学的 William Messing.

Messing1966 年首次见到格罗腾迪克时,他是作为普林斯顿大学研究生参加格罗腾迪克在 Haverford 学院的一系列报告会的.这些报告给 Messing 留下了深刻印象,格罗腾迪克成为他非正式的论文导师.1970 年 Messing 在 Montreal 会议上"生存"组织成立的时候加入了该组织.下一年,当格罗腾迪克访问安大略(Ontario)省的 Kingston 大学[①]时,他和 Messing 驾车去看望了 Alex Jameson,一位住在纽约布法罗(Buffalo)市附近保留地的印第安人活动家.格罗腾迪克正在追求一个堂吉柯德式的梦想来帮助印第安人解决关于土地条约的一个争端.

在 1973 年夏天,Messing 住在 Ormaille——为 IHÉS 访问者提供的住房所在地——的一个小单间里.在数学家中间弥漫着对于德利涅的突破产生的兴奋气氛."格罗腾迪克"和"Justine(Bumby)一起"Messing 回忆道,"他们过来吃晚饭,Katz 和我花了整个晚上对格罗腾迪克解释德利涅关于最后韦伊猜想的证明中主要的新的和不同的东西.他相当兴奋."同时,格罗腾迪克也显示出对该证明绕开回答标准猜想是否正确这个问题的失望."我认为他当然会非常高兴,如果他自己能够证明所有的韦伊猜想,"Katz 评价道,"但是在他

---

① 应该是 Queen's 大学;Ontario 省没有 Kingston 大学. ——译注

代数几何中的 Bézout 定理

脑子里,这些韦伊猜想很重要是因为它们是那座反映了他想发现和发展的数学上的一些根本结构的冰山的一角."标准猜想的证明则可以更深刻地显示这些结构.

在这次访问中,格罗腾迪克后来也和德利涅本人见面来讨论这个证明. 德利涅回忆道格罗腾迪克对这个证明的兴趣不如如果证明是用 motive 的理论引起的兴趣. "如果我使用 motive 证明了它,他一定会非常兴奋,因为这意味着 motive 的理论得到发展了,"德利涅评论道,"由于这个证明使用了一个技巧,他就不那么关心了."为尝试发展 motive 的理论,格罗腾迪克遇到一个主要技术难题. "最严重的问题是,要让他关于 motive 的想法有效,必须能够构造足够多的代数闭链,"德利涅解释道,"我想他一定很努力地尝试过但是失败了. 而从此以后没有人获得成功."根据德利涅的意思,发展 motive 理论遇到的这个技术障碍可能远比他不能够证明最后的韦伊猜想更让格罗腾迪克感到沮丧.

中国代数几何大师肖刚纪念专辑

第 10 章

10.1 一代英才的传奇
——记忆力篇[①]

忽然得知肖刚病逝的噩耗,尽管早已知道他的病,仍给了我很大的打击.

是的,我应该把自己对肖刚的了解,告诉大家.但要说的很多,我想慢慢地,一个话题一个话题地说.

一个人一生中若是做了一件别人做不到的事,这辈子就没白活.但是像肖刚那样做了如此多的别人做不到的事,就只能说是传奇了.我在一点一点地整理自己记忆中的肖刚的传奇故事.

这一篇专讲肖刚的记忆力传奇.

经常看到关于古今中外超强记忆力的传说(没有考证的只能称为传说),例如读书过目不忘,能背下 π 的一万位小数,能叫出很多人的姓名,等等.每个例子

[①] 作者李克正.

代数几何中的 Bézout 定理

中的主人公(如果是真的话)都是吾等凡人望尘莫及的,但和肖刚比起来却都只是等闲之辈.

先说语言能力.肖刚上初中时学的是俄语,后来到农村插队了,某一天忽然想学英语,好在家里有教科书、语法书和字典,就无师自通地学起来.过了半个月,他就到外文书店去翻书了.那时我还不认识他,没法说他掌握英语到什么程度,但我后来看到他对英语单词的记忆力.

我是 1977 年 11 月到中国科技大学做研究生的,那时我只有一个同学,就是肖刚.我俩住在一个宿舍里,所以直接可以看到他在记忆方面的能力,否则我也很难相信(我们的导师曾肯成听我说了都难以相信).当时普遍使用郑易里编的英语小词典,内收约 26 500 个单词,有一次肖刚挨个默写这些单词(默写的练习本后来在我手里),共默写了 24 600 个单词.而且我发现,他绝不是死记硬背,凡是需要用到的词都可以立即给出.

而我的英语,当时是曾老师担心的一个问题.我自插队后几乎 10 年没接触英语,考研究生时没有考英语.入学后上的英语课,我觉得很无趣,肖刚也觉得这样的英语课对我不合适,因为我需要在短时间能达到英语的基本要求(阅读专业文献,日常会话等).他说还是我来教你吧,我当然非常乐意.于是肖刚就开始对我严格训练.首先,肖刚肯定我的语法还行,给了我很大的鼓励.但我实在是个很不合格的学生,例如肖刚要我背单词,说一天背不了一千个,背五百个总可以吧,我说天哪,我一百个也背不了.而且我背了的还经常忘,所以肖刚每次检查都不合格.肖刚还用录音机从电

第 10 章　中国代数几何大师肖刚纪念专辑

台里录了一些故事,如《汤姆索亚历险记》,《奥亨利短篇小说选》等,让我听写,要写到一个词都不错才行. 我一开始总是错误百出,要听写很多遍才能合格. 然而,就是这样被肖刚拖着拽着,两个月后我已经可以和他一起翻译一本书了.

后来,学校选派我俩出国留学. 我俩打定主意非代数几何不学. 去哪个国家呢？美国、苏联、法国都是代数几何强国,但当时和苏联的关系还不大适合派留学生. 曾老师说,你们两人不要去同一个国家,一个去美国一个去法国. 肖刚想了想对我说,看来只能你去美国我去法国了. 是的,我那时英语都还不行,再学一门法语实在勉为其难.

想到就做,肖刚立刻开始学法语. 首先找了本教科书,像读小说那样很快地读了,又找了本语法书,大约读了两三天,然后就开始背单词,每天至少背一千个,多的时候可以背两千个. 背了三四天后说,我现在至少掌握了五千个单词了. 这时就开始练听力,白天听录音,夜里两点用自己装的高灵敏度收音机收听法国电台的广播. 就这样学了两个星期,我问他听法国电台能听懂多少,他说大约百分之七十吧. 天哪,我学了这么久的英语也没能听懂百分之七十.

法语的一个难点是动词变位. 有两点比英语难:一是变位多,一个动词最多可能有 36 种变位；二是不规则动词多,都要专门记住. 肖刚却不觉得这有何难:把动词变位表背下来不就得了?

我曾经试图研究肖刚这样强记忆力的原因,当然没有什么定论,但有一些想法. 录音机、录像机、电脑等记录信息都是"过目不忘",照理说人的记忆能力应该更强,可是为什么还不如机器呢?值得注意的是人有机器所不具备的"遗忘"功能,这可能与进化或自我保护有关,但严重阻碍了记忆能力.而在肖刚的情形,这种障碍较小,通俗地说肖刚的"忘性"较小,就显示出"记性"超强了.

后来肖刚被送到上海参加法语培训班,其实那时他的法语已经很好了,在那里经常做法国老师的翻译.那老师是一个巴黎公社社员的孙子,肖刚常陪他逛大街,回来给我讲了不少关于他的有趣故事.经常是他对中国大加赞扬,而肖刚则唱反调.

我到美国后,遇到一个法语专业的中国女留学生,她因为法语学得好,在那里很牛气,我却对她说肖刚的法语比她强多了,她不信.巧的是,后来她去法国实习,居然遇到了肖刚.回美国后我自然问她服不服气,她肯定了我说的绝无虚言,然后说幸亏肖刚对语言不感兴趣,否则哪还有我们这些人混的.

后来肖刚在法国做博士论文答辩,答辩委员会在决议中加了一句画蛇添足的话:他的法语是无可挑剔的.

再说肖刚的记忆力对计算机科学的作用.肖刚是最早"玩"个人电脑的人之一,后来国际上有了一个非商业计算机研究圈子,其中高手如云.肖刚做的软件,有些后来使我这样的外行也受惠,例如中文输入和处理软件.

那时用的 PC 机没有硬盘,只有一个 360K 的软盘驱动器.这种连今天的一张手机照片都存不下的磁盘早已被淘汰.但在那时,肖刚编的中文处理软件能够连同字库一起装在一张软盘上,还留有一些用于输入的

空间. 其对于存储的精打细算,局外人恐怕难以想象.

我曾请教过一位软件专家,他读过肖刚的原程序,是用汇编语言写的. 他说肖刚的程序令他很难理解,其中有很多语句形如"对某地址做某操作后存放到某地址",令人惊奇的是他竟然能够记住那么多的地址并运用自如.

由于有这样的记忆力,肖刚做很多事都有自己独特的方式.

10.2 一代英才的传奇
——考研篇[①]

前面说过,肖刚不想搞语言专业,他喜欢有挑战性的工作. 到 1970 年代初,他开始学数学. 此后可谓进展神速,这多少受益于他的英语,因为那时国内数学书籍匮乏,而肖刚可以直接读英文书,这有助于避免国内文献的局限. 例如他学代数就是从 Serge Lang 的书开始. 他读过的书涉及很多领域,在他后来的研究工作中,偶尔会显露出其他领域的功底,例如他对曲面自同构群的研究,就有坚实的表示论基础支撑着.

肖刚插队辗转换了几个地方,1976 年最后一次招"工农兵学员",公社送他到江苏师范学院(现苏州大学)外语系学习. 尽管肖刚对当工农兵学员没兴趣,也不想学外语,还是顺从了命运的安排. 他入学后经常是不上课躲在寝室里,别人对他颇有微词,但他考试总能

[①] 作者李克正.

通过,所以对他也没有太苛刻.

"四人帮"倒了,肖刚感到了科学的春天. 他非常希望能有真正的学习机会,就写了封信给科学院,附上自己在学习数学过程中写的一些东西. 当时的院长方毅看到了这封信(这里的内幕我没有考据清楚,不过当时这类破格的事不少),批示交中国科技大学处理. 于是肖刚的资料就转到了中国科技大学数学系.

科技大学是因为"文化大革命"被"下放"到安徽的,后来政治空气没有北大清华那么浓,老师们做些研究还不至于挨批. 曾肯成等老师们看了肖刚的材料,觉得可能是优秀的人才,决定去考考他. 他们出了几张考卷,有初等数学,数学分析,高等代数等. 由两个老师带着到苏州去面试,连考了三天,没有把肖刚难住.

这里需要指出,那些考卷可没有今天的考研试卷那样的容易题(甚至放水题),实际上那几个出考卷的老师都是出难题的高手. 例如下面的这个题目:

"设 A, B 为 n 维空间中的两个互不相交的有界闭凸集. 证明有一个超平面 P 使得 A, B 分别在 P 的两侧."

恐怕现在考研(即使是考博)试卷中没有这么难的题目.

考过以后,科大立即决定录取肖刚做研究生. 当时国内的大事是"文化大革命"后第一次大学招生考试,研究生招生还没有提到议事日程上来. 但有科学院领导的支持,科大敢于率先做此事. 由于有方毅的批示,说服了江苏师范学院放肖刚去科大(据说他们事后后悔了).

于是,肖刚就成了"文化大革命"后招的全国第一

个研究生.

顺便说一句,1977 年全国只有中国科技大学和复旦大学招了研究生,而且都只是数学系.中国科技大学是中国科学院特别批准,一共招了 3 名;复旦大学则是教育部特别批准了 15 个招生名额.

10.3　一代英才的传奇
——工艺篇[①]

经常有人将数学家描写成书呆子.确实有些数学家(还有理论物理学家等)只擅长理论研究,动手能力很差.但肖刚绝非如此.

记忆力篇中说过,肖刚用的高灵敏度收音机是自己安装的.肖刚很小就"玩"无线电,做过很多电器.在他插队时,中国市场上刚有电视机(9 寸黑白的),当时的元器件质量还很不可靠,在今天看来都是垃圾.而肖刚就是用这类元器件的处理品(工厂淘汰的),为家里安装了质量可靠的电视机(如何用质量不可靠的元器件制造质量可靠的整机,是很不简单的学问和技术).他曾跟我说,那时他家里的人并不很支持他学数学,说还不如学电工更实用些,对家里还有好处.

肖刚动手做的远不止电工.他爱人陈馨曾给我讲过一个故事:他们在上海的家中,有一次陈馨想把家具重新摆放一下,这当然是很麻烦很累的事,肖刚认为没必要,但拗不过陈馨的兴趣,于是就考虑了一下,很快

[①]　作者李克正.

代数几何中的 Bézout 定理

造了一辆平板小车,对搬移家具很方便且省力,陈馨很是惊喜.

出国后,我们在通信中曾多次讨论文献搜集问题.当时国内科技文献匮乏,代数几何的文献尤其少,为了回国工作我们必须自己带回充足的文献.可是如何把那么多文献带回国呢?何况我们没有那么多经费.肖刚考虑了多个方案,最后确定缩微摄影是可行的.他很快就成了这方面的专家.

缩微摄影机是很昂贵的,其心脏是一个高清晰度(分辨率要达到 500 条"线")的镜头.肖刚在旧货店淘到一个这样的镜头,用废旧物品攒成一台缩微摄影机,拍了大量的文献.由于压缩率很高,一张胶片上可装下一本书.那么怎样读胶片呢?这又需要专门的投影读片机,也很昂贵,其心脏也是一个高清晰度镜头.肖刚又从旧货店淘到这样一个镜头,用废旧物品攒成一台读片机.在当时,用电脑储存文献还只是远景,缩微胶片是最好的方法之一.

那么,回国时如何带回如此笨重的缩微摄影机和投影读片机呢?很简单,把两个镜头拆下来带回,其他部分就扔到垃圾箱里了.

记忆力篇说过,肖刚后来对计算机有兴趣.在 PC 机刚诞生不久,肖刚就自己攒 PC 机了.我去他那里总是看到"裸机",没有外壳的.他经常改造机器,凡是有新功能很快就跟进.

如果电脑坏了怎样修呢?在今天很简单,哪块板坏了就拆下来换块新的,坏的就扔了.但在那时,这样做是很昂贵的,所以中国修理电脑的人往往都是换元件(chip)而不是换整板(board).但要在整板上查出是

哪个原件坏了,可能是很困难的.

有一次,肖刚发现自己的 AT 机有个毛病:AT 机有两种运行速度,在慢速运行时没有毛病,而快速运行有时会出错,经过多次试验,肖刚确定应是只有一个开关偶然会出问题,那就需要找到这个坏开关.总共有 1024K 的内存,由 64 个 16K 的内存块组成.如何找呢?肖刚先编了一个程序,可在运行出毛病时锁定地址,然后经过大量运行找到了坏开关的地址.那么这地址究竟在哪块内存中呢?肖刚研究了主板上的所有元件,发现其中有一个 ROM 记录着各块内存的地址,这就找到了坏内存块.

下面的问题是如何更换内存块.每个内存块有数十条腿焊在主板上,主板上元件很密,要拆下来不烫坏其他元件就很不容易,而要焊上新元件的几十个焊点又不损坏元件就更难了.我非常佩服肖刚高超的技术.

近年来,肖刚花了很多工夫于太阳能利用.我虽然对此了解甚少,但知道他不仅是做理论研究和设计,而且在工艺上也是自己动手的.

10.4 一代英才的传奇
——网络篇[①]

每年高考后,都会曝出一堆丑闻,如集体作弊、替考、加分猫腻、冒名顶替和其他造假等.现在很多人作弊不脸红.教育部门和学校采取了很多技术性的措施

---

① 作者李克正.

防止作弊,但成效甚微.

这种情况并非中国独有. 肖刚说过在法国的大学,考试时学生之间无论前后左右都相距甚远,并采用了多种监控措施,然而结果却发现作弊率仍很高,可谓"道高一尺,魔高一丈".

即使不论作弊问题,如果考试有既定的内容范围和"题型",其实也很容易钻空子. 我们知道一些"著名"的中学以极高的强度训练考生,简直可以说是残酷和疯狂,但结果确实得到了很高的高考成绩和升学率. 这些训练的基本原理就是"背",背熟了到考场上直接凭"反应"答卷,以致数学完全没学懂也可以考高分. 这其实是合法的造假.

技术性的办法效果十分有限,例如采取扩大题库的方法,下面的对策就是加大训练范围,结果只是进一步加重了学生的负担,造假依然.

肖刚早就深入研究了这个问题. 他提出"无法作弊的考试"这个概念. 对于数学考试,基本方法大体上是这样:在网上建立一个题库,其中的每个数学题都有一些参数,随机地变化,考试时每个学生坐在一台终端前,有监控摄像头,考生对计算机给出的题目作答. 这样,即使两个学生抽到同一个题目,也不会有相同的答案,无法抄袭. 监控摄像头的作用只是"验明正身",防止替考. 由于同一个题目(尽管参数不同)有同样的评分标准,没有公平性问题. 更重要的是,如果没学懂,或者不会算,背答案是完全没用的.

根据这个设想,肖刚在 WIMS 平台上试建立了一个考题库. 实际上他做的远比上面所说的复杂:题目中的参数不仅可以给出不同的数值,而且可以给出不同

的几何图形!因此,如果几何没学懂,光会套公式也还是做不出的.

那么,这样的考试难道就没有空子可钻了吗?有的,那就是通过网络打入考试中心并控制它,然后通过网络来作弊.这是网络安全问题,肖刚当然早已想到.

其实,若能通过网络控制服务器,不一定要用于考试作弊,干脆修改成绩岂不更简单?这种事其实已经发生过不少.肖刚的学校就曾有一个学生,自恃为网络高手,通过网络打入成绩录入系统,修改了自己的成绩.但他哪里知道,这个成绩系统是肖刚做的,他所修改的只是一个镜像,而他打入系统的每一步都留下"脚印",这些痕迹使得学校很容易查到他.

他还想抵赖,但他的律师建议他认罪,因为面对如山铁证,他没有机会.

10.5 无尽的爱
—— 深深怀念我大哥肖刚[①]

今年六月初,在毫无预兆的情况下,我接到大嫂陈馨从法国传来大哥病危的消息.这犹如晴天霹雳直击我的心头,眼泪止不住哗哗往外流.我祷告奇迹的出现,可我大哥几周后还是被这微创手术后的罕见并发症夺去了年轻有为的生命,都没有给我告别的机会就匆匆地离开了,我感到那撕心裂肺的痛已无语言可表达.

---

① 作者肖赛.

10.5.1 童年

回忆往事(图 10.1),我庆幸有这么一位可亲可敬的大哥. 我幼年时,把他当作我的保护伞;我成年后,又把他作为我战胜各种坎坷的楷模. 我大哥比我年长 7 岁,"文化大革命"开始时,他正在念初中. 记得有一天他背着包离开了家. 似乎过了很久,有一天深夜,门突然敲响,开门一看是个蓬头垢面,身着破旧衣服的男孩,如不是他先叫家人,我还不敢认大哥. 这时我才知道大哥参加了大串联,远至北京,还在天安门前留了影. 当时,使幼小的我即羡慕又佩服.

图 10.1 幸福的童年:慈父肖荣炜,二哥肖毅,作者,慈母叶嘉馥,大哥肖刚(从左至右)

没过多久,大哥初中还未毕业,全国掀起了上山下乡运动,他很快接到去苏北盐城插队的通知. 要知道,"文化大革命"初期,我父母就被打成死不悔改的走资派,这时他们已自顾不暇. 我清楚地记得,当时因我妈被隔离审查,只有我爸牵着我的小手去无锡西门码头依依不舍送他上船,我们一直等到他那瘦小的身影随着那木船消失在我们父女俩的视野里才离开.

后来的八年间,每逢夏天他都会回来休假.记得他在家时很少出门,而总是坐在他的小桌前看书并写写画画,另兼煮饭.奇怪的是全家经常吃到的是黑焦饭,后来他用了闹钟才改善了米饭质量.有好多回,邻居的男孩约他去看电影,他总是置之不理,连我都觉得他太不近人情了.直到若干年后,他在学术界取得了瞩目的成就,我才理解他年轻时念书的执着与专心.他在知识的海洋中畅游是多么的陶醉.

在暑期休假期间,大哥也常带着我去走访上海的外公及姑妈家.印象很深的是,在上海,他一定会去旧书店买他视如珍宝的数学及物理书.另外,与他两个年龄相仿的舅舅常常形影不离,窃窃私语,探讨电器装配.我们家第一台小电视机便出于大哥之手.

大哥对学术的热衷,是与我们上海圣约翰毕业的医学博士父母的早期教育息息相关.他年幼时,父母投身于消灭血吸虫的第一线,很少在家,我对他们相当陌生,但他们给大哥买了每一期的《十万个为什么》及大量的其他书籍.当那些书传到我手里的时候,许多纸张已经烂熟了,我想那些书一定已被我大哥翻阅了无数遍.他的玩具甚至家里的收音机和闹钟几乎都被他拆得支离破碎,但父母从来不责怪他,我想他们一定意识到,大儿子可能具备着可遇不可求的超智商.可不是,大哥往往能将拆开的复杂东西装回原样.这也为他后来能工巧匠般的动手能力打下扎实基础.

10.5.2 亲情

我大哥虽然潜心热衷他的学术研究,但并没有使他忽略对家人的爱与付出.我高中毕业前夕,他正逢下乡7年后被公社推荐去上大学,但当他得知如他进了大学,我就会插队的消息后,便毅然放弃了这一机会. 在当时的岁月,谁也不能保证是不是还有下次的机会. 大哥的这一重大牺牲瞒了我很久,可能怕我难以接受吧. 不过次年,他再次被推荐并加上优异的考分,以最后一批工农兵大学生的身份进了苏州师范学院英语系就读.

我进工厂工作两年后,全国高考恢复了. 毫无疑问,我是准备拼搏一下的. 但我毕业时的教育程度与新的高考大纲有很大距离,需补课才有可能通过. 虽然我参加了母校的补习班,但因上夜班经常缺课,使我心里万分焦急. 就在临考前两周,恰逢大哥从科大放假回来,带着他用微薄的助学金给我买的数理化及英语书,并在数学及物理上给了我一些卓有成效的启发性点拨,使我茅塞顿开,举一反三,顺利通过了高考,进入了苏州医学院. 不过,我无法满足他建议我报数学专业的愿望. 这一点我是有自知之明的. 通过这一经历,我亲身感受到大哥的绝顶聪慧及激活他人智力的本事. 我相信,我大哥从事大学数学教育多年,他的学生一定受益匪浅.

10.5.3 追求

我大哥行事低调,在家很少提及他在就读苏州师范大学时的见闻和动态. 不过,全家都知道英语不是他想深造的专业,那只是打开数学物理奥妙的工具. 经自学他早已能在英语世界里轻车熟路地游走. 当年,我把他当成活字典,随意问他任何一个英语单词,他都能立即准确无误地翻译出它的多种意思. 我好想学他的诀窍,虽然他毫无保留传授了给我,其实那只是对知识的渴望和坚持不懈的努力.

清晰记得高考恢复不久后一个春节的早晨,当我打开收音机的时候,新闻联播恰好在播放一位名叫肖刚的青年,下乡八年,自学成材,被破格录取为中国科技大学数学硕士研究生. 我好惊讶有人与大哥同名同姓,经历类似,不过再往下听,觉得毫无疑问一定是我大哥. 在母亲的询问下,大哥才透露了全过程. 原来,他进了英语系后始终想转数学专业. 他作了一番努力,其中,他写给科大的信得到了重视,院方派了两名教师到苏州考了他五天后,决定破格录取他. 这样推算起来,他下乡的八年,靠自学完成了初中,高中及大学的全部课程,丝毫没有浪费一分一秒.

10.5.4 楷模

当我医学院毕业前夕,我大哥已以他发现以肖氏命名的代数几何理论的成果获得法国巴黎大学的数学博士学位,并在美国 UC Berkeley 大学访问. 当时我极想请他帮忙联系在美深造的机会,但对我们要求极为严格的母亲劝告我,要靠自己的努力开拓出一条路. 我虽然未与我大哥提过,相信得到的答案会是相同的. 可不是,我大哥没有任何背景与捷径,用他的真才实学实现了他的梦想,成为了有国际名望的数学家(图10.2). 于是,在医院实习的那一年,我利用所有的业余时间积极准备考研究生,这对于我这个比较喜欢与朋友交际的人来说是很痛苦的,但大哥的形象好像时时竖立在我面前,让我平静下来. 终于,功夫不负有心人,就在大学毕业前夕,我被中国医学科学院录取为硕士研究生. 后来,我又赴澳大利亚从事生殖内分泌研究并获医学博士学位,充分领略了探索生命奥秘的乐趣. 但生命是最复杂的科学,许多未知有待发现答案. 我为大哥的生命未能得到挽救而感到千百万分的遗憾.

图 10.2　2002 年与大哥肖刚在法国相聚的难忘日子

10.5.5　尾声

在我们远隔千山万水,生活在不同的国家,忙碌于自己的事业及家庭的这些年里,我们相聚的机会甚少,但通过电话交流,我可以感受到大哥对他妻子及儿子的挚爱,对父母及兄妹的情深,一如既往永不疲倦地对知识奥秘的追求与探索.近年来,除了忙于大学数学教学,他还致力于太阳能的研究与开发,希望人类有一天会对煤炭、石油及核能源显著减少依赖.有人可能会觉得他是在做梦,可是,人类历史上的无数发明与突破不都是从梦想开始的吗? 我相信,后人一定会继续他的梦想并实现他的梦想.

大哥虽然在精力充沛,正奔驰在他热爱的研究领域里时被病魔夺去了生命,但他在有生之年有效利用了时间及智慧,登上了国际数学的顶峰,为人类进步的

大厦添上了一砖一瓦.

敬爱的大哥您安息吧!

(无比想你爱你的妹妹肖赛写于 2014 年 7 月 12 日)

10.6 我的丈夫肖刚[①]

黄昏北风起,透窗入寒气,风卷着片片落叶,又将它们狠狠地抛向一隅,望着西面滚滚压来的黑云,遥想着安睡着他的那儿,一阵凄苦又涌我心头.

10.6.1 回上海

我们这一代人本不该有什么青春的,"文化大革命","上山下乡干革命",一晃十余年的革命,可是"青春"还是来了,姗姗来迟,缓缓而至,匆匆滑去.1978 年秋,我从吉林穷山沟回了上海,虽是以高分进一所不起眼的建材学院(后属同济大学),还是大专,可它却是那年唯一去吉林招三名考生的全国高等院校,捧着薄薄的录取通知书,换来的是上海"金"户口,这比年年推荐,次次落榜,抛我一人在乡下的感受要好得多.父亲言:"十年边疆苦日子磨炼了我的小女儿."母亲喜出望外:"眼高不识丁,敢与十届考生拼高低."学的专业是企业管理,财务会计,毕业分配渴望厂长,经理,会计师.度过了几年少有生趣,味同嚼蜡的读书,考试.快 30 岁的我,毕业留了校,因知我会画点,写点,暂安排在宣传部.与我年龄相仿的知青早在多年前纷纷农村当地完婚,成家,育子,生女,校内校外"追"我的"他

[①] 作者陈馨.

们"真不算少.听多了母亲近亲徐志摩(诗人)、蒋百里(军事家)、沈钧儒(民主人士)才华横溢,敦品立身的故事,目睹着父亲博识众艺,煌煌论著的才学,总觉得周围的"他们"还缺了点什么."女儿未能善嫁,为母不安."母亲四处托人,物识"驸马".

10.6.2 总是无缘

姐夫陈平于60年代末复旦大学物理系毕业,1979年被公派去法国读博士,恰与肖刚同住一栋公寓楼,十多平米的小间全年无多少阳光射进,一张单人小床紧贴墙,书桌放在床左面,还有一个小冰箱.他们壁对壁,门对门,常以敲墙以示问候.肖刚是留学生中的"新闻人物",孤傲的姐夫对肖刚则"钦佩有余",闲谈中知他仍是"单身",因国内"光明日报"、"人民日报"中央电台的连篇数日报道,"自学成才数学家",在合肥科大时,常可收到来自各地的信件,其中为数不少的是姑娘们夹着相片的热情洋溢求爱书,肖刚将她们的信摊在宿舍床上,供大家笑阅;一位江苏师院思想偏激,水平欠上的同班工农兵女学员在给他的"忏悔"信中流露出丰富感情,却由于"我永远不会忘记她给我制造的困难,虽然我不想报复谁."(1977年6月27日日记)自然没了下文.他也与一位经父母撮合的老同事,北京某部长的"千金"见过面,有过数封"鸿雁往来",可又被他淡淡地疏远了.1978年9月,好友李克正有了女友何青,又先去了美国留学,自己去法国之事还无眉目.他一度感到孤独,1978年9月17日的日记中他写道:"Maintenant ma plus grande envie est de trouver une femme ideale, mais je n'ai aucune moyenne de le faire, dommage encore."(我现在最想要的是找到一个理想的女朋友,可我无法做到,遗憾)在法国,他的同乡袁身刚给他在留学生中找了个"佼佼者",却又未能拨动他的"心弦".

10.6.3 梓室相遇(图 10.3)

图 10.3(摄于 1984 年夏)

1982 年夏,姐夫和他均回国探亲,身负丈母娘重任的姐夫接通了肖刚在沪旅馆的电话,知他此时正在老西门舅舅处闲聊,便星夜直奔那儿,说明了"来因". 大舅抢言:"先拿张照片看看,"小舅将桌上数张女孩倩丽相片推向姐夫"示威". 肖刚开口了:"我不要看照片,对陈老尚无兴趣,也许会有更年轻,美貌,聪明的,"可是他又说:"我有空去同济一次."言语中不乏直率,此事就这样背着我悄悄地展开了. 7 月 18 日正午,天气照例的闷气蒸人,高枝鸣蝉,似迎远客. 我正懒洋洋地躺着看书,母亲说:"小妹,一会儿陈平同学要来,你招待一下."家中平时客来人往多,施茶给水都是我的事,任务在身,倦意顿消. 那天我身着短袖白衬衫,蓝格裙.下午两点,门叩响了,姐姐陪着的是一个不与姐夫同龄的同学,他剪着平头,穿着老头衫,少一点南方人秀意的圆脸使他以后总也不见老,给人以诚笃、刚毅、可信的读书人之感.他大胆地看着我,倒使我有点不自在,直觉中是"冲"着我来的.门外姐夫晚到一步,"肖刚,她就是我向你提及的陈馨."席间父亲话最多,从法国中世纪古典皇宫建筑到贝聿铭先生将在罗浮宫前玻璃金字塔的新设计,法国宫殿园林与中国明清皇家花园的文化差异,还将数本他的新著介绍给肖刚,俨然在与一位园林建筑学者畅谈.肖刚倒也不拘迂,嘿嘿笑道:"建筑艺术我是外行,可巴黎凡尔赛宫,Fontainbleau 我没少去,这几年我的兴趣除了数学便是摄影."母亲不禁问了他如何能在农村自学数学?"起初是我父亲启发我钻研自然科学,后来我学数学是为搞无线电,半导体打基础."以后母亲逢人便褒奖肖刚是个有志青年.他也问我:"你学的是什么?"像想要与我谈上几句.我端上了一盘平湖西瓜,话题便转向了西瓜,黄黄的瓜瓤清爽解渴,他吃西瓜是大口大口的,比我哥哥都吃得干净,毫无拘谨,吃完还批评:"上海的西瓜不及无锡水蜜桃来得汁甜味浓."他没有戴手表的习惯,不时从包里取出计算器看时间,似有重要约会那般心急如火,却又强装"心不在焉".摇动着的"华生"风扇是对着他吹的,还手不离巾地擦去额上渗出的汗,如此怕热者倒也不常见.终于熬过了半个小时,他背起包要走,姐姐唤我将他送至百米远的同济专家楼,道声"再见!"便消失在浓密的梧桐树荫中.后来他告诉我:"出了你家门我又去看了一个她."

10.6.4 仲夏初情(图 10.4)

图 10.4(摄于 1984 年秋)

几天后,他去胜利村姐夫处听"回音",问姐夫:"她怎么想的?""我怎么知道她怎么想?"姐夫说.于是他拿了我家地址,25 日下午,第二次来我家,全家又在一起畅谈,吃水果.这次时间稍长些,傍晚我陪他出家门,他居然要我送他到很远的 55 路车站.他说:"我要回无锡两周,要去科大办些事,还要与彭家贵,李克正,单墫,杨劲根碰头."我们依依道别.在无锡,他给我来了第一封信,"在彭家午餐时,我胆绞痛复发,父母建议我去瑞金医院手术……"他又给了我一封信,告知已住入瑞金医院,准备 8 月 14 日手术,要我去医院看他.可次日他又来信说:"想想手术可怕,还是保守治疗,所以溜出了医院."和我结婚后,胆绞痛的次数少了,可每一次复发时都是面色苍白,虚汗淋漓,令我忧心忡忡,我也叫过急救医生,他用自己制作的按摩器以助减缓疼痛,他已摸出一套治疗方案.

8月17日,他来我家约我去虹口公园,我们首次在没有家人介入下"初次交谈",一种从未有过的感觉渐渐地走近了我们.

23日我们去新光电影院看了一部法国喜剧片,电影没结束,他就说:"不要看了,出去走走."黝黑的夏夜晴空,淡映着数颗星星,热风微微吹拂,我们谈了"中西国家社会问题","家庭夫妇感情","男女平等"等问题,他将我送至同济,目送着我进家门.

25日,我们坐浦江摆渡船去浦东公园夜游,从黄浦江的一头望着这条曲折浑浊的大江,江的那岸是高耸的殖民地建筑,江的这岸则是稀疏的村落,那晚的月亮有点羞涩.我们交换恋爱观,他对爱情的定义是:感情,思想,性格上的互相爱慕,补充:生活,感情上的互相依赖,需要.

28日,他又来我家,与我母亲说要我9月4日去沪西,与他家人见面,因是他31岁生日,顺便在德大共餐.

29日,我们起早驱车去上海植物园,都市的一块绿地.我们共游盆景园,观红赏绿,叙今忆昔,客栈小吃,花中驻影.已经是薄暮的时候,八分满的明月悠悠淡淡地斜挂在空中,池里的浅水,映着月光,我们信步出植物园.他突然说:"难以想象,为什么农村的岁月没在你脸上留下多少痕迹?""我吃的苦远比你多,却只能去搭乘末班列车."我说.许久的沉默,"我这一走就是两年,我们该以什么方式来辞别?"然后他向我道出了真情,并要我尽快答复他.又是沉默,"我不会使

第10章 中国代数几何大师肖刚纪念专辑

你失望的."他将一本从1977年到1979年赴法国前在中国科大写的日记送我,"看了我的日记,你就了解我了,免我给你讲故事."他又将我送回同济,已是午夜了.夜深人静,把卷细读.

10.6.5 草房奋发,科大攻读

1977年11月1日　晴　进入科大的第五天,昨天初做学习计划如下:代数学60%时间:拓扑,代数,格论,表示论,抽象代数一般内容(习题为主),线性代数(复习)转向各类习题,图论.其余内容40%时间:复习(习题为主),拓扑,数论/逻辑,运筹/分析/几何.近几天攻表示论.一天10小时是否能坚持,写信,生活,问题不少.科学的天地多广阔啊!我决不能把自己限死在代数学的狭小领域内,不仅是逻辑,是否目光还要远些,即要在代数上钻出头,又要考虑更广泛的目标,就只有把毕生精力献给科学了.时刻记住,要向世界最高水平看齐.

11月17日　晴　怎样来理解数学的实质?它的意义,内容,研究方法,它在自然科学中的地位是什么?一个值得探讨的问题.研究科学应切记:1.理论与实践的结合.2.浪漫与实事求是的结合,缺一不可.

11月27日　阴　上午在图书馆翻了一本《相对论导引》,引起一番联想.我这一辈子能干些什么呢?目标太小似乎不甘心,太大了又怕吃不消,自己对自己的能力还吃不透.

12月2日　晴　《李代数》第三章初读复习结束,解习题要有坚韧顽强的意志.

12月3日　多云　今天出现这样一个设想,应该建立一套完整的数学语言,使一切数学的推导过程都

能用它来表达,这样对这套语言达到熟练之后,就可以用它来思考问题,并可以走向计算机的配合.

12月8日　晴　我初学数学时的目标是能懂一点高等数学,为无线电学习服务(1974年),发展到为解决难题而奋斗.

12月31日　阴　今年是我一生中转折性的一年,从插队知青到大学至研究生,若没有当年在跃进草房里的奋发,哪会有今日,这些人生的滋味,我好像都尝到了.一年前我还在担心是否有人比我厉害,而现在我考虑的是如何建立压倒一切的优势.总之,努力的成功还需要更大的努力.我希望自己在新一年内:开始做一点研究工作,能拿出自己的第一篇论文.能萌芽出一套独特的数学观点来.

1978年1月2日　多云　今天把以前做的几个拿手的题给曾老师看了一下,"Algebre"章7题7居然他和杨劲根都未做出来,妙!

1月29日　多云　昨天陈传胜拿来两份中国科委和科学院的招生简报,有一份是关于我和李克正的,上面写了我们的考试情况,说我是"达到或超过了1966年以前优秀大学生水平."

3月5日　多云　给广州越秀区的回信写成,至今为止,已收到来信24封,来自辽宁,北京,河南,湖北,湖南,安徽,江苏,上海,江西,广东,四川,新疆.

9月18日　小雨　据曾老师说,这次外语考试又使我成了"明星",考了安徽第一名.

1964~1966年初一时发明永动机.1967年秋冬至1968年春装成一架5寸电视机.1977年春节期间决心发奋,3月5日开始电路设计,由晶体管,繁用表,示波

器,至电子钟及其他,逐步深入. 1971 年春节期间,试读高等数学. 夏季开始学英语. 1973 年夏秋,初读实变函数论,抽象代数. 1974 年春节期间装置正规型晶体管电视机. 1974 年读俄语,设计语声系统,初读图论. 1974 年 9 月突击数学,破积分方程,复变. 1975 年破实变函数论,抽象代数,图论,译《图论》. 第三次报考失败. 写"池塘水量近似计算"等文三篇,背袖珍词典. 1976 年翻译《代数》,各课深入,11 月写"有理数的 k 进制数表示". 1977 年 3 月 5 日进江苏师范学院,大背袖珍词典,全面接触英语. 学期末大受压力,认为不关心政治. 7 月 24 日致信科学院李昌,附文"有理数表示",此后急转数学. 1977 年 9 月 22 日至 28 日,接受徐森林及陈传胜老师考试及政审. 1977 年 10 月 27 日作为第一个研究生进入中国科学技术大学,入学前还在苏州 23 中,11 中,师院外语系作报告.

10.6.6 情至眷成

时读时辍,成一答复. "无论在什么年代,总会有突出的为人和才华,我就是在众多人群中遇到了你……"

1982 年 9 月 10 日晨我去淮海路,然后与他父母,小舅送他去机场,他说:"你等着我." 我们难舍难分,泪眼作别,望着腾空而起的飞机消失在蓝空里,等待,带着希望的等候. 他先去北京集训一天,再返巴黎,完成他的博士论文. 从此我们开始了频繁的书信往来,我俩常你写你的,我谈我的. 他的兴趣一会儿短波收音机,一会儿冰箱温度测试……他将我的一张照片放得很大贴在房间里,留学生们都来看肖刚女朋友. 1983 年 7 月姐夫回国,带回他给我的磁带一卷,(1982 年 9 月他一回巴黎,就冒出了要与我结婚的念头)提出要与我结婚,"我们有着相吻合的看法,彼此理解,我不会要求你懂数学的.为什么婚姻会成为爱情的坟墓?婚姻使双方不再努力培养爱情,我们不能允许它出现."8 月 13 日我给他信"……起舞不辞无气力,爱君吹笛……".

1984 年 5 月 2 日他回国,3 日我去北京,他在车站接我,这一天我们就结婚了.从此开始了如胶似漆,爱慕如初的三十年生活.他说"不要依赖爱情",却竭力阻止我在美国读完硕士学位,不顾我今后在教研室的日子有多难过,偕我同回华师大;他又说"男人不是靠山",当我在法国多开课,有了可观收入时,他的态度变得冷淡,沉闷,"你不要上太多的课了."儿子步入初恋年龄,去冬向他取经:"爸爸,你为什么喜欢妈妈?"他眉飞色舞地说:"我一看到她,就喜欢她了,因为她对我合适."他担心:"我们不要去追求完美,完美的东西往往最不完美,因为你得不到它,得到了也会失去,要满足于曾经有过."他家的病,"证明"了他的"完美即不完美"的哲学"推理";他的早逝,无情地带走了我的爱,我的心,我的全部.

10.7 再忆我的丈夫肖刚[①]

我怕夜幕的降临,更怕晨曦的到来;因为他急促的呼吸是那天夜晚开始的,他悄然地离去又是在晓雾升起之时;我尝到了从"盛"到"衰"的伤感;从"得意"至"失意"的疚意;从"甜美"趋"苦涩"的滋味;可我仍痴

---

① 作者陈馨.

情地沉醉于我俩有过的最美好的回忆之中.

我们有着同样的不幸遭遇,青春是在愚昧,动荡的"文化大革命"中度过的.后来我们谈起很多那个年代的往事,都心有余悸.当我扛着锄头,顶着烈日,踩着冰雪,随着农民大军出没于深山老林时;他则"禁锢"在苏北偏远的茅舍里,夜深人静时,饥不择食地吞食着数字,定理,猜想……;读懂了很多中外数学家的著作,奠定了他今后研究数学的方向,以常人不可能有的天赋和努力成了"文化大革命"后中国第一批世界著名年轻数学家.当我为迎战高考去背记单词时,他则已可用一口纯正、流利略带绅士的高雅吐词的英、法语与他的国外数学同行交流,用简洁准确的文字在世界最出名的数学杂志上发表文章.他笑我不懂"惜阴"却很能"吃苦".

他的记忆力惊人,兴趣之广,涉及之众,倒颇似我父亲陈从周(图10.5),一个汇建筑,园林,美学,文学,哲学,绘画等为一体的大师.他有着将数学,物理,计算机,光学,机械工程等学科融而为一的才华,使他走上创造发明之路.非父亲所唏"单科教授"、"精算师"、"匠人"、"郎中".父亲提出中国的园林建筑,设计与保护要有民族风格,"东施效颦"未必可取.他从代数曲面,一般型曲面的自同构群的阶,高维代数簇等到庞大计算机工程 WIMS 的转向,无一不是他自己独特的想法.父亲一生为"还我自然"而著书奔走.他研制太阳能,除诚望开发,解决新能源,也为保护自然,其理"还我自然"矣.他认为我父亲的思想应该得以继承,数学要与应用结合.父亲言:"'画贵有我',通过我的思想和手,写出我的感情与意境,物境与我相交融,这才是

代数几何中的 Bézout 定理

真正的画,无我才有我."他将自己多年心血智慧写成的 WIMS 默默地奉献给世界,自己则去开拓新的太阳能领域,让更多的同行继续完善开发 WIMS. 他知道只有百川汇海融而为一,才会有气势磅礴,流芳百世的杰作. 他去巴黎开会坐的是地铁,睡在同事家,晚上可继续讨论他们的工作,却将大笔科研经费上缴. 他数年私囊研制太阳能,把向上申请经费"冷"于一旁. 他说:"向上要钱一要时间,二要找人,研究本是我工作的部分,科研经费自出也没什么不合理."他将自己的发明工作写下来,常常是度自得其乐的寻"乐"生活. 用他严密的推理,精确的计算,周全的思考而出的工作,没有"铜臭"味,是"无我才有我",时流所不能忘及者.

图 10.5　肖刚和岳父陈从周摄于 1993 年初

他曾是中国最年轻的教授,数学家,后赴法国为最高终身教授,却给人以朴厚、深挚、善助的高尚待人之感. 我的法国邻居都喜欢他,说是搬来了一个"奇才",当"付钱"上门修理的水电工、计算机家不能解决他们的"烦恼"时,他会拎上工具箱,被唤去帮他们"排忧解难". 他也研究过股票市场,瑞士朋友用他的预测法赚了不少钱,来谢他,他"嘿嘿"报以回笑,他的兴趣是那被他捕捉到的曲线和概率. 他甘冒他人违约之险,为一对没有固定收入的中国夫妇常年经济担保,使他们有房住,他说若是扔掉一个月房租也没什么.

他为人得前辈垂青,世界著名建筑家贝聿铭先生曾因帮我回国探父,与肖刚电话、信件交往过,在父亲前口口声声称誉他,评价高,说是"天才". 父亲也说:"我在很多事上认识了小刚,能力大,有点丈夫气,能顾全大局."一次,父亲带他去拜访苏步青老先生,在听了他所做的代数曲面等工作后,很是惊讶,希望他来复旦大学工作,说:"我已是田间的稻草人,只可吓吓麻雀了."当一切都不能挽回他生命时,泣不成声的我对 André Hirschowitz(著名数学家)说:"他的生命太短了.""不!"André 说:"人的生命长短不只是年龄,刚的生命不短,因为他做了可以留世的工作." 他的导师著名数学家 Arnaud Beauville 在给我的信中写道:"很抱歉,因为我在德国的一个不能取消的会议,我没能参加刚的葬礼,此时我带着全部的友情和悲伤想对你说,刚是一个特殊的人才,我们都会怀念他的,你应该为他感到自豪."尼斯大学校长 Frédrique Vidal 以他个人和大学的名义发来唁函,为失去一位杰出的数学教授深感悲痛,并表示沉痛的哀思.

他不算是一个常人眼里善解人意、嘘寒问暖的"楷模"丈夫(图 10.6),却常常像一个长不大的孩子,我们心心相印. 我不喜欢和他一起做什么,因为他的速

代数几何中的 Bézout 定理

度总是太快,令我难以"尾随".他读文章从来不是一个个字地细嚼,而是多行或数页跳跃地"扫描";看电视是几个台一起"浏览":他知道我兴趣于经济和政治方面,每早会为我摘要地"剪节"网上重要文章和信息,让我读.他也教我开过汽车,可他的反应快了好几拍于我,听他的"指挥",我在美国高速公路上超车,与别的车"擦肩"而过,去警察局罚了款.从此"耿耿于怀"的他,在我法国考驾照时便"隐退",出高价让我去汽车学校一课一课地学,为的是我的安全.儿子肖定瑜高中毕业选专业读大学,他对儿子的告诫:"不可胸无大志".第一次肺部手术后,他身体很弱,又发现新的"疑点",儿子想留在尼斯做医生,他说:"这儿有你妈妈,你的前途在哪儿,你就去哪儿."在极衰弱时他予我的最后一句肺腑之言是:"我心满意足了,因为与你相遇,我们在一起生活了三十年."

图 10.6　肖刚全家和妹妹肖赛母女摄于 2005 年

窗外细雨绵绵,远处的群山笼罩在烟雨雾朦中,神秘肃然,紧紧地护卫着这地中海边美丽的小城;窗前偶然有一只昏鸦掠过,发出数声叫人心碎的哀鸣,带着这伴我余生的他的最后弥留之言,我该不再会感到孤寂,无助了吧!

10.8 又忆我的丈夫肖刚[①]

"何处令人愁,离人心上秋."这是我儿时背诵过的一首宋词.一度秋来,一番叶落,一洌萧然.秋如今予我的感触只是惨切悲人.九月法国尼斯大学为纪念肖刚,这位世界代数几何学家,WIMS 创始人,将他的照片和生平分放在九月份教师的工资单信封里,让大家悼念.学习他,"一个真正的人生,挑战的生涯",为"PORTRAIT DU MOIS"(本月关注人物).

10.8.1 江南神童

1951 年 9 月 4 日,他出生于江南无锡太湖边的梅园,一幢简朴的二层小楼里,后改为浴室的向北斗室是他的房间,那儿风景宜人,梅香清溢.父亲肖荣炜,母亲叶嘉馥均为 20 世纪 40 年代圣约翰大学医学博士.祖父在沪经商,外公是香港合盛银行高级职员.叶嘉馥(肖刚母亲)自小聪颖,获上海 30 年代中学生数学竞赛三等奖,在大学求学期间,投身于革命,无暇读书,可考试成绩总名列前茅,通晓多国语言.新中国成立初

[①] 作者陈馨.

代数几何中的 Bézout 定理

期,父亲肖荣炜任上海卫生局官员,外科医生,人称"一把刀";母亲叶嘉馥任上海红房子医院中方院长,后双双弃赴美开诊所行医之机,去无锡建江南第一所血吸虫病防治所,为消灭中国血吸虫病立下汗马功劳.

肖刚超人的数学,语言天才基于母亲,灵巧,善揣的动手能力则禀于其父,却又"冰源于水而寒于水".儿时的他便有别于顽童弟弟,异于善交往的妹妹,那酷爱科学之探索心,极强烈的求知欲,持恒之久的心力,非"天才"不有. 50 年代父亲从苏联带回的那套机器玩具与《十万个为什么》,可谓是他的"启蒙"之物,经他小手组装的汽车,吊车皆一一坚固逼真;被他翻阅过的《十万个为什么》数年后传到妹妹手中,早已破旧不堪.稍大的他,双眼便盯上了家中的"三五牌"闹钟,他观望,思考,徘徊,为什么这个其貌不扬的"盒子"会精确地报人以时间.一天,乘父母上班之际,好奇心逼他攀着高凳将闹钟搬下,拆开,查找,秘密在何处?两小时过去了,重组装的零部件却怎么也不能使时针移动,眼看正午了,怕挨打的他,匆匆将钟壳盖上,把时针拨到十二点,父母竟未看出破绽,这个中午分外的冗长,待父母再去所里,他又继续他的闹钟研究,其乐无穷,终于在黄昏时刻时针开始"嘀哒⋯⋯"地走动,这是他第一次对机械性能的尝试.后来他把家中几乎所有的贵重"家当"收音机,缝纫机都玩上了不止一遍.

这些神奇般的童年故事,他与我讲述,我永远记忆犹新.他谈者娓娓,我听者忘倦,在上海植物园的一角,1982 年夏,我们初识(图 10.7),来时正值荷花待放,悄无人处,时光飞逝,那再也回不来的青春佳期.

图 10.7

10.8.2 小小发明家

少年的他便萌发出"发明"之芽. 60 年代"文化大革命"间,他或往上海淮海路姑妈家,或往老西门外公家. 好客的堂弟知他怕热,爱吃冰砖,买来供大家消暑解渴,可冰化为了牛奶,溶成了糖水,汗流浃背的他方从长久的凝视与思考中脱出,说是正将上周背记的数千英语单词在脑中重新作记忆的排列,剔去已记住的,插入新学的,"我要把牛津词典背下来"在旁的弟妹们听了哪有不为此"惊心动魄". 停课闹革命时代,孩子们荒度在外,成年无所事事,光阴蹉跎,何时终了?这一代人怎么办?得学点谋生之技. 父亲肖荣炜带他与两个同龄舅舅自学无线电技术,去中央商场等地淘廉价处理电子管,晶体管,电阻,电容等,学来一手能修善装收音机,电视机的技能,他那超人的想象力与灵巧动手能力此时便脱颖而出.他发明了高灵敏度晶体管电表,可准确测试各种电阻和电容;做出了袖珍式晶体管示波器,可观测电路各阶段的电波,又可看电视,还设计出极复杂的电子设备.碰到疑难,他知"跟踪",或翻阅有关书籍,他自学英语之首要动机便是去阅懂更多的外文资料,可入乎其内,徜徉在电子天地中.

他有过目不忘的记忆力,悟性极高的理解力.可谓自学自解,自卸自组,在数学生涯之前,实在已有了相当扎实的物理,无线电,机械等原理的基础知识,不是枯燥的课堂理论,更不为陈法所囿,而是自辟蹊径,"玩"出一条自己的创造发明路.

10.8.3 德高,境界大,功绩丰

人但知他聪明,而少知天赋之外尚需高德,境大,勤奋之品格.他谦甚从不以数学家自居,科学家鸣世.至多说:"我数学做得还可以."那与世无争,与人无怨,心无他求,沉潜于科学之中的品格给所有的人留下了很深的印象.人说他做的工作是奠基性的贡献,此话再恰如其分不过了.

80年代,他先后在国际国内著名数学刊物发表了十九篇高水准的论文,已跻身于国际代数几何学家行列,他做过的一些猜想、定理、证明至今尚无人能超越;在华东师范大学他培养了中国第一批优秀的代数几何人才,为中国在此领域填补了空白,他要隐退了.1989年底,我们的儿子出生了,他告诉我他又有了最令他满意的想法,他明年要去德国马普研究所访问,完善这个工作.不久他证明了一般型复极小曲面的自同构群的上界是 $42k$ 的平方,对一类"困难"曲面得到了其对称

第10章 中国代数几何大师肖刚纪念专辑

数的最大值,此定理相对容易理解,是最佳的,最终的.这个结果被发表在国际顶尖数学刊物上(Annals of Maths).他被认为是世界上最好的代数几何学家之一.("Il etait reconnu comme l'un des meilleur specialistes des surfaces algebriques au monde...")

他应该获得更高的荣誉或别的什么,可是他开始离开他建造的代数几何王国,让他的同行,后生可在这个领域争雄,称强,却去开拓一个未人所知的"荒地".记得那天我们的车停在 Cap de croix 红绿灯前,他突然说:"我决定不做数学了,我已带完最后一个研究生,以后我的工资里不再有奖金了."同时他给我讲述了这样一个故事:苏联有一个最杰出的数学家,当他应该领取菲尔兹奖时,因抗议政府腐败的政治他拒绝此荣誉,回家乡侍奉老母了,但他在数学界的高望无人能替代.

从此的八年里,他无饥无渴,忘世忘机,再次用生命的激情和天才谱下了 WIMS,是第一个创建和开发开源网上数学系统软件者.这个庞大的计算机工程,是又一次将知识的种子撒下人间,让大家分享,使成千上万的教师追随着他开创的路,熟练应用 WIMS 已成为许多国家众多学校招聘数学教师的条件之一.

像一个蕴藉的高士他又出走了,远离了.他用自己的工资研制开发太阳能,他的又一个雄心勃勃计划,他是要走到底的,不管其难度有多大,因为他坚信他的设计是最好的.他希望有一天人们能用他的方法制作既便宜又有效的太阳能采集器,会跟踪太阳能采热,采光,为减少全球气候变暖现状做点事.他写了三十多页的文字,图解教人们怎么制作,多项专利文章的发表是他的心血结晶. 他的那些太阳能专利是:拼装式聚光太阳能采集装置及其拼装法;太阳能采集阵列控制器之间的信号传输法;一种太阳能采集器的光电探测装置;一种太阳能热储装置及其制造法等. 著名数学家(菲尔兹数学奖四十五分钟报告)Carlos Simpson 说:"今天你看到 WIMS 已被世界接受,虽然明天你看不到你的太阳能发明被全球所用,但我们相信会有那一天." 在那些最后的日子里我求他:"若是此次能出院,退休了吧." 他吃力地说:"难道你还不了解我吗?"

他勤奋,计算勤,思维勤,研究勤,搜索勤. 三十年来,我从未见他荒废一日,无假无节,一生中几次重要的旅游还是好友李克正安排的. 唯一的休息便是周末海边,树林漫行,散步,却总见他边踱边思,自言自语,指手画脚,他还周旋在他的"题"中,遐思里. 饭后有时他会问我:"我吃过了吗?" 眺望着湛蓝,平静,浩渺的地中海,他说:"用我的设计,可使海水淡水化,这样中国就可告别缺水之日了."

是老生常谈了,是落入极大悲伤终日以泪眼掩面的我的自拔. 自他去世那几日起,他的朋友,同事,学生,亲属写下了大量真实,感人,精彩的文字,非我这个既不懂数学又非计算机的外行所能. 相伴着的是他用过的遗物;怀抱着我的是他的相片:踩着他昔日铺的地板;用着他精心安装的厨房,卫生间,计算机……那朝夕相依的三十年,让我如何割断这缠绵凄哽的思念. 写他的侧面,重书他的功绩道德于万一,则妻之责我之情也.

第10章　中国代数几何大师肖刚纪念专辑

10.9　纪念肖刚教授①

自 2014 年 6 月 29 日中午我们接到陈志杰老师的电话,得知肖刚老师已于 2014 年 6 月 26 日在法国尼斯因肺癌去世的噩耗,一直悲痛和惋惜不已. 如今已过四月,肖刚老师灵魂早应安息了,但是内心深处的惋惜和悲痛未见减轻,总想写下些文字,记下我们与肖刚老师交往的点滴回忆,以纪念他. 昨晚,我的丈夫谈胜利与我闲聊,聊起自己最近的科研进展,说自己在肖老师 20 年前给的博士论文题目的基础上继续的科研,又用到肖刚老师的科研成果,并因此取得不小的进展. 老公带着憧憬的神情说;如果肖老师现在还活着,知道我做了这样的结果,引用了他曾经的成果,他该是多么的高兴！刹那间,我明白,老公想念他的恩师了！

我自己专业本非数学,无缘无才师从肖刚老师,但是我的先生谈胜利自 1986 年起师从肖老师,攻读代数几何,从硕士研究生到博士毕业,一直得到肖刚老师的指导和教诲,也是肖刚老师在华东师大执教时完整指导的唯一博士. 如今算来,已近三十年. 我与肖刚老师的交往不多,缘由是我既不在他所研究的数学领域工作,他自 1992 年起任法国尼斯大学数学系教授以后基本上也不在国内生活,想要更多地接触也没有机会. 但是我的先生谈胜利则不同,他的每一次海外研究职位的申请和科研经费的申请,肖刚老师总是及时给予强

---

① 作者吴慈英.

有力的推荐,他们也一直有电子邮件往来,讨论科研课题和进展,肖老师总能切实而中肯地给谈胜利提出他的指导.

记忆中的肖刚老师,一双细细的带笑的双眼,一头黑黑的头发,少有白发,以及二十年不变老的一张年轻的脸! 即使是 2012 年在上海最后一次见到他,年已六旬,也仍然没见他有多大变化! 第一次见到肖老师,是在 1994 年 7 月,我们坐火车从波恩到尼斯,一下火车,就见肖老师大步流星地从站台向我们走来,一把接过谈胜利手里的行李背包,只有简单的一句"以为你们会坐飞机来,没想到是火车",之后再无言语,径直带我们上车,直接开回他当时在尼斯的家.——这是个少言寡语的人! 我心里对自己说.

那次在尼斯,我们住在肖老师家里整整一周,朝夕相处. 肖老师言语不多,生活起居规律有序. 谈胜利亦是话语不多的人,但是晨昏颠倒,昼夜不分. 这样的师徒二人一起,实在是很有趣的对比. 到达尼斯的第一天,肖老师就告诉谈胜利,这一周你不可以睡到日上三竿,我们每天早上 8∶00 要去数学系办公室讨论数学. 早上他们师徒二人去办公室,师母陈馨老师则陪我逛街购物,回家做饭. 这样的生活过了三天,谈胜利白天无精打采,茶饭不香,即使面对的是陈馨老师烹饪的无比精致的美味! 最后肖老师只好任由谈胜利上午睡觉,下午去办公室讨论问题. 肖老师也自己开车带我们参观尼斯的海滩,指着远方的机场告诉我们如果坐飞机就是在那里. 话依然不多. 但是他却能无声地体会到我们的需求. 那时年仅 25 岁的我狂热地喜欢看足球,当时正值世界杯足球赛期间,我十分喜欢阿根廷的马

纳多纳和德国队的穆勒等人.但是客居肖老师家里,不好意思总把电视开着(肖老师和师母是安静温婉的人),即使开着我也不好意思一直看球赛.却不曾想到肖老师发话了:"陈馨,你让小吴看足球啊,你看她心神不宁的样子!"我简直讶异不已,他是怎么知道我喜欢看球赛的!

那年在尼斯,印象深刻的还有他们当时只有四岁的儿子哭哭(小名),那是我迄今为止见过的最聪明的孩子!当时仅仅通过一个轮胎或者外形、甚至于看一眼后备箱,哭哭就能立刻辨识出欧洲产的任何一款车型!知子莫若父,肖老师说,哭哭对美国产的车不熟悉,随便拿出一个美国车模,逗他,果然,哭哭很内行地看了前面、转过来看后备箱,再看轮胎,打开车门看了,最后摇头不知.更好玩的是,四岁的孩子偶尔吃饭时也会哭闹,而这是我见过的最为独特的安抚孩子的方法,估计只有肖老师和师母两人用,那就是拿出算术题来让哭哭做,只要一做算术,哭哭就不哭闹了!如今二十年过去了,在法国,哭哭已经是一名医科大学毕业生了.

对肖老师的了解,更多的是从谈胜利那里听故事般听来的.他说肖老师没有架子,博士快毕业的某一天,谈胜利秉承他一贯的昼伏夜作的作风在宿舍睡大觉,这时肖老师来敲他宿舍的门,喊他起来一起照毕业合影.他还说肖老师对科研的认真、严谨和勤奋,学生一般都有些敬畏他.肖老师也要求自己的学生勤奋、严谨治学.读书时每年的寒暑假,谈胜利总多少要做一点小小的研究结果,认识我以后,鸿雁两地的生活,分散了他一些精力和时间,以致有一年暑假,当谈胜利带着空空的行囊和空空的大脑回到学校时,肖老师终于表示了不满:你最近没有用功! 而得益于肖老师的严格教诲,谈胜利之后的科研一直不敢懈怠,而肖老师的指导与教诲,深刻而久远地影响着学生一以贯之的学术生涯.

谈胜利是幸运的,在他人生和事业的道路上能遇到学识高深、品德高尚的良师益友的肖刚教授,无论是学问还是为人,都是谈胜利一生高山仰止的楷模. 肖老师的离世,我们内心的伤痛无以言书. 这几个月来,谈胜利拿着肖老师手书的几封书信,反复地看,反复地看,默默地坐在电脑前,努力写下他有生以来最艰难的文章纪念他的恩师,他说我不能仅仅从泛泛地角度来写肖老师,我要静下心来把他对我一生的学术影响客观地写出来,没有他,就没有我的今天.

肖刚老师安息!

10.10 缅怀肖刚老师[①]

惊悉肖刚老师不幸病逝,我万分悲痛. 这几天不能静下心来做其他事情,肖老师的身影一直浮现在眼前,而且越来越清晰.

我是华师大 1989 年本科毕业生,陈志杰老师指导我做毕业论文,那时陈老师和肖老师合作做代数几何的研究,这一年代数教研室恰好轮到他们联合招硕士研究生,我有幸就成了陈老师和肖老师的学生. 我们这

---

① 作者蔡金星.

第 10 章 中国代数几何大师肖刚纪念专辑

一届代数专业的硕士生共有四名,本校毕业的有吴新文和我,外校考来的有刘先仿和刘太琳.

一年级上学期肖老师教我们所有 1989 级研究生代数基础,我本科时已经选修过代数基础,所以经肖老师同意就没有去听这门课. 一年级下学期肖老师给我们这一届学生上了专业课代数曲面. 记得第一次课上肖老师先讲了代数几何的发展历史,接着他说,代数曲面的研究在代数几何中起承上启下的作用,研究代数几何的工具之精华是格罗腾迪克的代数几何基础和代数几何讨论班文集,曲线和阿贝尔簇的研究已经相当清楚,曲面的整个理论并不完整,原因在于曲面上存在大量病态现象……. 肖老师把我们领进了代数几何这个引人入胜的领域,他深入浅出地为我们讲解代数曲面的每个概念和定理,他的课为我学习和研究代数曲面铺平了道路,对我是终生有益的.

我们二年级的时候肖老师应邀出国做访问研究,后来移居法国. 现在每当我回忆起我的读书生涯时,我感到非常幸运我能听到当时国际上最活跃的代数曲面专家肖老师的代数曲面课.

1992 年夏天,肖老师回华师大做了一次题为曲面的自同构群的演讲,介绍了他自己最满意的估计一般型曲面的自同构群的阶的工作. 我现在还记得,演讲到最后肖老师幽默风趣地说,"在我 42 岁的时候证明了这个上界是 $42K$ 的平方."正如一百多年前 Hurwitz 关于曲线的自同构群的结果流传至今一样,肖老师的工作也是传世工作.

那天演讲结束后,肖老师带我们到计算机房拷贝和打印他给我们从国外带回来的最新代数几何文献.

次日,刘先仿和我去肖老师家里让他指导我们博士论文的写作.记得当时我说我在读曲面上的秩二向量丛,但不知道做什么问题,肖老师听后说,曲面上的秩二向量丛与曲面上的点有一个对应关系,关于一般型曲面上点的几何,目前还是一个空白.然后肖老师给我们讲了与之相关的 Donaldson 的工作,让我读一些他的文章,希望我用 Horikawa 曲面的结构的特殊性来计算这类曲面的 Donaldson 不变量,从而判断两个同胚的 Horikawa 曲面是否微分同胚.回去后我按照肖老师的指导意见读了一些文献,但因为这个方向发展太快,虽然自己努力了,还是没有能够追上.后来我接着肖老师的曲面阿贝尔自同构群的结果做了一些阶段性的工作.没有做出肖老师对我期望的工作,我一直感到愧疚,辜负了肖老师对我的培养.

那次在肖老师家里我们见到了肖老师可爱的儿子,那时他大概只有三四岁吧,见了我们生人也不见生,过了一会儿工夫就跟我们熟了,想让我们跟他一起玩.现在肖老师的儿子还不到三十岁吧,我们为他年纪轻轻就失去了父亲而感到难过.

那天肖师母不在家.此前我们见到肖师母一次.大概是 1990 年吧,具体的时间记不清了,陈省身先生偕夫人来师大讲演,我们都去听,有一位比我们高一年级的同学——现在记不起来是谁了——告诉我们,坐在陈省身夫人旁边的那位女士是肖师母.那次肖老师夫妇全程陪同了陈省身夫妇.肖老师为华师大数学系的发展做了不可估量的贡献,这与肖师母的理解和支持是分不开的.肖老师的突然离去,对肖师母的打击是可想而知的,我们除了希望肖师母坚强起来外还能做些什么呢.

我最后一次见到肖老师大概是 1996 年,在一个代数几何会议上,地点可能在华师大或复旦,具体的时间地点都记不清了,那次会议上肖老师做了代数簇的奇点解消的演讲.

在过去的二十多年里,我们做代数曲面的人经常运用肖老师的结果或者从肖老师的文章中获得灵感,我看到做算术曲面或者高维代数簇的人也从肖老师的文章中得到启示. 现在肖老师虽然走了,但肖老师给我们留下来的经典著作是不朽的,是我们学生以及后来人做数学的源头活水.

肖老师永远活在我们心中.

10.11 怀念肖刚君[①]

肖刚的突然去世实在是出人所料,震惊和悲痛之余回忆生平与他的几次交往不免感慨万千.

1977 年国家恢复高考后肖刚恐怕是全国第一个或第二个被破格录取的研究生. 由于"文化大革命"十年大学停止招生,1977 年拨乱反正后科学院收到不少毛遂自荐的信件,凡是要求上大学或读研究生的信件都转给科大处理了. 肖刚的经历非常独特,他是苏州大学英语专业的工农兵学员,但是因为喜欢数学所以想考数学方面的研究生. 当年推荐他入苏州大学时他的

[①] 作者杨劲根.

代数几何中的 Bézout 定理

数学和英语成绩都很优秀,虽然他的第一志愿是数学系,但苏州大学的有关领导由于某种原因做他的思想工作让他上英语系,肖刚是好说话的人,就这么糊里糊涂地进了英语系. 这些毛遂自荐的信件中鱼目混珠的居多,经过筛选,科大数学系决定派徐森林到苏州面试肖刚,派彭家贵到南京面试李克正,稍后又派常庚哲和我到南京面试李得宁. 对这几位应试者科大都很满意,由于科大的特殊地位和决策人员的雷厉风行的风格在收罗人才方面总比其他高校快一拍,所以很快就发录取通知并让他们尽快到合肥报到. 李得宁受其姐影响选择了复旦数学系. 还有一个小插曲是苏州大学不承认科大的录取通知,科大便专门派了口才出众的史济怀和常庚哲专程出差苏州才把肖刚搞定. 这样,1977 年全国考研还没有开始时肖刚和李克正已经到合肥在曾肯成麾下攻读代数学了. 这段经历成了当年科大数学系的美谈.

  当时科大在合肥的办学条件远比现在艰苦,数学系设在原合肥银行干部学校,房子相当紧张,好不容易在办公楼一层第一间办公室里放上几个床铺安排特招的研究生,除了肖刚和李克正外还住了单墫,他们三个不寻常的友谊该是在这段期间形成的. 我当时也住在银行干校,连我太太也认得肖刚和李克正了,因为她下班回来时常常遇见他们两外出散步,总是李克正走在前面,肖刚一声不响跟在后面,用形影不离形容也不为过. 事实上大家都看出这两个科大传奇人物性格的差异,李克正爱交际而肖刚不太爱说话. 我和肖刚同在合肥的时间大概不超过一年,短短的交谈仅寥寥数次,但

第10章 中国代数几何大师肖刚纪念专辑

互相应该是了解的. 有三件事值得提：

1. 曾肯成让肖刚和李克正自学李群李代数并在讨论班上报告,他俩的学习进度神速. 我的大学同学查建国 1977 年按照正式手续考取曾肯成的研究生,曾肯成曾经叮嘱他学李代数不懂处不要去问系里的一个李代数专家而去问肖刚、李克正,可见曾公对这两个弟子的器重.

2. 那时我担任 77 级数学系本科生数学分析的助教,知道这些本科生的尖子常常往肖刚和李克正的寝室跑,问一些课外的数学问题.

3. 他们俩很快被选为公派出国留学生,预先需要和选派出国的教师一起参加英语考试,肖刚的成绩名列全校第一名,为数学系挣回一点面子. 决定派往法国后肖刚便进了法语强化班,对他来说第二外语是小菜一碟,据我所知在学法语这几个月里他读了 Hartshorne 的代数几何教程的一大部分,为到法国后迅速进入代数几何前沿打下基础.

第一次和肖刚的近距离接触是 1982 年或 1984 年（哪一年真记不得了）,我从美国回上海探亲,肖刚写给我一封信说有一个绝好的机会可以到无锡聚会. 无锡梅山他的父亲有一寓所空着,他邀请了李克正、单墫和我到那里住了一夜. 和在合肥时不同,他作为东道主非常健谈. 我第一次知道他是高级知识分子家庭出身,说一口地道的上海话.

1987 年我到复旦数学系后在肖刚出国前差不多每年都有一些来往,多数是专业上的事务. 有一次私访也有李克正在场,那是在淮海西路他姑妈的家中,当年他姑妈不在上海，住房就借给肖刚了．最热门的话题大概是计算机了，我惊奇地发现他对电脑的痴迷不亚于数学，他自己也声称最喜欢的是摆弄硬件．那年头装空调的居民非常少，他就自己动手装了一个（好像是个二手的）窗式空调，可见他的动手能力在学数学的人中是罕见的．所以他晚年亲自动手开发太阳能的应用不是偶然的．

他到尼斯后与他的联系少了，但他回国时有时还见见面．他是一个念旧情的人．

肖刚在专业领域中的学术成就在陈志杰和肖刚的学生的文中已经写得很到位了，在此不再重复．根据本人对数学的不全面的了解，肖刚的学术水平和对中国数学的贡献不亚于很多中科院院士．1977年代数几何是中国数学学科的空白点，填补这个空白是老一辈代数学家的一个心愿，当年出国学代数几何的一批留学生多少是肩负这个使命的，而肖刚不愧是完成这个任务最出色的一位，他从法国回国直到去尼斯定居期间一直是中国代数几何队伍的领军人物．

虽然他身上缺少体育细胞，但他生活有规律，烟酒不沾，淡泊名利，老天无眼，过早夺去了一个天才的生命．

数年前他离开代数几何已经使业内人士大叹惋惜，溘然去世更使熟悉他的人无法平静．他是旷世奇才，他的某些想法恐怕常人永远也理解不了，愿他一路走好，在天堂遇到真正的知己．

10.12　数学之中和数学之外的肖刚[①]

6月28日我在北京大学参加纪念段学复院士百年诞辰的座谈会.席间,多人提起"文化大革命"结束后不久以段学复院士为首的老一辈代数学家带领一批中青年同志开展了各种学术活动,重振中国的代数学研究.其中一个重要活动便是1977年在北京师范大学组织的李型单群讨论班.肖刚是参加讨论班的青年人之一,当时年方二十六岁,而且是讨论班所用的教材R. Carter所著的《李型单群》(Simple Groups of Lie Type)的中文译者之一.可是,在会场上我完全不知情的是,就在若干小时之前,肖刚已经在万里之遥的法国尼斯与世长辞了,时年不足六十三岁.

1977年我还在福建老家准备参加高考,当然没有参加北京师大的李型单群讨论班.然而,1978年10月我进入华东师范大学师从曹锡华教授做代数群方向的研究生时,《李型单群》一书却成了我数学职业生涯的启蒙书之一,而且用的就是油印的肖刚等人的中文译本.

我真正见到肖刚,是在1984年5月他获得法国国家博士后来到华东师范大学任职的时候(图10.8).他年轻,睿智,却又随性,不拘小节.陈志杰老师的悼念文章谈到他没有因为自己"奇货可居"而向学校提出高的要价.他一家蜗居在姑妈的一套面积并不大的房子

[①] 作者王建磐.

里,还要面对邻里纠纷.这些足以让一些取得一点小成绩就待价而沽的人汗颜.

图 10.8　在华东师范大学数学系简陋的代数教研室.
左起:王建磐、肖刚、曹锡华

　　肖刚在数学上的成就是国际国内学术界所公认的.他开创的用纤维化方法对代数曲面的分类和性质的研究,长时期引领了有关领域的学术发展.他奠定了国内代数几何研究的基础和在国际上的地位,特别是培养了一批有影响的学者.现在华东师范大学、复旦大学、北京大学和中国科学院数学与系统科学研究院的代数几何学科带头人或学术骨干不少出自他的门下,他和他当年的硕士学生孙笑涛(现中国科学院数学与系统科学研究院数学研究所副所长)双双获得陈省身数学奖,是少有的师徒双获奖的例子(据我所知,另一个例子是姜伯驹院士与他的弟子段海豹).肖刚与年纪相仿的郑伟安(目前为华东师范大学千人计划学者,图 10.9)一起于 1988 年被评为博士生导师(当时博士生导师需要国务院学位委员会审批),是当时国内最年轻的博士生导师.

图 10.9　左起:肖刚、王建磐、郑伟安.这张照片多次用在学校招生宣传材料中

肖刚的兴趣与能力不仅仅在数学研究上.我第一次注意到这一点是 1988 年在南开数学研究所.那一年为筹备"代数几何年"我和他同时在南开数学所.当时国内各数学研究单位普遍资料缺乏,而由于陈省身的缘故,南开数学所得天独厚,所资料室有很多最新的图书和资料.于是到南开数学所访问的人必然要到资料室复印一大堆资料带回去,以至于资料室的复印机常常累趴下来.那天我和肖刚一进资料室就被告知复印机坏了好几天了,厂家来过也没解决问题.肖刚说着"让我看看",就打开了复印机的外壳,不知他怎么折腾的,半个时辰不到,复印机就正常工作了.

代数几何中的 Bézout 定理

后来和肖刚的交往中更多发现肖刚的多才多艺. 比如当时的 TeX 还不能打印中文文章,肖刚在写自己的中文数学专著时编写一个预处理软件从中文字库生成 TeX 能够使用的临时字库,解决了这个难题,这促成了后来得到较广泛使用的天元排版系统;初期的 TeX 画几何图形困难,肖刚又编写了 TeXDraw 程序和相应的字库. 天元和 TeXDraw 在后来数学系开展数学排版创收中起了至关重要的作用,为数学系在最困难的几年中稳定教师队伍出了一把力. 到法国以后,肖刚对数学教育感兴趣,并超前地用建立互动式共享网站的形式吸引全球有相同志趣的人一起参与. 这就是他创立的 WIMS 网站(中文版由陈志杰等人翻译和维护). 在网站开发过程中他又对网络安全有自己的见解(据说他的 WIMS 网站没有被攻破过). 前几年他回国时曾在华东师范大学软件学院做了一个关于网络安全的报告,我听了颇受启发;软件学院院长何积丰院士也出席了报告会,并和肖刚作了学术上的讨论. 近年来,他又对太阳能利用感兴趣,把数学原理用到太阳能技术的改进上,并希望做出产品,打开市场. 他曾和我联系希望华东师范大学投资,参与开发. 但由于我已经离开领导岗位,而且上级对学校资金的使用有了比以前更为严格的规定,学校无法参与此事. 肖刚与其他单位的合作过程似乎也不太成功,成为他的一个遗憾.

和肖刚的交往过程中有一件事不能不提. 1999 年夏天,我从意大利乘火车去巴黎的途中顺路到了尼斯(图 10.10). 肖刚热情地接待了我. 正好陈馨回国了,我就住在肖刚家里. 肖刚不仅到火车站接送,还花了两天时间陪我看了尼斯大学(图 10.11),参观了摩纳哥

城堡,欣赏了尼斯海滨和阿尔卑斯山的美丽风光. 他的热情好客和对同事和朋友的一片真挚之情,令人难以忘怀.

图 10.10　肖刚和王建磐在尼斯

斯人已逝,友谊长存. 愿肖刚一路走好.

代数几何中的 Bézout 定理

图 10.11　肖刚在尼斯大学附近

10.13　回忆和肖刚的忘年交[①]

2014 年 6 月 29 日早晨我收到了 WIMS 项目组 Eric Reysatt 的群发电邮, 惊悉 WIMS 创始人肖刚已于 6 月 27 日去世. 这个噩耗来得突然, 使人无法接受. 回想去年 9 月份肖刚专门从法国给我打电话, 告诉我他发现肺部有一处阴影, 肯定是不好的, 而且他有家族史, 不过治疗效果都是好的. 像他父亲在五十几岁时开的刀, 享年八十几岁. 因此他准备不久去开刀切除. 今年春节过后, 我又和他通话, 知道手术很成功, 已经正常上课了. 可是别处又发现了新的阴影, 好坏难定. 正

---

① 作者陈志杰.

第 10 章　中国代数几何大师肖刚纪念专辑

在进一步检查. 在长谈中我感到他对自己的病情十分清楚, 对于各种治疗手段也有深入的了解, 正在理性坦然地面对自己的疾病. 虽然我们都有不祥的预感, 但万万没有想到他会走得这么匆忙. 因此我当天就和肖夫人陈馨通了电话. 陈馨忍住悲痛, 向我详细介绍了肖刚的病情进展, 我才知道这是一个极罕见的特例. 因为 5 月份决定做一个微创手术, 把病灶切除. 手术很顺利, 肖刚自己对此也是信心十足, 相信不久又能重返讲台. 没有想到几天后病情急转直下, 反复发烧, 肺部急速纤维化, 呼吸困难, 终于回天乏术. 陈馨告诉我, 主刀医师是尼斯最好的, 积二十年经验, 肖刚的案例还是第一遭. 这完全是极罕见的特例. 如同他的大脑天赋与众不同一样, 他的术后反应也与众不同. 没有人会料到这个极小概率的事件会发生在他的身上. 也许这一切都是"命"吧. 我们除了接受这个结果外又有什么办法呢.

我第一次认识肖刚是在 1977 年随曹锡华先生一起去北京参加李型单群讨论班. 在那次活动中结识了许多代数学界的前辈以及同龄的青年学者. 尤其引人注目的是中国科技大学曾肯成教授的两位研究生李克正和肖刚. 他们都是毛遂自荐、经过单独面试后破格录取的拔尖人才. 也是当时参加活动的最年轻的学生. 后来根据导师的安排, 分别留学美、法两国学习代数几何. 他们两位的私交极好, 后来也和我成了忘年交.

到 1978 年, 开始公派出国留学. 首先破冰的是欧洲. 我于 9 月参加了法语出国考试, 成了中国政府首批公派赴法进修生. 在出国前要到上海外语学院的出国培训部学习法语. 由于我参加过法汉词典的编写, 有了基础, 因此进了高级班. 不过时间很短就出国了. 没想

代数几何中的 Bézout 定理

到肖刚也来报到了.原来曾先生决定派他到法国,因此他突击学法语,从零开始,方法就是背词典.他参加的是英语出国考(他曾是江苏师院外语系英语专业的大学生),因此被编入初级班.不过他打算提出申请,要求跳到高级班.后来在巴黎遇到他时知道,他确实通过了考核,跳到了高级班.这就是肖刚的速成学习法.

我于 1979 年 5 月到达法国,一行人受到外交部的正式欢迎,随即安排去维希学习法语 4 个月,再被分到德法边界的斯特拉斯堡大学,肖刚是 1980 年 1 月到巴黎南大学跟随雷诺教授攻读博士学位的.也在维希学习过法语,不过是在我离开以后.我去巴黎时见到过肖刚,因此互相建立了联系.我于 1981 年 7 月按时归国工作.肖刚则于 1982 年 12 月获得法国第三阶段博士学位(法国旧学制,介于我国的硕士和博士之间).这时曹锡华教授就建议我加强与肖刚的联系,争取他到师大来工作.我曾写信去法国动员肖刚毕业后到师大来,并向他介绍了师大的学术环境.肖刚在探亲回国时也在上海与我联系见过面,谈起过到师大工作的可能性.1984 年 2 月肖刚获得法国国家博士学位(法国旧学制,相当于我国的博士后),他的学位论文评价很好,准备发表在著名的黄皮书论文集里.并且肖刚在获得学位后不久就归国,当 5 月份我在系里见到他时,吃了一惊,没有料到肖刚这么悄无声息地来到了师大(图 10.12).后来我问他怎么来到师大的,他说到了北京后表示愿到华东师大,部里当即分配他到华东师大报到.就这么简单.后来知道他也曾和复旦联系过,肖刚告诉我是他的岳父陈从周老先生与苏老联系的,可能没有及时得到反馈,他还是选择了师大.这就是肖刚

的风格.他在师大工作的多年中从没有在生活、职称、评奖等待遇上提出过任何要求.当然这也和学校及系里都知道肖刚这样的人才难得,尽可能为他的安心工作提供必要的条件有关系.其实按照他的能力和当时他在数学界的名声,他完全有"本钱"提出很多要求,或者和别人攀比.但是他从来不计较.当时学校分配给他的住房就是筒子楼2楼的一间12平方米的房间,煤卫都是公用的.他也从来没有过怨言.他实际上借住在姑妈(一位住在北京的院士)名下的房屋里,那个12平方的房间并没有住过.后来学校帮助他把这间空房置换成他家后楼的一个小房间,改善了他的居住条件.这里还要说一下肖刚的夫人.俗话说"成功的男人背后都有一个伟大的女人",肖刚夫人陈馨是著名古建筑园林学家陈从周先生的幼女,一位经历过东北插队落户的大家闺秀.她出身世家,但绝非娇生惯养.她知书达理,心地善良,事事忍让,从不和人争执.当肖刚不在国内时我曾帮助她处理邻居企图强用她家卫生间引起的纠纷,原来是陈馨出于善意当自己不在国内时让邻居也能使用,却换来邻居的得寸进尺,企图长期占用下去.最后陈馨采用主动退让的方式,出钱替她另建了一个卫生间,让那位邻居得到了好处,化解了纠纷.事后她跟我说,其实那位邻居老太也是很可怜的,没有子女关心她,为多争一点蝇头小利不惜耍泼使赖.幸好遇到的是陈馨这样菩萨心肠的好人.我知道陈馨用自己吃亏来换得和解的事例不止一个.陈馨的善良大度给我留下极深刻的印象.肖刚能够淡泊名利、专注研究是与这样一位贤内助的背后支持分不开的.

代数几何中的 Bézout 定理

图 10.12　肖刚和陈志杰,摄于 1985 年 5 月 17 日代数教研室

为了充分发挥肖刚的作用,曹锡华教授让他的刚进校的研究生翁林、杜宏跟随肖刚学习代数几何. 我因为已经有了代数几何的基础,又看到肖刚需要有个合作者,就决定也转向代数曲面研究方向. 肖刚在培养研究生方面十分敬业. 他给学生讲的"代数曲面"课就是他自己研究经验的总结. 他还把在国外访问时获得的最新动向迅速传回国内让学生知道,出国回来后不顾时差马上和研究生讨论课题. 这些都使得研究生获益匪浅. 肖刚从 1984 年到师大直至 1991 年赴德国马普所访问和 1992 年 10 月去尼斯大学担任教授(图 10.13),在师大工作了 6 年多(其中赴美工作 2 年),这段时期可

第 10 章　中国代数几何大师肖刚纪念专辑

以说是他的研究工作及研究生培养的黄金时代. 他获得了国家教委科技进步一等奖、国家自然科学三等奖、霍英东青年教师奖(研究类一等)和陈省身数学奖. 第一届的硕士生翁林的工作就获得了钟家庆硕士论文奖,翁林现在在日本工作. 第二届研究生更是人才济济,博士生谈胜利、硕士生孙笑涛(万哲先、罗昭华的博士生)、陈猛(我的博士生)都先后获得国家杰出青年基金. 后来的博士生刘先仿也获得过钟家庆奖,蔡金星则是北京大学的教授. 谈胜利和陈猛都是教育部长江学者特聘教授. 这些学生都成了国内代数几何学界的中流砥柱,肖刚对我国代数几何研究的贡献是非常大的. (图 10.14)

图 10.13　为赴德访问送行:左起:陈志杰,肖刚,翟厚敏(外办干部),摄于 1991 年 1 月 29 日

代数几何中的 Bézout 定理

图 10.14　左起:陆洪文,陈志杰,杨劲根,肖刚,谈胜利,刘先仿,薛辉,涂玉平,陈猛,蔡金星,吕明,摄于 1996 年 7 月

我和肖刚相差十岁,但是我们之间完全是平等、坦诚相待. 陈馨告诉我,尼斯的法国同事给肖刚的评价归结起来就是:"从不讨价还价"和"敬业". 这是对肖刚最精辟的刻画. 在师大共事的几年里,他一直专注于自己的研究和培养学生,从不拒绝给他安排的工作或活动. 即使是教研室一起去听教学实习大学生的公开课,他也从不缺席. 和他合作是心情愉快的,因为他的反应都是可以预测、好商量的. 由于他不善言辞,不熟悉的人会觉得他高傲,其实他是很随和的. 夏天总是一件圆领老头汗衫,一个平顶头,一点没有大教授的架子.

肖刚绝对是计算机的高手,而且软硬通吃. 我记得他最早的 PC 机就是一台自己组装的"赤膊机". TeX 软件在上海的推广也与杨劲根和他的贡献密不可分. 当他着手写作专著《代数曲面的纤维化》时,他决心把 TeX 软件汉化,就用 C 语言写出了"中文 TeX 软件"(后来命名为天元软件),还写了一个中文文字处理软件 edt. 这本书的原稿便是用 edt 和中文 TeX 完成的.

可惜当时印刷厂还没有电脑排版,仍然使用传统的铅字.并且他毫不保守,为了天元软件升级的需要,他二话不说就把源程序给了我.我就是这样开始学会使用 C 语言的.回想起那段大家一起探讨使用中文 TeX 写作数学文章的情景,至今仍难以忘却.(图 10.15)

图 10.15　参加中文 TeX 与数学网站交流会:左起:李克正,陈志杰,肖刚,杨劲根

肖刚到达尼斯大学以后慢慢停止了代数几何研究,兴趣转到了计算机辅助教学.当然这也和法国大学的宽松学术环境有关.他在计算机方面的研究是得到学校的支持的.他创建了网上互动式多功能服务站 WIMS,这是一个庞大的计算机工程,以 Linux 为基础,开放源代码,与大家共享.他花了多年时间改进系统,

代数几何中的 Bézout 定理

在抵御恶意攻击和防作弊方面下了很大工夫. 使得他的系统没有被攻破过. 目前已有 8 种语言的版本,许多大学设立了服务站. 在世界范围内形成了一个 WIMS 社区. 此刻,每个服务站都在为它的创始人的逝世而哀悼. 还在开发的早期,肖刚就在回国探亲时向我展示了他的系统,引诱我试用. 我看了后也有兴趣,就决定在华东师大也建一个站. 为此我开始学习 Linux 建立服务器,并且着手翻译成中文. 这是一个极其庞大的工程,在部分青年教职工的协助下,也只能翻译一部分. 而且我把它引进到"高等代数与解析几何"的教材中. 可惜在我国的应试教学氛围里始终无法得到推广. 从 3.64 版以后肖刚兴趣转向,把 WIMS 的发展交托给法国巴黎南大学等高校组成的一个 WIMSEDU 开发团队. 这是国际性的团队,我也参加其中,专门负责软件的中文翻译. 正因为如此,我才很快收到了肖刚去世的电邮. (图 10.16)

肖刚的兴趣后来又转向太阳能,不但有理论研究,也有实际试验,已经发表了不少论文,成为太阳能开发学界的一员,也在尼斯大学建立了项目. 他自己制造样机,探讨过包括金属与玻璃焊接的工艺等技术难题. 他很想和华东师大联合开发,可惜我们学校没有相应的研究方向及人才. 后来他联系到上海某电力系统高校合作申请到了一个科研项目,他投入了很大精力建造样机,最终却因其他原因不得不中途退出,这让他深受挫折. 可是生活就是如此,有什么办法呢. 我觉得肖刚是一个绝顶聪明的人,总是不能闲下来,总是追求挑战自己. 他常常和我跨国通话一次一个多小时,兴致勃勃

第 10 章　中国代数几何大师肖刚纪念专辑

地谈他的宏大设想. 他曾经研究过搜索引擎、股市预测、图像压缩等种种课题. 我问他为什么代数几何不搞要去搞自己不熟悉的太阳能, 他的回答就是要挑战自己, 要寻求新的领域. 我们当然希望他能继续研究代数几何, 这样就能和这里的数学系建立更密切的协作关系. 可是他的志向已定, 我们只能尊重.

图 10.16　左起:谈胜利,郑伟安,王建磐,肖刚,陈志杰

肖刚好友,安息吧!

10.14 我们的精神导师肖刚先生[1]

10.14.1 陆俊的叙述

我从未真正见过肖刚先生,但是在学术研究上却深受他的影响.因此我一直将肖刚先生尊为我的精神导师.

我最早接触到肖刚的工作,是他关于亏格 2 纤维化的研究.他在处理亏格 2 纤维化的不变量时,巧妙地引进了奇异性指数的概念,并利用它得到了优美的不变量计算公式以及其他一系列漂亮的结果.当时对我来说,这种技巧是非常富有启发性的——尽管我那时还没有完全领悟这些思想背后更深层的东西.正是受益于他的这一启发,我才能在博士论文中成功地引入三点式纤维化的奇异性指数,并用它处理了亏格 3 半稳定非超椭圆情形的 Miles Reid 猜想公式.

我在 2010 年前后整理《曲面纤维化》讲课稿的过程中,开始对肖刚的工作进行了更为深入和全面的解读.比如肖刚的名著《代数曲面纤维化》曾经一度让我手不释书.期间,我常常将一整天的时间花在这本书上,试图弄懂其中每一个细节.众所周知,肖刚行文简洁扼要,很多细节寥寥数笔掠过,但这些细节又往往包含了很多有用的信息.对我们这些资质愚钝的学生而言,是需要花费不少时间和精力才能彻底明白其中奥妙的.然而每当茅塞顿开之时,便会有醍醐灌顶之妙

---

① 作者陆俊,刘小雷,吕鑫.

感,同时又不得不为其想法之精妙而击节赞叹. 我个人觉得,他这本书写得最精彩的莫过于以下两部分工作:

(1) 处理超椭圆纤维化的基本群. 这一工作以巧妙的方式,将基本群阿贝尔化的挠 2 商的秩、奇异性指数以及纤维化的斜率结合起来. 我认为这是一个将来可以继续开发的工作. 对于研究基本群来说,非常富有启发性.

(2) 给出任意纤维化的斜率不等式. 这个工作充分运用了相对典范层的 Harder 滤过的性质来分级估计斜率,想法很独到. 谈胜利教授、左康教授和我在此前的合作交流中,也曾试图将这些思想应用到高维纤维化的研究上.

阅读肖刚先生的文章,实在让我获益匪浅,有很多精彩的思想观点和技巧,已经深深植入我的脑海中,并且毫无疑问地对我的研究思路和技巧有着重要影响. 这种影响有时也会从我的导师谈胜利教授和陈志杰教授那里间接地渗透下来. 比如,谈胜利教授关于基变换不等式的研究工作以及我们关于奇异纤维陈数的研究等,最早都是从肖刚的相关工作基础上开始发展的,很多思想观点和研究风格都可以追溯到肖刚那里.

肖刚先生的影响不仅仅是在学术成果上,也在他的治学态度上. 比如,据我的导师谈胜利和陈志杰教授讲:肖刚非常善于计算,从来不怕计算,并且可以从复杂的计算中找到想要的东西. 这一点也可以从他的论文和书籍中看到. 记得陈志杰教授在劝诫我们年轻人要努力学习时,曾举例说,肖刚不仅人聪明,而且勤奋刻苦. 肖刚先生的天才,我们无法企及,但是他的勤奋努力是我们可以也必须要学习的.

在我们年轻一代的学生中,大多数人都没有见过肖刚先生.但是毫无疑问,他已经成为了我们每个人心中的传奇.只要你去阅读他的文章,了解他的故事,你就会赞同这一点,并且感受到他的与众不同的个人风格.

肖刚先生虽已仙逝,但其务实的治学作风仍然传承下来,直至我们年轻一代亦如此.

10.14.2 刘小雷的叙述

我对未能有幸见过肖刚先生、以及没有机会在其身边学习其言行,深感遗憾.但是在我学习代数几何的过程中,肖刚先生的精神却一直鼓励着我、指导着我.

在我还未入华东师范大学读博的时候,就早早听闻肖刚先生的敢于打拼之名.他虽非数学系本科出身,却在硕士研究生期间毅然改变专业,学习并独自研究深奥的代数几何.几年的工夫,他的工作便领先国际.而华东师范大学的代数几何专业,也在肖刚先生的带领下首屈一指.他的故事和成就使我深受鼓舞,让我对华东师范大学的代数几何专业十分向往,并且给了我学习的勇气和信心.

在华东师范大学读博期间更是了解到,肖刚先生在 20 世纪 90 年代初就在诸多顶尖数学杂志上发表过文章,在代数几何的王国中取得了国际荣誉.然后他将自己诸多可行的问题和想法公开发表后,离开数学界转向工业界,开始了新征程,并取得卓越成就.我常常为肖刚先生敢于放弃功成名就,不畏从零开始的艰难困苦的精神而折服.

我在学业上从肖刚先生那里受益颇多.读博士期间,我仔细研读肖刚的专著《代数曲面的纤维化》,博

士论文也是直接依靠其中的思想和结果. 在我读肖刚先生的书和文章不懂、逐渐浮躁的时候,总会想起肖刚先生敢闯敢拼的劲头、无所畏惧的精神作为,然后我便能沉下心去仔细琢磨,请教我的导师谈胜利教授,陈志杰教授,陆俊老师和师兄弟们. 在他们的帮助下我学会一二,但即使如此也大受其益. 这让我了解到肖刚先生对超椭圆纤维化的研究独树一帜. 他引入的奇异性指数,使得超椭圆纤维化不再神秘,统一处理了半稳定和非半稳定的情形,对曲线模空间的研究起到非常重要的作用,尤其非半稳定情形,现在仍然未被超越. 肖刚先生这种独特的处理手法,以及他对奇异性指数的深刻理解,才使得我们对曲线模空间的理解更加深入. 这些结果发表近三十年,仍然影响着我们.

在香港科技大学读博士后期间,跟身边的教授们提及自己是华东师范大学代数几何专业的博士时,他们都会提到肖刚先生,都会不惜对其赞叹和钦佩. 每当那时,我都会为自己在肖刚先生的荣光里而深感自豪.

当前的生活和学习中,我经常仔细体会肖刚先生所处的环境,体会其不畏艰难困苦、不为名利所累的精神. 这些总在我心中,指导我人生的道路.

在这个特别的时刻,我有幸可以为自己的精神导师写点自己的所见所闻所感,以此聊表我的沉痛之心.

10.14.3 吕鑫的叙述

我从 2008 年进入华东师范大学学习代数几何,听说肖刚先生 2008 年去过华东师范大学,可惜唯一的一次可能的机会还是没见到面,但是和陆俊老师一样,在学术研究上却深受肖刚先生的影响.

2009 年开始接触代数曲面,有了具体的研究内

代数几何中的 Bézout 定理

容,开始接触肖刚先生的文章,我读的第一篇文章就是肖刚先生所著的《On abelian automorphism group of a surface of general type》,该文创造性地给出一般型代数曲面的阿贝尔自同构群的线性上界.文章虽短,但内涵深刻,巧妙地运用了有限群的表示理论以及组合图论的知识来解决代数几何中的问题.这种构造性的做法与多方向的融合着实体现了他非凡的学术知识,实是让我等晚辈望其项背.博士期间,肖刚先生的这篇文章一直陪伴着我.每次阅读都能从中获得新的认识和理解.我的博士论文就是沿着肖刚先生的道路继续往前走,他的方法贯穿了我博士论文的始终.

我的导师谈胜利教授常对我们讲,肖刚先生的计算功底相当强,而且不惧怕复杂的计算.他的两篇关于一般型代数曲面的自同构群的上界的文章《Bound of automorphisms of surfaces of general type Ⅰ,Ⅱ》就体现了这点.该文采用直接作商的方法得出一般型代数曲面的自同构群的阶的最佳上界是 $42^2 K^2$.或许那时代的人都知道此方法,但是其计算量之大以至于没人敢去尝试.他利用代数曲面的分类,对各个情况进行大量计算得到此漂亮结果(说明一下,在曲线情形,早在 19 世纪人们就得到了自同构群的上界是 $84(g-1) = 42 \deg K$).

肖刚先生的数学影响地位是非常之高的,听说他是个天才,他在我们这一代人的心中已经成为了一个传说.他永远是我们学习的榜样和追赶的目标.

10.15　深情怀念肖刚老师[①]

前几天惊闻我敬爱的肖刚老师因病离去,心情沉重多日无法平静,也许人们只有在失去的那一刻才理解拥有的珍贵,原来在我内心回荡着肖刚老师的不少片段,其音容笑貌、严肃但不乏慈祥的教诲、那种颇具自信的鼓励事实上一直给了我信心和坚定向上的探索决心,我的代数几何事业源于肖刚老师的启蒙,并在一定时间里得益于他的指点.倏然间相隔两世,我写此文以表达我对先生的崇敬和仰望,愿肖老师在天国安息.

早在去年底杨劲根老师从美国回来后告诉我肖老师生病的消息,我当时就感到震惊,后来几周内都没法相信那个事实,今年上半年来也从法国友人那里听说些零星的消息,心里总是时常牵挂,默默地为肖老师祈祷愿他顺利过关.不想噩耗还是传来了,人生虽然短暂,留给世人的精神和杰作将永恒!像肖刚老师这样的天才数学家用十几年的时间在"代数曲面"的星空里划过了亮丽的一道彩虹,他的研究工作至今都还在深深地影响代数曲面的研究,我早就下定决心要将肖老师的科学研究精神继承并发扬光大.

短短几句无法表达我对肖老师的崇敬心情,这里就几件事追忆和肖老师的往事.我是1986年在华东师范大学数学系本科毕业直升本系硕士研究生的,事实上在确定我的研究方向时似乎是代数群,在我大四时

[①] 作者陈猛.

代数几何中的 Bézout 定理

陈志杰老师和邱森老师都指导我读 Nathan Jacobson 的"基础代数学",由于我不必参加复试面试,所以也就没能在大四最后一个学期和肖刚老师见第一面,1986 年 9 月入学时,我们六人谈胜利、孙笑涛、张志军、徐祥、刘彬和我一起跟随肖刚老师和陈志杰老师学习代数几何,回想那时的学习生活,我感觉自己并不足够努力,因而我相信没有给老师们留下很好的印象. 那时肖老师有很长时间去了美国,我真正和肖老师接触是他从美国回来后,我带着自己写的小文章到淮海路肖老师的家里去请他指导,他的话至今还在我的耳畔"做论文一定要将问题彻底解决而不是只做一半就发表,你的方法如果和别人一样那就没有创造性",我想今天我对我的学生也是这么要求的,我将肖老师这句话当作是科研研究的启蒙篇,完全在理,我至今珍藏着这句话. 听肖老师讲课是一大享受,他的课信息量大,对深刻数学理论和定理的阐述很直观. 回忆研究生阶段我的学习,我想能给肖老师留下一点印象的事可能是我在讨论班上讲了几节"典范奇点"内容,肖老师问了不少问题,结束后还给我鼓励"讲得很好,就这么讲."后来在得知我将去复旦附近的另一所学校任教后,肖老师专门找机会在杨劲根老师面前推荐我说"典范奇点方面,他(陈猛)可以帮你很大忙."我现在回忆起来觉得肖老师至少当时认为我能力还可以,虽然那时我还没做出什么像样的工作,我将这看成是肖老师对我的一种鼓励. 自从我参加工作以后偶尔会去师大向肖老师请教问题,让我很感动的是另一件事,我 1992 年收到了肖老师的来信,信中告诉我 Miles Reid

在给他的信中提到了我,问我对 Reid 的问题研究得如何了等等,信中殷切希望我不要放松代数几何研究,我当时觉得这是一种很大的鼓励. 1997 年夏肖老师回上海,我再次有机会到他在同济新村的住处向他请教,他说的话令人难忘:"做数学有两种方式,一种是不断赶时髦,但那需要很强的能力,另一种是别出心裁地研究别人做不出的问题."不断地体会肖老师的教诲,我慢慢领悟到做数学研究应把握住大方向,找准目标,狠下苦功,这何尝不是每一个数学家的轨迹? 四年前又在五角场附近和肖老师聚会两次,发现他的研究兴趣已远离代数几何,但看得出他还是那么睿智和自信. 很遗憾这两三年未能再见到肖老师.

我感念人生短暂,我为失去我非常尊敬的老师而悲痛. 愿肖老师一路走好,您的科学精神与我的研究事业永远相伴! 谢谢,我亲爱的老师!

10.16　肖刚的法国同事悼词摘录[①]

Ugo Bellagamba

Merci à vous d'avoir été si proche des étudiants, des enjeux de la pédagogie et des rêves de l'Université. Votre héritage sera préservé et diffusé.

谢谢你如此贴近学生,贴近教育的目标和大学之梦,你的遗产会被保持并发扬.

---

① 陈志杰翻译.

代数几何中的 Bézout 定理

Olivier Bado

C'est un véritable génie qui nous quitte. Mais il laisse un formidable héritage de partage derrière lui.

一个真正的天才离开了我们,但是他留下了丰厚的遗产供人分享.

Christophe Bansart

Gang nous laisse une formidable idée de l'enseignement qu'est la sienne et sa matérialisation à travers Wims que nous avons l'honneur de faire perdurer.

肖刚给我们留下了他的美好的教学理念,并通过 WIMS 加以实现,我们很荣幸将其传承下去.

Joachim Yameogo

Cher ami, cher frère, brillant mathématicien, généreuse personne. Que de chance de t'avoir connu. Merci pour tout.

好朋友,好兄弟,杰出的数学家,大气的人. 很幸运能和你相识. 谢谢.

Stéphane Descombes

Merci Gang pour tous les souvenirs que tu nous laisses, pour tout ce que tu nous as apporté.

感谢肖刚给我们留下的美好记忆,谢谢为我们带来的一切.

André Hirschowitz

J'ai perdu mon pote chinois. Simple, discret, entier, il

me marquera toujours.

我失去了一位中国好友,单纯,低调,耿直,他永远留在我心中.

Carlos Simpson(et Nicole)

Gang, tu vas nous manquer, avec tes idées brillantes, farfelues, tes histoires drôles, tout ce que tu as pu nous dire, tout ce que tu aurais pu nous raconter encore...

我们怀念你,肖刚,怀念你的有时怪诞的精彩创意,怀念你的笑话,怀念你还会跟我们说些什么,讲些什么给我们听……

Bernadette Perrin-Riou

Merci, merci, Gang, nous essaierons de continuer ton oeuvre.

谢谢,谢谢,我们会延续你的工作.

结　　语

18世纪代数方程发展的方向之一就是方程组理论,求解方程组的消元法也在此期间发展壮大,关于消元法的历史考察对了解整个代数学史的发展有重要意义.贝祖是方程组消元理论的先驱之一,本文深入分析了贝祖在解方程组理论中使用的多项式乘数法的数学思想;系统梳理了18世纪西方消元理论的发展脉络,并对这些消元方法进行比较研究;给出了贝祖定理的数学陈述及其证明;总结了贝祖关于结式次数的工作并探讨了其方法比之前人的优越性所在;回顾了贝祖的结式理论在几何学中两个多世纪的发展历程及其深远影响,以及贝祖定理在代数几何中的具体应用以及范例.本文的创新内容概括如下:

一、详细分析了贝祖的消元方法,其主要思想就是多项式乘数法.

探讨了贝祖给出的两种多项式乘数法的数学思想成因及其特点,第一种乘数法就是方程组中的任一个方程乘以一个未定次数的完全多项式,然后使用所有其余方程来消掉多项式乘数中的一些项,也就可以消掉乘积方程中的一些项.通过进行这样的运算,可以在最后的方程里表示所有其余方程的内容.如果只关注最终方程的次数,则仅需要一个多项式乘数就已足够.但是,当考虑计算的要素时,或者是为了得到最终方

结　语

程,或者为了得到基于由初始方程给出的条件的任意函数,就必须使用第二种多项式乘数法,即把每一个给定方程乘以一个多项式,然后把乘积相加得到和方程.如果要求最终方程,首先令多项式乘数的所有无用系数等于零,然后把含有一个或多个要被消元的未知数的和方程的每一项的总系数化成零,这样就得到了一个关于多项式乘数的未定系数的一次方程的方程组,把这些系数的值代入到最终方程的剩余项中就得到了所求的最简最终方程.

现代经由平方和参数的约束多项式最优化算法就依赖于:(1)使用多项式乘数;(2)将多项式中各种单项式看作是独立变量来考量,这样可以导致极大的算法化简.而早在二百多年前,当处理多项式方程组时,贝祖用的也是这样的方法,所以研究贝祖的多项式方程组理论有着重要的现实意义.

二、对 18 世纪西方的方程组理论即消元理论进行了系统梳理.求由两个方程得到的消去式或者结式的问题是牛顿第一个进行研究的.他在《普遍算术》中给出了从两个方程(次数可以是二次到四次)中消去 x 的法则.欧拉在他的《引论》第二卷第 19 章中给出了两个消元的方法,其中第二个方法是贝祖乘数法的前驱,欧拉在 1764 年的论文中对这个方法作了更好的描述,而贝祖的方法证明是得到最广泛认可的一种方法.当两个方程的次数不同时,贝祖也给出了一个求结式的方法.从两方程中消去一个未知量的卓越方法,也是由贝祖第一个在 1764 年的文章中勾勒出大致轮廓,而在他的《代数方程的一般理论》中公布于众的,这对于

代数几何中的 Bézout 定理

当时为数不多但也在逐渐增长的研究消元理论的文献而言意义重大,并且有助于将其建立为一门值得研究的理论.贝祖在 1764 年的文章末尾处指出,希望他人能根据他所给出的一些提示继续发展这方面的理论.实际上,他本人在后来的时间里对这个课题倾注了大量的精力,最后在 1779 年出版了那本广为人知的著作《代数方程的一般理论》.贝祖关于结式的工作开启了现代消元理论研究的大门,在其影响和推动下,拉格朗日和柯西精炼了消元过程,而西尔维斯特则完成了关于结式和惯性形式的工作.

　　三、研究了贝祖关于结式次数的工作,探讨了他和欧拉对于结式次数得出不同结论的原因,贝祖首先发现解方程组得到一个更高次数的方程即结式并不是如前人所言是所使用方法不当所致,而是解方程组的一个必然结果,即结式次数要高于原方程次数.欧拉给出的方法中得到的最终方程没有多余的因式,并且同时可以确定最终方程的真正次数,但只适用于方程都是完全方程或是所缺项是某一未知数最高次项的情况. Cramer 在他的曲线分析中用一种非常优美而简单的方法来讨论相同的问题.自此,很多非常杰出的分析学家们开始探讨这类问题,但是他们把注意力全部放在简化计算上.尽管这些方法对于两个未知数的两个方程非常有用,但是它们不适用于大量的方程和未知数的情况.

　　将这种方法应用于大量的方程和未知数的情况时,需要两两联立这些方程.然而,尽管这些联立的结果没有多余因式,但仍然不必要地提高了问题的复杂

474

度. 后面的消元法不仅需要更高的不必要的要求, 还导致了更为复杂的表达式, 且复杂程度随着消元数量的增加而快速增长. 除此以外, 还不能辨别只出现在最终方程中的多余因式. 贝祖认为这种复杂性的主要原因之一来自欧拉和 Cramer 的方法中两两联立方程的需要. 在他看来, 使用成对的方程进行消元就是在消元过程中引入不相关的信息. 他由此推断, 也许可以通过一次联立多一些的方程来得到更为简单的结果, 并且当时所有已知方法并不能带来任何突破, 因此他创立了多项式乘数法进行消元, 巧妙地规避了上述困难, 以此求得次数最低、形式最简的最终方程.

四、探讨了贝祖定理在代数几何中的具体应用以及范例, 讨论了贝祖定理的弱形式和强形式, 并且对代数闭域上的贝祖定理的一些经典案例与非经典案例进行了分析, 其中穿插讨论了这些案例的历史背景.

两个次数分别为 m 和 n 的曲线交点的横坐标可以由一个次数 $\leq m, n$ 的方程得到, 这个结果在 18 世纪时被逐渐改进, 直到贝祖利用一种改良的消元法证明: 给出交点的方程的次数恰好就是 $m \cdot n$, 然而, 当时并没有将衡量交重数的一个整数从属于每一交点上的一般考量, 这样的话, 重数的和总量 $m \cdot n$. 因此贝祖的古典定理认为, 次数为 m 和 n 的两平面曲线至多交于 $m \cdot n$ 个不同的点, 除非它们有无穷多个公共点. 其实, 这个形式的这个定理也曾被马克劳林在 1720 年出版的《构造几何》中提出过. 不过, 第一个正确的证明是由贝祖给出的. 有一个有趣的事实几乎从没有在任何作品中被提到, 即 1764 年, 贝祖不仅证明了上述定理,

代数几何中的 Bézout 定理

而且还证明了下列 n 维的情况:

"设 X 是一个 n 维射影空间的一个代数射影子簇. 如果 X 是一个零维的完全交叉,则 X 的次数等于定义 X 的多项式次数的乘积."

如今,关于定义代数相交的著名定理是由 W. Fulton 和 R. Mac-Pherson 给出的. 彭色列在 1822 年发现一张平面内的一条曲线 C 属于相同次数 m 的所有曲线的连续族,并且在这个族里存在退化成直线系的曲线,每一这样的曲线都与关于 n 个不同点的次数为 n 的一定曲线 $\varGamma$ 相交,由此证明了贝祖定理. 19 世纪的许多数学家广泛地应用这样的论证,在 1912 年,塞维利令人信服地证明了它们的正确性. 后来,谢瓦莱在 1945 年得到了与参数系相关的一个局部环的相重性定义,并且给出了交重数的一般概念. 对这些观点最理想的概括就是贝祖定理. 而这个概括的最困难部分就是交重数的正确定义,很多人曾为此努力,直到韦伊在 1946 年才给出令人满意的处理. 至此,贝祖定理历经两个多世纪的时间和大量的工作人们才真正地了解其内涵.

五、讨论了贝祖结式理论在几何学中的影响,阐述了产生于结式理论的一些几何问题,简短地回顾了结式次数定理发展的可能性,对在几何学中可以体现贝祖定理价值的一些理论进行了探讨.

Brill 和诺特证明了牛顿用于形成低阶方程组结式的等价过程,尽管没有明显地扩展到关于两个未知数的方程组上,但是其中有两个专利有助于一般化方法:第一,它对于联立两个方程消去任一未知数给出了直

476

结 语

接方法;第二,求得的结式是两个原函数的一个线性组合,即乘数是变量和给定函数系数的有理函数.那么,如果涉及更多方程和更多变量时,这两个特征中的哪一个会更有用呢?在 1765 年甚至还不知道消元式次数时,从一个方程组中消去两个或更多未知数的计划所追求的主要效用就是它应指明结果的次数.

逐步适用于某些系统化序列的直接方法的使用自然是更有魅力,并且这种模式近来被广泛应用——最大公因式方法——因为其可以在每一步中提供更有说服力的演绎论证.但是,因为贝祖在找到更为可行的方法之前试验了很多年,因此他指出这种方法也有不足之处.如果像克罗内克那样决定使用这种方法的话,必须仔细加以辨别每一结式中的必要因式和不定因式,并且学会预先计算每一结式的次数.贝祖最终选择了这个两难之境的另一支号角,利用自己可以使用假设的权利,他大胆假设从 $k+1$ 个方程中可以一举消去 k 个变量,并且所得结果将会是给定函数的一个线性组合,这后一个结论等价于著名的诺特基本定理.

贝祖的著作被后来的学者们作了诸多改进,这其中最为成功的就是内托教授,他在自己的杰作《代数学》中作出了大量补充性引理.首当其冲的就是被称之为 Cramer 悖论的内容,接下来,按照历史发展的顺序就到了曲线重点的概念了.贝祖对待它们的方式非常含蓄,将它们置于无穷远处,并说明大多种情况下它们是如何影响有限交点个数的.普吕克在五十年之后处理了这些问题,并导致了著名的普吕克关系,将一个平面曲线的二重点、拐点、二重切线以及会切线的个数

代数几何中的 Bézout 定理

联系起来. 这些为几何学提供了曲线的亏格的概念, 后来黎曼和克利布施研究分析了这个概念的深度, 并形成了代数曲线和一个复变量的多重周期函数理论的有机结合.

Cramer 悖论自然地导致诺特基本定理所能产生的所有那些问题. 在诺特以前, 关于将两曲线的交点分成两个集合方面有大量的定理及假设, 这其中最为著名的莫过于由普吕克, 雅可比, 凯利作出的. 但是诺特是第一个准确地阐述并且证明: 一条曲线含有另外两条曲线 $f_1 = 0$ 和 $f_2 = 0$ 的所有交点, 也可以表示成形式 $F_1 f_1 + F_2 f_2 = 0$ (其中 F_1 和 F_2 都是有理的). 其实这个形式是贝祖构造的, 曾经出现在他假设为结式的公式中. 诺特的证明就是始于这个依据, 并且还设定了很多对于结论显然必要而不充分的条件.

给定任意一般的或是特殊的方程组(或者模), 对于所有简化形式的研究都是克罗内克研究计划的一部分, 克罗内克所制定的模系统所探寻的内容远远超出了曾经充斥贝祖眼界的唯一消元式的问题.

对于几何学家而言必不可少的并非贝祖著名计划中计算而得的消元式, 而是这样一个消元式存在的条件以及什么样的条件会改变它的知识. 因此, 关于克罗内克的更为深远的计划, 最终可能的是, 我们希望的不是对于特殊情况的详尽阐述, 而是在有限时间内相关操作如何执行的确切知识, 以及对于会改变或是影响那些操作结果的条件的准确阐述. 哪一个更具价值? 是逻辑还是其应用到的具体对象? 这个问题也许永远没有答案, 因为任何一套完整的理论系统都是极其复

结　语

杂的,不是单纯靠逻辑而建立起来的. 这些系统一般有两个维度:逻辑与历史. 维理主义的反思和历史传统的渐进式演进共同形成了我们今天的各种理论体系. 所以,这不是一蹴而就、非黑即白的问题,它只能在一个漫长的博弈和演化中找到答案.

附　　录 I

对话李克正教授：为什么学习代数几何[①]

　　李克正教授生于1949年，中学时代因"文化大革命"中断了学习，插队多年并作过工人，1977年被中国科技大学破格直接从工人录取为研究生，1979年公派到美国加州大学伯克利分校留学并于1985年获得博士学位，1987年回国，先后在南开大学和中国科学院研究生院任教，目前执教于北京的首都师范大学数学系.

　　李克正教授是我国知名的代数几何学家，主要在代数几何与算术代数几何领域中从事分类与参模空间理论及几何表示理论的研究工作，其代表作品是专著《Moduli of Supersingular Abelian Varieties》，此书作为著名的"黄皮书"Lecture Notes in Mathematics 丛书中的第1680卷出版，李克正教授还写了《抽象代数基础》、《交换代数与同调代数》和《代数几何初步》等三种研究生教材，在繁忙的教学和研究之余，他还担任了许多像《中学生数学》主编这样的社会工作.

　　2009年5月26日上午，李克正教授在首都师范大学数学系他的办公室里回答了我们的问题，一起参

[①] 作者陈跃.

附录 I　对话李克正教授:为什么学习代数几何

加提问的还有首都师范大学数学系吴帆等人.

问　今天对您能在百忙中回答问题表示感谢.请先介绍一下我国早期研究代数几何的情况.

答　我国最早研究代数几何应该是从曾炯之开始的,只可惜他在1940年40岁刚出头就去世了.到了20世纪60年代,我国主要研究代数几何的人是吴文俊. W. Fulton 在80年代写《Intersection Theory》一书时,并不知道吴文俊在中国的工作,吴文俊早在60年代就作出了他的最重要的工作,也就是 Wu Class(吴文俊示性类),它在代数几何中是很重要的.由于当时国内特殊的社会状况和中外信息交流不畅,国际上是到了1990年代才开始了解和介绍吴文俊的工作.

问　众所周知,代数几何是一门非常难学的学科,它所用到的基础知识非常多,所以我很好奇地想知道以您为代表的一批中国数学家是怎样在80年代初期学会代数几何的,当时主要有哪些人?

答　我国在80年代初出国学习代数几何的人有肖刚(巴黎第11大学)、我(伯克利)、罗昭华(Brandeis 大学)、杨劲根(M. I. T.)、陈志杰(巴黎第11大学)等,杨劲根的导师是 M. Artin. 在国内学习的人有胥鸣伟和曾广兴等,曾广兴是戴执中的学生.

问　听说您在中学十六七岁就开始学习抽象代数,怎么那么早就对抽象代数感兴趣?

答　那当然有原因,就是我杂书念得很多,现在看也没有什么奇怪的.第一,读《数学通报》,那时所有的好学生全念这本杂志,它经常登带有普及性的东西,例如群有什么用处.第二,读普及性的小册子,例如段学复的《对称》.第三,读高等代数课本,知道了线性变换群,这样我的背景知识就很多.我觉得这是好东西,这正好是我想念的东西,太高兴了,我喜欢这个东西,正好有这个书.而且学校不管我们念什么东西,与现在中学不同,我们有充足的时间.我们那时上课很少,下午 3 点以后绝对在教室里找不到人,全都在操场上,或去图书馆看书.而且当时教改,学生会了可以不上课,到时来考试就行.有时我上课不去,那时候我去图书馆,里面有代数书,但这是教师用书,学生不能借出,但是你可以在图书馆里看,这样学的抽象代数.

问　您是怎样开始学代数几何的?

答　1977 年 10 月全国开始恢复招研究生,当时只有两所大学可以招研究生,一个是复旦大学,另一个是中国科技大学,科技大学是一个一个招的,复旦是招了一批.肖刚是 1977 年 10 月先进科大,我稍晚一些在 1977 年 11 月下旬进科大读研究生,这时候我们只知道有抽象代数,根本就不知道还有代数几何这门学科.我们俩人的导师是代数学家曾肯成.我们念 R. Carter 的《Simple Groups of Lie Type》,想在该方向上继续作一些工作,因此就读了 J. E. Humphreys 写的《Linear Algebraic Groups》,开始涉足代数群.在这本书的第一章有一些代数几何的基础知识,这才知道还有代数几何这样一门非常深刻的学科.当时我们想,要么不作研

附录 I 对话李克正教授:为什么学习代数几何

究,要作的话就要作深刻的东西,于是我们俩人开始转向学习代数几何.

问 后来你们怎样去了国外?

答 当时正值国家开始向外派遣留学生,我们就有了在国外学习代数几何的机会.导师说,你们两个人不要去同一个地方,一个去欧洲,一个去美国.由于肖刚学语言的能力强,所以他去了法国,我去了美国加州伯克利.肖刚是一个极其聪明的人,他的语言能力极强,他从最初步的法语单词开始学习,两周后就可以听懂法语广播中 70% 的内容.

问 这真让人吃惊,肖刚后来的情况怎样?

答 肖刚的导师是 Raynaud,作的是算术代数几何,但肖刚最后作的是纯粹的代数几何,也就是复代数几何.我们虽然分开了,但是关系很密切,经常通信.肖刚回国后和陈志杰一起组成了一对黄金组合,在华东师大培养了一大批学生,有谈胜利、孙笑涛、陈猛、翁林、蔡金星等人.肖刚出国交流访问的时候就由陈志杰负责基础性的教育,学生的论文则由肖刚指导把关,所以说肖刚对国内代数几何学的发展影响最大.此外,罗昭华培养的学生有唐忠明等人,唐忠明后来作交换代数,交换代数与代数几何有密切关系,他是我国作交换代数作得最好的.

问 您是哪一年到伯克利学习的?请说说伯克利的学习情况.

答 我在 1979 年底来到伯克利,刚进伯克利主要是修课、考试、得学分,这些东西快得很,不需要怎么费力. 伯克利的体系跟咱们中国是很不一样的,它进来的学生统统都是博士生,不存在硕士生和博士生的区别. 你都可以念博士,但是进来的博士生和出去的博士大概是 3 比 1,中间淘汰得非常厉害,它绝对不保你,跟我们这儿没法比,完全看你最后念得好不好. 如果不写博士论文但完全通过了前面几道考试关卡,可以申请获得硕士学位,然后,怎么样才能拿到博士呢? 中间有很多关卡,每一道关卡都会卡下一些人,到最后 3 个人中淘汰 2 个人,它不是一下子就淘汰掉的. 其中第一道关卡叫 Preliminary Examination,第二道叫 Qualifying Examination 等,最后一道当然是博士论文. 中间还有很多关卡,其中一道是选导师,如果没有导师带你,那你就完了. 我们这儿的体系是博导必须要带博士生,不带的话你的博导资格就被取消. 他那儿可以多带,也可以不带,这不是导师必要的工作,有的教授 10 年也可以不带研究生,你拿他没辙,唯一的约束就是教课,每个学期每个教授都必须教一门研究生课和一门本科生课. 教授凭什么带研究生呢? 那当然凭他喜欢你,他觉得培养这个人有价值,这完全没有任何功利的因素在里面.

问 您的导师是谁?

答 我到伯克利是冲着 Hartshorne 去的,但是到了那个地方却没有跟着 Hartshorne,这个原因主要是个人兴趣不同. 那时候 Hartshorne 带着一大伙学生和

附录 I 对话李克正教授：为什么学习代数几何

访问学者在搞向量丛，我不太有兴趣，所以没有选他作导师．A. Ogus 给我上代数几何课，我很有兴趣，就走到 Ogus 的方向上去了，实际上就是算术代数几何．Ogus 作的是代数几何与数论交叉的领域，我跟 Ogus 差不多跟了 5 年．

问 这个 Examination 是不是书面考试？

答 我解释一下，Preliminary Examination 要求你在入学两年内必须完成通过，它的考试内容基本上跟我们的研究生入学考试出的题水平差不多，质量可能比较高一些，这些题后来都收入了《伯克利数学问题集》．这个考试你可以随便什么时候考，所以我入学第一个学期就考，就通过了，考了第一，别人根本就不在乎，只有陈省身先生在乎，因为陈省身先生担保我去，去了以后现在拿出点样子看，这人考第一．我本身的学历是中学，我什么文凭也没有，我国内读的研究生没有毕业，这个成绩拿出来别人没有任何怀疑的地方，这个人当时绝对是招对了．但这个成绩 Ogus 是看都不看的，他看我作的工作．当时在代数几何课上，Ogus 怀疑 Hartshorne 的《代数几何》上有一个习题有问题，让学生解决，大家都作不出来，我说我作出来了．交上去了．交上去之后，一个同学告诉我说：Ogus 怀疑这个题是错的，我仔细查看，发现我作的有一个漏洞，那个漏洞正好就是这个题错的地方．对那个错我举了个反例，然后送上去，Ogus 高兴坏了，从那以后起，我在数学系所有的事情都畅行无阻，它给的任何优惠全部都有我，比方说奖学金呀,推荐美国数学会的会员呀,系主任一个人说了算.

问 您还能想得起来当时作的是一个什么样的题目吗?

答 在《代数几何》现在的英文版本中,Hartshorne 把这道题改了,是第二章第 4 节的 4.12 题. 你要知道,Hartshorne 这本书上的习题是非常难做的,它为什么难作呢? 它的一个习题基本上就是一篇论文,他是等于把人家已经发表过的论文拿来,然后把论文转换成习题,所以如果你有本事作出这一个习题来的话,实际上你已经也有本事作出那篇论文来了,只不过人家已经发表过了,从你的能力上来说,足够写一篇论文了.

问 那么上课时 Ogus 就用 Hartshorne 的这本书作为教材吗?

答 对.

问 也就是从第一章"代数簇"开始,一章一章往下讲?

答 不对. 你要搞清楚,美国教授没有一个是照着一本教科书去讲课的,他会说,这是我讲的书,你就自己去念吧,完了. 然后他爱讲什么就讲什么,反正这书的内容他都会讲,但绝对不会照着书去讲. Ogus 讲了一年的代数几何课,我们作的多数的习题是这本书的习题,少数习题是他自己出的. 他是从哈佛那边出来的,所以从某种程度上说,他也是格罗腾迪克的弟子,徒孙的一代. 他原来都是从读 EGA 出来的(EGA 是格

附录 I　对话李克正教授:为什么学习代数几何

罗腾迪克的《代数几何原理》法文书名的缩写),所以很多东西如果他觉得 EGA 讲得好,他就照 EGA 讲,大概就这样. 现在很多人还是主张读 EGA, 比如扶磊主张年轻人还是应该读 EGA, 不应该念 Hartshorne 的书, 各有各的主张, EGA 有 EGA 的好处, 但是 EGA 没有习题. 要说习题, 没有一本书比 Hartshorne 的书好, 那真是厉害. 你看他的习题, 基本上一个习题就是一篇论文. 你说 Hartshorne 光是论文那要读多少篇? 不可想象的, 多极了! 这点上是很厉害的.

问　您说您当时在国内读 Hartshorne 这本书读不懂,是吗?

答　所谓读不懂, 就是字面上懂了, 但实际上没真正懂. 光读点字面不行, 必须理解它的精神实质. 读代数几何必须找名师, 现在有的学生写信说要我指导他自学代数几何, 我说, 算了, 你要么到这来, 要么放弃, 我说我不会指导你自学. 代数几何真的不能自学. 积多年经验, 我认为自学代数几何是不可能的事情. 你一个人在那儿念, 念不好, 念偏了, 肯定走火入魔.

问　在伯克利的第一年就写论文了吗?

答　没有. 到一年左右, 在作论文之前要完成 Qualifying Examination. 之前先出卷子考两次, 每次给你 10 个习题, 最多作 7 个, 最高是 70 分. 这样考两次, 最高是 140 分, 我两次加在一起是 137 分. Qualifying Examination 这个口试是很难的, 是"三堂会审", 由一个 5 人委员会专门考你一个人. 而这 5 人委员会谁来

代数几何中的 Bézout 定理

主持呢？是由你自己去请，自己去跟教授谈，一个一个去谈，所有这5人都要买你账，这5人必须抽出同一个时间，对他们来说是一个很大的负担，人家凭什么愿意？凭的是人家觉得你这个人还不错，否则他说一句"我没时间"就打发了. 当时我先找 Hartshorne，说请他作考试委员会主席，再让他推荐其他人，他说 Ogus 是你导师，也算一个，其他两个是分别教过我李群、代数拓扑的老师，还有一个人必须是外系的，我找了一个我非常尊重、非常著名的统计学教授，这样就组成了考试委员会. 考试时他们每个都一直问到我答不出来为止，知道你行不行，最后就通过了. 是到最后才不行了，如果一开始就不行了，就完蛋了. 这样我一年时间，这些东西我全部都通过了，剩下的时间全部都是在作论文.

  问 您研究的领域是算术代数几何，您是怎么看这个领域的？

  答 这是一个跨学科的东西. 算术代数几何的目标是数论，以数论为背景作代数几何的人很多，他们懂代数几何，但眼光看着数论. 研究数论的人或多或少都要研究代数几何，他们作的东西和真正作代数几何的人眼光不一样，关心的问题不一样，语言全是代数几何的语言，但是作出来的东西却可以翻译成数论的语言. 现在稍微复杂一些的代数数论问题都必须要用代数几何的语言才能说清楚是怎么回事，这并不是故意要一个时髦，这需要花工夫去理解，否则你永远也搞清楚. 这是常识，我要稍微跟你解释一下.

附录 I 对话李克正教授:为什么学习代数几何

例如,费马大定理中的方程

$$x^n + y^n = z^n$$

没有整数解. 但是从代数几何语言来说呢,是把它看作一条代数曲线,然后问这条代数曲线有没有有理点. 这两个说法看上去好像一样,其实有很大的差别. 因为一条代数曲线有没有有理点,不是由它的方程来决定的,方程可以换,可以把变量换一换,相当于作坐标变换,但有理点变来变去还是有理点,所以是否有有理点以及有多少个有理点跟坐标是没有关系的,不是由方程来决定的,它有非常实质性的东西,所以如果不是用几何语言的话,你说不清楚. 它是一个与方程无关的东西,尤其是在高维的情况下,有很多的方程,那些方程乱得多,但是几何的东西就一个. 我们的实质性问题,比如有没有有理点以及自同构的问题,所有这些问题都必须用几何的方式来处理,否则命题的表述都是不清楚的.

问 听上去像是流形的思想,概形是不是流形的某种类比或者推广?

答 对,那当然是这样. 现代的几何是什么?现代的几何与经典的几何区别在什么地方?区别就是在整体性. 整体性就是用流形的语言来表达的. 但是流形是用什么来刻画的呢?流形实际上是用纤维丛来刻画的. 从某种意义上说,流形上的"函数"就是纤维丛. 所以说概形实际上就是把纤维丛的思想弄到代数几何中来,这根本上导致了现在的代数几何与以前的代数几

代数几何中的 Bézout 定理

何的不同. 以前的代数几何都是用的局部方法, 仿射的方法, 坐标都是局部的. 全部作完一个研究后, 还要说明它跟坐标没有关系, 与方程没有关系, 那就要花很大的工夫, 可能比那原来研究的功夫大得多. 但是从流形的角度来讲, 在我一开始作的东西中, 坐标是一个可以自由选择的东西, 以后每一步出来的东西都是与坐标的选择没有关系, 最后的结果自然与坐标没有关系. 比方说, 切丛就是这样一个例子, 这是一个背景, 但这不是唯一的背景. 当年格罗滕迪克提出概形这个概念时, 考虑了好几个因素:

第一, 它必须是整体的. 他发现许多问题是整体的问题, 不是局部的问题, 比如上面提到的费马方程, 看上去是一个局部的东西, 实际上绝对是一个整体的东西. 为什么? 我想你知道有一个 Mordell 猜想, 后来被 Faltings 证明了, 它是说, 曲线的亏格如果大于 1, 有理点就只有有限多个. 亏格大于 1 是什么性质? 完全是一个整体性质、拓扑性质. (此时在黑板上画了一个环面) 这是一个"救生圈", 洞不止一个. 洞如果是一个的话, 可以有无限多个有理点; 洞如果有两个的话, 只能有有限个有理点了. 这绝对是一个整体的性质, 非常实质性的东西, 拓扑性质的东西, 这是必须要考虑到的一个极为重要的事情. 格罗滕迪克在作这个东西的时候都必须要拆开, 然后把它粘起来, 他感觉到整个这个过程就是一个研究整体性质的过程.

第二, 是奇异性, 这是比较超前的. 一直到不久前,

附录 I　对话李克正教授:为什么学习代数几何

所有几何学家研究的东西几乎全部都是完全光滑的东西. 奇异性不是来自微分几何, 它是来自复几何. 真正研究奇异性是从复几何开始的, 方程中有奇异性. 他受这方面的影响, 概形的包容性允许有奇异对象, 而不仅仅研究光滑性.

第三, 是变形. 变形的思想是这样的, 这地方必须要有纤维丛, 纤维丛的思想深刻地贯彻到这里. 实际上, 在我看来, 没有纤维丛, 就没有现代几何, 所以我认为不懂纤维丛就不懂现代几何. 概形有一个特点, 概形里的函数可以处处都等于零, 但它本身不是零. 这种函数在其他的几何中都是不可理解的事情, 比方说 spec $k[x,y]/y^2$, 其中 y 的平方是零, 它本身不是零. 这里真正的思想是变形的思想, 你可以把 y 理解为微分 dx, 我这里头同时也把微分放进去了. 微分的深刻理解实际上就是无穷小变形, 这是非常深刻的思想, 这个思想当然还是有几何直观的, 但是真正把无穷小变形的结构和概形这个东西放在一起, 这个思想完全是在代数几何中形成的, 在其他的几何中是没有的. 格罗腾迪克在作概形的时候实际上已经把变形考虑在里面了. 如果是走流形这条路的话, 那我们可以得到代数流形, 这些东西都是光滑的. 但是如果考虑到奇点, 则得到代数簇, 代数簇是允许有奇点的. 早期用的都是这种代数簇的语言, 格罗腾迪克考虑到无穷小变形时才会想到概形和幂零函数. 这些东西看上去非常复杂, 刚开始很难接受, 但是大家到现在为止都接受了. 这不仅因为它

代数几何中的 Bézout 定理

非常强大,而且确实有很多的好处,因为一开始设计概形这个概念的时候,就已经把无穷小变形装在里面了,到真要处理变形的时候,自然就很容易了,不需要更加复杂的东西,因为变形肯定比原来那个东西还要复杂,没有这个框架的话,代数几何根本就不可能走到今天这一步.

问 我看过一篇文章,其中把格罗腾迪克比作数学中的爱因斯坦,您怎么看?

答 这无所谓,看个人怎么理解. 但我相信格罗腾迪克对拓扑的理解非常深刻,他是真正的拓扑学家,所以他这样作出来的东西才经得起时间的考验. 从他提出他的理论到现在已经 40 多年了,要不好的话,早就被淘汰了. 以他当时的深刻性,你现在考虑到的东西,他当时都考虑到了,他的东西相当难懂.

问 您的博士论文题目是什么?

答 题目是 Classification of Supersingular Abelian Varieties,超奇阿贝尔簇的分类.

问 我知道阿贝尔簇是椭圆曲线在高维的推广,这个 Supersingular 是什么意思?

答 它在数论上很重要,它是特征 p 的一种情况. 椭圆曲线在特征 0 的时候是一种情况. 在特征 p 的时候是另外一种情况. 特征 0 的时候它的自同态环有整数环和虚二次域的代数整数环等,特征 p 的时候还可能是四元数环,这种椭圆曲线称为"超奇的",这时数论性质非常丰富. 四元数是非交换环,类似这种复杂的

附录 I　对话李克正教授:为什么学习代数几何

东西推广到高维的时候就是超奇阿贝尔簇. 超奇椭圆曲线最早是 Deuring 在 1947 年研究的. 研究高维的情况应该是从 60 年代晚期开始,一直到 70 年代的早期,到 Oda 的时候已经是 1977 年了吧? 这期间,很多顶尖的数学家都作过这个方面的工作,我可以举出来: Serre, Deligne, Ogus, Oort, Oda 这些人都是,很多人的工作都与此有关,那段时间是很热门的. 我是在那个基础上作的,我作的是分类,就是把所有东西全部搞清楚. 当然这个事情决不可能全在这篇论文里,但基本上全在我和 Oort 后来写的那本黄皮书上了,这是很不简单的一件事. 分类学的意义就是说,这方面的东西全在这儿了,用不着满世界一个一个去找,一个一个地去研究,那是大海捞针,分类学的方法也是数学中一个非常强大的方法.

问　您在书中说过分类,但今天听您这样一说,才感觉它重要. 最后,请谈谈您回国后的情况.

答　我在伯克利获得博士学位后,还在芝加哥大学工作过两年,1987 年我回国以后先在南开大学工作了两年,然后再到中国科学院研究生院. 我的博士论文发表得很晚,一直到回国以后的 1989 年才正式发表,这是我发表的第一篇论文,发在一份很好的杂志美国《数学年刊》上. 过了好多年,因为要查有关的评论,才在《数学评论》上赫然发现这篇论文的评论是 Faltings 写的! 就是 1986 年拿菲尔兹奖的那位 Faltings,这是不多见的. 在回国后的前 10 年中,除了教学和研究外,主要是和 Oort 一起写那本黄皮书. 在经过了反复修改以及 Springer 出版社严格的审稿后,作为 Lecture Notes

中的一本出版.这期间还写了另外一本书《交换代数与同调代数》.可以说这本书也写了将近 10 年,书中的内容至少讲过 5 次.开始讲第一遍时先写一个讲义,以后每次讲都要修改.这样出来的书有质量,从头到尾都是自己的东西,吃得非常透,绝对不能东抄一点,西抄一点.后来写的其他两本书《代数几何初步》和《抽象代数基础》,也都是这样写的,也都是至少讲了 5 次,《抽象代数基础》积累资料的时间更长,从芝加哥大学讲课那时就开始了.那都是自己的东西,都有自己的想法和体会.

附 录 II

代数几何的学习书目[①]

代数几何是现代数学中一门十分重要的基础学科.但是它的语言极其抽象难学,不少青年学子和数学工作者苦于不得其门而入.这是因为代数几何的语言在历史上经历了好几次相当大的重新改写,已经从一百多年前纯粹的综合几何语言变成了如今极端抽象的代数语言,其所包含的丰富而深刻的几何内涵不容易被解读出来.本文给出了一个比较符合代数几何历史发展过程、由浅入深的学习方案,以期对代数几何的初学者们有所帮助.

一、初级代数几何

迄今为止,国内还没有出版过一部由国人写的本科程度的代数几何初级教材.国外已经有好几本了,比较早的一本是由 Miles Reid 写的《Undergraduate Algebraic Geometry》,Cambridge University Press,1988.世界图书出版公司北京公司 2009 年重印,中文书名:大学代数几何:大学代数几何,131 页;该书写得浅显易懂,

---

[①] 作者陈跃(上海师范大学数学系).

代数几何中的贝祖定理

内容有平面曲线、仿射簇、射影簇等,仅讲到 3 次代数曲面上有 27 条直线为止. 它的最后一章是讲代数几何的历史,写得简短而有趣. 好像陕西师范大学出版社在 1992 年曾经出过它的中译本.

近期出版的本科教材是由 Klaus Hulek 写的《Elementary Algebraic Geometry》, American Mathematical Society, 2003, 213 页;该书的内容和上面的这本教材差不多,但数学讲得多一些,而且增加了很重要的一章"曲线理论入门". 该书写得很好,记号现代而标准. 在代数几何里,所使用的记号非常多,所以记号的使用不是一件小事. 例如在 Springer 出版社著名的研究生丛书 GTM 里也有一本相同书名 Elementary Algebraic Geometry 的书,虽然是在比较近的 1977 年出版的,但是记号太复杂,读起来很费力.

还有一本极受好评的教材是由 Karen Smith 等人写的《An Invitation to Algebraic Geometry》, Springer, 2000. 世界图书出版公司北京公司 2010 年重印,中文书名:代数几何入门,161 页;这是给一些学分析的人介绍代数几何是什么的讲稿,该书用大量的文字直观而通俗地解释了代数几何中一些基本概念的含义和重要的研究课题.

国外已有一些在大学讲过代数几何初级课程的老师将他们的讲稿挂在网上供大家学习,其中写得比较好的有 Jan Stevens,《Introduction to Algebraic Geometry》, 82 页, pdf 文件;Eyal Z. Goren,《A Course in Algebraic Geometry》, 110 页, pdf 文件;Sara Lapan,《Alge-

braic Geometry》,57 页,pdf 文件;其中的第一个讲义读起来赏心悦目,叙述十分流畅,包括了仿射簇的零点定理、准素分解、正则函数和局部化、射影簇、平面代数曲线、维数理论、切空间和非奇异性、超曲面上的直线等内容;第二个讲义讲解仔细,还有难得的图片有助于直观理解. 第三个讲义其实是上面介绍的第三本书的作者之一 Karen Smith 的讲课整理稿. 它可以看成是上述第三本书的有机补充,也是读后面 Sara Lapan 接下来写的概形理论讲课整理稿的必要准备.

二、代数曲线和黎曼曲面

代数几何的大师扎里斯基曾经这样说过:要想理解代数曲面,首先要透彻理解代数曲线. 虽然代数曲线属于最简单的代数簇,但其所包含的丰富的代数、几何与拓扑性质在上述代数几何的初级课程里是无法得到充分阐述的,所以需要对代数曲线(或者黎曼曲面)进行专门的论述. 复代数几何大师 P·格里菲思(Phillip A. Griffiths)在 1982 年曾经来中国讲了六周的代数曲线理论,其课堂笔记不久用中文正式出版:《代数曲线》,北京大学出版社,1983 年,232 页. 这本书所需要的准备知识不多,它从最低限度的复变函数论、线性代数和初等拓扑的准备出发,深入浅出地讲解了代数曲线理论中最基本的内容,包括了黎曼-罗赫定理和阿贝尔定理的证明和应用. 它叙述精练,证明严格,堪称经典. 由于代数曲线是内蕴的黎曼曲面在射影空间里的外在实现形式,所以此书也可以看成是黎曼曲面理论的入门书. 值得一提的是,这本篇幅不大的杰出教材

代数几何中的贝祖定理

后来又从中文译成了英语,由美国数学会出版社出版:《Introduction to Algebraic Curves》,American Mathematical Society,1989 年,220 页. 它已经被列为代数曲线理论的基本参考书.

另一本讲代数曲线的公认好书是由 Frances Kirwan 写的《Complex Algebraic Curves》,Cambridge University Press,1992. 世界图书出版公司北京公司 2008 年重印,中文书名:复代数曲线,264 页;这本书的优点是清楚地交代了所有初学者们都关心的一些典型的细节问题,如贝祖定理、微分形式、魏尔斯特拉斯 p - 函数的收敛性、黎曼-罗赫定理的严格证明,以及平面代数曲线的奇点解消等,这些内容在 19 世纪就已经被数学家们所熟知.

经典的黎曼曲面理论在最近梅加强写的一本教材里得到了比较清楚的阐述:《黎曼曲面导引》,北京大学出版社,2013 年,237 页;它用复分析的方法来证明黎曼-罗赫定理(它把除子称为"因子"),并且运用了基本的层论和上同调方法来揭示黎曼曲面深刻的性质. 通过这本书所使用的可以用到一般复流形上的现代复几何方法,可以对复代数几何的内容有一个初步的了解.

当然最好的黎曼曲面理论教材是由 Jürgen Jost 写的《Compact Riemann Surfaces》,Springer,2006 年. 世界图书出版公司北京公司 2009 年重印,中文书名:紧黎曼曲面,277 页;这本书有一个副标题是"An Introduction to Contemporary Mathematics",足以见黎曼曲面理

附录 II 代数几何的学习书目

论对于整个当代数学的基本重要性. 该书作者认为: 黎曼曲面是分析、几何与代数相互作用和融合的一个理想场所, 因此最适宜用来显示现代数学的统一性. 该书与其他持单一观点讲黎曼曲面的书籍不同, 它分别从微分几何、代数拓扑、代数几何、偏微分方程等不同学科的视角来讲黎曼曲面, 从而使初学者通过黎曼曲面这一媒介来更好地理解这些现代数学的主要分支学科. 该书清晰和准确的写法已经成为讲解黎曼曲面理论的范例, 尤其是从代数几何角度讲黎曼曲面的最后一章, 值得仔细地品味.

关于黎曼曲面理论的一个很好的综述可见由 I. R. Shafarevich (沙法列维奇) 主编的《Algebraic Geometry I: Algebraic Curves, Algebraic Manifolds and Schemes》, Springer, 1994 年. 科学出版社 2009 年重印, 中文书名: 代数几何 I: 代数曲线, 代数流形与概型, 307 页; 它前半部分的作者是 Shokurov, 其内容包括了内蕴的黎曼曲面理论、外在的代数曲线理论、雅可比簇理论和阿贝尔簇理论等章节.

这本好书的后半部分是由 Danilov 写的关于代数簇和概形的一篇较长的综述, 它可以看作是从代数几何的初级课程到代数几何的高级课程——概形理论之间的一座重要桥梁. 该综述将代数簇和微分流形进行对比的讲法对初学者的帮助很大, 它先讲代数簇中和微分流形类似的理论 (如扎里斯基拓扑中的开集、粘贴、向量丛和切空间等), 再讲和微分流形不同的理论 (如有理映射、爆发、正规簇和维数理论等), 然后着重讲解代数几何中特有的相交理论,最后一章是介绍概形理论的基本思想.

三、交换环论、同调代数、代数拓扑和微分几何

要学好代数几何,离不开交换环论、同调代数、代数拓扑和微分几何等预备知识.交换环论也称为"交换代数",相关的中文教材已经有好几本了,它们的共同特点是只讲代数,不讲几何与数论.唯一的一个例外是由冯克勤写的《交换代数》,高等教育出版社,1985年,274页;该书的叙述十分清晰和流畅,特别是专门用了一章(第六章 代数簇和代数整数环)来讲交换环论对于代数几何与代数数论的应用,这就让读者能够很好地了解交换环理论的来龙去脉.

英语文献中最好的交换代数教材可能是 Andreas Gathmann,《Commutative Algebra》,131 页,pdf 文件;该作者是代数几何的专家,他充分运用了几何学的直观,来仔细地阐述交换环的基本理论.该讲义的排版特别精美,错落有致,不吝笔墨地解释和推导每一个数学细节.

交换代数以及其他重要的代数理论的基本思想在 I·R·沙法列维奇写的《代数基本概念》,高等教育出版社,2014 年,267 页;这本综述性的书中有不少阐述.这本杰出著作的作者也是上面所介绍的书《Algebraic Geometry I》的主编者,他是一位代数几何与代数数论的大师,亲自撰写过著名的两卷本《Basic Algebraic Geometry 1&2》,Springer,1994 年.世界图书出版公司北京公司 2009 年重印,中文书名:基础代数几何,

附录 Ⅱ　代数几何的学习书目

302+269 页;这部教科书被誉为是学习代数几何的"必读"之作,因为它包含了许多在通常的数学著作中很难见到的历史观点和解释性的文字,特别是它对古典的代数几何理论讲得十分清楚,从而可以帮助初学者理解非常抽象的概形理论.

由于交换代数在目前的抽象代数体系中已经占据了相当重要的地位,所以在正规的抽象代数教程中都要用许多的篇幅来讲交换环论.例如获得好评的由莫宗坚等三人写的《代数学》(上、下),北京大学出版社,1986 年,372+290 页.这部教材的下册主要讲交换代数,它秉承了与冯克勤书的同样精神,注重解释来龙去脉.其行文的流畅与清晰,在国内的同类教材中是做得最好的,很适合初学者.不仅如此,它的下册还与时俱进,用最后的一章来专门介绍现在用得比较普遍的同调代数基本方法.

说到同调代数,它在代数几何中是不可缺少的,例如在层论中要大量地使用同调代数的语言.在这里推荐一本由陈志杰写的《代数基础》(模、范畴、同调代数与层),华东师范大学出版社,2001 年,222 页;从这本难得的书的副标题就可以知道,它的所有内容都是代数几何所需要的.特别是它的最后一章(第四章 层及其上同调理论)虽然较短,但却讲得十分清楚,部分原因归结为作者自己所做的清晰排版,因此该书很容易阅读.要知道,层的上同调理论实际上就是代数拓扑中最简单的单纯同调论和奇异同调论的进一步抽象和推广.

代数几何中的贝祖定理

虽然目前国内已经有了好几种不错的代数拓扑教材,但最近高等教育出版社又重新翻印了陈吉象在1985年写的《代数拓扑基础讲义》,高等教育出版社,2014年,312页;这本杰出的教材从点集拓扑开始,然后依次讲基本群、单纯同调群、奇异同调论等代数拓扑中最基本的知识,其清晰和完备的叙述,堪称是代数拓扑教科书中的精品.

现代微分几何的许多重要概念和方法已经被充分地吸收到了代数几何这门学科中,这是因为许多局部的几何性质只能先通过微积分的方法来发现和确定,然后再用拓扑学的上同调方法将局部的性质加以汇总,从而得到整体的几何与拓扑信息.所以必须熟悉微分几何的相关内容,一本比较初等的书是由古志鸣写的《几何与拓扑的概念导引》,高等教育出版社,2011年,307页;正如作者自己所说,这本教材属于"那种对概念解释得很细的书",它仔细地一步步讲清楚什么是微分流形、流形上的微分形式、黎曼流形上的纤维丛、德拉姆定理,以及庞加莱对偶,用大量具体的例子来说明抽象的几何概念的含义.

写过上面黎曼曲面教材的梅加强还写了一本关于微分流形和现代整体微分几何的入门教材;《流形与几何初步》,科学出版社,2013年,322页;这本不同凡响的新书除了仔细地讲解传统的微分流形和黎曼几何基础知识外,还着重讲解了微分流形的上同调的基本理论,包括了陈类(陈省身示性类)和霍奇(Hodge)理论等重要内容,这些都是学习代数几何所必需的.

四、中级代数几何(复代数几何)

虽然在上面已经介绍了两本代数曲线的书,但是在有了层的上同调理论和微分几何的工具后,复代数曲线的理论就可以讲得更加简单和深入.这里再介绍一个是由 U. Bruzzo 写的讲义:《Introduction to Algebraic Topology and Algebraic Geometry》,124 页,pdf 文件;它的前半部分是讲代数拓扑及微分几何,特别是层的上同调理论.下半部分是把前面讲的工具应用到复代数曲线.

有代数几何学家曾经说过,在代数几何里其实只有三个维数:一维(代数曲线)、二维(代数曲面)和三维(也称为"曲体").这是因为高维代数簇的理论与三维代数簇的理论相差不大,目前它们还在研究的过程当中.因此在代数几何中,就不难理解代数曲面的理论占据着相当重的分量.而意大利学派的复代数曲面理论是理解整个代数曲面理论的基础.在这里只列出一个由 Paul Hacking 写的复代数曲面理论的讲义:《583C Lecture notes》,84 页,pdf 文件;这个讲义的前半部分主要是建立研究代数曲面的各种工具,后半部分着重讲解一些主要代数曲面的关键例子.

五、高级代数几何(概形理论)

在有了复代数几何的一些基础后,就可以开始学习抽象而优美的概形理论了.概形理论是经典的代数簇理论的极大推广,它是一个在很大程度上将几何、代数、数论与分析完美统一起来的逻辑推理体系.这里只列出两个讲义和一本书.第一个讲义是由前面曾写过

代数几何中的贝祖定理

交换代数讲义的 Andreas Gathmann 写的:《Algebraic Geometry》,212 页,pdf 文件;这个讲义写得极其清晰,排版精美,内容大气磅礴.它从仿射簇和射影簇开始讲起,先仔细地按照后面要讲的概形理论的要求,来预先交代清楚仿射簇和射影簇的各种性质,然后才正式引入作为射影簇推广的概形概念,由于有了前面的精心铺垫,就可以顺理成章地来推导概形的各种性质.并及时说明它的用处.这个讲义的后半部分讲概形上的各种重要的层和它们的上同调理论,结尾的两章是讲相交理论和陈类,其中证明了关于高维代数簇的著名的希策布鲁赫 – 黎曼 – 罗赫定理.

第二个讲义是由上面曾经提到过的 Sara Lapan 所写的概形理论讲课的整理稿:《Algebraic Geometry Ⅱ》,62 页,pdf 文件;它也是一本非常值得一读的讲义(该课程的主讲人同样是 Karen Smith).这个讲义的突出优点是:关于概形性质的推理详尽而仔细,而且对于各种重要例子的讲解也是这样,所以很适合初学者.

最后,在研读完以上大部分的书籍和讲义后,就应当读已经成为代数几何经典教材的 Robin Hartshorne,《Algebraic Geometry》,Springer,1977 年.世界图书出版公司北京公司 1999 年重印,中文书名:代数几何,496 页.虽然它实际上只是格罗腾迪克所写的卷帙浩繁的《代数几何原理》(即著名的 EGA)的一个简写本,却也包含了极重的分量.它的第一章讲作为预备知识的传统代数簇的基本理论,第二章讲概形的基本理论,第三章讲概形的上同调理论,第四、五章的内容是:在概形

附录 II 代数几何的学习书目

的基础上讲一般的代数曲线和代数曲面的理论,作为前面所讲的复代数曲线和复代数曲面初步理论的进一步抽象和提高. 在这本书的一个附录中还简要介绍了数论中著名的韦伊猜想是如何运用概形理论的方法加以解决的.

附录 Ⅲ

亚历山大·格罗腾迪克
——一个并不广为人知的名字①

"我在孤独工作中掌握了成为数学家的要素……我从内心就知道我是一位数学家,做数学的人.这好像是种本能."

——— 亚历山大·格罗腾迪克

他不是新闻人物——至少生前不是——因此并非家喻户晓.但是在全世界数学家眼中,他是殿堂级的人物,名叫亚历山大·格罗腾迪克(Alexandre Grothendieck).

格罗腾迪克于 2014 年 11 月 13 日辞世.法国总统奥朗德在悼词中称赞他为"当代最伟大的数学家之一".英国《每日电讯报》在讣告中评价说"他是 20 世纪后半叶最伟大的纯粹数学家.他的名字在数学家中所赢得的尊敬,就像爱因斯坦的名字在物理学家中所赢得的尊敬一样崇高".

格罗腾迪克小时候没有机会接受正规教育.他 1928 年 3 月 28 日出生于德国柏林.父亲是犹太人,生

---

① 作者陈关荣,香港城市大学电子工程系讲座教授,欧洲科学院院士.

附录Ⅲ 亚历山大·格罗腾迪克——一个并不广为人知的名字

活上玩世不恭,政治上无政府主义,参加过沙俄时代多次暴动,是监狱的常客.1938 年格罗腾迪克十岁,随家庭以难民身份移居法国.1942 年,父亲被纳粹杀害,他和母亲一同被送进集中营,直至 1945 年才恢复了自由.之后,格罗腾迪克随母亲定居于蒙彼利埃(Montpellier)的一个小村庄.他很少去学校上课,喜欢自学,还独自研究体积的概念,从中他"发现"了测度.1947 年,格罗腾迪克有幸获得了法国大学互助会奖学金,来到了巴黎.这时他才从大学数学教授那里得知,他的测度概念早在 1902 年就由数学家勒贝格(Henri Lebesgue)引进了.他有幸获大数学家亨利·嘉当(Henri Cartan)推荐,进入了巴黎高等师范学院(École normale supérieure)开办的研究班.后来,格罗腾迪克师从布尔巴基学派成员洛朗·施瓦茨(Laurent Schwartz)教授.

格罗腾迪克读书和做研究工作都十分努力.后来他的同窗数学家 Paulo Ribenboim 回忆说,有一次导师施瓦茨建议他和格罗腾迪克交个朋友,一起出去玩玩,这样格罗腾迪克就不会没日没夜地工作了.多年以后,格罗腾迪克在巴西的同事 Chaim Honig 也说,格罗腾迪克过着一种斯巴达克式的孤独生活,仅以香蕉牛奶度日,完全沉浸在自己的数学迷宫里.Honig 有一次问格罗腾迪克为什么选择了数学? 得到的回答是,他只有两种爱好:音乐和数学;他选择了后者,觉得数学更容易谋生.Honig 惊讶地回忆道,他对数学极具天赋,却竟然会在数学和音乐的选择中犹豫不决.

1953 年,格罗腾迪克在提交博士论文时遇到了另一次犹豫——委员会要求他只能从手中的六篇文章里

代数几何中的 Bézout 定理

挑选一篇提交——但是他的每一篇论文都有足够的水准和分量. 最后他选定了"拓扑张量积和核空间". 毕业后, 由于国籍记录被战火毁灭了, 格罗腾迪克无法在法国找到一个正式的研究员位置. 当时如想取得国籍, 得先去服兵役, 但那是他不可能接受的. 于是他离开法国, 在巴西逗留了一段时间, 然后访问了美国堪萨斯大学和芝加哥大学. 期间, 他在泛函分析方面取得了卓越成果, 但随后转向研究代数几何学.

1956 年, 他回到巴黎, 在法国国家科学研究院 (Centre national de la recherche scientifique, CNRS) 谋得一个位置. 那时, 他致力于拓扑学和代数几何的研究. 普林斯顿高等研究院的著名数学家阿曼德·波莱尔 (Armand Borel) 回忆说, "我当时就很确定某些一流的工作必将出自其手. 最后他做出来的成果远远超出了我的预想: 那就是他的 Riemann-Roch 定理, 一个相当美妙的定理, 真是数学上的一个杰作." 简单地说, 格罗腾迪克给出了这个定理的一种新描述, 揭示了代数簇的拓扑和解析性质之间极其隐蔽而重要的关系. 波莱尔评价说, "格罗腾迪克所做的事情, 就是将某种哲学原理应用到数学中一个很困难的论题上去. ……单单那个陈述本身, 就已经领先了其他人十年." 在一些相关定理的证明过程中, 格罗腾迪克引入了现在被称为格罗腾迪克群的概念. 这些群从本质上提供了一类新型拓扑不变量. 格罗腾迪克称之为 K 群, 取自德文单词 Klasse (分类). 该理论为拓扑 K 理论的产生提供了起点, 后来拓扑 K 理论又为代数 K 理论的研究提供了原动力.

附录Ⅲ 亚历山大·格罗腾迪克——一个并不广为人知的名字

由于童年的苦难经历,格罗腾迪克一直与母亲相依为命. 1957 年底母亲去世,他悲伤得停止了所有的数学研究和学术活动.他说要去寻回自我,还想改行做个作家.但数月后,他又决定重返数学.那是 1958 年,格罗腾迪克认为"可能是我数学生涯中最多产的一年".

1958 年的确是不平凡的一年.在这一年,著名的法国高等科学研究院(Institut des Hautes Études Scientifiques,IHÉS)成立,格罗腾迪克是其创始成员之一.据说曾经有访客因没见到研究所里陈放什么书籍而感到惊讶.格罗腾迪克解释说:"在这里我们不读书,我们写书."事实上,在 IHÉS 期间,他开辟了自己的代数几何王国.后来被誉为代数几何"圣经"的《代数几何原理》(Elements de Geometrie Algebrique)前八卷就是在 1960~1967 年间他与让·迪厄多内(Jean Dieudonné)在这里合作完成的.格罗腾迪克因此也被奉为代数几何的"教主". IHÉS 当时成为世界上最重要的代数几何学研究中心,很大程度上归功于格罗腾迪克和他的工作.

60 年代中,格罗腾迪克在 IHÉS 的工作状态和今天许多数学教授没有什么两样:整天和同事探讨问题、与来访专家交流、指导学生研究、撰写文章书稿,等等.他这十年中无日无夜地工作,研究代数几何的基础理论,此外便没有别的爱好和兴趣.

功夫不负有心人,格罗腾迪克在代数几何学领域成就辉煌、博大精深,主要贡献在于对代数几何学发展的推动和影响.他奠定了这门学科的理论基础,引入了

代数几何中的 Bézout 定理

很多非常有用的数学工具. 代数几何通过代数方程去研究几何对象,如代数曲线和曲面. 而代数方程的性质,则是用环论的方法去研究. 格罗腾迪克将几何对象的空间和环论作为研究的主要对象,为代数几何提供了全新的视野. 他发展的概形理论是当今代数几何学的基本内容之一. 除了前面提到的 K 群,他还构建了上同调理论,用代数技术研究拓扑对象,在代数数论、代数拓扑以及表示论中有重要作用和深远影响. 格罗腾迪克强调不同数学结构中共享的泛性质,将范畴论带入主流,成为数学中的组织原则. 他的阿贝尔范畴概念,后来成为同调代数的基本框架和研究对象. 他创造的拓扑斯理论,是点集拓扑学的范畴论推广,影响了集合论和数理逻辑. 他还构想了 motif 理论,推动了代数 K 理论、motif 同伦论、motif 积分的发展. 他对几何学的贡献,也促进了数论的发展. 他发现了上同调的第一个例子,开启了证明韦伊猜想(Weil Conjecture)的思路,启发了他的比利时学生皮埃尔·德利涅(Pierre Deligne)完成猜想的全部证明. 值得提及的是,德利涅后来囊括了几乎全部最有名的数学大奖:他 1978 年获菲尔兹奖、1988 年获克拉福德奖、2008 年获沃尔夫奖、2013 年获阿贝尔奖.

可以说,60 年代是格罗腾迪克数学生命中至关重要的十年. 但是到了 60 年代末期,40 岁出头的他突然间来了一个华丽转身,开始接触社会和政治. 据说 1968 年,他去看电影了——那是十年来的第一次. 1966 年,格罗腾迪克获菲尔兹奖. 但是他拒绝前往在莫斯科召开的国际数学家大会去接受颁奖,以此抗议

附录Ⅲ 亚历山大·格罗腾迪克——一个并不广为人知的名字

苏联对东欧一些国家的军事干预. 1969 年, 格罗腾迪克愤然离开了 IHÉS, 原因是研究院创始人 Leo Motchane 接受了来自军方的研究经费, 将他的代数几何方法用于军事密码的编制.

格罗腾迪克放弃数学研究而投入政治活动, 突然而且坚决, 没有人知道为什么. 1970 年 6 月, 他在巴黎第十一大学的一次讲演中, 没有如观众所期待的那样去讲述他的代数几何, 而是激昂地批评核武器对人类生存的威胁, 并呼吁科学家们不要以任何形式和军方合作. 同年 7 月, 他又成立了名为"生存与生活"(Survivre et vivre)的反战、反帝和环境保护运动的组织. 不过, 他的政治活动并没有在社会上造成多大影响. 稍微回顾历史, 当时除了在法国, 世界上有很多数学家在政治上都很活跃. 在北美, 戴维斯(Chandler Davis)和斯梅尔(Stephen Smale)都积极参与反越战的罢课和示威. 斯梅尔和格罗腾迪克 1966 年分享菲尔兹奖, 但是选择了与他不同的做法: 斯梅尔摆脱了美国政府的阻挠到了莫斯科, 借领奖机会发表了一石二鸟的演说, 先后抨击了美国出兵越南和苏联军事镇压事件.

1973 年, 格罗腾迪克获聘为蒙彼利埃大学(Université de Montpellier)终身教授, 在那里一直工作到 1988 年六十岁时退休. 随后, 他隐居在附近的 Les Aumettes 村庄, 过着与世无争的生活. 认识格罗腾迪克的人都说, 尽管个人生活中有时放荡不羁, 但从小在极度困厄中长大的他, 一生对受迫害者和穷困人群的命运充满同情, 常常为他们提供力所能及的援助.

同年, 也就是 1988 年的 4 月, 格罗腾迪克拒绝了

代数几何中的 Bézout 定理

瑞典皇家科学院授予他和学生皮埃尔·德利涅的克拉福德奖,表示他对时下政界和学界的各种腐败及欺世盗名现象非常不满.背后原因当然还包括了他和德利涅的一些私人恩怨.同年,他也拒绝接受一些数学家为祝贺他六十岁生辰而编辑的文集 The Grothendieck Festschrift,说最好别把他的工作如同"婚礼上的五彩纸花"那样拿去到处张扬.于是文集被搁置了许多年,第一、二集到 2006 年才正式面世,而第三集则于 2009 年出版.

在与外界隔绝多年后,2010 年 1 月格罗腾迪克忽然写了一封信给他的学生吕克·伊吕西(Luc Illusie,巴黎第十一大学教授),宣布不许出版或再版他的数学著作,也不许以电子版的形式传播,并说过去没有征得他同意而出版他的著作、包括日后同类的出版计划均属非法.他还要求书店停止出售、图书馆停止收藏他的著作.后来,一个由他的学生和追随者们建立并活跃参与的"格罗腾迪克圈"(Grothendieck Circle)网站,遵嘱把他的电子版著作和手稿全部删除了,尽管迄今为止格罗腾迪克的数学论著和手稿中还有很多重要思想有待挖掘.事实上,格罗腾迪克的手稿 Esquisse d'un Programme 从 1984 年起就已经在数学家手中流传,但到 1994 年才正式发表.时至今日,仍有许多同事和学生继续探究他的深邃数学思想,希望成就他那未竟之业.

2014 年 11 月 13 日,格罗腾迪克在法国 Saint-Girons 医院中辞世,享年 86 岁.

格罗腾迪克留给世人的除了光辉的代数几何及其

附录Ⅲ　亚历山大·格罗腾迪克——一个并不广为人知的名字

相关数学理论，还有他近千页关于自己生平的手稿《收获与播种：一个数学家对过去的回顾和证词》(Récoltes et semailles—Réflexions et témoignage sur un passé de mathématicien)，在1983年6月到1986年2月间写成，其中一段话可以用作本文的结语：

"每一门科学，当我们不是将它作为能力的炫耀和管治的工具，而是作为我们人类世代努力追求知识的探险历程的时候，它是那样的和谐.从一个时期到另一个时期，或多或少，巨大而丰富……它展现给我们微妙而精致的各种对应，仿佛来自虚空."

附录 Ⅳ

与 Nicolas Bourbaki 相处的二十五年(1949~1973)[①]

标题中所选定的时段是由我自身的经历决定的：它们大体上包含了我从内部对 Bourbaki 的工作有所了解的时期. 最初通过和它的许多成员的非正式接触，尔后是当了二十年的成员直到按规定在 50 岁退休为止.

由于我的报告很大程度上根据了个人的回忆，显然是主观的. 当然，我把这些回忆对照着现存的文献进行过检验，然而这些文献在某些方面有所局限：许多有关方向性和总体目标性的讨论很少记录在案[②]，因而其他成员可能会描绘出一幅不同的图景.

---

① 作者 Armand Borel. 原题：Twenty-Five Years with Nicolas Bourbaki, 1949~1973. 译自：Notices of The AMS, Vol. 45, No. 3, 1998, p. 373-380. 原注为：本文是由作者的两次演讲合成的，一次是 1995 年 10 月在德国 Bochum 大学为祝贺 Remmert 教授举办的集会上，另一次是 1996 年 9 月在意大利 Trieste 国际理论物理中心. 经作者同意同时在《Notices》及《Miltelungen der Deutsche Mathematiker Vereinigung》上发表. 胥鸣伟，译. 袁向东，校.

② 《Archieves of Bourbaki at the Ecole Normale Superieure, Paris》包含了报告，综述，依讨论结果写成的章节，注解的草稿或者反对意见的草稿，会议纪要等，统称为"Tribus". 它们主要是属于计划，决议，写作的承诺等方面的记录，也有笑话，有时还有诗文.

附录Ⅳ 与 Nicolas Bourbaki 相处的二十五年(1949~1973)

作为开场戏,我要简短谈一下 Bourbaki 的开初十五年. 由于这些均已完好地记录存档了[①],故仅说一个概要.

在三十年代初的法国,大学的数学状况及研究水平的状况非常不尽如人意. 第一次世界大战基本上摧垮了整整一代人. 新出现的年轻数学家不得不依靠前辈的引导,他们包括了那个极其重视分析学科的称作1900 学派的那些主要而著名的重要人物. 然而,当一些青年数学家(J. Herbrand, C. Chevalley, A. Weil, J. Leray)到德国的一些数学中心去访问时(包括哥廷根,汉堡,柏林)[②],他们发现在法国几乎完全不了解国外现代数学的进展,特别不了解欣欣向荣的德国学派.

1934 年, Weil 和 H. Cartan 在斯特拉斯堡大学任"Maîtres de Conférences"之职(相当于助教). 他们的主要职责之一自然是教授微积分. 当时的标准教本是 E. Goursat 的《分析教程》(Traité d'Analyse),他们发现这本书在许多方面是不合格的. Cartan 常常不厌其烦地问 Weil, 该如何处理这个资料,才能在某个时刻一劳永逸地摆脱它? Weil 建议他们自己写一本新《分析教程》. 建议传开来了并很快有一群约十来个数学家开始按时集会来策划这篇稿子. 不久他们决定:这个工作是集体的,不承认任何个人的贡献. 1935 年夏选定了笔名:Nicolas Bourbaki[③]. 成员的状况随时间在变化;最初一组的某些成员很快就退出了而另一些人又加入进来;后来有了一个加入和退出的正规的规定,我不想在

---

① 见[114,115,118,119,120,126].
② 见[120]134-136 页.
③ 对名字的来源见[115].

代数几何中的 Bézout 定理

此给出详细说明.此刻让我来直截了当地提一下那些真正的"奠基之父"们,即那些将 Bourbaki 构造成形并将他们很多的时间和思想贡献给它直至他们退出为止的人们.他们是:

Henri Cartan

Claude Chevalley

Jean Delsarte

Jean Dieudonné

André Weil

他们分别生于 1904,1909,1903,1906,1906 年,均曾是巴黎高等师范大学的学生①.

第一个要解决的是如何参考背景资料的问题.大部分现存的书籍都不能令人满足,甚至像 Van der Waerden 的《代数学》似乎也不符合他们的需要(不单因其是德文的),尽管此书给人留有深刻的印象.另外,他们需要采用一种比在法国传统上使用的书写风格更加准确,更加严格的风格.因此他们决定从头做起.在经过若干次讨论后将基本资料分为六部"书",每部可以包含许多卷,即:

Ⅰ 集合论

---

① 他们全都作出过非常重要的贡献.对 Cartan, Chevalley, Dieudonné 及 Weil 我还是现场的证人.但对 Delsarte,当我登场之时他实际上已不再积极参与了.然而在 Weil 与我的交谈中一再强调他的重要性,对此还可见[126]以及 Cartan, Dieudonné, Schwartz 在[115]81-83 页中的评论,特别要指出的,他在将 Bourbaki 转变为一个具有凝聚力的而又保持其为一个由那些坚强的,带有近乎神经质般活跃的个人构成的团体所起到的不可或缺的贡献.当然,书Ⅳ,即单实变函数论的许多部分应归功于他.另外一些值得注意的早期成员有 Szolem Mandelbrojt 及 René de Possel,他们对初期阶段的工作也有实质的贡献.

附录Ⅳ 与 Nicolas Bourbaki 相处的二十五年(1949~1973)

  Ⅱ 代数学
  Ⅲ 拓扑学
  Ⅳ 单实变函数论
  Ⅴ 拓扑向量空间
  Ⅵ 积分论

  这些书是所谓线性排列的,即在书中任一处只需参考本书前面部分的内容或者所给排序较前的书,标题"Élêments de Mathématique"(数学原理)是在 1938 年选定的. 值得注意的是,他们选择了"Mathématique"而不是更为通常使用的"Mathématiques". 去掉这个"s"当然颇有深意. 其一便是标志了 Bourbaki 对于数学统一性的信念. 写出来的第一卷是《集合论的成果汇编》(Fascicle of Results on Set Theory)(1939),而后是四十年代的《拓扑学》和《代数学》的三卷本.

  那个时候,我作为在苏黎世的瑞士联邦技术学院(ETH)的一名学生(后来是助教),阅读并学习了这些书,特别是《多重线性代数》. 虽然哪里都找不到与其相似的书,但我仍有一些保留的意见. 它的不顾及读者的干巴巴的风格,它的拼命追求极端的一般性,它的既不参考书外的资料(除去"历史注释"这一节)而书内的参考系又很呆板,常令我不想读下去. 对许多人来说,这种书写风格代表了数学中一种令人忧虑的可怕的倾向,即抛开明确特定的问题而为自身去追求一般性. H. Weyl 也是批评者之一,其意见我是间接地从他的老朋友,前同事 M. Plancherel 那里知道的,我与后者相处过一段时间,是他的助手. 1949 年秋我去巴黎接受了国家科学研究中心(CNRS)的特别研究员的职位,这得益于 CNRS 与 ETH 间的一个刚签订的交流协议. 我很快就与一些资深成员（Cartan, Dieudonné, Schwartz）熟悉了, 对非正式交往更为有用的, 是和一些年轻成员 R. Godement, P. Samuel, J. Dixmier 等也熟悉起来；其中特别重要的一个是 J-P. Serre, 这是我与他热烈地讨论数学和亲密友谊的开始. 当然, 我也参加了 Bourbaki 的讨论班, 它每年集中三次, 每次给出关于数学现代发展方面的六个讲座.

这些初次的邂逅迅速改变了我对 Bourbaki 的观感, 所有这些人, 不仅年长的也包括年轻的, 都具有广阔的视角, 他们知之甚多也知之甚深. 他们有一种共同的有效方式来消化数学, 来径直走到其本质处, 并以一种更为广泛和更加概念化的方式来重新诠释数学. 甚至当讨论到我比他们更为熟悉的专题时, 他们的尖锐提问常常使我有自己并没有真正搞通这个专题的印象. 在 Bourbaki 讨论班的某些讲座中, 其研究方法是明白易懂的, 如像 Weil 关于 theta 函数的（Exp. 16, 1949）, Schwartz 或 Kodaira 在 Annals 上的大部头的关于调和积分的文章（Exp. 26, 1950）. 当然, 特殊的问题也没有被忘记, 事实上它们是大多数讨论中不可或缺的黄油面包, 但写书显然是一件不一样的事.

后来, 我应邀参加了一次 Bourbaki 会议（的一部分）, 我完全给搞得手足无措. 这种会议（按规定, 每年三次, 其中二次各为一周时间, 一次为两周）是关于内部事务的, 专门讨论出书的事. 通常这种会议会讨论某章的草稿或者关于一个准备收进书中的专题的准备报告. 由一个成员逐行高声朗读, 任何一个人可以在任意时间打断他, 给出评论, 提问或批评. 屡屡地, 这种"讨论"变成了乱七八糟的尖叫比赛. 我时常留意到, 在有

附录Ⅳ 与 Nicolas Bourbaki 相处的二十五年(1949~1973)

Dieudonné 参加的任何谈话中他都会以他洪亮的声音和对最终陈述与极端意见的嗜爱，不知不觉地提高了谈话的分贝值. 之前我还对于这些所见所闻没有任何准备："两三个人的独白以最高音吼叫着，似乎他们互不相关"，这便是我对于那个第一夜的印象的简短总结，Dieudonné 在［120］中也独立地给出了如下的描述：

"一些应邀来旁观 Bourbaki 会议的外国人总是带着这样的印象离去：一群疯子，他们不能想象，这些人又喊又叫，有时同时有三到四个人在叫，怎么能同一些聪明理智的事同在……"

大约仅仅十年之前，在阅读 1961 年 Weil 所作的关于数学中的有组织与无组织状态的演讲时，我才意识到这种无政府主义的特性(不是指那种喊叫)，实在是预先设计了的. Weil 说，谈起 Bourbaki，多少可以表达如下(翻译大意)：

"……在我们的讨论中维持着一种谨慎的无组织特性，团体的会议中从来就没有主席，任何人讲他所要讲的而任何人有权打断他的话……

这种讨论的无政府状态的特性从团体存在起就一直保持着……

良好的会议组织无疑会要求每个人都被分派到一个课题或者一个章节，然而这样干的想法从来就没在我们中间出现过……

从那些经验中可以具体得到的教训是，对组织性方面的任何努力都会断送掉一篇论著，就像其他的事一样……"

蕴含于其中的基本思想显然应是，真正新的，开拓性的思想大概更多地来自面对面的争斗而不是有序的讨论. 当这种争斗确实出现时, Bourbaki 就会说, "精气神鼓起来了" (l'esprit soufflé), 确有其事的是, 在一场 "精气神"的 (我宁可说是暴风雨式的) 讨论之后鼓起来的东西常常远较一场平静的讨论后多了许多.

Bourbaki 运转的其他规则似乎也是尽量减少在有限时间内出版书的可能性.

在指定时间内仅有一份草稿可供阅读, 而每一个人都期望参与到每一件事中去. 书的一章可能要有六次甚至更多次的草稿才能通过. 第一稿是由这方面的一个专家写成的, 而任何一个人都可以被要求写后一稿, 这样也常常白费力气. Bourbaki 总是改变主意. 一份草稿会被扯成碎片而一个新的计划又提出来了. 按照这些指导原则写成的下一个版本可能进展的不太好, 那么 Bourbaki 又可能会挑选另一种方法, 甚至会最终决定前面的一稿更加可取, 等等, 某些时候在某些地方其结果就像在一系列草稿中有 2 的周期律.

这里没有大多数人赞成就能出版的规矩, 这似乎更加放慢了事情的进展: 在这里所有的决定必须一致同意才行, 任何人都有否决权.

然而, 尽管有所有这些障碍, 书还是一卷一卷地印出来了. 为什么如此一个繁琐的过程竟会收敛, 这个问题多少有点神秘, 甚至对于那些奠基人也是如此 ([118, 120]). 那么我也不会自以为能够给它一个完全的解释, 但我仍想斗胆地举出两个理由来.

第一是成员们的无所畏惧的承诺, 对事业价值的坚强的信念, 虽然目标似乎遥远但是情愿献出自己的时间与精力. 一个典型的会议日要开三次会, 总共要经

附录Ⅳ　与 Nicolas Bourbaki 相处的二十五年(1949～1973)

过七个小时艰苦的,有时是紧张的讨论,简直是个耗尽精力的安排.除此以外还有写书的事,有时写的稿子很长,需要花掉数个星期甚至数月的时间而等待着的将是劈头盖脸的批评,这还要是在稿子没有被打回的情况下;有时仅在阅读了几页便给整个否定了,有时还被暂缓处理("放入冰箱").有许多稿子,甚至读起来很有兴趣的那些,也不会被出版.例子是 Weil 的关于流形和李群的 260 多页的文稿,这是第二届会议上的压轴戏,我参加了这次会议.文稿的标题是"无穷小运算初探",其基本思想是所谓的"邻近点",是 Ehresmann 的射(Jet)概念的推广.随之而后的有 Godement 精心炮制的约 150 页的文稿,但是 Bourbaki 从来就没有出版过任何有关邻近点的东西.

另一方面,任何被接受出版的文章都归于集体合作而不记在作者的名下.总而言之,这是一种真正无私的,隐姓埋名的,按人们要求去干的工作;这个要求是:努力给出基础数学尽可能最好的诠释,而这种工作之所以得以推进,是出于成员们对基础数学的统一性和简明朴素性的信念.

我的第二条理由是 Dieudonné 所具有的超人的效率.虽然我不曾具体数过,但我相信他所写的页数超过其他两三个人所写的总和.二十五年来他总是按常规为 Bourbaki 写上几页作为一天的开始(可能先要弹上一阵钢琴).特别但远非罕见地,他关心最后的定稿、习题和寻找这些书(大约三十卷)的承印商;这些书在他作为成员和稍稍超期的那个期间都印出来了.

这无疑解释了这些卷册在很大程度上保持了一致性的原因,消除了试图把某些贡献带上个人印迹的努

代数几何中的 Bézout 定理

力. 但是这种风格并非真正是 Dieudonné 的, 不过是他宁愿为 Bourbaki 采用的风格; 除了 Chevalley 外这也不是 Bourbaki 其他成员的个人风格. 甚至对 Bourbaki 而言, Chevalley 的写作风格也过于朴实无华了, 他的稿件可能会因为"太抽象"而退回. Weil 在对 Chevalley 的一本书所写的评论([124] 397 页) 中的描述是"严重地失去人类特性的书……", 这也是许多人会用在 Bourbaki 自身的一句评论. 造成这种不带人情味的, 不善待使用者的作品①的另一个因素是到达最后定稿的过程本身. 有时一个能帮助读者的富有启发性的注解会出现在某一稿中, 然而在这次和以后的某稿的诵读中, 它的措词会被仔细推敲, 最后发觉它太笼统, 太含糊, 不能用几句话说准确, 于是按几乎不变的办法, 把它扔开了.

作为一个副产品, 可以说, Bourbaki 内部的活动是在进行强有力的教育, 是一个独特的训练场所, 是广阔而犀利的理解力的主要来源地. 当我第一次与 Bourbaki 成员讨论时就曾被这种理解力所震惊.

对所有专题都要有兴趣的要求显然将成员们引向了开阔的地平线, 但可能对 Weil 并没有这么大的作用. 大家一般都认为他几乎一开始就在心中有了整个一套计划, 或许对 Chevalley 也如此, 但是对大多数其他成员而言, 正如 Cartan 在[119] XIX 页中所特别承认的那样:

"与那些性格迥异, 有强烈个性, 并被对完美的共

---

① 被 E. Artin 在他的代数评论[113] 中称作"抽象, 无情地抽象", 然而他又加上了这样的句子: "能够克服最初困难的读者将会得到他付出努力的丰硕的回报, 即更深刻的洞察力与更全面的理解力."

附录Ⅳ 与 Nicolas Bourbaki 相处的二十五年(1949~1973)

同渴求所驱使的人们共同工作,教会了我许多东西,我的数学文化中极大的部分应归功于这些朋友们①."

"在我的个人经历中,我相信如果我没有被委以起草那些我一点也不懂的问题的任务并获得成功,我一定不会干出我现在已经做出的数学的四分之一甚至十分之一."

但是成员受教育并不是自身的目标,倒更像是被 Bourbaki 的一句格言所强制实行的. 这个格言是"外行领导内行". 与我在前文提到的在苏黎世时所得到的早期印象相反,论著的目的其实不在本身所做到的竭尽可能的一般性而是在于它的最大的有效性,在于它大概最能满足在各个领域中潜在的运用者的需要. 定理的改进常常被删除掉,因为这种改进似乎主要为了讨专家们的欢心而并没有增加它应用的范围. 当然,今后的发展会表明 Bourbaki 没有作出最优的选择②,然而它确曾是一种指导原则.

除此以外,在会期外仍有许多的讨论,有关于个人研究的也有关于当前进展的. 总之,Bourbaki 代表了一种锋芒显露,令人敬畏的数量极大的知识.

对 Bourbaki 而言,这显然使得它的当前研究与写作《原理》的工作成为几乎互不相关的很不相同的活动. 当然,这意味着后者为前者提供了基础,用一句最合适的教条来说,就是从一般到特殊(见[117]). 但是,这不意味《原理》可以刺激研究工作,对它作建议

---

① 原注是这段话的法文原文. ——译注

② 例如,在积分中没有强调局部紧致空间的问题,对此,P. Halmos 表示了强烈的保留意见[123]. 它的确没有满足概率论的需要,因此导出了在积分这一卷中加上了第Ⅸ章.

代数几何中的 Bézout 定理

或为它设计出蓝图(正如[120]114页所强调指出的).有时我觉得是否应该在"使用说明"中把警告也写进去.

所有这些都结出了果实.五十年代是 Bourbaki 的影响力扩展的时期,不仅是因为著作而且还有成员的研究工作.特别请记住在代数拓扑方面的所谓法兰西爆炸,解析几何中的凝聚层,复域上的代数几何,稍后,在抽象理论方面的同调代数.所有这些都是非常代数化的,但是通过 Schwartz 的分布论及其学生 B. Malgrange 和 J-L. Lions 在偏微分方程方面的工作,这些进展也踏上了分析这个领域. A. Weinstein 是一个"硬派分析学家",在 1955 年初曾告诉我他感到在他的领域中能够避免 Bourbaki 的攻击.但以后不到两年他便邀请了 Malgrange 和 Lions 访问在马里兰大学中他的研究所.

我一点也无意宣称,所有这些进展只单独地归功于 Bourbaki. 毕竟拓扑学上的巨大进展应源于 Leray 的工作,而且 R. Thom 作出了主要的贡献. 同样,kodaira, Spencer 和 Hirzerbruch 在将层论应用于复代数几何的工作中起了决定性的作用,但是不可否认的事实是, Bourbaki 的观念和方法论在其中起了主要作用. H. Weyl 早就认识到这点,尽管他有过批评性的评论(我在前面提到过). R. Bott 有次曾告诉我,他曾听到 Weyl 在 1949 年对 Bourbaki 的负面评论(类似于我知道的那种),但到了 1952 年,后者告诉他"我收回那些话". 然而,其他一些人(比如 W. Hurewicz,在 1952 年的一次谈话中)断言,关键在于他们是强有力的数学家,所

附录Ⅳ 与 Nicolas Bourbaki 相处的二十五年(1949~1973)

以所作的那些工作与 Bourbaki 毫不相干. 当然, 无疑他们是大数学家, 但是在我这一代的许多人中, Bourbaki 对一个人的工作及数学洞察力方面的影响是显而易见的.

对我们来说, H. Cartan 是 Bourbaki 的一个显耀的例证, 简直就是 Bourbaki 的化身. 他是多产的, 令人惊奇地多, 尽管他在高等师范还有许多的行政和教学工作. 他的工作 (拓扑, 多复变函数论, Eilenberg-MacLane 空间, 早期与 Deny 在势论方面的合作, 与 Godement 合作的局部紧致 Abel 群上的调和分析) 似乎说不上全新和具有开拓思想, 但引人注目的是它所具有的真正的 Bourbaki 方式, 它包括了一系统自然的引理, 而突然间大定理便跟着出来了. 一次与 Serre 在一起时, 我正在评论 Cartan 的作品, 对此他的回答是: "啊, 是的, 不过跟着 Bourbaki 混了二十年日子罢了, 只此而已." 当然, 他知道远不至此, 而此番话语很好表达出了我们的感受: Cartan 是 Bourbaki 方式的范例, 而这种方式又是多么富有成果. 那时 Cartan 的影响正通过他的讨论班、论文、以及数学被广泛地感受到. 他的同代人 Bott 在庆祝 Cartan70 寿辰纪念会上说: "他一直是我们的老师"[116].

五十年代人们也看到了另一个人的出现, 以他追寻最强大, 最广泛和最基本的目标来看, 他甚至更像是 Bourbaki 的化身. 这个人就是 Alexander Grothendieck. 从 1949 年开始, 他第一个感兴趣的是泛函分析. 很快他就把 Dieudonné 和 Schwartz 给他的关于拓扑向量空间的许多问题都彻底解决了, 并着手建立一个影响深

代数几何中的 Bézout 定理

远的理论.以后,他将注意力转向了代数拓扑,分析代数几何,不久便发现了 Riemann – Roch 定理的另一种形式,这令每个人都惊讶不已,惊讶于他的明确无误的表达形式,他的充满了函子式的思维,还有他那别人没有使用过的方法.结果虽然很重要,但它不过仅仅是他的代数几何的基本工作的一个开端罢了.

因此,五十年代是 Bourbaki 在外部世界的一个非常成功的时期,然而从内部来说却是相反的情形,它有相当多的困难,并且濒临危机.

对于 Bourbaki 的影响力当然会有一些抱怨.但我们亲眼目睹的事实是,通过运用更加老练(对那时而言),本质上是代数的方法,一大部分数学取得了进展,得到了统一.巴黎当时最成功的讲座者是 Cartan 和 Serre,他们有一大群追随者.数学的气候不适宜那些具有独特的气质和特殊的研究方式的数学家们.这的确不幸,但是几乎没有发生过反对 Bourbaki 的成员的事,他们从不强迫别人按他们的方式进行研究①.

---

① 对此,我愿指出,在[121]中分标题"Bourbaki 的选择"下的内容非常容易引起误解. Bourbaki 的成员不但在讨论班上给了许多演讲,也在讲座的选择上付出了很多.因而可以公平地说,大多数研讨的专题至少都有一些成员是感兴趣的;而许多同样有趣的专题结果却搁置起来,只是因为找不到现成的报告人.那么,讨论班绝对不能看成是由 Bourbaki 预先准备好,以提出一个他感兴趣的数学近期研究的包罗一切的综述,并罗列出所有贡献. Dieudonné 的这种结论只是他一个人的. 他说,许多东西已包含在引言中了(XI 页),但似乎值得重复一下. 就像大多数数学家一样,Bourbaki 成员们也有强烈的好恶,但对于他们来说决不会发生这种事:通过 Bourbaki 把他们作为整体树立成为一个绝对的判断标准. 甚至触及他对数学统一性的强烈信念时,Bourbaki 也宁愿用行动来表现而不靠宣言.

附录Ⅳ 与 Nicolas Bourbaki 相处的二十五年(1949~1973)

我要讨论的所出现的困难是与此不同的,内部性质的问题,部分地是由 Bourbaki 非凡的成功而造成的,并与所谓"第二部分"(即在前六本书之后)的著作联系在一起的.在五十年代,这六本书实际上已经完成了,这可理解为 Bourbaki 的主要精力今后将集中在后续的著作上;从很早起这种想法就一直埋藏在 Bourbaki 心中(毕竟还没有写出"分析教程"(Traité d'Analyse)).1940 年 9 月 Dieudonné 就已经描绘过一个宏伟的写二十本书的计划(Tribu No.3),它包含了大部分的数学.像通常一样,由 Dieudonné 提出了超出了《原理》而又比较适中的计划,它正常地得到大会同意.许多关于未来章节的报告和草稿已经写出来了.但是,数学已经长得非常巨大,数学的风景线发生了相当大的变迁,这部分地归于 Bourbaki 的工作.不争的事实是,我们不能再简单地沿袭着传统模式行事了.虽说并非打算这样干,但那些奠基者在作基本决策时确是些重砝码,现在他们正在经历退休的过程①而主要的责任正在转移到年轻的成员身上,一些基本原则必须重新审视.

比如,其一是线性排序和参考系统的问题,我们正关注的是些更加专门的课题.保持一种严格的线性排序会白白耽搁某些书的写作.另外当这种过程在开始阶段就被采用的话,则实在就没有什么合适的参考资料了.由于 Bourbaki 受到人们的欢迎,某些出版的书

---

① 早期曾明确同意退休年龄是 50 岁(最后期限).但是当实行规则的时间来到时,从 1953 年起就没有人提到它,直到 1956 年 Weil 写了一封给 Bourbaki 的信宣布了他的退休.从此以后这个规则被严格遵从了.

代数几何中的 Bézout 定理

在风格上更加靠近 Bourbaki,某些成员也在出版其他的书.忽视了这种情形就会出现很多像翻版一样的书从而浪费了精力.如果我们不这样排序,我们又如何能一边考虑到上述情形而又能不破坏著作的自主封闭的特点呢? 另一种传统的基本教义是,每个人应该对每件事都感兴趣.坚持这个教义本身是很值得夸耀的事,但在写《原理》时它相对来说还比较容易些,因为《原理》是由基本数学组成,这些不过是那些最专业的数学家的行李堆中的一部分而已.然而当处理那些更加专门的更接近边缘的课题时,要实现这个教义可能就比较困难了.分开来或将一部分书的主要责任委派给 Bourbaki 的一个子集合等前景只能潜埋心里而不是我们能轻易采用的方法,对这些问题及其他一些问题都曾辩论过,一时还没有结果.问题总是多于答案.简言之,两种倾向两种方法出现了:一种(被我称之为理想主义的)是继续以自主的方式去建立广阔的基础,即按 Bourbaki 的传统方式;而另一种则更加现实,主张干那些我们感到有把握的专题,哪怕其基础在最一般的意义下还未曾完全规范好.

与其模模糊糊泛泛而谈还不如用例子来解释这种两难的处境.某个时候,一份关于初等层论的稿子写好了.这意味着它要为代数拓扑,纤维丛,微分流形,分析和代数几何提供基本的背景材料.但是 Grothendieck 反对道①:我们必须更加系统化一点,要提供这个专题本身的第一级的基础.他的反建议导致要写后面的两部书:

---

① 在 1957 年 3 月的大会上;这个会被称作"刚性函子会议".

附录Ⅳ 与 Nicolas Bourbaki 相处的二十五年(1949~1973)

　　书Ⅶ:同调代数
　　书Ⅷ:初等拓扑
后者暂时被细分为:
　　第Ⅰ章:拓扑范畴,局部范畴,局部范畴的粘合,层
　　第Ⅱ章:系数在层中的 H^1
　　第Ⅲ章:H^n 及谱序列
　　第Ⅳ章:复盖
随后的书是:
　　书Ⅸ:流形
它已经策划好了.

　　他还加上一个更为详细的计划来写关于层的这章,我不再进一步讲了. 这些确实富于 Bourbaki 的精神,反对它有点像在驳斥母权,所以不得不给予他申诉的机会. Grothendieck 可不会荒废时间,大约三个月之后在下次大会上又呈上了两部稿子:第 0 章:流形这部书的预备知识. 流形的范畴,计 98 页. 第 1 章:微分流形,微分的形式论,计 164 页. 他还警告说,要加进去更多的代数,如超代数学(hyperalgebras). 像通常的 Grothendieck 的文章那样,它们在关键之处表现得很一般甚至令人沮丧,而在其他处则显得富于思想,富于洞察力. 然而十分清楚的是,如果我们随着这条路走下去,就将陷入建基础的泥淖中许多年,能有多少成果也全无把握. 他的构思如此恢弘,他的计划对准的不仅仅是为现存的数学提供基础,正如《原理》已经做的那样,而且也为了能预见到的未来的发展. 如果标签"第 0 章"算是一种标记的话,恐怕这种编号要向两头跑了,需要用第 -1 章,第 -2 章来表示基础的基础,不一而足.

代数几何中的 Bézout 定理

另一方面,许多成员以为我们可以在有限时间内达到一些较为明确的目标,可能并不么基础,但仍很有价值. 在相当多的领域中(代数拓扑,流形,李群,微分几何,分布论,交换代数,代数数论,这还只提了几个),他们感到 Bourbaki 方式可以产生有用的东西而并不预先要求一个如此之宽的基础.

理想的解决办法是各走各的路,但是这显然超出了我们的现实情况. 必须作出选择,选哪一个? 在一段时间里问题没有答案,造成了某种瘫痪状态. 一年之后出路最后来了:即写一本关于微分几何与解析流形成果的分册. 那么,关于基础引起的问题过去了,至少暂时如此,无论如何它曾是我们心中的主要课题. 毕竟,只要涉及流形,我们便知道需要哪些基本材料. 对我们自己说出需要什么并证明它,是相当方便的(完成起来确实相当快).

这个决定搬开了一块绊脚石,我们现在可以制定写一系列书的计划了,我们希望这些书主要能包含交换代数,代数几何,李群,整体分析和泛函分析,代数数论以及自守形式.

这还是野心太大了,在第二个大约十五年的时间里,一批大本头的书还是出来了:

交换代数(分9章)

李群和李代数(分9章)

谱论(分2章)

除此而外还有些其他课题的初稿.

1958 年又作了一个决定,原则上解决了一个在相当长时间里折磨我们的问题:对《原理》的增补. 在写一个新的章节时我们常常会意识到,对第一批六本书

附录Ⅳ 与 Nicolas Bourbaki 相处的二十五年(1949~1973)

之一作补充该提到日程上了.怎么处理这种事?有时,如果某卷书已经绝版,则可将这些补充材料放到修改版中去.如果没有绝版,可以想象在新的一章后面加上个附录,但这有在参考文献中造成许多混乱的危险.在 1958 年决定了修订《原理》并出版"最终"的版本,至少十五年内不再改动.不幸的是,它花去了比预计更长的时间和更多的精力.事实上,现在也未完全结束.我感到它是被文章中那些有较多变革的部分减慢了进度,但是它肯定合乎 Bourbaki 的逻辑,因此很难避免.

上面列出的三本书中,《交换代数》显然很合于 Bourbaki 的规则范围.它能够,事实上也确实顺利运行,与我们曾经遇见过的两难局面的解决无关.但是关于流形上结果的那个分册则是李群和李代数这本书所要求的本质上的先决条件,后者还表明这种实用主义的办法可用来做出有用的工作.关于反射群和根系的第 4,5,6 章便是个好例证.

我们从关于根系的约 70 页的稿子说起.作者几乎要为将这样一种技巧性的特殊专题呈现在 Bourbaki 面前感到歉意,但他断言后面的许多应用会使人们给它以公平的判断.当大约 130 页的第二稿交上来时,一个成员表示可以通过,Bourbaki 实在花了太多的时间在这样一个小专题上了,其他人也勉强认可.最后的结果是广为人知的:288 页,Bourbaki 的最成功的书之一.它是真正的集体作品,涉及非常积极的我们七个人,他们中没有哪一个人能独自把它写出来.Bourbaki 发展了一种很高明的技巧,用来指引专家与其他一些人的合作;这些人也对同一专题感兴趣而且从一种不同的角度看待它.我的感觉(并非全体共有的)是,我

代数几何中的 Bézout 定理

们可以写出更多的像这样的书而不是去无谓的讨论和争吵；在制订一个清晰的活动计划时产生的困难已造成丧失前进动力的状况, Bourbaki 还没有从那种状况完全恢复过来. 在 Bourbaki 的档案库中确实还有一大批没有用过的材料.

这种做法较之 Grothendieck 的计划胃口要小些. 我并不认为只要全力朝那个方向努力, 后者就会成功, 当然也不能完全排除那种可能. 数学的发展似乎并不是走的那条路, 而那个计划的实现也会影响到它的进程. 谁清楚呢？

当然, Bourbaki 还远远没有实现它的所有梦想或者达到它的所有目标. 据我看, 通过对数学的统一性和全局性观念的培养, 通过我们的表述风格和对符号的选择, 来对数学的发展施加持久的影响就足够了. 当然, 我只是作为对此问题有兴趣的当事人来谈看法, 而不是一名下断言的人.

在我心中留下的最为鲜明的是个性各异的数学家们多年的无私合作, 朝着一个共同的目标前进；一个真正独特的经历, 或许也是数学史上唯一的事件. 实现承诺与承担义务被当作是自然的事, 甚至从不谈起它们；这样的事似乎越来越令我惊奇, 几乎是不真实的了, 因为这些事件隐入了逝去的时光.

参考文献

[1] BEAUVILLE. Surfaces Algebriques Complexes[M]. France：Soc. Math. ,1978.

[2] BEAUVILLE. L'applications canoniques pour les surfaces de type general[J]. Inv. Math. , 1979, 55：121 - 140.

[3] BOMBIERI. Canonical models of surfaces of general type[J]. Publication IHES,1973,42：171 - 219.

[4] CATANESE. Canonical rings and "special" surfaces of general type,in Algebraic Geometry：Bowdoin 1985 [J], American Math. Soc. ,1987,vol I,175 - 194.

[5] CHEN ZHIJIE. On the geography of surfaces - simply connected minimal surfaces with positive index[J]. Math. Annalen,1987,277：141 - 164.

[6] GIESEKER. Global moduli for surfaces of general type[J]. Inv. Math. ,1977,43：233 - 282.

[7] GRIFFITHS. 代数曲线[M]. 北京：北京大学出版社,1985.

[8] HARRIS. Curves and their moduli,in Algebraic Geometry：Bowdoin 1985 [J]. American Math. Soc. , 1987,vol I,99 - 144.

[9] HARTSHORNE. Algebraic Geometry[M]. Springer - Verlag,1977.

[10] MORI,SHIGEFUMI. Flip theorem and the existence of minimal models for 3 - folds[J]. AMS. ,1988,

1(1):117-253.

[11] PERSSON. Chern invariants of surfaces of general type[J]. Compositio Math.,1981,43(1):3-58.

[12] PERSSON. An introduction to the geography of surfaces of general type, in Algebraic Geometry[J]. American Math. Soc.,1987.

[13] REID. Young person's guide to canonical singularities[J]. American Math. Soc.,1987:345-414.

[14] REID. Tendencious survey of 3-folds[J]. American Math. Soc.,1987,vol I:333-344.

[15] REID. Undergraduate Algebraic Geometry [M]. London:Cambridge Univ. Press,1988.

[16] XIAO GANG. An example of hyperelliptic surfaces with positive index[J]. 东北数学,1986,2(3):255-257.

[17] XIAO GANG. On abelian automorphism groups of surfaces of general type[J]. Invent. Math.,1990,102:619-631.

[18] XIAO GANG. Degree of the bicanonical map of a surface of general type[J]. American J. Math.,1990,112:713-736.

[19] XIAO GANG. Bound of automorphisms of surfaces of general type:I,II[J]. Ann Math.,1990.

[20] 范·德·瓦尔登 B L. 代数学:第2卷[M]. 曹锡华,曾肯成,郝钢新,译. 北京:科学出版社,1978.

[21] 哈茨霍恩 R. 代数几何[M]. 冯克勤,刘木兰,胥鸣伟,译. 北京:科学出版社,2001.

[22] 里德 迈尔斯. 大学代数几何讲义[M]. 侯晋川,

译.西安:陕西师范大学出版社,1992.

[23] GRIFFITHS P,HARRIS J.代数几何原理[M].北京:世界图书出版公司,2007.

[24] 李克正.代数几何初步[M].北京:科学出版社,2004.

[25] MUMFORD DAVID.代数几何:第1卷[M].北京:世界图书出版公司,2008.

[26] 石赫.机械化数学引论[M].长沙:湖南教育出版社,1998.

[27] 谭琳.不变量理论导引:第1卷[M].杭州:浙江大学出版社,1994.

[28] 程民德.中国数学发展的若干主攻方向[M].南京:江苏教育出版社,1994.

[29] 吴文俊.现代数学新进展[M].合肥:安徽科学技术出版社,1988.

[30] PISOT C,ZAMANSKY M.普遍数学:第2卷[M].邓应生,译.北京:人民教育出版社,1981.

[31] VOGEL W. Letures on results on Bezout's Theorem[M]. Tata institute of fundamental research Bomday, Springer – verlag, Heidelberg, Berlin, West Germany,1984:5 – 19.

[32] LAZARSFELD R. Excess intersection of divisors[J]. Compositio Math,1981,43:281 – 296.

[33] NORTHCOTT D G. Lessons on rings, modules and multiplicities[C]. Cambridge:Cambridge Univ. Press.1968.

[34] GRIFFITHS P. On the Bezout problem for entire analytic sets[J]. Ann. of Math,1974,100:533 – 552.

[35] AUSLANDER M, BUCHSBAM D A. Godimension and multiplicity [J]. Ann. of. Math. , 1958 (2): 626.

[36] EDUARD BODA, WOLFGANG VOFEL. On system of parameters, Local intersection multiplicity and Bezout's Theorem[C]. American Mathematical Society, 1980.

[37] KNESSER M. Erganzung zu einer Arbeit von Hellmuth Kneser Uber den Fundamentalsstz der Algebra [J]. Math. Zeit. ,1981,177:285 - 287.

[38] WAVRIK, JOHN J. Computers and the multiplicity of polynomial roots[J]. Amer. Math Monthly, 1982, 89:34 - 36 and 45 - 56.

[39] HOWARD EVES. An Introduction to the history of mathematies[M]. PhiladelPhia: Saunders. 1990.

[40] DIEUDONNE J. The historical development of algebraic geometry[J]. Amer. Math. Monthly, 1972, 79: 827 - 866.

[41] MACLAURIR C. Geometria organica sive des cripto linearum curverum universalis [M]. London. 1720, 67 - 68.

[42] ETIENNE BEZOUT. Sur le degree des equations resultants dei evanouissement des inconnus [C]. Memoires presentes par divers savants al' Academie des science de 1; Instituede France, 1764.

[43] ETIENNE BEZOUT. Sur le degree des resultant des methods d' eliminationentre plusieurs equations [C]. Memoires presentes par divers savants al'

参考文献

Academie des science de 1; Instituede France, 1764.

[44] ETIENNE BEZOUT. Sur le degree des equations resultants dei evanouissement des inconnus [J]. Histoire de l' Academie Royale des Sciences, annee. 1764:288 – 338.

[45] BARTEL LEENDERT WAERDEN, EMIL ARTIN, EMMY NOETHER. Algebra (vol 2) [M]. Berlin: Springer – Ver – lag, 1967.

[46] NOETHER E. Idealtheorie in Ringbereichen [J]. math Ann. ,1921 ,83:24 –66.

[47] DIXON A L. The eliminant of three quantics in two independent variables [J]. Proc. London Math. soc. ,1908 ,6:468 –478.

[48] SYLVESTER J J. On a general method of determining by mere inspection the derivations from two equations of any degree [J]. Philosophical Magazine. ,1840 ,16:132 –135.

[49] VANDER WAERDEN B L. Einfuhrung in die algebraische Geometrie [M]. Berlin – New York: Springer, 1973.

[50] ABHYANKAR S S. Historical ramblings in algebraic geometry and related algebra [J]. Amer. Math. Monthly. ,1976 ,83:409 –488.

[51] SEVERI F. II Principio della Conservazione del Numero [J]. Rendiconti Circolo Mat. Palermo, 1912, 33:313.

[52] CHEVALLEY C. Intersection of Algebraic and alge-

broid varieties[J]. Trans. Amer. Math. Soc. ,1945, 57:1 -85.

[53] CHEVALLEY C. On the theory of local rings [J]. Ann. of Math. ,1943,44:690 -708.

[54] HARTSHORNE R. Algebraic geometry[M]. Berlin - New York:Springer,1977.

[55] WEIL A. Elliptic Functions According to Eisenstein and Kronecker[M]. Berlin - New York:Springer, 1998.

[56] WEIL A. Foundations of algebraic geometry[J]. Amer. Math. Soccoll. Publ. Vol. 29,Providence,R. I. 1946.

[57] GROBNER W. Moderne algebraische Geometrie. Die idealthe oretischen Grunlagen[M]. Wienlnnsbruck: springer,1949.

[58] LASKER E. Zur Theorie der Moduln und Ideals [J]. Math. Ann. ,1905(60):20 -116.

[59] 麦考莱 F S. Algebraic theory of modular systems [M]. Cambridge:Cambridge Tracts. 1916:19.

[60] GROBNER W. Monderne algebraische Geometrie. Die idealthe oretischen Grunlagen [M]. Wien - Innsbruck:Springer,1949.

[61] ETIENNE BEZOUT. Theorie generale des equations algebriques[M]. Paris:1779. translated by Eric Feron as General theory of algebraic equations. Princeton University Press,2006.

[62] VANDER WAERDEN B L. Eine Verallgemeinerung des Bezoutschen Theorems[J]. Math. Ann. ,1928,

参考文献

99:297-541, and 1928, 100:752.

[63] VANDER WAERDEN B L. On Hilbert's function, series of composition of ideals and a generalization of the Theorem of Bezout[J]. Proc. Roy. Acad. Amsterdam. ,1928,31:749-770.

[64] RENSCHUCH B, VOGEL W. Uber den Bezoutschen Satzseit den Untersuchungen von B. L. vander Waerden[J]. Beitr. Algebra. Geom. ,1982,13:95-109.

[65] GROBNER W. Monderne algebraische Geometrie. Die idealthe oretischen Grunlagen [M]. Wien-Innsbruck:Springer. 1949.

[66] MUMFORD D. Algebraic geometry I[M]. Berlin - New York:Springer. 1976.

[67] HARTSHORNE R. Algebraic geometry[M]. Berlin - New York:Springer. 1977.

[68] SERRE J P. Algebre locale - multiplicities[J]. Lecture Notes in Math. Vol. 11,1965,v-20.

[69] VANDER WAERDEN B L. Geometry and algebra in ancient civilizations [M]. Berlin - New York: Springer,1983.

[70] VOGEL W. Uber eine Vermutung von D. A. Buchsbaun[J]. J. Algebra,1973,25:106-112.

[71] STUCKRAD J, VOGEL W. Eine Verallgemeinerung der Cohen - Macaulay - Ringe und Anwendun - genauf ein Problem der Multiolizitastheorie[J]. J. Math. Kyoto Univ. ,1973,13:513-528.

[72] STUCKRAD J, VOGEL W. Uber das Amsterdamer Programmvon W. Grobner and Buchsbaum Varietat-

en[J]. Monatsh. Math. ,1974,78:433 – 445.

[73] SHAFAREVICH R. Basic algebraic geometry[M]. New York:Springer – Verlag,1977.

[74] GOTO S, SHIMODA Y. On Rees algebras over Buchesbaum rings [J]. J. Math. Kyoto University, 1980,20:691 – 708.

[75] KLEIMAN S L. Algebraic cycles and the Weil conjectures, in Dix Exposes sur la cohomologie des Schemas[M]. North – Holland: Amsterdam. 1968: 359 – 386.

[76] STUCKRAD J, VOGEL W. Eine Verallgemeinerung der Cohen – Macaulay – Ringe und Anwendungen auf ein Problem der Multiolizitastheorie [J]. J. Math. Kyotot Univ. ,1973,13:513 – 528.

[77] TRUNG, NGO VIET. Uber die Ubertragung der Ringeigenschaften zwischen R und R[u]/F und allgemeine Hyper flachen – schnitte [D]. Halle: Martin – Luther – University,1978.

[78] VOGEL W. A non – zero – sivisor characterization of Buchsbaum modules[J]. Michigan Math. J. ,1981, 28:147 – 152.

[79] SCHENZEL P. Applications of dualizing complexes to Buchsbaum rings [J]. Adv. in Math. ,1982,44: 61 – 77.

[80] RENSCHUCH B, STUCKRAD J. , VOGEL W. Weitere Bemerkungen zueinum Problem der Schnittheorie und uber ein, Mab con A. Seidenberg fur die Imperfektheit[J]. J. Algebra,1975,37:447 – 471.

[81] STUCKRAD J, VOGEL W. Uber das Amsterdamer Programmvon W. Grobner und Buchsbaum Varietaten[J]. Monatsh. Math. ,1974,78:433 - 445.

[82] SALMON G. On the conditions that an equation should have equal roots[J]. Cambridge and Gublin Math. ,J. 5. 1850,40:159 - 165.

[83] STEINER J. Uber die Flachen dritten Grades[J]. J. Reine Angew Math. ,1857,53:133 - 141.

[84] MACAULAY F S. Algebraic theory of modular syatems[M]. Cambridge: Cambridge Tracts, 1916: 98.

[85] VANDER WAERDEN B L. Eine Verallgemeinerung des Bezoutschen Theorems[J]. Math. Ann. , 1928, 99:297 - 541 and 1928,100:752.

[86] VANDER WAERDEN B L. Der multiplizitatsbegriff der algebra ischen Geometrie [J]. Math. Ann. , 1927,97:756 - 774.

[87] VANDER WAERDEN B L. Topologische Begrundung des Kalkuls der abzahlenden Geometrie [J]. Math. Ann. ,1930,102:337.

[88] VANDER EAERDEN B L. Einfuhrung in die algebraische Geometrie,2. ed[M]. Berlin - New York: Springer,1973.

[89] STUCKRAD J. VOGEL W. Toward a theory of Buchsbaum singularities [J]. Amer. J. Math. , 1978,100:727 - 746.

[90] JACOBI C G J. De ralationibus,quae locum habere debent interpuncta intersectionis duarum curvarum

vel trium superficierum algebraicarum dati ordinis, simul cum enodatione paradoxi algebraici, J. Reine Angew[J]. Math. ,1836,15:285 – 308.

[91] GILLISPIE C. Dictionary of Scientific Biogaph[M]. New York: Seribnesr,1970.

[92] SALMON G. A Treatise on the Analytic Geometry of Three Dimensions Vol . I[M]. New York: Chelsea Publishing Company,1958.

[93] PIERI M. Formule di coincidenza per le serie algebraiche as die coppie di punti dello spazio a ndi-mensioni[J]. Rend. Circ. Mat. Palermo. ,1891,5:225 – 268.

[94] SEVERI F. II concetto generale di molteplicita delle soluzioni peisistemi di equazioni algebraichee la reoria dell'eliminazione[J]. Annali di Math. ,1947,26:221 – 270.

[95] LAZARSFELD R. Excess intersection of divisors [J]. Compositio Math. ,1981,43:281 – 296.

[96] FULTON W. Intersection theory[M]. New York – Heidelberg – Berlin Tokyo: Springer,1983.

[97] FULTON W, MACPHERSON R. Defining algebraic intersection, In: Algebraic geometry [M]. Proc. Troms θ, Norway. ,1977:1 – 30; Lecture Notes in Math. 687, Springer Verlag 1978.

[98] MUMFORD D. Algebraic geometry I[M]. Berlin – New York; Springer,1976.

[99] PATIL D P, VOGEL W. Remarks on the algebraic approach to intersectiontheory[J]. Monatsh. Math. ,

1983,96:233-250.

[100] BUCHBERGER B, COLLINS G E, KUTZLER B. Algebraic methods for geometric reasoning[J]. Ann. Rev. Comput. Sci. ,1988,3:85-119.

[101] COLLINS G E. Subresultants and reduced polynomial remainder sequences[J]J. ACM. ,1967,14:128-142.

[102] EUGEN NETTO. Vorlesungen Über Algebra[M]. Charleston:BibioBazaar,2010.

[103] COLLINS G E. The calculation of multivariate polynomial resultants[J]. J. ACM. ,1971,18:515-532.

[104] CAYLEY A. The Collected Mathematical Papers of Arthur Cayley[M]. Cambridge:Cambridge University Press,1889.

[105] GRIFFITHS P. On the Bezout problem for entire analytic sets[J]. Ann. of Math. ,1974,100:533-552.

[106] JACOBSON N. Basic algebra Ⅰ[M]. San Francisco:Freeman. 1974.

[107] HARTSHORNE R. Algebraic Geometry[M]. New York:Springer-Verlag, 1977.

[108] GROTHENDIECK A. Dieudonne J. Elements de Geometrie Algebrique Ⅰ[M]. New York:Springer-Verlag,1971.

[109] JACKSON A. 仿佛来自虚空:Alexandre 格罗腾迪克的一生(Ⅲ)[J]. 数学译林,2005,24(4):331.

[110] 李克正. 交换代数与同调代数[M]. 北京:科学出版社,1998.

[111] 李克正. 代数几何初步[M]. 北京:科学出版社,2004.

[112] 李克正. 抽象代数基础[M]. 北京:清华大学出版社,2007.

[113] ARTIN E. Review of Algebra(Ⅰ-Ⅶ)by N. Bourbaki [J]. Bull. Amer. Math Soc. ,1953(59):474-479.

[114] BAULIEU L. A Parisian Café and ten proto – Bourbaki meetings (1934 – 1935) [J]. Math. Intelligencer,1993(15):27-35.

[115] BAOLIEQ. Bourbaki:Une histoire du groupe de mathématiciens francais et de ses travaux, Thèse [M]. Montréal:Université de Montréal,1989.

[116] BOTT R. On characteristic classes in the framework of Gelfand-Fuks cohomology, Colloque Analyse et Topologie en L'honneur de H. Cartan[M]. Boston:Birkhäuser,1995:492-558.

[117] BOURBAKI N. L'architecture des mathématiques, Les Grands Cournats de la Pensée Mathématique [J]. Amer. Math. Monthly,1950(57):221-232.

[118] CARTAN H. Nicolas Bourbaki and contemporary mathematics[J]. Math. Intelligencer, 1979 (2):175-180.

[119] CARTAN H. Oeuvres Vol. 1 [M]. New York:Springer,1979.

[120] DIEUDONNÉ J. The work of Nicholas Bourbaki

[J]. Amer. Math. Monthly,1970(77):134-145.

[121] DIEUDONNE J. Panorama des mathématiques pures,Le choix bourbachique[M]. Paris:Bordas,1977.

[122] GUEDJ D. Nicholas Bourbaki,collective mathematician:An interview with Claude Chevalley[J]. Math. Intelligencer,1985(7):18-22.

[123] HALMOS P. Review of Integration (I - IV) by Bourbaki[J]. Bull. Amer, Math. Soc. ,1963(59):249-255.

[124] WEIL A. Review of "Introduction to the theory of algebraic functions of one variable by C. Chevalley"[J]. Bull. Amer. Math. Soc. ,1951(57):384-398

[125] WEIL A. Organisation et désorganisation en mathématique[J]. Bull. Soc. Franco-Japonaise des Sci. ,1961(3):23-35.

[126] WEIL A. Notice biographique de J. Delsarte Oeuvres Scientifiques III [M]. New York:Springer,1980:217-228.

编辑手记

在 2015 年于泰国清迈举行的国际数学奥林匹克竞赛——一年一度的"数学世界杯"——上,美国队破天荒地击败了老牌劲旅中国队,拿到了第一名.

据英国《卫报》7 月 16 日报道,国际数学奥林匹克竞赛英国队的领队、巴斯大学的杰夫·史密斯博士说,这是自 1959 年开始举办的奥赛历史上最难的一张试卷.

报道说,获得金牌的门槛分值——每年根据参赛选手的发挥而有所变化——被定为 26 分(总分为 42 分),是有史以来最低的.美国队夺得五枚金牌,击败了老赢家中国队.

比赛连续举行两天,参赛者每天有四个半小时的时间来解决三个问题,范围涵盖几何、数论和代数.学生不需要掌握高等数学如微积分的知识,但这些问题非常难.

编辑手记

每个国家最多有六名选手参加国际数学奥林匹克竞赛. 这些青少年是世界上还没有上过大学的最好的数学天才. 除了非常有天赋外, 很多选手接受了多年的培训, 学会解决奥赛的问题. 有可能选手能够理解问题在说什么, 但却仍然不知道如何解决它. 奥赛的问题都没有简单的答案, 否则这些最棒的数学天才就不需要在每道题上花 90 分钟时间来解决了. 今年, 在 104 支参赛队中, 有 74 支队伍得了零分.

学奥数, 参加奥赛有两个目的: 一是考取功名, 获取金牌; 二是以此为契机, 窥现代数学全豹之一斑, 进而登堂入室走进数学研究的殿堂. 举办者和倡导者多半是抱着后一个目的, 而参加者 (特别是中国的参赛者) 更多的则是为着前一个目的而来. 于是播龙种收跳蚤的悲剧一再发生, 伤仲永绵延不绝.

补救的办法之一就是少讲技巧多讲背景, 使选手被现代数学理论的优美所吸引, 而不是仅仅停留在掌握某个具体解题技巧的沾沾自喜的阶段.

本书所做的正是这样一种尝试. 从一道 IMO 试题出发, 从历史及近况展开对代数几何这一现代数学的主流分支进行介绍. 代数几何其实有着非常具体和直观的来源. 初中生都用过消元法来解多元多项式方程组. 这是一套显式算法程序, 数学家 Sylvester, Kronecker, Mertens, König, Hurwitz 等人将其发展成一套庞大的理论. 以至于在数学家中有这样的看法: 消去理论是可以用严格的和构造的方式处理大部分代数几何的问题. 而在消去法中贝祖定理扮演了重要角色.

但令人遗憾的是法国的布尔巴基学派渐成主流. "在其影响下, 搞臭消去法竟然变成时髦的玩意儿" (S. S. Abhyankar 语). 韦伊也指出: "采用 C. Chevalley

代数几何中的 Bézout 定理

的《Princeton 讲义》中的策略，可以指望最终能从代数几何中把消去理论的最后残迹抹掉."

代数几何在亚洲国家中，日本是一个重镇，中国则差距很大.

在近代之前的千年，日本一直是中国文明最忠实的学生之一，他们虔诚地学习中国，并将中国文明在日本发扬光大，成就了日本的民族性格. 乃至德川幕府时期，日本竟然也实行闭关锁国政策，不信任西洋文明，不愿接纳西洋文明，甚至对西洋文明持一种敌对立场. 这一点与中国在 18 世纪晚期的状况非常相似.

但后来，中、日两国都先后打开国门向西方学习. 日本的明治维新从 1868 年 3 月 14 日，明治天皇宣布进行宪政改革之时便波澜不惊地开始了. 明治维新的价值导向，就是向西方学习，而且必须彻底. 而中国在向西方学习时则显得扭扭捏捏，不够坦诚，既学习西方，又防着西方；既认为西方有优长之处，又念念不忘中国文明的道德优越.

日本的代数学家高木贞治、小平邦彦、广中平佑、森重文等先后获菲尔兹或沃尔夫奖. 后三位都是代数几何专家，而我国在国际上对代数几何的重要贡献除周炜良外便乏善可陈. 代数几何是菲尔兹奖比较集中的领域之一. 青岛大学教授徐克舰对此有一番高论. 在 2015 年 8 月笔者应邀参加了《数学文化》编委会在威海举办的会议，其间新任山东大学副校长刘建亚教授对徐教授赞赏有加，故笔者找到其文章细读发现确实有创见. 虽然人已退休，但仍文风锐利. 但由于《数学文化》是以香港的刊号进入到内地的，现行的出版法规并没有明文规定其合法性，所以尽管受到广大数学爱好者所追捧，但由于分销渠道的限制远未普及. 好文

编辑手记

共赏,故在此摘录一部分供读者品读.

我们不妨来看看,数学中哪些研究方向获得菲尔兹奖的概率要大一些.

截止到 2014 年,共有 57 位菲尔兹奖获得者,其中数论方面的获奖者有 11 位(包括算术代数几何),代数几何方面有 7 位,与代数拓扑、微分拓扑和微分几何相关的总共有 14 位,与分析、方程、动力系统相关的有 15 位,纯代数有两位,与代数相关的(李群与代数 K – 理论)有 3 位.与数论和代数几何相比,分析和代数都属于比较宽泛也比较大的领域,其中有许多研究分支,但是古典分析和纯代数方面的获奖者却并不多.应当指出,菲尔兹奖的评选似乎并不尊崇各研究领域方向平等的原则,因为事实是,有许多研究方向,从未有过获奖者.看来,相对获奖比较集中的研究方向是:数论、代数几何以及代数拓扑、微分拓扑、微分几何.所有与代数相关的方向(代数几何、群论、李群、代数 K – 理论)共有 12 位获奖者,如果再加上算术代数几何的获奖者,那就更多.基本上在与代数相关的研究方向中获奖最多的方向是代数几何.人们会问:国内的数学研究特别是与代数相关的研究主要集中在哪些方面?

首先,不妨让我们讨论得更具体一点,即看一看国内与代数相关的方向的研究状况.要了解这方面研究的大致状况,特别是了解平均水平,目前比较通用的办法就是看看在杂志上发表论文的情况.为了尽可能减少个人偏好的影响,我们不妨用数据说话.我们选择如下六个杂志,来考察一下:

    A. Communication in Algebra

    B. Journal of Algebra

    C. Journal of K-Theory(2008 年以前为 K-Theory)

代数几何中的 Bézout 定理

D. Journal of Algebraic Geometry
E. Inventiones Math
F. Annals of Mathematics

这六个杂志的水平质量基本上是依次上升的,其中杂志 A 水平比较低,B,C 属于中等水平,D 属于比较好的杂志,而 E,F 则是目前数学界公认的最顶尖的数学杂志. 英国数学家怀尔斯的震惊世界的费尔马大定理的证明就是发表在杂志 F 上,而拉福格(Laurent Lafforgue)关于函数域的朗兰兹纲领的相关文章则发表在杂志 E 上. 杂志 A,B 主要发表群论、环论、模论、代数表示论、范畴等各种代数文章,杂志 C 主要发表代数 K-理论、拓扑 K-理论、算子代数 K-理论、代数同伦等文章,杂志 D 主要发表代数几何文章,而杂志 E,F 则是数学综合期刊,主要发表基础数学的各种文章. 因此,这六个杂志的发表文章情况大致上能反映出一个国家的代数研究的整体状况,而在杂志 E,F 上发表文章的情况则基本上反映了一个国家的数学研究的水平.

表 1 是国人(不包括台湾、香港、澳门)在这六个杂志上发表文章的统计.

表 1

杂志	时间	发表论文篇数	与代数相关的文章
A	2001~2011	531	
B	2001~2011	349	
C	2002~2012	6	
D	2002~2012	3	
E	2003~2013	22	代数几何 4 篇,算术代数几何 1 篇
F	2003~2013	7	代数几何 1 篇,李群表示 1 篇

为了能更好地把握这些数据的客观性,我们需要有一个参照系.日本是代数几何强国,共产生过3个代数几何方面的菲尔兹奖.现在,我们将日本在同一时期,在杂志C,D,E,F上刊出的文章统计如表2.

表2

杂志	时间	发表论文篇数	与代数相关的文章
C	2002~2012	13	
D	2002~2012	36	
E	2003~2013	36	代数几何9篇,算术代数几何5篇,代数K-理论2篇,代数6篇
F	2003~2013	17	代数几何7篇,算术代数几何2篇,代数4篇

从上述统计数据来看,两国在杂志E,F上的发文数量,差距较大,说明两国数学的整体水平有相当的差距.在杂志E,F上的发文数量比是29:53,其中代数几何文章的发文数量比是5:16;与代数相关的文章的发文数量比是7:35.而在杂志D,E,F上代数几何方面的发文量差距就更大,比值是8:52,即6.5倍.

日本人在杂志A,B上的文章刊出情况,笔者没统计过,但是,杂志A上日本人的文章明显不是很多,这也说明,杂志A上的文章在日本不像在中国这么有市场.

总之,从这些简单的数据可以粗略地看出:

代数几何中的 Bézout 定理

(1) 与日本相比,国内数学的整体水平偏低.

(2) 中日代数的整体水平差距较大.

(3) 中日代数几何的整体水平和普及程度相差悬殊.

(4) 国内代数研究的力量主要集中在代数几何以外的领域.

对于一个有着五千年灿烂文化历史素以勤劳智慧自称的偌大国家来说,在高水平的杂志上的发文量显然是少了.如果再考虑到人口因素,那么与日本的差距就可想而知.可是,即便是这样,就国内数学的实际情况来说,这些数据还是有点溢美了.实际上,在上述杂志 E,F 的数据统计过程中,我们发现,其中地道的"国产"作者很少,也就是说,有相当数量的文章是海外华人在国内兼职的挂名作品,文中标注双重地址,工作是在海外的学术环境中做出来的.而日本人的文章双重地址相对较少.其次,这其中可以说大部分作者特别是代数几何文章的作者都是在海外拿的博士,有的甚至是刚从国外回来没几年,这也就是说,人才是外国人培养出来的,外国人栽树,在国内开花结果.其实,不仅代数领域如此,整个数学的研究状况也大致差不多.

据统计,在 2001~2011 这十年中,SCI 收录至少有一位中国学者(指内地,不包括台湾、香港、澳门)发表的数学论文为 59 080 篇.发文量最多的前 100 个期刊中大部分期刊水平不高,这 100 个期刊发文总量为 44 634 篇,占总发文量的 75.55%.在这 100 个期刊中发文量最低的杂志是十年发表 133 篇.这说明,在 100 开外的那些比较好的数学杂志上,我们国家平均每年发不了几篇.相反,在那些水平相对较低的杂志上,我们却颇有斩获.发文最多的前十个杂志的发文量总和是 17927,约占总发文量的 30%.在这前十个杂志中,

有4个是国内的,6个是国外的.国人的文章由于语言等原因,许多都发在国内杂志上,这一点可以理解,但是,发文最多的前四个杂志却都是国外的,发文量分别是:

Applied mathematics and computations 3 370 篇

Journal of Analysis and Applications 2 697 篇

Nonlinear Analysis:Theory. Method&Applications 2 025 篇

Chaos. Solitons&Fractals 2 001 篇

这四个杂志上的发文总和为10 093 篇,约占国人十年来发文总量的17％,其中 Chaos,Solitons&Fractals 是在学术诚信上备受质疑的杂志.

这些数据告诉我们:国人数学研究整体实力离着拿菲尔兹奖似乎还有着相当的距离.

其实,重要的并不只是能不能拿菲尔兹奖,还在于如何提高国人的整体数学水平,在于我们能不能自己培养出能拿菲尔兹奖的人才来,换句话说,我们需要的是一种可持续发展的根本性提高,而不是这种靠我们提供"原材料",由外国人来完成"深加工"所带来的些许表面的繁荣.像法国那样,整体水平高了,水到渠成,菲尔兹奖自然不缺.拿菲尔兹奖的"革命",凡八十年尚未成功,有待国人继续努力.

这些数据与我们的预期和自信心自然不符.人们不禁要追问:这样的局面是怎么造成的? 从宏观层面来说,答案不是线性的,有着多方面的甚至深层的历史原因.让我们暂且避开考据历史原因,在更为现实可操作的层面上进行一些思考.

代数几何中的 Bézout 定理

对科学研究影响最大的莫过于科研评价体系. 因为这与研究者的职称、待遇和荣誉直接相关. 目前, 我国的各种评价体系繁多, 但是总的来说, 大同小异, 本质上是类似的, 基本上, 都是以 SCI 论文检索及其影响因子为主导的评价体系. 这种科研评价体系引导了整个国家的科学研究风气走向.

用基于 SCI 检索体系的评价方法来了解一个大群体的平均科研水平或大致科研状况, 是有一定道理的, 但是, 如果将这种更适用于大群体的科研评价方法, 应用到个体研究者的评价上, 不仅过于粗糙, 而且也显得不够严肃, 这势必会引导被评价群体的负面走向.

实际上, SCI 检索体系显示的是一种与具体内容无关的纯数量关系, 它并不具有把两篇发表在影响因子相同的杂志上并且引用率也相同的文章区别开来的功能, 也就是说, 两篇文章无论内容质量有多大差距, 只要杂志的影响因子相同引用率也相同, 就被认为是一样的. 一个杂志的影响因子与该杂志上刊出的文章的引用率有关. 但是明白人都知道, 被上述杂志 E, F 引用一次和被杂志 A 引用一次, 意义是大不一样的. 因此, 由于 SCI 检索体系的这种内在的纯数量性质决定, 一旦进入这种评价体系, 必然导致数篇数的风气. 因为, 一方面, 在这种评价体系下, 既然 1 页纸的文章和 10 页纸、100 页纸的文章都算是一篇文章, 那么, 为了增加 SCI 文章的数量, 一篇长文往往会被拆开发表. 因此, 我们会发现, 国人的数学文章似乎普遍偏短, 经常是一个定理一篇文章, 一篇文章一个定理, 少有长篇巨制. (研究表明, 长文相对更具有影响力) 另一方面,

编辑手记

国内的许多评价体系都具有累加换算功能,譬如,多少篇影响因子低的杂志的文章能换算成一篇影响因子高的杂志的文章等.这进一步加剧了数篇数的风气.有道是,好文章难写,灌水的文章易出.于是,国人便涌向数量,勤于灌溉,许多外文期刊都被国人灌的水唧唧的.结果是,文章一篇篇洋洋洒洒,在申请基金或交差各种项目时,一列一大片,看起来很嗨.由此我们不难理解为什么国人在那些质量不高的杂志上发表了那么多文章,仅在4个杂志上就发了10 093篇!

问题的严重性还在于,数篇数的风气将人们引向那些易写文章的领域,像代数几何这种难出文章的高难度研究领域,自然少有人问津.这说明了为什么改革开放已经三十多年过去了,国内的代数几何领域,与其他人多势众的庞大领域如群论、李代数、代数表示论、环模、半群等相比,至今依然属于"少数民族".也说明了为什么一个十几亿人口的偌大国家十年来(其实是三十多年来)在那些顶尖数学杂志上发表文章的数量竟少得可怜.

另一方面,在这种评价体系中,除了SCI检索外,最重要的指标是影响因子(因为文章的引用率毕竟是文章刊出以后的事情,在投稿前是未知的).目前,在这种科研评价体系的驱使下,人们对于影响因子已经痴迷到了几近迷信的程度,简直就是"拜影响因子教".人们似乎已经忘记了学科之间的差异特点,更忘记了影响因子是可以人为操纵的.关于这一点,美国工业与应用数学学会前主席阿诺德(Douglas N. Arnold)

代数几何中的 Bézout 定理

教授对影响因子操纵机理为我们做了绝好的剖析[①]. 笔者强烈推荐大家细读阿诺德教授的这篇文章,因为在 SCI 影响因子的操纵机理和实践方面亦有国人机智的贡献. 由此,我们就不难理解,为了提高文章的影响因子,许多人甚至会不惜花重金(有的版面费每篇高达 1 200 美元)把文章投向影响因子挺高但却质量低劣的杂志上.

这种评价体系必然在实践层面上导致许多荒唐的事情. 就以国内某所大学为例. 该大学的科研评价体系是目前国内大学的科研评价体系的范例. 如果说在同一个研究领域里,SCI 影响因子尚有一定的参考价值的话,那么该校颇感得意的创新之处在于,提出了更简单更省事的办法:干脆在不同专业行当之间实行统一的 SCI 影响因子计算标准. 众所周知,数学的 SCI 影响因子相对很低,而物理、化学、特别是生物和医学的影响因子相对较高. 按说 Acta Mathematica Sinica 的质量绝不低于甚至高于 Chinese Physics 的质量,但是按照该校的科研业绩评价体系计算,后者的分值却比前者的分值高出一倍还多. 最让人吃惊的是,按照该校的评价标准,学术诚信备受质疑的杂志 Chaos. Solitons&Fractals(影响因子曾经一度高达 3.4)的分值竟高于世界上最顶尖的数学杂志 Annals of Mathematics 的分值. 更为奇怪的是,由于该校的评价体系与教授们心目中的评价标准相差太大,致使该校有许多特

[①] Douglas N. Arnold,诚信的危机:学术出版的现状,数学文化,第 1 卷第 1 期,85-91(2010).

编辑手记

聘教授不是教授. 原因是, 特聘教授是按照学校的科研评价体系评出来的, 而教授则是由每个学院的教授们用内心的标准评出来的. 该校的特聘教授制度, 像评年度先进模范一样, 根据每年的业绩, 一年一评. 如果今年是特聘教授, 很可能明年就不是了, 后来可能又是了, 再后来可能又不是了. 这种"是"与"不是"的波动把短期效益的极大化推向了极致, 同时, 也掏空了人们对科学研究事业的情感.

总之, 我们现行的科研评价体系鼓励的是研究成果数量, 掣肘科学研究的质量, 所以难以产生重大成果.

问题是, 为什么要使用这种科研评价体系呢?

遗憾的是, 这种科研评价体系所引导的学术研究的风气走向从根本上影响着我们对于尖端人才的培养, 影响着为获菲尔兹奖所必需的基础性建设, 也就是最终影响着我们的"诺贝尔奖之梦"或"菲尔兹奖之梦".

我们还是仅以代数几何为例. 代数几何概念多, 理论体系庞大, 综合性强. 要学习这一数学分支, 需要读很多书, 做较长时间的准备. 标准的代数几何教材 Algebraic Geometry (R. Hartshorne 著), 即便是由 Hartshorne 本人来教, 也需要 5 个 Quarter. 这还不算必备的前期课程. 但是, 我们的学术环境从各个方面来看都不利于这方面人才的培养和成长.

首先, 从本科数学课程的设置来看. 目前在大多数学校(在一些比较好的大学里, 情况能好一些), 开设的数学课程都比较陈旧. 这集中体现在, 本科数学课程

代数几何中的 Bézout 定理

中传统的分析课程过多,代数课程又明显太少. 实际上,随着现代计算机科学的发展,由于计算机的性质决定,需要更多的是诸如"近世代数""数论"等这样的离散性质的数学. 但是,目前大部分学校,在学完"高等代数"以后,只开设约每周三四个课时的"近世代数"课程,介绍一下群、环、域的基本概念和最基本的结果,就完事了. 有的学校甚至到三年级以后才开设"近世代数"课程. 这种状况既不能适应现代计算机的高速发展,也不能适应代数几何等数学分支学习的需求. 对于一个打算学习代数几何的学生来说,如果在本科阶段不做一些准备,等到研究生阶段才从头开始,就目前国内研究生的学制来说,学习是很艰难的. 实际上,就笔者所知,有的许多本科阶段学习成绩不错的学生,从硕士阶段开始学习代数几何,结果到硕士毕业时,却转行了,甚至放弃了数学. 这其中的原因之一就是,本科阶段准备不足,起步太晚,致使自信心受到伤害.

硕士阶段的学习也同样存在着很大的问题. 实际上,虽然国际上有许多优秀的代数几何教材,但是,那都是按照国外的教育体制来编写的,更多是适应国外的学习环境. 国外大都是硕博连读,硕士没有必须发表文章的压力,所以时间上相对比较从容. 而国内的情况却有很大的不同. 硕士三年,不仅要学习许多数学以外的东西,而且大部分学校都要求写硕士论文,有许多学校甚至要求硕士毕业前必须发表一篇论文,这就使得学习时间相对较紧. 在一般情况下,很难拿出太多时间去攻读像 Hartshorne 的 Algebraic Geometry 这样的大部头著作,在 2015 年暑期笔者在北京航空航天大学出版

编辑手记

社办的书店中看到了几本翻印的大字本的 Hartshorne 的《代数几何》. 是毕业生毕业前处理的, 笔者逐本翻了一下. 发现每本书都认真地学了几十页（绝不到 100 页）, 这就是现实. 另一方面, 在国外, 虽然专攻代数几何的人可能并不像想象的那么多, 但是懂代数几何, 能教代数几何的人却很多, 也就是说, 作为基础知识, 代数几何还是有着相当的普及度的. 而国内的情况却完全不同, 许多喜欢代数几何的学生处于自学状态, 这影响了这方面人才的产出量. 代数几何是基础性的也是根本性的学科, 其影响已渗透到许多其他数学领域. 可以说, 一个国家的代数几何研究水平基本上决定了这个国家的代数学的研究水平, 当然, 也影响着拿菲尔兹奖.

  造成这种局面的重要原因就是我们的科研评价体系. 实际上, 在这样的评价体系的指挥下, 从教学的角度来讲, 很少有人愿意花费巨大精力去开设像代数几何这样难度大周期长的出力不讨好的课程, 这就是为什么很少有学校能开出代数几何课程来, 为什么国内至今也没有一本适合国情的代数几何教材. 从科研的角度, 大部分教师都在拼命地追赶论文数量, 不愿花大气力从事像代数几何这样难度较高的研究. 因为, 这通常意味着, 要么许多年出不了成果, 要么即使出了成果, 但数量上也难以符合评价体系的要求. 从培养学生的角度, 老一代的老师懂代数几何的很少, 而刚从国外回来的年轻一代老师, 大都面临各种考评, 不得不忙于多写文章, 申请和交差各种基金, 以应付由考评带来的工资、住房等生活压力. 但是, 国内的环境不比国外, 信

代数几何中的 Bézout 定理

息量大不一样,在这样一个环境里,如果导师在学生身上不投入相当的精力,即使原本是一个很优秀的学生,也难以成长起来.

教育的目的是为了促进人类的文明,而不是为了培养精英专家.我们说,我们的学术环境更适合培养具有大量成果的普通人才,这并不意味着,我们希望把人才培养机制变成为天才设计.我们的意思是,应该同时考虑优秀人才的培养和成长.

所谓的人生来平等,并不是智力意义上的平等.鼓励每个人都去拿诺贝尔奖、菲尔兹奖,并不现实.人和人之间的资质是有差别的.一个普通资质的人和一个天才一起学习竞争,未必就是一种理智的选择,而且用培养普通人的方式去培养天才也未必就是平等合理.事实上,许多表面上看起来的平等合理正是一些最根深蒂固的不合理的根源.

"诺贝尔100"人才计划实质上是对于已经做出成就的人才的一种选择.但问题是,这种选择可持续吗?我们的意思是,这些人才是怎么培养出来的?我们怎么才能持续不断地培养出英才?这似乎才是眼下更紧迫任务.

美国既是诺贝尔奖大国,也是菲尔兹奖大国.让我们来看看美国是怎么做的.张英伯[①]详谈了美国的英才教育,特别是美国中学教育的分流培养."美国一向尊重个体,体现在教育上,就是因材施教.所以虽然各

---

① 张英伯,发达国家数学英才教育的启示,数学文化,第1卷第1期,60-64(2010).

编辑手记

州的课标法规有诸多不同,却有一个共同的特点:因材施教,突出英才.……各个学校中把 5% 的天才学生(Gifted students)划分出来,天才学生从小学到大学都有特殊的教育方法.……学校对数学等单科比较突出的少数学生提供特殊辅导,在某中学有一位数学成绩优异的学生,每当上数学课的时候,学校都会派校车送她到附近的一所大学,由学校为她聘请的一位教授专门授课."在弗吉尼亚州 Fairfax 郡的全美闻名的杰费逊科技高中(Thomas Jefferson High School for Science and Technology),"学校提供十分优越的实验条件和学习环境,学生可修习附近大学的课程,进行一些相当于博士或硕士研究生水平的研究."张英伯指出:"在 5% 的英才之外,美国的教育"失败"了.但是这成功的 5%,支撑了美国经济 50 余年在世界上的长盛不衰."

法国也是菲尔兹奖大国,产生过 11 个菲尔兹奖.让我们再来看看法国是怎么做的.实际上,当今的法国高等教育为学生提供了两条并行的学习途径:一条途径是大学制,和其他各国的大学制相同,学生取得了高中会考的合格文凭之后,可以直接进入大学学习,无须经过选拔考试,这使得大多数高中毕业生能够获得进一步学习的机会,这属于大众教育.另一种途径是重点高等专科学校制,进入这种重点高等专科学校必须经过严格的考试选拔.其中最著名的就是创办于 1795 年的巴黎高等师范学校.该校在招生方面严格要求学生具有优异的成绩和鲜明的特长.一位巴黎高师毕业的法国数学家曾经告诉笔者,该校数学系每年招人很少,通常要经过数学竞赛式的选拔才能入学,入学试题

代数几何中的 Bézout 定理

非常之难.巴黎高师入学以后,学习的课程也比普通大学要难得多.譬如,法国数学大师塞尔(J-P. Serre)写的名著《数论教程》,在国内属于硕士研究生教材,而在巴黎高师却只是本科二年级的课程讲义.巴黎高师部门院系精简、学生数量较少,学生有较多机会直接接触、参与最前沿的科学研究工作.同时,巴黎高师拥有一支学识渊博的师资队伍,其中包括法国国内诸多知名学者.

巴黎高师有着成功的办学历史,在既往的岁月中,诞生了无数的科学和人文艺术领域的天才和大师.曾经培养出开创生物学新纪元的亚雷斯和巴斯德,开创现代数学新纪元的数学天才伽罗瓦,存在主义先锋萨特和生命哲学家亨利·柏格森,还培养了现当代西方思想文化界的巨擘雷蒙·阿隆、马克·布洛克、皮埃尔·布尔迪厄、梅格、庞蒂、米歇尔·福柯、雅克·德里达等,还培养出了 11 位诺贝尔奖得主.很耀眼的是,巴黎高师培养出了 10 位菲尔兹奖得主.这使得巴黎高师成为全世界获得此奖最多的大学.巴黎高师的成功最终归功于它的办学理念:"旨在通过在科技、文化方面高质量的教学,培养出一批有能力从事基础科学和应用科学研究,从事高校教育、科研培训或中学教育的优秀学生.更广意义上讲,也培养一定数量的有能力服务于国家行政机关、社会团体、公共事业机构和公私营企业的优秀学生."一句话,巴黎高师培养的是英才,而不是普通人才.实际上,巴黎高师的办学理念体现了一种真正意义上的平等合理.

美国和法国的英才教育特别是法国巴黎高师成功

编辑手记

的经验给予我们的启示在于,我们应该用精英教育而不是大众教育的人才培养方式去培养冲击诺贝尔奖的英才,也就是说,我们不仅应当关注重金支持冲击诺贝尔奖人才,我们更应该关注诺贝尔奖人才的培养机制,关注诺贝尔奖人才是怎么培养出的,这才是长久之计.

本书以大量篇幅讲述了国内外对代数几何做出过卓越贡献的数学大家,尤以格罗腾迪克着墨最多.上海科技出版社田廷彦是笔者多年的挚友,他也热衷于数学文化的传播.刚刚收到他寄来其责编的《数学与人类思维》一书,其中作者格罗腾迪克昔日的同事大卫·吕埃勒关于代数几何与算术一览一章中,将代数几何、贝祖定理及格氏风格讲得最透.摘录一段:

如果要评选出 20 世纪最伟大的 10 位数学家,希尔伯特一定榜上有名.或许有的人还会列出哥德尔(但也许他更应该算做逻辑学家而不是数学家)和庞加莱(也许他更应该算做 19 世纪的数学家)的名字.除了这两三个公认的伟大人物之外,对于其他人的评选则是困难的,不同的数学家可能会列出不同的名单.我们离 20 世纪太近了,以至于不能做出一个令人满意的洞察.有时,某位数学家证明了一个困难的定理而获得一个重要奖项,但几年之后却淡出了历史舞台.而有时回头看某个数学家的工作,会发现那已经改变了整个数学的发展历程,于是他将作为一位最伟大的科学家名垂青史.而今,有一个人的名字绝对不会被忘却,他就是格罗腾迪克.他是我在法国高等科学研究所(IHÉS)的同事.尽管我和他并不很熟,我们还是被一起卷入到一系列的风波中,这些风波最终导致他离

代数几何中的 Bézout 定理

开了 IHÉS,被整个数学界排斥在外.他放逐了自己.有人认为,他排斥法国数学界的故交,他们也排斥了他.这种相互之间的排斥究竟是怎么形成的.我将在下一章中叙述.

在此之前,我想谈谈格罗腾迪克所做的数学,最宏伟的法语数学巨著——几千页的《代数几何原理》(*Éléments de géométrie algébrique*,简称 EGA)和《代数几何研讨班讲义》(*Séminaire de géométrie algébrique*,简称 SGA).格罗腾迪克的数学生涯始于分析学的研究,他对此也做出了有长久影响的贡献.不过他最辉煌的成就是代数几何.虽然他取得的成就专业性极强,但门外汉亦可领略其壮美——因为它过于宏伟,宛如一座雄峰,不必攀登,遥遥望去即可让人顿时肃然起敬.

我们知道,代数几何最初是用代数方程来描述平面上的几何曲线,我们可以将一条曲线记为
$$p(x,y)=0$$
曲线上的一个点 P 的坐标为 (x,y),在前一章我们考虑的例子中,坐标满足如下的方程 $x^2+y^2-1=0$(圆)或 $x-y=0$(直线).现在,不考虑某种具体的表达式,而假设 $p(x,y)$ 为一般的多项式,也就是若干项 $ax^k y^l$ 的和的形式.这里 x^k 表示 x 的 k 次幂,y^l 表示 y 的 l 次幂,系数 a 是实数.如果 $k+l$(即单项式 $ax^k y^l$ 的次数)只允许取 0 或 1,那么多项式 $p(x,y)$ 的形式为
$$p(x,y)=a+bx+cy$$
称做是一次多项式,此时由方程 $p(x,y)=0$ 所描述的曲线是一条直线.如果 $k+l$ 只允许取为 0,1 或 2,那么多项式 $p(x,y)$ 的形式为

编辑手记

$$p(x,y) = a + bx + cy + dx^2 + exy + fy^2$$

它在几何上对应着一条圆锥曲线. 圆锥曲线(也称为圆锥截线)包括椭圆、双曲线和抛物线,曾被古希腊的几何学家(如阿波罗尼斯(Apollonius,约前262 – 前190))详细研究过.

借助方程描述曲线有以下好处:利用多项式,你可以在几何与代数计算之间自由转换. 注意到下面这个几何事实:通过平面上的5个点,可以唯一确定一条圆锥曲线. 这个定理更加准确的表述如下:如果两条圆锥曲线有5个公共点,那它们就有无穷多个公共点. 这一几何定理在某种程度上比较难以理解,但如果将其转化为多项式方程解的性质,现代数学家就会觉得非常自然,这是以贝祖命名的贝祖定理的一个特例. 一般地,我们可以说,将几何的语言和直觉与对方程的代数操作结合起来,是非常有益的.

数学某一分支的发展方式常常是由该分支研究对象本身所引导的,它们好像在告诉数学家:"看看这个,如果那样定义,然后就可以获得更加优美、自然的理论."对于代数几何来说就是如此:正是这门学科本身让数学家明白应该如何去发展它. 例如,我们使用点 $P = (x,y)$,其中坐标 x,y 都是实数,但如果允许它们是复数,则某些定理有更简单的表述. 因此,经典的代数几何主要使用复数而不是实数. 这意味着作一条曲线,除了实点以外,还可以考虑复点;而且引入无穷远点也是自然的(恰如在射影几何中见到的那样). 当然,你可能不仅只想研究平面上的曲线,还想研究三维或更高维空间中的曲线或曲面. 这就迫使你必须要考

代数几何中的 Bézout 定理

虑由多个方程(而不是单个方程)所定义的代数簇. 代数簇可以用平面或更高维空间中的方程来定义. 不过也可以忘掉我们周围的空间, 在不参照所围绕的空间的条件下研究代数簇. 这一思路是由黎曼在19世纪开创的, 并引导他得到了复代数曲线的一个内蕴理论.

代数几何就是代数簇的研究. 这是一个困难而专业化的课题, 但仍然可能以一般的方式来概述这门学科的发展.

回到刚才的话题上, 我要解释一下代数几何中不仅仅考虑实数还引入复数的有趣之处. 我们可以用通常的方式对两个实数做加减乘除四则运算(0不可以做除数). 用比较专业的术语表达就是: 全体实数构成一个域, 也就是实数域. 类似地, 全体复数构成复数域. 当然还存在其他许多域, 其中有一些域只包含有限多个元素, 称为有限域. 韦伊系统地发展了任意域上的代数几何.

为什么要从实数或复数扩展到任意的一个域呢? 为什么要强行地做一般化呢? 我用一个例子来作为回答: 与其写出这样的式子 $2+3=3+2$ 或 $11+2=2+11$, 数学家宁愿采用 $a+b=b+a$ 这种抽象表达. 它同样简单, 但更一般化, 也更有用. 将事物用一般化的形式适当表述出来是一门艺术. 其好处是, 可以获得一个更自然、更一般的理论; 而且更重要的是, 可以对某些在不那么一般的框架下无法回答的问题提供一个答案.

此刻, 我想将话题从代数几何转移到一个看似完全不同的东西: 算术(数论). 算术所考虑的问题是, 例

如,寻找满足方程

$$x^2 + y^2 = z^2$$

的正整数解. 例如, $x=3, y=4, z=5$ 是一个解 (勾三股四弦五). 当然还有许多其他解, 古希腊人早就研究过这个问题. 如果我们不考虑二次幂, 而是将幂次数 2 换成某个大于 2 的整数 n, 还能找到正整数解吗? 费马大定理宣称, 当 $n > 2$ 时, 方程

$$x^n + y^n = z^n$$

没有正整数解. 1637 年, 费马自认为找到了这一论断 (后世所称的费马大定理) 的证明, 但他很可能搞错了. 最终的证明由怀尔斯得到, 发表于 1995 年. 整个证明过程非常冗长而且困难, 甚至有的人会问, 花费这么多精力去证明一个基本没有实际用途的结果是否值得. 实际上, 费马大定理最有意思的地方在于它虽然极难证明, 却能很简单地表述出来. 不然的话, 它只能算作 20 世纪后半叶数论发展中的一个结论.

算术基本上是研究整数的, 其中的一个核心问题就是寻求多项式方程 (例如 $p(x,y,z)=0$, 这里可以取 $p(x,y,z) = x^n + y^n - z^n$) 的整数解 (即 x, y, z 都为整数). 这么说来, 算术与代数几何是非常类似的: 算术是求多项式方程的整数解, 而代数几何是求多项式方程的复数解. 那么可否将两者合二为一呢? 实际上, 这两门学科有很大的差别, 因为整数的性质与复数的性质极为不同. 例如, 设 $p(z)$ 为一个只含有变量 z 的复系数多项式, 那么方程 $p(z)=0$ 必定存在复数解 (这一事实以代数基本定理著称). 但是对于整系数多项式来说, 就没有这样的定理 ($z^2 = 2$ 就没有整数解). 长话

代数几何中的 Bézout 定理

短说,将代数几何和算术结合在一起是可能的,但其代价是,要有更一般的基础性研究. 代数几何必须重新建立在一个更一般的基础上,而这一伟大的任务就是格罗腾迪克完成的.

当格罗腾迪克进入这一领域时,一个非常有影响力的思想已经引入了代数几何的研究中:代之以将代数簇想象为点的集合,我们着眼于在代数簇或其一部分上有"良好定义"的函数. 特别地,这些函数可以是多项式的商,但只在使得其分母不等于零的那一部分代数簇上有意义. 上述提到的好的函数可以相加、相减、相乘,而除法则一般是不允许的. 这些好的函数不构成一个域,而是构成一个环. 所有整数也构成一个环. 格罗腾迪克的想法是,从任意一个环出发,看看它能在多大程度上表现代数几何中好的函数构成的环的那些性质,然后考虑要引入哪些条件,才能让代数几何中的通常结果仍然成立,至少是部分成立.

格罗腾迪克的计划建立在过于一般化的基础之上,宏伟而又艰难. 回顾起来,我们知道这一事业取得了极大的成功,不过想想当时推动这一计划实施和进展所需要的才智上的勇气和力量,还是让人望而却步. 我们知道,20 世纪后半叶的一些最伟大的数学成就都是建立在格罗腾迪克的基础之上. 韦伊猜想的证明以及对于算术的新理解,使得攻克费马大定理成为可能. 格罗腾迪克的思想影响了其他许多人的工作,即使在他离开数学界之后也是如此. 在下一章中我会详细描述到底发生了什么. 不过至少有这样一部分原因:格罗腾迪克的激情在于发展新的思想,揭示出数学中宏伟

编辑手记

壮阔的前景.为了完成这一目标,聪慧的才智与勇往直前的魄力是不可或缺的.不过智慧绝对不是他的目标.有人或许会觉得遗憾,在他离开时,留下了一个未完成的构造,但格罗腾迪克对填充细节并没有兴趣.我们最大的损失不在于此,如果格罗腾迪克没有放弃数学或者说数学没有放弃他,他或许还能够开辟数学知识上的某些新的大道,然而这是我们永远也无法看到的了.

中国的现代化进程受法国影响很深.整整一百年前的1915年9月15日《青年杂志》(《新青年》首期)创刊.在创刊号上,深受法国大革命影响的陈独秀发表创刊词"敬告青年",对青年提出六点要求:自由的而非奴隶的;进步的而非保守的;进取的而非退隐的;世界的而非锁国的;实利的而非虚文的;科学的而非想象的.他鲜明地提出:"国人而欲脱蒙昧时代,羞为浅化之民也,则急起直追,当以科学与人权并重."

此语虽说有一百年了,但今天读起来仍有现实意义.

刘培杰
2015年12月18日
于哈工大